내가 만난
여성 과학자들

내가 만난
여성 과학자들

직접 만나서 들은 여성 과학자들의 생생하고 특별한 도전 이야기

막달레나 허기타이 지음 | 한국여성과총 옮김

해나무

서문

이 책은 지난 15년 동안 4개 대륙 18개국의 유명한 여성 과학자들(물리학자, 화학자, 생명의학자를 비롯해 그 외 다른 분야의 과학자)과 진행해온 만남의 결과물이다. 오랜 세월에 걸쳐, 우리 가족은 과학자들과의 대화록을 출판하는 프로젝트를 진행해왔는데, 그 기록 대부분을 《캔디드 사이언스*Candid Science*》* 시리즈 여섯 권에 수록했다. 각 권은 36개 이상의 대화록으로 구성되어 있으며, 그중 적어도 절반이 노벨상 수상자를 인터뷰한 내용이었다. 인터뷰 대상자를 선정하는 데 어떤 편견도 없었지만, 명단을 추려놓고 보니 여성이 거의 없었다. 이것은 사람들이 오래전부터 알던 것, 즉 학술계의 고위직에 있는 여성의

---

* 《캔디드 사이언스》, 1권~6권, 임페리얼 칼리지 출판사, 런던, 2000-2006, 2014년 인터뷰를 엄선하여 편찬한 책이 발간되었다. B. Hargittai, M. Hargittai, and I. Hargittai, *Great Minds: Reflections of 111 Top Scientists*, New York: Oxford University Press, 2014.

4 | 내가 만난 여성 과학자들

수가 터무니없을 만큼 적다는 것을 나도 깨닫는 계기가 되었다. 내가 화학을 전공하는 대학생일 때 우리 과는 남학생과 여학생의 수가 얼추 비슷했다. 그러나 학문의 사다리를 올라가면서 이 균형은 남성을 선호하는 쪽으로 바뀌어갔다. 나 역시 경력의 중요한 단계를 거치며 이 사다리에서 떨어질 뻔한 적이 두 차례나 있었지만, 다행히도 위기를 잘 넘겼다.

장래에 나의 남편이 될 이스트반이 부다페스트의 헝가리 과학원에서 실험실 연구원으로 첫발을 내디딜 무렵 우리는 사귀기 시작했다. 그 당시 나는 대학교 2학년이었고, 4학년이 되기 직전에 우리는 결혼했다. 프로젝트를 추진하는 그의 열정에 감화된 나는 졸업 논문 연구(석사에 상응하는 학위)를 그와 함께 진행했으며, 졸업 후에도 공동 연구를 계속 이어갔다. 이스트반은 자신의 프로젝트를 독자적으로 착수한 연구원이었고, 동료도 필요했다. 그가 성공을 거두자 실험실 동료들 사이에는 질투와 선망이 공존했다.

헝가리가 친 소련 국가였던 1970년대 초반 어느 날이었다. 이른바 실험실의 '4인방'인 소장, 당 서기관, 인사 담당자, 노동조합 총무가 이스트반을 불렀다. 그들은 이스트반에게 같은 실험실에서 남편과 아내가 함께 일하는 것이 옳지 않다고 말했다. 4인방이 적대적인 태도를 취한 것은 아니다. 다만 이스트반이 연구 프로젝트에서 그렇게 성공하지 않았다면 이런 상황에 처하지도 않았을 것이라고 허심탄회하게 자신들의 속내를 드러냈다. 이스트반은 차분하게 대응했다. 그는 무슨 말인지 알겠다며 자기가 새 일자리를 알아보겠다고 대답했다. 이스트반은 그때의 상황을 나중에 나에게 전하면서, 자신의 빠른 대답에 다른 사람들이 깜짝 놀랐을 뿐만 아니라 자기도 놀랐다고 얘기했다. 그는 현재 자신이 누리고 있는, 그러니까 독자적인 연구를 진행하면서 지원금을 받는 일자리는 쉽게 찾을 수 없다는 사실을 잘 알고 있었다. 당시에는 국경이 봉쇄되어 있어 헝가리 밖에서 직장을 얻는 것은 상상할 수도 없었다. 물론 '4인방'은 당연히 이스트반의 아내인 내가 떠나야 한다고 생각했다. 논리적으로 따져도 충분히 예상할 만한 일이었다. 하지만 이 언쟁 이후에 그들은 이 문제를 다시 거론하지 않았다. 남편과 아내가 같은 직장에서 근무하는 것을 배제한다는 정식 규약도 없었기에 우리는 몇 년 동안 계속 함께 일했다.

남편과 연구를 함께했던 것은 우리 아이들이 태어났을 때 엄청난 혜택으로 작용했다. 나는 출산할 때마다 6개월 동안 집에서 지냈지만, 그렇다고 내 연구가 뒤처지지는 않았다. 우리가 집과 실험실을 가리지 않고 연구 활동을 해왔기 때문이다.

내 설명이 너무 이상적으로 흘러가기 전에, 우리 가족도 이스트반의 일을 위주로 생활했다는 점에서 전통적인 가족이라는 것을 인정할 수밖에 없다. 나도 가사를 돌보는 것이 내 의무라고 자연스레 여기게 되었다. 남편이 모든 면에서 도와줬지만, "도와줬다"는 표현 자체가 내가 처한 상황을 보여주고 있다. 집에서 남편과 나의 의무는 동등하지 않았다. 아이들이 어렸을 때, 내 경력은 우선순위에서 뒤로 밀렸다. 아들과 딸이 과학자 어머니 때문에 힘들어하지 않기를 바랐다. 내가 자녀 양육에 집중하지 않았다면, 학위를 취득하는 데 그렇게까지 많은 시간이 걸리지는 않았을 것이다. 아이들이 고등학교에 입학했을 무렵에는 연구 경력이 단절되다시피 했다. 그때부터 나는 연구 방향을 독자적으로 개발하기 시작했다.

《캔디드 사이언스》 프로젝트에 착수하기 전까지만 해도, 나는 여성 과학자들이 극복해야 하는 애로사항이 뭔지 궁금하지도 않았다. 그러다가 마침내 나는 어째서 나의 선생님들 중에 여성 교수가 거의 없었는지 의구심을 갖기 시작했다. 왜 학창 시절에 여성 학장이나 총장을 만난 적이 없었을까? 좀처럼 여성 노벨상 수상자를 보기 어려운 이유가 뭘까? 나는 이런 점에 주목하면서 문제의 패턴과 원인을 찾아 보기로 마음먹고는 유명한 여성 과학자들을 찾아 나서기 시작했다. 그들의 과학 분야뿐만 아니라 이런 문제를 가지고 토론을 벌일 만한 여성 과학자들을 대상으로 삼았다. 나는 여성 과학자들을 주제로 강연을 하기 시작했다. 이 강연이 사람들의 관심을 얻게 되자 나는 이 활동을 계속할 수 있는 용기가 생겼고 이 책에 대한 아이디어를 얻게 되었다.

나는 약 100명에 이르는 유명한 여성 과학자와의 대화를 기록했다. 모두 자기 분야에서 탁월한 업적을 이룬 과학자다. 그들 중 일부는 과학 행정이라는 또 다른 도전을 받아들였다. 리더십은 전통적으로 남성 역할이라고 간주되었기 때문에, 이 점은 또 다른 관심거리이기도 했다.

여성 과학자들을 다룬 책은 다양하며, 오늘날 여성이 직면하고 있는 어려움뿐만 아니라 여성의 잠재력과 업적을 대중에게 일깨워주는 역할을 그간 톡톡히 해왔다. 이 책은 여성 영웅들의 과학적, 지리적, 사회적 다양성에 주안점을 두고 있다. 나는 훌륭한 파트너들과 대화를 나누면서 흥미로운 과학 내용을 많이 배우는 특권을 누렸다. 이

중 일부를 이 책에서 전달하려고 노력했다.

　나의 어머니는 매우 지적인 여성이었으나, 여러 사정으로 고등교육을 받지 못했다. 어머니는 딸인 내가 고등교육을 받아야 한다고 생각했다. 내 딸은 학술계에서 일하는 게 편안하다고 느끼는 것 같다. 내 손녀가 학자의 꿈을 가지게 될지 지금은 알 수 없다. 만일 그런 열망이 있다면 손녀에게는 장벽이 없기를 바란다. 나는 이 책을 쓰면서 그 장벽들에 대해 많이 생각했다.

이 책이 영어와 헝가리어뿐 아니라 한국어로 발간되어 정말 기쁘다.

전 세계에서 점점 더 많은 여성들이 과학, 공학, 수학 등 다양한 분야에서 자신의 역량을 발휘하는 중이다. 그들 중 다수가 뛰어난 업적으로 귀중한 상을 받았고, 심지어 그들 중 일부는 최고로 인정받는 노벨상까지 받았다. 그러나 과학을 하는 여성에 대한 관심이 증가하고 있음에도 불구하고, 과학을 하는 여성의 수는 다소 천천히 증가하고 있으며, 특히 리더십 직위에 있는 여성 과학자의 수는 더욱 천천히 증가하고 있다.

과학에 뛰어들어 성공을 거두는 것은 쉽지 않은 일이다. 특히 직장과 가정 모두에서 성공하기를 원한다면 더욱 그렇다. 이 책은 여성에게 여전히 장벽이 존재하고, 이 장벽을 극복하고 어려움에 대처하기 위해서는 추가적인 격려가 필요하다는 자각에서부터 나왔다. 이를 위해 나는 다른 배경, 전통, 환경을 가진 4대륙 18개국의 성공적인 여성 과학자 100여 명과 아주 긴밀하게 대화를 나눴다. 이들과의 인터뷰에서 찾을 수 있었던 공통점은 자신이 몸담고 있는 분야에 대한 열정적인 헌신과 우수한 연구 성과였다. 나는 그들의 경험과 어려움에 대해 질문했고, 과학 직종에 관심이 있는 젊은 여성들을 위한 메시지도 요청했다. 그들의 응답과 그들의 경험, 그리고 그들이 보여준 사례는 차세대 여성들이 모든 장애물을 극복하고 꿈을 실현하는 데 영감으로 작용할 것이라 믿는다.

1장 과학자 부부

INTRO '과학자 부부'에 대하여 · 26

3장 고위직에 오른 여성 과학자들

INTRO '고위직에 오른 여성 과학자들'에 대하여·478

들어가며

    수백 년 동안 '여성 과학자'라는 표현은 상반된 의미의 두 단어를 결합한 모순어로 취급받았다. 그러나 이미 고대에 자연철학에 재능을 보인 여성들이 있었다. 수학과 천문학에 관여한 것으로 기록된 최초의 여성은 기원전 2350년경 바빌론의 사제 엔헤두안나^{EnHedu'Anna}다. 전설에 따르면 비단 제조법을 고안하여 중국에서 비단 산업을 일으킨 사람은 기원전 2700년경의 중국 황후 서릉씨^{西陵氏}였다. 고대 이집트 출신의 두 여성도 잘 알려져 있다. 마리아^{Maria}(메리^{Mary} 또는 미리엄^{Miriam}이라고 불리기도 했다)라는 유대인은 서기 1세기경에 활동한 최초의 여자 연금술사로 간주된다. 수 세기 동안 그녀는 이 직업에서 위대한 권위자 중 한 명이었다. 그녀는 화학 장비를 설계하고 만들었다. 예를 들어 중탕 냄비^{water bath}는 지금도 '뱅마리에^{bain-marie}'라는 프랑스어로 불린다. '마리의 블랙^{Marie's black}'(마리아가 처음 합성한 납-구리 황화물)이라는 안료에도 그녀의 이름이 남아 있다. 그 시대에 가장 잘 알려진 여성은 수학자이자 천문학자인 알렉산드리아의 히파티아Hypatia, 서기 약 370-415다. 그녀는 신플라톤 아카데미 원장을 지내기도 했으며 물리학, 화학, 의학 등 다른 과학에도 조예가 깊었다.

중세 시대는 1000년가량 지속되었는데, 인류 역사에서 과학이 번성하지 못했던 시절이었다. 그 당시 알려진 것은 대부분 수도원이나 수녀원에 보존되어 있다. 수녀들 중에는 존경받는 의사가 꽤 있었다. 독일 수녀 힐데가르트 폰 빙겐Hildegard von Bingen, 1098-1179은 그런 사람들 중 한 명이었다. 유대인 여의사는 수 세기 동안 유럽 전역에서 매우 흔했다. 11세기 이탈리아 살레르노에는 의과대학이 설립되었다. 그 대학은 유럽 최초의 대학이었으며, 여성들도 그 대학에서 공부할 수 있었다. 약학 분야에서 첫 번째 여성 교수로 추정되는 살레르노의 트로타 플라테리우스Trota Platearius, 11세기도 그 대학에서 교육을 받았다. 그녀는 산부인과, 피부과, 뇌전증(간질) 분야의 전문가였다. 그녀는 여성의 질병을 다룬 표준 교과서 《트로툴라Trotula》를 발간했다. 13세기에는 볼로냐, 파리, 옥스퍼드 및 기타 도시에 대학이 설립되기 시작했다. 볼로냐와 살레르노는 여성들에게 문호를 개방했지만, 유럽의 다른 대학은 여성의 입학을 허용하지 않았다. 점차 여성은 의료계에서 배제되었다.

과학혁명 시기에 여성들은 여전히 과학에서 배제되었으며 공부하는 것조차 허용되지 않았다(이탈리아의 일부 대학은 예외). 그러나 과학 분야에서 새롭게 발견된 지식은 일부 귀족층 여성의 상상력을 자극했다. 그들은 살롱에서 벌어지는 토론에 참여하고 가정교사로부터 배우기 시작했다. 영국 여성 마거릿 캐번디시 Margaret Cavendish, 1617-1673 는 천문학과 수학을 공부했고 다양한 주제로 과학 책을 저술했다. 프랑스에서는 에밀리 뒤 샤틀레 Émilie Du Châtelet, 1706-1749가 언어, 수학, 물리학 분야의 재능으로 유명했으며, 아이작 뉴턴 Isaac Newton의 새 이론을 프랑스어로 번역했다. 이탈리아의 라우라 바시 Laura Bassi, 1711-1778는 1732년 볼로냐에서 박사학위를 받았다. 그녀는 유럽 대학에서 불리학 교수직을 얻은 최초의 여성이었다. 또 다른 이탈리아인 마리아 아녜시 Maria Agnesi, 1718-1799는 7개국 언어에 능통했으며, 미적분학을 비롯한 수학을 공부했고, 볼로냐 대학교에서 수학과 자연철학 학과장을 역임했다.

18세기에 화학 혁명을 주도했던 앙투안 라부아지에 Antoine Lavoisier 의 아내 마리 폴즈 라부아지에 Marie Paulze Lavoisier, 1758-1836는 남편의 연구에 깊은 관심을 보였다. 그녀는 화학 및 그림* 분야의 공식 교육을 받았고, 남편을 위해 영어를 배워 주요 문헌을 프랑스어로 번역했다. 두 사람은 실험실에서 많은 시간을 함께 보냈다. 이런 과정을 거쳐 라부아지에는 그 당시의 정설인 연소의 플로지스톤 phlogiston 이론에 오류가 있다는 것을 발견했고, 영국인 조지프 프리스틀리 Joseph Priestley와 스웨덴 과학자 카를 빌헬름 셸레 Carl Wilhelm Scheele가 발견한 기체(산소)를 이해할 수 있었다. 마리는 실험실에서 수행한 모든 실험을 기록하면서 실험 기기와 실험에 관한 상세한 그림을 덧붙였

---

* 그녀의 스승은 유명한 〈라부아지에와 그의 아내〉(1788)를 그린 자크-루이 다비드 (Jacques-Louis David)다. 이 그림은 뉴욕의 메트로폴리탄 미술관에 소장되어 있다. http://www.metmuseum.org/collections/search-the-collections/436106

다. 그녀의 기록 덕분에 미래 세대는 당시의 최첨단 화학 기술과 장비를 알 수 있었다. 최초의 화학 교과서로 평가받는 라부아지에의 유명한 책《기초 화학 총설Elementary Treatise on Chemistry》에는 그녀가 그린 화학 실험 도구 그림 13개가 수록되어 있다. 1794년, 라부아지에는 프랑스 혁명의 와중에 처형되었고, 그의 과학 연구를 포함해 전 재산은 몰수당했다. 마리는 수개월 동안 투옥되었다. 결국, 그녀는 남편의 메모를 전부 되찾아서 회고록을 출간했다. 그 회고록은 그녀가 완성해야 했다. 그녀는 과학 살롱을 열어 방문객들에게 새 화학 이론을 설명해주었다.

17세기와 18세기에는 주목할 만한 여성 천문학자가 꽤 많이 등장했다. 예를 들어, 독일에서는 전체 천문학자의 약 14%가 여성이었다. 천문학은 집에서도 연구할 수 있기 때문에 여성이 수행하기에 알맞은 학문이었다. 여성 천문학자는 대부분 천문학자의 아내였고 가끔은 남매인 경우도 있었다. 여성들은 남편이나 오빠 혹은 남동생의 조수로 일했다. 독일의 엘리자베타 헤벨리우스Elisabetha Hevelius, 1647-1693는 자기보다 36세 많은 유명한 천문학자 요하네스 헤벨리우스Johannes Hevelius와 결혼했으며, 남편이 죽을 때까지 27년간 함께 연구했다. 그들은 별을 많이 발견했다. 남편이 죽은 뒤에 그녀는 별 1900여 개의 위치를 기록한 공동 연구를 책으로 완성해 발표했다. 이 책은 두 사람의 공동 연구였지만 남편의 이름만 저자로 올랐다.

또 다른 독일의 천문학자 마리아 키르히Maria Kirch, 1670-1720는 혜성을 발견한 첫 번째 여성이다. 그녀는 유명한 고트프리트 키르히Gottfried Kirch와 결혼하여 베를린 학술원에서 20년간 남편의 조수로 일했다. 남편이 죽은 뒤 연구를 계속하려 했으나 학술원은 허용하지 않았다. 소피아 브라헤Sophia Brahe, 1556-1643는 그녀의 오빠 튀코 브라헤Tycho Brahe와 공동으로 연구를 진행한 전설적인 덴마크 천문학자다. 캐럴라인 허셜Caroline Herschel, 1750-1848은 독일 태생의 영국계 천문학자다. 그녀는 동생 윌리엄 허셜William Herschel과 함께 연구해서 많은 혜성을 발견했다.

19세기에는 과학계에 주요한 진보가 있었다. 초기 자연철학자들이 차지했던 자리에 점차 과학자들이 대신 들어섰다. 약 150년 전부터 여성의 사회적 위상이 크게 바뀌기 시작했다. 19세기 후반, 여성운동의 첫 번째 물결이 유럽과 미국을 휩쓸었다. 여성은 특정한 권리들을 요구했는데, 그중 하나는 고등교육을 받을 권리였다. 대학은 여성들에게 차츰 문호를 개방하는 역사적인 걸음을 내딛게 되었다. 미국의 마운트 홀리오크 칼리지(1861)와 스미스 칼리지(1871), 케임브리지에 있는 거튼 칼리지(1869), 옥스퍼드에 있는 레이디 마거릿 홀(1878) 같은 여자대학이 설립되었다. 곧이어 일부 오래된 대학은 남녀공학이 되었다. 1860년대 중반부터 유럽 여러 나라의 대학교에서 여성의 입학을 허용했다. 취리히와 독일 대학은 아직 여성이 대학에 입학할 수 없는 나라의 여성들이 선호하는 곳이었다. 이후 10년 사이에 뉴질랜드, 칠레, 오스트레일리아 같은 다른 대륙의 나라들도 여성의 대학 입학을 허용했다. 이 기간에 활동한 유명한 두 여성을 들자면 다음과 같다. 미국 천문학자 마리아 미첼Maria Mitchell, 1818-1889은 혜성을 발견했고, 1865년에 바사 칼리지에서 초대 천문학 교수가 되었다. 러시아의 수학자 소피아 코발레프스카야Sofia Kovalevskaya는 1889년 스톡홀름

대학교의 교수직에 임명된 첫 번째 여성이었다.

1903년 마리 퀴리Marie Curie가 남편 피에르 퀴리Pierre Curie와 함께 노벨 물리학상을 받은 것은 20세기 초의 엄청난 사건이었다. 이 덕분에 큰 홍보 효과가 있었고 과학 분야에서 여성이 주목받게 되었다. 이 사건은 젊은 여성들의 영감을 불러일으켰지만, 과학 분야에서 직업을 구하던 대부분의 여성은 여전히 큰 어려움을 겪었다. 대학들은 이미 수십 년 전에 여성에게 문호를 개방했지만, 여성들이 대학에서 교수직이나 연구직을 얻는 것은 다른 문제였다. 이런 사실을 보여주는 수많은 사례가 있다. 성공한 수학자 에미 뇌터Emmy Noether는 1910년경 동료들이 강력히 지지했지만 괴팅겐 대학교에서 교수직을 얻지 못했다. 헤르타 스포너Hertha Sponer, 1895-1968는 같은 대학의 부교수를 지내고 있었으나 학계에서 여성을 반대하는 나치 정책 때문에 1934년에 해고되었다. 훗날 노벨상 수상자가 된 거트루드 엘리언Gertrude Elion도 미국에서 첫 직장을 구하는 데 어려움이 컸다. 그 밖에도 수많은 사례를 찾을 수 있다.

마리 퀴리를 제외하면 이 시기에 가장 유명한 여성 과학자는 리제 마이트너Lise Meitner, 1878-1968다. 그녀는 핵물리학자로 획기적인 업적을 남겼을 뿐만 아니라 노벨상에서 제외되었다는 사실로도 매우 유명하다. 그녀의 동료 오토 한Otto Hahn은 노벨상을 받았다. 그녀는 1905년 빈 대학교에서 여성으로서는 두 번째로 물리학 박사학위를 받았다. 마리에타 블라우Marietta Blau, 1894-1970는 핵물리학에서 큰 업적을 이룬 오스트리아 물리학자다. 에르빈 슈뢰딩거Erwin Schrödinger가 그녀를 노벨상에 추천했으나 상을 받지 못했다. 블라우와 그녀의 동료 헤르타 밤바허Hertha Wambacher가 고안해낸 방법을 세실 파월Cecil Powell이 좀 더 발전시켰고, 결국 파월에게 상이 돌아갔다. 클라라 임머바르Clara Immerwahr, 1870-1915는 독일 화학자로 유명한 화학자 프리츠 하버Fritz Haber의 아내였다. 그녀는 브레슬라우 대학교에서 박사학위를 받은 첫 번째 여성이었지만, 교수의 아내였기 때문에 교수직을 얻지 못하고 남편을 보조하는 일만 할 수 있었다. 하버가 개발한 독가스가 1차 세계대전에서 처음 사용되자 클라라는 자살로 생을 마감했다.

20세기 초반에 접어들어 점점 더 많은 여성이 과학을 공부하고 학위를 받았지만, 일자리를 구하기는 여전히 어려웠다. 20세기 후반에는 여성 졸업생 수가 상당히 증가했다. 그러나 통속적으로 표현되는 '물 새는 파이프라인leaky pipeline'과 '유리 천장glass ceiling'은 그 효력을 잃지 않았다. '물 새는 파이프라인'이라는 표현은 학문의 사다리를 올라가는 매 단계에 여성의 비율이 감소하는 사실을 나타내는 말이다. '유리 천장'은 조직에서 여성의 고위직 승진이 막혀 있다는 것을 의미하는 말이다. 1999년 매사추세츠 공과대학MIT의 낸시 홉킨스Nancy Hopkins 교수는 동료들과 함께 〈매사추세츠 공과대학의 과학 분야에 종사하는 여성 교수의 현황에 대한 연구〉라는 보고서를 출간했다. 이 보고서에 따르면, MIT에서 여성들은 심하게 차별을 받았다. 이 보고서는 미국 전역에 큰 영향을 끼쳐 여교수의 근로 조건, 급여 등에서 큰 변화를 불러오게 했다. 하버드 대학교 총장 래리 서머스Larry Summers는 고위직에 여성이 적은 이유가 여성의 타고난 자질 때문이라고 언급해 물의를 빚기도 했다. 당시 대대적인 항의에 의해 래리 서머스는 총장직에서 사임했는데, 이는 변화의 신호였다.

이 책의 대부분은 내가 만났던 여성 과학자들을 다루고 있다. 개인적으로 만나지는 못했지만 보충하면 책의 유용성을 빛내줄 여성 과학자 몇 명도 포함했다. 그런 경우에는 완성도를 높이려고 이미 알려진 그들의 이야기를 추가하려고 노력했다. 예를 들어, 에드워드 텔러Edward Teller와 마리아 괴퍼트 메이어Maria Goeppert Mayer가 오랫동안 주고받은 서신을 추가함으로써 다른 과학자들과 괴퍼트 메이어가 서로의 인생에 어떤 영향을 미쳤는지 살펴보았다. 우젠슝吳健雄, Chien-Shiung Wu의 경우, 그녀의 연구 분야는 항상 나를 매료시켰다. 조사해보니 그녀가 노벨상을 받지 못한 것은 잘못된 결정이라는 것을 알게 되었다. 리제 마이트너나 로절린드 프랭클린Rosalind Franklin 같은 유명한 여성 과학자들은 포함하지 않았다. 그들의 이야기 역시 매력적이기는 하지만 이미 알려진 내용 이외에 더 추가할 것이 없었기 때문이다.

이 책에 소개되는 여성들은 다양한 과학 분야를 대표하고 있다. 물리학, 화학, 생물학 분야가 대부분이고 수학, 천문학, 공학 등 기타 분야는 조금 적게 다루고 있다. 물론 여러 분야에 걸쳐 겹치는 부분이 많다. 그렇게 중복되는 부분은 이 책에 등장하는 과학자들의 연구 특성이기도 하다. 따라서 특정 분야로만 국한지으면 변함없이 탁월한 그들의 활동을 전반적으로 서술하지 못할 수도 있다.

이 책의 주요 특징은 광범위한 국제적 성격에 있다. 나의 우상들은 4개 대륙, 18개 나라에 이를 만큼 배경과 지역이 다양하다. 그들 중 절반이 유럽 출신이고, 3분의 1은 미국 출신, 나머지는 아시아 및 오스트레일리아 출신이다.

이 책은 크게 세 부분으로 구분되어 있다. 남편과 함께 연구했던 내 자신의 초기 경험 때문인지, 다른 '과학자 부부'에 관심을 갖게 되었다. 이런 연구 환경은 기쁨의 원천이지만 두 사람의 공동 연구는 여성에게 단점으로 작용한다. 대개 공로는 남편에게 돌아가고 그 반대 경우는 매우 드물다. 과학 분야에서 최초의 여성 노벨상 수상자 세 명은 모두 과학자 부부였다. 과학자 남편과 공통의 관심을 가지는 것은 여성들이 과학에서 경력을 쌓기 힘들었던 지난 세기 전반에는 장점이 될 수 있었다. 이것은 여성 과학자로서 네 번째 노벨상 수상자인 마리아 괴퍼트 메이어에게도 해당된다. 노벨상 수상의 계기가 된 그녀의 발견이 남편과 함께한 공동 연구의 일부가 아니라 해도, 그녀가 연구할 수 있도록 교수 남편이 도와주었기 때문이다. 이 책의 1장 '과학자 부부'에서는 최초의 노벨상 수상자 세 명을 먼저 소개하고, 그다음 과학자들은 알파벳 순서로 소개할 예정이다.

2장의 제목은 '정상에 선 여성 과학자들'이다. 노벨상은 과학자가 받을 수 있는 가장 높은 성취이기 때문에, 노벨상을 수상한 여성 과학자들의 면면을 짧게 개괄했다. 노벨상 역사 113년 동안, 총 16명의 여성이 과학상을 수상했다.* 그중 7명은 이 책에서 상세히 다루지 않아서, 2장의 앞부분에 그들의 업적을 간단히 소개했다. 그다음에는 여러 나라 및 분야에서 두각을 나타낸 상당히 많은 과학자를 알파벳

---

* 2015년 기준으로, 여성은 노벨상 17개를 받았지만 그중 마리 퀴리가 두 번 받았다.

순서로 소개했다. 2장 끝에는 러시아, 인도, 터키 세 나라의 여성 과학자들을 따로 소개했다. 이는 이 세 나라를 대표하는 여성 과학자들이 거의 알려지지 않았기 때문이다. 1917년 볼셰비키 혁명 이후 과학에 종사한 여성이 상당히 많았음에도 러시아 여성 과학자에 관한 정보가 거의 없다는 사실이 흥미로웠다. 1990년대 초에 정치적 변화가 있었지만 러시아에서는 젠더 이슈가 거의 발생하지 않았다. 그 이유는 논쟁을 벌일 만한 젠더 이슈가 없어서였을까? 인도와 터키의 경우, 그 사회의 전통적인 여성 역할을 감안하면 여성이 어떻게 과학자로서 성공할 수 있는지 살펴보는 것은 매우 흥미진진한 일이다. 마지막으로 3장 '고위직에 오른 여성 과학자들'은 커리어의 어느 시점에 과학 행정에 참여해 대학 또는 대규모 연구기관의 수장이 되거나 다른 주요 고위직을 맡은 여성 과학자를 소개했다.

WOMEN

1장
·
과학자
부부

SCIENTISTS

INTRO

'과학자 부부'에 대하여

이 장에서는 경력 중 적어도 일정 부분을 긴밀히 공동 연구를 수행한 부부 과학자들을 다뤘다. 가장 잘 알려진 사례는 과학 분야 최초로 노벨상을 받은 여성들로, 첫 여성 노벨상 수상자 세 명 모두 과학자 부부였다.

마리 퀴리는 첫 노벨상을 남편인 피에르 퀴리와 공동 수상했다. 두 사람은 방사선 연구로 1903년 노벨 물리학상을 받았다. 방사선 현상을 처음 발견한 과학자는 앙리 베크렐Henri Becquerel이었다. 남편이 사망한 후 1911년 마리 퀴리(결혼 전 성은 스크워도프스카Skłodowska)는 노벨 화학상을 받았다. 그다음에 노벨 과학상을 수상한 여성은 그들의 딸 이렌 퀴리Iréne Curie다. 그녀는 1935년에 남편 프레데리크 졸리오Frédéric Joliot와 공동으로 노벨 화학상을 수상했다. 세 번째 부부 칼 코리Carl Cori와 거티 코리Gerty Cori는 1947년에 노벨 생리의학상을 공동 수상했다. 1963년에 노벨 물리학상에서 여성 수상자 마리아 괴퍼트 메이어를 배출하기까지 15년이 더 걸렸다. 그녀의 노벨상 수상 연구 업적은 남편과 같이 한 것이 아니었으나 그녀가 연구할 기회를 갖게 된 것은 남편이 교수직에 있었기 때문이다.

마리 퀴리와 거티 코리가 노벨상을 남편과 같이 받은 것은 결코 우연이 아니었다.* 지난 세기 전반기에 여성이 대학 교육을 받는 것은 쉬운 일이 아니었다. 대학 교수 자리를 얻는 것은 훨씬 더 어려웠다. 이것을 보여주는 사례가 많다. 에미 뇌터(1882~1935)는 뛰어난 독일 수학자였다. 1910년대에 독일 대학에서는 남성들만 교수 임용 수련 과정을 밟을 수 있었다. 유명한 독일 수학자, 펠릭스 클라인Felix Klein 과 다비트 힐베르트David Hilbert는 괴팅겐 대학교로 에미 뇌터를 초빙하려 했지만 반대가 심했다. 수학을 전공하지 않은 철학 교수진은 전쟁에서 돌아온 군인들이 "여성의 발아래에서 강의를 수강"한다는 생각이 들지 않게 해야 한다고 주장했다. 힐베르트는 화를 내며 다음과 같이 반박했다. "후보자의 성별이 대학에서 강의할 수 있는 프리바트도젠트Privatdozent(객원 강사) 자격을 허가하는 데 무슨 관계가 있는가. 무엇보다 대학은 대중 목욕탕이 아니다."[1]

마리 퀴리와 거티 코리는 성공한 과학자와 결혼함으로써 과학 기술 분야에서 일할 수 있는 기회를 얻었다. 이 상황은 그들의 남편에게도 행운이었다. 그들의 살아온 이야기를 보면 공동 연구가 두 파트너에게 서로 도움이 되었다는 사실을 알 수 있다. 재능을 합쳐서 공동으로 연구한 결과물이 따로 연구해서 얻은 성과보다 훨씬 컸다.

---

* 이렌 퀴리는 달랐다. 그녀는 부모의 성공과 명성에 힘입어 각광을 받으며 성장했다.

퀴리 '명가'

물리학자와 화학자

실험실의 마리 퀴리와 피에르 퀴리
(신시내티 대학교, 화학사 외스퍼 컬렉션 제공)

마리 퀴리는 과학 분야의 젊은 여성들에게 오랫동안 으뜸가는 롤 모델이었다. 그녀는 여러 가지 면에서 '첫 번째'이자 '유일한' 여성이었다.

- 소르본 대학교 최초의 여성 강사, 교수, 실험실 책임자
- 최초의 여성 과학 노벨상 수상자
- 최초의 2회 노벨상 수상자
- 노벨상을 2회 수상한 유일한 여성
- 다른 분야에서 두 개의 노벨 과학상을 받은 유일한 수상자
- 딸도 노벨상을 수상한 유일한 노벨상 수상자
- 자신의 공로로 파리의 판테온Pantheon에 안장된 최초의 여성

그녀의 삶에는 이야깃거리가 많았고, 그 이야기는 사람들을 매료시켰다. 여기서는 과학자 부부라는 주제와 특별히 관련된 몇 가지 점만 언급하겠다.

마리와 피에르, 두 사람 중 누가 더 훌륭한 과학자일까라는 질문이 제기될 수 있다. 이 질문은 답하기가 불가능하며, '훌륭한 과학자'를 정의하는 방법에 따라 달라지기도 한다. 피에르는 마리보다 나이가 여덟 살 더 많았고, 두 사람이 만나기 전에 이미 중요한 발견을 했다. 그는 동생 자크Jacques와 수년간 공동으로 연구해서 압전효과piezoelectric effect(물체에 기계적인 힘[압력]을 가하여 변형을 주면 표면에 전압이 발생하고, 반대로 물체에 높은 전압을 가하면 기계적인 변형이 일어나서 이동하거나 힘이 발생하는 현상—옮긴이)를 발견했다. 피에르 퀴리는 단독으로 대칭symmetry에 관해서 중요한 관찰을 실시했고, 강자성ferromagnetism(외

부의 자기장이 없는 상태에서도 자성이 남는 자기적 성질 — 옮긴이)에서 상자성 paramagnetism(외부의 자기장이 있을 때는 자기적 성질을 갖고, 외부 자기장이 사라지면 다시 자기적 성질을 잃는 성질 — 옮긴이)까지의 전이를 설명할 수 있는 법칙을 발견했다(이 전이 온도를 '퀴리 점'이라고 부른다).

그렇지만 피에르는 마리를 만날 때까지만 해도 별로 유명하지 않았으며 프랑스 학술원 회원도 아니었다. 그는 연구 결과를 낳이 발표하지 않았고, 다른 사람들의 인정과 명성에도 관심이 없었다. 그의 초기 연구가 알려지게 된 것은 대부분 마리 퀴리의 저서에 나오기 때문이다.[1] 방사능(그녀가 고안한 용어) 연구를 시작한 것은 마리였고, 그 중요성을 깨달은 피에르는 뒤늦게 합류했다. 두 사람의 방사능 공동 연구가 성공하는 바람에 피에르는 꾸준히 해온 자기학 및 결정학 연구를 대부분 포기했다. 의심의 여지 없이, 마리는 피에르가 명망 있는 과학자가 되는 데 중요한 역할을 했다. 마리가 없었으면 그러지 못했을 것이다.

그들의 공동 연구가 성공에 이르게 된 것은 서로를 보완했기 때문이다. 피에르는 생각과 결론을 표현하는 데 시간을 많이 들이는, 신중하고 내성적인 사람이었다. 위대한 프랑스 물리학자 폴 랑주뱅Paul Langevin은 피에르 퀴리가 아이디어에 대한 열정을 갑자기 보여주는 사람이 아니며, 그가 행동을 가장 빨리 취한 때는 마리와 결혼하기로 결정했을 때라고 지적한 바 있다. 전기 작가 헬레나 피시오Helena Pycior에 따르면, 피에르는 '가족' 과학자였다.[2] 외로운 과학자일 거라는 통념과 달리, 그는 협력을 잘하고 가족과 일하는 것을 좋아했다. 처음에 같이 일한 사람은 동생 자크였다. 자크 역시 연구 결과를 보급하는 데는 별 관심이 없었다. 자크가 파리를 떠난 직후 피에르는 마리를 만났다. 그는 마리가 사생활과 과학 쪽에서 완벽한 파트너가 될 거라고 생각했다. 마리는 피에르를 성공적인 과학자로 만드는 능력이 있었다. 그녀는 피에르와 기질이 정반대였다. 그녀는 생각이 빠르며 과감하게 결론을 내리고 발표하는 것을 주저하지 않았고 자기 업적을 인정받는 일에 상당히 관심이 많았다. 두 사람은 서로 다른 특성이 어우러지는 것이 성공에 이르는 올바른 길임을 보여주었다.

공동으로 연구를 진행하는 경우, 대개 나이가 적은 사람이 공로를 인정받지 못하고 그 업적을 연장자에게 돌리는 경향이 있다. 이것을 '마태 효과Matthew Effect'라고 한다.[3] 이 용어는 "무릇 있는 자는 받아 넉넉해지되 없는 자는 그 있는 것도 빼앗기리라"(마태복음 13:12)라는 성경 구절에서 유래한 것이다. 이 효과는 남성과 여성의 협력이 이루어질 때 종종 발생하며 과학도 예외는 아니다. 마거릿 로시터Margaret Rossiter는 이를 '마틸다 효과Matilda Effect'*로 부르자고 제안했다.[4] 퀴리 부부를 볼 때, 사람들은 대체로 피에르를 '사상가'로 인정했다. 실제로 그는 위대한 사람이었다. 이제 문제는, 마리를 묘사하는 방식이다. 피에르가 사상가라면 그녀는 일을 마무리하는 실행가임에 틀림없다. 세계적으로 유명한 물리학자 발렌타인 텔레그디Valentine Telegdi는 다음과 같이 논평했다. "그녀는 위대한 과학자다. 그녀는 위대한 정신의 소유자는 아니었지만 위대한 과학자다. 그녀의 남편은 위대한 과학

---

* 이 용어는 미국 여성 인권 운동가 마틸다 조슬린 게이지(Matilda Joslyn Gage, 1826-1898)에서 유래했다. 그녀는 여성의 업적이 종종 남성 동료 덕분이라고 간주되는 현상을 처음으로 밝혔다.

자이자 위대한 정신의 소유자다. 그러나 그녀는 자신이 실행한 것을 통해 위대한 과학자가 되었다…".[5]

퀴리의 딸 이렌은 어머니를 "과학 분야에서도 즉각적인 행동을 지향하는 사상가-실행가"로 묘사했으며, 아버지를 "훌륭한 실험가이자… 사상가"라고 서술했다.[6] 마리가 좋아하는 피에르의 이미지는 앞을 바라보고 손 위에 자기 머리를 얹은 모습이었다. 그녀는 이 이미지를 두 사람의 친구 오귀스트 로댕Auguste Rodin의 조각 〈생각하는 사람The Thinker〉과 연관 지어 생각할 수 있었다.[7] 심지어 그녀는 로댕의 조각품과 피에르의 사진처럼 자기 머리를 손 위에 얹은 자세로 사진을 찍기도 했다.[8]

19세기 말이라는 당시 과학계의 분위기를 감안한다면, 그녀가 처음부터 정당하게 인정받았다는 점이 다소 놀랍다. 피에르와 마리(아마도 그녀의 선명지명 덕분에)가 책을 펴내는 방식에 무척 신경을 썼기 때문에 그랬을 것이다. 그들은 항상 연구 결과를 출간할 때 누가 무엇을 했는지 설명했다. 마리는 자기 이름으로 펴낸 단독 출판물도 있었다. 노벨상이 거론될 때 그녀를 무시할 수 없었던 것은 바로 그런 방식 덕분이었다. 피에르 퀴리는 노벨상 연설에서 "마담 퀴리가 보여주었습니다", "마담 퀴리가 연구했습니다" 또는 "그런 다음 마담 퀴리가 가설을 세웠습니다"라고 구체적으로 언급하면서 연구 결과가 마리의 것이라고 밝혔다. 공동 연구일 경우, 그는 "마담 퀴리 그리고 나는…"이라고 언급했다.[9]

1903년에 공동으로 노벨상을 수상한 이야기는 그 자체로 흥미롭다. 노벨상 규정에 따르면, 문서(심의 과정은 제외. 심의 과정은 기록도 없음)는 수상 시점부터 50년 후에 열람할 수 있으므로 꽤 오래전부터 열람이 가능했다. 1903년 물리학상 후보자는 피에르 단독으로 지명되었다. 그러나 스웨덴 왕립과학원 Royal Swedish Academy of Sciences(RSAS) 회원인 수학자 괴스타 미타크 레플러 Gösta Mittag Leffler가 피에르에게 이 상황을 설명하는 편지를 보냈다.[10] 미타크 레플러는 강한 개성을 가지고 있었으며, 노벨상과 관련된 문제에 개입하곤 했다. 그는 프랑스와 사이좋게 지내던 인물이었다. 그래서 미타크 레플러는 1903년에 피에르에게 편지를 보냈다. 피에르는 마리의 기여가 연구 결과에 필수적이었다고 답장했다. 사실 1902년에 스웨덴 왕립과학원의 프랑스인 회원이 그녀를 추천했었다. 이 외국인 회원은 1903년에 다시 후보자 추천을 요청받았지만, 그때는 후보를 추천하지 못했다. 당시 그가 여전히 마리를 추천하고 싶어 했는지는 논란의 여지가 있다(공식 추천 없이는 노벨상을 받을 수 없다). 사람들이 대체로 원했던 것을 가정하면, 엄격한 추천 규정을 충족하지 못했을지라도 시상 기관은 가끔씩 다소나마 융통성을 부여했고, 마리 퀴리는 정당하게 수상자로 이름을 올릴 수 있었다.

1911년 노벨 화학상 후보자로 두 사람이 마리를 추천했다. 한 사람은 프랑스인이었고, 다른 이는 스웨덴인 스반테 아레니우스 Svante Arrhenius였다. 마리가 수상자로 공표되었을 때, 마리와 폴 랑주뱅의 러브 스토리가 회자되었다. 스웨덴 왕립학술원은 아레니우스에게 그해 12월 노벨상 시상식이 열리는 스톡홀름에 불참할 것을 종용하는 편지를 마리에게 보내라고 요청했다. 그녀는 노벨상은 자기 사생활이 아니라 자신의 과학적 업적에 따라 수여되는 것으로 알고 있기에 시

실험실의 이렌 퀴리와 프레데리크 졸리오퀴리
(신시내티 대학교, 화학사 외스퍼 컬렉션 제공)

상식에 참석한다고 답신을 보냈다. 실제로 마리는 딸 이렌과 함께 시상식 장소인 스톡홀름으로 갔다. 북유럽 여성인권운동협회는 꿋꿋하게 맞서 권리를 주장하는 마리 퀴리를 적극적으로 지지했다.[11]

퀴리의 장녀 이렌은 가족 이외에는 과학이 가장 중요한 세계에서 자랐다. 그녀는 부모가 라듐을 발견한 이듬해인 1897년에 태어났다. 친할아버지 외젠 퀴리 Eugene Curie 는 이렌이 태어나자마자 같이 살면서 사실상 거의 키우다시피 한 사람이다. 피에르와 마리가 노벨상을 받았을 때 이렌은 여섯 살이었고, 그녀는 부모가 받는 명성을 함께 겪으며 살았다. 제1차 세계대전이 발발했을 때 이렌은 여전히 십대였고, 부상자 진단에 사용할 엑스레이 기계를 가지고 전쟁터로 향하는 어머니와 동행하기도 했다.

부모님의 발자취를 따라가는 것이 당연하다고 여겼기에 이렌에게 직업 선택은 질문거리도 되지 않았다. 아버지가 죽은 후에, 그녀는 어머니와 더 가까워졌다. 물론 이렌의 경우, 과학과 명성으로 향하는 길이 마리보다 더 수월했다. 그녀가 가족 전통을 계승하는 것은 아주 자연스러운 일이었다. 제1차 세계대전 후, 그녀는 라듐연구소Radium Institute에서 적정 급여를 받으면서 어머니와 함께 일했다. 이렌은 거기서 프레데리크 졸리오를 만났다. 둘은 1926년에 결혼했으며, 어머니는 그들을 위해 새 아파트를 구입했다.

몇 년 후, 이렌과 프레데리크는 함께 일하기 시작했다. 두 사람의 공동 연구는 몇 년간 진행되었는데, 그들은 이때 인공 방사능을 발견했다. 알파 입자로 알루미늄을 충돌시켰을 때, 중성자 방출은 줄어들지만 양전자 방출이 계속된다는 사실에 주목했다. 알파 입자로 알루미늄을 충돌시키면 방사성 인을 생성하고 결국에는 인이 양전자를 방출하고 규소로 붕괴된다는 것을 알게 되었다. 1935년 그들은 노벨 화학상을 공동으로 받았다.

그들 부부와 그녀의 부모는 비슷하면서도 차이가 있었다. 피에르처럼 프레데리크는 실험 도구를 잘 만들었다. 그러나 프레데리크가 사교적이었고 이렌은 내성적이었다.

이렌과 프레데리크의 경력에서, 실험을 통해 발견할 수 있었던 중요한 것들을 그만 지나쳐버린 경우가 몇 차례 있었다. 그렇다고 해서 인공 방사능 발견이라는 업적의 중요성이 줄어들지는 않는다. 오히려 그들이 지닌 엄청난 창조적 능력을 보여준다. 여기에서는 그들이 놓쳤던 것 중 가장 눈에 띄는 한 가지만 언급하겠다. 자료에 따르면, 1938년 이렌과 그녀의 연구팀은 실험에서 핵분열을 관찰했지만 그것을 인식하지 못했다. 이 무렵 노벨상을 받은 이렌과 프레데리크는 더 이상 함께 연구하지 않았다. 그들의 딸이자 저명한 물리학자인 엘렌 랑주뱅 졸리오 Hélène Langevin-Joliot 는 그녀의 부모로부터 "우리가 공동 연구를 계속했다면 핵분열을 발견했을 텐데…"라는 말을 들었다고 한다.[12]

두 사람이 가장 생산적으로 과학적 성취를 이룬 시기는 공동으로 연구할 때였다. 그들이 함께 연구하던 초기에는 여느 과학자 부부와 달리, 매우 특이한 상황이 펼쳐졌다. 처음에는 이렌이 리더이자 권한을 지닌 사람으로 바깥세상에 모습을 드러냈다. 프레데리크는 과학 분야에서 자기가 그녀와 동등한 발판 위에 서 있다는 것을 입증해야 했다. 둘은 다른 시기에 공직에 등장하기도 했다. 프레데리크는 헌신적인 공산주의자이자 소련을 지지하는 사람이었고 정치에 많이 개입했다. 그는 자기 이름에 퀴리를 추가하는 게 좋겠다고 생각했고, 이후 프레데리크 졸리오퀴리로 알려지게 되었다. 이렌은 자기 어머니와 마찬가지로 방사선의 영향을 받아 58세의 나이로 사망했다. 중성자를 발견한 노벨상 수상자 제임스 채드윅 James Chadwick 은 이렌의 부고 기사에 "과학 연구에서 그녀의 부모에 필적할 만한 생산적 천재성을 지닌 아내와 남편의 협력"이라고 하면서 이렌과 프레데리크의 업적을 기렸다.[13]

이렌과 프레데리크 졸리오퀴리는 두 명의 자녀를 두었다. 엘렌과 피에르 졸리오가 그들이다. 둘 다 과학자가 되었는데, 엘렌은 핵물리학자, 피에르는 생물물리학자가 되었다. 엘렌은 폴 랑주뱅의 손자인 미셸 랑주뱅Michel Langevin과 결혼했다. 지금까지 단 세 명의 퀴리, 즉 피에르 퀴리, 프레데리크 졸리오퀴리, 피에르 졸리오만 프랑스 학술원의 회원이 되었다는 사실은 언급할 만한 가치가 있다. 이들 못지않게 성공했고 잘 알려진 과학자였지만 여성들은 프랑스 학술원 회원이 되지 못했다. 마리 퀴리, 이렌, 엘렌 랑주뱅졸리오는 받아들여지지 않았다. 마리와 이렌은 추천되었지만 거절당했다. 1962년에 프랑스 학술원 회원이 된 첫 여성은 마리의 제자인 마르그리트 카트린 페레 Marguerite Catherine Perey였다. 그녀는 1939년에 원소 프랑슘francium을 발견했다.

거티 코리, 칼 코리

생화학자

1946년경 미국 미주리주 세인트루이스에 있는 워싱턴 대학교 실험실의
거티 코리와 칼 코리 (신시내티 대학교, 화학사 외스퍼 컬렉션 제공)

"저에게 주어진 노벨상 수상의 영광에 깊은 감사를 표합니다. … 제 아내도 함께 이 상을 받으니 감개무량합니다. 우리의 공동 연구는 30년 전 프라하 대학교 의대생 시절에 시작되어 그 이후로 계속되었습니다. 우리는 서로를 상당히 많이 보완해가면서 노력했습니다. 아마 혼자서는 이루어내지 못했을 것입니다."[1] 이것은 칼 코리가 1947년 노벨상 시상식 이후에 진행된 연회에서 관례적으로 발표했던 짧은 연설의 일부다. 코리 부부는 글리코겐의 촉매 전환을 알아낸 공로로 노벨상을 수상했다.[*]

거티 코리는 1896년 오늘날의 체코공화국이 오스트리아-헝가리제국이던 시절, 보헤미아 프라하(현재 체코의 수도)의 한 유대인 가정에서 태어났다. 어릴 적 이름은 거티 테레사 라드니츠Gerty Theresa Radnitz. 그녀는 의대에 진학해서 동료 학생 칼 코리를 만났다. 둘 다 생화학에 관심이 있었고, 곧 공동 연구를 시작했다. 그들은 첫 공동 논문을 발표했다. 그 이후에도 두 사람은 공동 과학 논문을 수없이 발표했다. 1920년에 결혼하여 1936년에 아들 하나를 낳았다.

중유럽에서 커져가는 반유대주의 정서 때문에, 코리 부부는 이민을 떠나기로 결정했다. 두 사람의 전 동료이자 1959년 노벨상 수상자인 아서 콘버그Arthur Kornberg는 이렇게 말했다. "나는 1920~1921년에 코리 부부를 유럽에서 떠나게 만든 반유대주의 트라우마를 이해합니다. 이렇게 유럽이 혼란한 시기에 칼은 거티가 학문적 성과를 내지

---

[*] 세 번째 노벨상 수상자 베르나르도 알베르토 우사이(Bernardo Alberto Houssay)는 촉매 전환과는 관련 없는 발견으로 상을 받았다.

못할까봐 걱정했습니다."[2] 1922년에 칼은 뉴욕 버팔로에 위치한 로즈웰파크 암연구소에 임용되었다. 거티는 이 연구소에서 보조 병리학자 자리를 얻는 데 약 반년이 걸렸다. 그들은 담당 업무 이외에 원하는 모든 연구를 자유롭게 할 수 있었고, 이 기회를 열정적으로 활용했다. 그들은 이 연구소에서 지낸 9년 동안 방대한 양의 연구물을 출판했으며 대부분 저작권을 공유했다. 두 사람은 논문에서 번갈아가며 제1저자 역할을 했다. 연구소에서 시작한 두 사람의 연구는 결국 노벨상 수상으로 이어졌다.

두 사람의 상보성相補性은 연구 스타일에서 뚜렷하게 드러났다. 그들의 제자 중 한 명인 저명한 과학자 밀드러드 콘Mildred Cohn은 다음과 같이 언급했다. "그들의 공동 연구 방식은 주목할 만합니다. 칼이 문장을 시작했으면 거티가 그 문장을 끝내는 식이죠. 두 사람은 서로를 완벽하게 보완하는 관계였습니다. 성향은 완전히 딴판이었어요. 칼은 냉담했으나 거티는 매우 사교적이고 외향적이었습니다. 칼은 사람을 보는 통찰력은 있지만 외향적인 성향은 아니었어요. 그들은 노벨상 시상식 연설 원고를 나에게 미리 읽어보고 코멘트를 해달라고 부탁했습니다(칼이 절반을 썼고 거티가 그 나머지를 썼습니다). 제 남편에게 그것을 보여주었더니, 남편은 누가 어디에서 끝냈고 어디서부터 다른 사람이 시작했는지 정확히 구별해내더군요."[3]

노벨상을 수상하기 몇 년 전이었다. 그들이 명성을 얻어가면서 칼 코리에게 매력적인 일자리 제안이 여러 개 들어왔다. 하지만 친족등용금지법 때문에 어떤 제안도 거티의 구직 가능성이 포함되지 않았다. 예를 들어, 로체스터 대학교는 그가 아내와 함께하던 공동 연구를 중단할 경우에만 직장을 얻을 수 있다고 규정했다. 그가 그 제안을 거절하자, 대학 측은 거티에게 남자가 자기 아내와 함께 일하는 것은 미국인답지 않은 처신인데도 불구하고, 그녀가 이를 주장함으로써 남편의 경력을 망치고 있다고 말했다.[4]

마침내 그들은 미주리주 세인트루이스에 있는 워싱턴 대학교에 직장을 얻었다. 사립대학교라서 친족등용금지법을 따르지 않았다. 칼은 약리학과 정교수이자 학과장이 되었고, 거티는 연구원 직책을 얻었다. 거티 코리는 연구원으로 약 15년간 일한 후 1946년, 노벨상을 받기 바로 전 해에 새로 설립된 생화학과 학과장이 되면서 정교수가 되었다. 워싱턴 대학교에서 근무하는 동안 두 사람은 함께 연구를 계속했고 중요한 결과를 만들어냈다.

처음부터 그들의 연구 목표는 인체에서 에너지가 생산되고 전달되는 방식을 이해하는 것이었다. 특히, 그들은 우리 몸에 저장된 당糖, sugar이 어떻게 근육 속으로 들어가고 어떻게 운동에 필요한 에너지로 변환되는지 규명하려고 했다. 이것을 탄수화물 신진대사라고 한다. 무수한 실험 끝에 결국 그들은 무슨 일이 일어나는지 밝혀냈다. 당(포도당glucose)은 글리코겐이라고 불리는 다당류의 형태로 우리 몸의 간세포와 근육에 저장되어 있다. 우리가 운동을 하면 근육의 글리코겐이 분해되고, 젖산lactate을 생성하여 근육에서 혈류로 확산된다. 혈액 속의 젖산은 간으로 이동하여 거기서 포도당으로 변하거나 글리코겐으로 저장되어 근육으로 다시 전송된다. 코리 부부는 이 순서를 '탄수화물의 순환'이라고 이름 붙였지만, 지금은 코리 회로Cori cycle라고 알려져 있다.

1930년대 후반에 코리 부부는 연구 주제를 효소학으로 바꾸었다. 그들은 다른 효소와 함께 글리코겐을 포도당으로 분해하는 반응을 유도하는, 인산화 효소라고 불리는 효소를 인식하고 분리했다. 후고 테오렐Hugo Theorell은 1947년 노벨상 시상식 연설에서 이렇게 말했다. "화학자에게 합성이란 그 물질이 어떻게 생성되는지를 설명해주는 확실한 증거가 되죠. 코리 교수는 순수한 상태로 준비된 여러 효소의 도움을 받아 시험관에서 글리코겐을 합성하는 놀라운 성과를 달성했습니다. 유기화학의 방법만으로는 이 합성이 불가능했을 겁니다. … 코리 효소들은 특정한 결합만을 선호했기 때문에 이 합성이 가능했습니다."[5]

세인트루이스의 코리 실험실은 효소학에서 세계적으로 중요한 센터 중 한 곳이 되었다. 전 세계의 재능 있는 연구자들이 이곳을 연구차 방문했다. 그 동료들 중 여섯 명이 노벨상을 수상했다. 아서 콘버그는 이렇게 말했다. "세인트루이스의 칼 코리, 컬럼비아의 한스 클라크Hans Clark 그리고 아마도 몇 개 연구소를 제외하고, 미국에는 당시 유대인과 난민들에게 우호적인 실험실이 거의 없었습니다. 내 영웅 중 한 명인 칼 코리는 세베로 오초아Severo Ochoa, 헤르만 칼카르Herman Kalckar, 루이스 를루아르Luis Leloir를 비롯해 그 밖에도 많은 사람을 위해 연구소를 만들었습니다."[6]

1947년 거티 코리는 특이한 빈혈증 진단을 받고 그 후 10년 동안 앓았다. 그녀는 평생토록 차별을 수없이 겪어야 했다. 코리 부부는 경력을 시작하는 순간부터 함께 일을 해왔지만, 수십 년 동안 인정받은 사람은 칼 코리뿐이었다. 그는 혼자서 많은 상과 영예를 얻었다. 예를 들어, 1940년에 이미 칼은 미국 국립과학원 회원으로 선출되었으나, 거티는 노벨상 수상 이후인 1948년에야 회원이 될 수 있었다. '2류 연구원'이라는 이미지 탓에 그녀가 얼마나 좌절을 겪었는지 보여주는 재미난 에피소드가 있다. 어느 날 워싱턴 대학교 학장이 거티에게 록펠러 재단 연구비 신청서에 첨부할 연구 보고서를 작성하라고 지시했다. 그녀는 이 보고서에 "코리 부부"의 연구와 "그들"이 발견한 것들을 썼다. 학장은 이 보고서를 수정하지 않고 보냈지만, 록펠러 재단의 누군가가 보고서 표현을 "코리 부부" 대신에 "코리 박사"로, "그들" 대신에 "그"라고 수정했다.[7]

오사카 대학의 저명한 과학자 하야시 오사무_{早石修}는 이렇게 말했다.

그들 부부는 훌륭한 과학자일 뿐만 아니라 훌륭한 인간이었습니다. 그들이 어릴 적에 유럽에서 이민 온 경험은 나에게 큰 도움이 되었습니다. … 코리 부부에게는 원대한 비전이 있었습니다. 칼은 훌륭한 리더였지만, 거티 없이는 성공하지 못했을 겁니다. 그녀는 훌륭한 과학자인 동시에 훌륭한 실험주의자였기 때문이죠. 칼은 본인의 유명세 덕분에 항상 바빴지만 거티는 실험실에서 계속 연구를 실시했습니다. 나에게 문제가 생기면 그녀는 아무리 바빠도 저하고 이야기할 시간을 내주었습니다. 내가 칼을 만나야 할 일이 있으면, 거티는 항상 만남을 주선해주었습니다. 그들은 탁월한 동반자였습니다.[8]

일로나 뱅가, 조세프 발로

생화학자와 생의학자

왼쪽: 1954년, 부다페스트에서 조세프 발로, 마티야스 발로, 일로나 뱅가
(부다페스트의 마티야스 발로 제공)
오른쪽: 1930년대와 1940년대, 세게드 대학교의 알베르트 센트죄르지와 일로나 뱅가
(가보 토트 및 세게드 대학교 클레벨스베르크 도서관 제공)

1952년, 일로나 뱅가Ilona Banga는 헝가리 의회로부터 코슈스상Kossuth Prize 수상자로 선정되었다는 전보를 받았다. 그 상은 헝가리 과학자가 받을 수 있는 최고 영예였다. 그러나 그녀는 남편과 공동 연구자를 제외한 단독 수상이라는 것을 알고 수상을 거절했다. 남편이 수상 대상자에서 누락된 것은 실수가 분명했는데, 시상 기관은 실수를 인정하기는커녕 그녀의 행동이 적대적이라고 경고했다. 당시 헝가리에 소비에트식 독재 정권이 들어섰기 때문에 가능한 일이었다. 이 사건은 큰 반향을 불러일으켰다. 그녀는 함께 연구한 사람들의 업적은 분리될 수 없다고 대응했다. 1953년 스탈린이 사망한 후 정치 상황이 다소 느슨해졌고 이전의 실수가 시정되었다. 1955년, 일로나 뱅가와 그녀의 남편 조세프 발로József Baló는 엘라스틴elastin과 엘라스타아제elastase 효소의 발견으로 코슈스상을 공동으로 수상했다.

의학 박사 조세프 발로1895-1979는 세균학, 면역학, 기생충학 분야의 연구를 광범위하게 수행했다. 그는 '발로 질병'으로 잘 알려진, 뇌의 희귀한 병리학적 질병 상태를 발견했다. 그는 1940년 헝가리 과학원의 발언권 회원corresponding member으로 선출되었고 1948년에 정회원이 되었다. 그러나 1949년에 그는 헝가리 과학원의 다른 많은 회원들과 함께 고문advisior으로 격하되었다. 이것은 국가를 장악한 공산 정권이 과학원 회원 자격을 전면 개정함에 따라 나타난 결과였다. 참고로, 격하된 회원들 중 대부분은 안타깝게도 그들이 죽은 뒤인 1989~1990년(정치적 변화 시기)에 다시 승격되었다. 1956년에 발로는 다시 과학원 회원으로 선출되었는데, 이는 매우 드문 경우였다. 그의 아내는 끝내 헝가리 과학원 회원이 되지 못했다.

일로나 뱅가는 1906년에 헝가리 남동부에 위치한 농업 도시 호드메죄바샤르헤이Hódmezővásárhely에서 태어났다. 그녀는 의학 공부를 하고 싶었지만, 그녀의 어머니는 의사가 여성에게 적합한 직업이 아니라고 생각했기 때문에 대신 화학을 공부했다.[1] 그녀는 고향에서 멀지 않은 세게드에서 대학 공부를 시작해 빈 대학교에서 학업을 이어갔으며 헝가리 데브레첸 대학교에서 학업을 마쳤다. 그녀는 1929년에 화학 분야 석사학위를 받았으며, 세게드 대학교 약용화학 연구소에서 장래에 노벨 수상자가 될 알베르트 센트죄르지Albert Szent-Györgyi의 조수로 일을 시작했다.

그녀는 센트죄르지의 첫 번째 동료이자, 크게 성공을 거둔 동료 중 한 명이었다. 그들은 약 15년 동안 함께 일했으며 공동으로 쓴 논문이 25건이고, 그중 다수를 유수의 국제 학술지에 게재했다. 그녀는 센트죄르지의 연구에 적극적으로 참여했고, 그 연구 덕분에 센트죄르지는 1937년에 노벨 생리의학상을 받았다. 그들의 연구 주제는 두 가지였다. 하나는 근육 조직의 호흡을 조사해 생물학적 연소 과정에서 푸마르산fumaric acid의 중요성을 입증하는 것이고, 다른 하나는 비타민 C의 역할과 헝가리 파프리카에서 추출한 다량의 비타민 C 조제용 물질에 대한 연구였다. 비타민 C의 대규모 조제용 물질을 기술하는 논문에 저자로 이름을 올린 사람은 센트죄르지와 뱅가, 이 두 사람이었다.[2]

센트죄르지는 아이디어가 풍부했으며, 뱅가가 완벽한 실험자라는 사실을 알았다. 그는 뱅가를 일루스카Iluska라고 불렀다. 그녀는 일에 헌신적이었다. 그녀는 실험에 관해서는 세심하고 독창적이었고, 관찰의 재현 가능성을 보장하려고 많은 실험을 동시에 수행했다. 이 작업은 복잡하고 종종 지루했다. 예를 들어, 충분한 양의 비타민 C를 준비하려면 약 1톤의 세게드 파프리카를 사용해야 했다. 센트죄르지가 노벨상을 받자 연구팀은 국제적인 관심을 불러일으켰으며, 일로나와 그의 동료들은 해외로부터 초청을 받기도 했다. 그녀는 또 다른 미래의 노벨상 수상자인 세베로 오초아와 함께 옥스퍼드에서 비타민 B_1의 생화학을 연구했다.

센트죄르지는 노벨상을 받고 나서 기로에 섰다. 과학 분야의 훌륭한 정치가가 될지 또는 연구에 전념해야 할지 결정해야 했다. 그는 후자를 택하고 새로운 방향, 즉 근육 연구를 시작했다. 그의 새로운 관심은 1939년에《네이처Nature》에 실린 엔겔가르트Engelgardt와 류비모바Lyubimova의 논문에서 찾아볼 수 있다.[3] 러시아의 두 학자는 근육 수축을 담당하는 물질이 미오신myosin 효소라는 것을 밝혀냈다. 그것의 역할은 단순히 아데노신삼인산(ATP)을 분열시키는 것이 아니라 에너지를 방출하는 것이었다. 실제로 미오신 자체가 이 활동을 일으켰다. 이 발견으로 이 분야에서 더 많은 발견의 가능성이 열렸다. 센트죄르지는 미오신과 아데노신삼인산 사이의 상호작용을 이해하는 것이 근육 수축에 대한 이해를 이끌어낼 것이라고 인지했다. 처음에 센트죄르지와 뱅가는 엔겔가르트-류비모바 실험을 반복했다. 오랫동안 일로나는 이 프로젝트에서 센트죄르지의 수석 공동 연구자였다.

세게드 연구실의 실험 시설은 매우 초보적인 수준이었지만 구성원들의 헌신은 그것을 보완하는 것 이상의 의미가 있었다. 그들은 미오신 사슬을 준비해 식염수에 넣고 ATP를 첨가했다. 그들은 사슬이 갑자기 원래 크기의 약 3분의 1로 줄어들기 시작한 것을 발견했다. 플라스크에서 실제와 같은 움직임을 관찰한 순간이었다. 센트죄르지는 나중에 "어느 정도 알려진 물질의 움직임을 처음으로 병 속에서 보는 것은 아마도 내 인생의 가장 큰 흥분"이었다고 회고했다.[4]

일로나는 다진 토끼 근육을 염분 용액에 넣고 잠시 후에 미오신을 추출하는 실험을 수행하고 있었다. 어느 늦은 밤, 그녀는 시간이 없어서 다진 근육을 밤새 식염수에 놓아두었다. 다음날 아침 그녀는 병 속에서 놀라운 관찰을 하게 되었다. 대개, 미오신은 얇은 액상층이었지만 이번에는 두꺼운 점성의 젤리 같은 물질처럼 보였다. 그들은 즉시 뭔가 중요한 것이라고 여기고는 이 새 물질을 분석했다. 미오신이긴 했지만 이전에 알려진 얇은 액체와는 달랐다. 결국 그들은 미오신 B(원래 것은 미오신 A)라고 이름 지었다. 이 "새" 미오신에 ATP를 첨가하면, 다시 얇은 "예전" 미오신이 되었다.

이것은 그들 연구의 전환점이 되었다. 센트죄르지는 이 연구 과제를 다른 동료인 부교수 페렌츠 브루노 스트라우브 Ferenc Bruno Straub, 1914-1996에게 제공하기로 했다. 센트죄르지는 교수였으므로 실험실에서 연구원의 업무 분장에 관한 모든 것을 결정했다. 스트라우브는 결국 미오신 B가 미오신 A 외에 또 다른 단백질을 포함한다는 것을 확인하고, 이것을 액틴actin이라고 이름 지었다. 그들은 미오신 B를 액토미오신actomyosin이라고 이름을 바꾸었고, "예전" 미오신은 그냥 미오신이라고 불리게 되었다.

이 모든 연구가 제2차 세계대전 기간에 세게드에서 진행되고 있었다는 것은 주목할 만한 사실이다. 센트죄르지는 전쟁 중이라도 연구 결과를 발표해야 한다고 생각했다. 그들은 록펠러 재단의 후원으로 서유럽 과학 학술지를 계속 받았지만 자기들 원고를 폴란드어로 출판할 수는 없었다. 그 대신 그들은 세게드 대학교 정기 간행물에 영어로 결과를 발표했다.[5] 센트죄르지가 뱅가의 실험이 포함된 두 논문의 저자 이름에 그녀의 이름을 넣지 않은 이유는 알 수 없다.

많은 이들이 센트죄르지의 가장 큰 업적으로 근육 연구를 꼽는다. 1954년에 래스커 재단Lasker Foundation은 액토미오신의 발견을 구체적으로 언급하면서 앨버트 래스커 기초의학 연구상을 센트죄르지에게 수여했다. 래스커 재단은 이 상의 수상자가 종종 노벨상을 받는다는 점을 자랑스러워했는데, 이미 노벨상을 받은 과학자에게 수여한 적은 거의 없었다. 센트죄르지의 경우 몇 안 되는 예외 중 하나였으며, 그의 근육 연구는 노벨상을 받은 것과는 별개의 업적으로 수상의 근거가 되었다.

근육 수축을 담당하는 단백질 발견의 역사에 관해 많은 논의가 진행되어왔다.[6] 센트죄르지와 뱅가가 성공적으로 수행한 실험을 갑자기 스트라우브에게 넘겨준 이유는 무엇일까? 뱅가의 아들이며 피부과 의사로 유명한 마티야스 발로Mátyás Baló에 따르면, 스트라우브는 케임브리지에서 막 돌아왔는데, 거기서 새로운 방법을 배워 왔고, 센트죄르지는 새로운 물질이 무엇인지 규명하는 데 그 방법이 유용할 것으로 기대했다고 한다. 센트죄르지는 이 발견에서 스트라우브의 역할을 강조했지만, 1973년 헝가리를 방문했을 때는 마음을 바꿔 자기 책임 아래 실제로 액틴과 액토미오신을 발견한 사람은 뱅가라고 공표했다.

전후 헝가리에서 스트라우브와 뱅가는 전혀 다른 행보를 이어갔다.

스트라우브는 고위직으로 승진했다. 그는 과학원에 선출되었고 결국 부원장을 역임했다. 심지어 공산 정권이 막바지로 접어들 때 헝가리의 명목상 대통령으로 임명되기도 했다. 뱅가는 인정받는 연구원으로 계속 활동했다. 다만, 그녀가 높은 인지도를 얻기까지 스트라우브가 전 동료였던 그녀를 도와주지는 않았던 것 같다.

일로나 뱅가는 뛰어난 과학자일 뿐만 아니라 용감한 여성이자 애국자였다. 제2차 세계대전이 끝나기 전에 독일이 헝가리를 점령한 후, 센트죄르지는 게슈타포를 피해 숨어 지냈다. 뱅가는 약리화학연구소에 있는 장비들을 현명하게 지켜냈다. 그녀는 연구소 문에 헝가리어, 독일어, 러시아어로 '전염성 물질 연구 중'이라는 메모를 붙였다. 그 메모에는 전염성 물질을 제출해야 하는 접수 시간도 적혀 있었다. 이 덕분에 떠나는 독일인과 도착한 소련군은 물론 헝가리 도둑들도 접근하지 못했다.

일로나 뱅가는 1944년에 세게드에서 조세프 발로와 결혼했다. 센트죄르지가 세게드를 떠나 부다페스트로 이주했을 때, 뱅가는 그를 따라갔고, 의과대학의 병리학연구소에서 연구를 계속했다. 그녀는 그곳에서 1970년에 은퇴할 때까지 노화의 생화학적 과정을 연구했다. 1947년에 센트죄르지는 헝가리를 떠났다. 그는 동료들의 해외 구직을 도와주었지만, 뱅가는 국외로 가지 않은 사람 중 하나였다.

그녀는 병리학연구소의 화학 실험실 책임자가 되었다. 그녀는 새 연구 분야인 동맥경화증에 대해 남편과 함께 연구를 수행했다. 그들은 정맥 벽에서 섬유질 분해가 일어나는 원인을 이해하려고 했다. 두 사람은 그것이 유기체가 자체적으로 만들어내는 것이 아닐까 하고 추정했다. 힘든 실험을 수없이 진행한 끝에 그녀는 섬유질 분해 물질이 췌장에서 생산되는 효소라는 사실을 알아냈다. 그 효소는 이후에 엘라스타아제로 명명되었다. 이 발견은 중요한 의미를 지녔지만 그 분야에서는 너무 생소했기 때문에 전문가 대다수가 그 타당성에 의문을 제기했다. 실험을 진행하면서 그녀는 힘겹게 엘라스타아제를 결정체로 만들었다.[7] 이것으로 타당성에 의문을 제기하는 사람들을 설득할 수 있었다. 이것은 일로나 뱅가가 뛰어난 결과를 이끌어낸 세 번째 주요 연구 분야였다. 이번에는 남편과 함께한 공동 프로젝트였다.

일로나 뱅가는 1998년에 세상을 떠났다. 그녀의 동료들과 추종자들 중 상당수는 일로나 뱅가가 인정받긴 했지만 그녀의 업적이 더 많이 인정받았어야 했다고 생각한다. 뱅가는 1940년에 세게드 대학교에서 최초의 여성 객원 강사(부교수와 비슷한 수준)가 되었다. 1950년에 그녀는 교수 임용의 전제 조건인 이학 박사학위[Dsc]를 받았지만, 끝내 정교수가 되지 못했다. 1986년에 그녀는 세게드 대학교가 알베르트 센트죄르지를 기념하여 제정한 첫 번째 메달을 받았다.

그녀는 두 권의 책을 저술했는데, 그중 하나는 영어로 쓴 《엘라스틴과 콜라겐의 구조와 기능 Structure and Function of Elastin and Collagen》이었다.[8] 1962년에 그녀는 동독 할레에 있는 레오폴디나 아카데미 Leopoldina Academy에 선출되었다. 그녀는 긍정적인 태도를 가진 사람이었다. 어렸을 때부터 자기가 가장 좋아하는 일에 몰두했고, 실험실 프로젝트에 도전했으며, 의미 있는 여러 발견으로 보상을 충분히 받았다고 생각했다. 그녀는 "연구는 제 삶의 동기이며, 나에게 성취감을 줍니다"라고 말하곤 했다.[9]

리타 콘포스,
존 콘포스

화학자

1997년, 영국 이스트서식스주 루이스에 있는 그들의 정원에서 존 콘포스와 리타 콘포스
(사진: 이스트반 허기타이)

존 콘포스[1918-2013]는 1975년 효소 촉매 반응의 입체화학에 관한 연구로 노벨 화학상을 공동 수상했다.[*] 그는 리타 해러던스[Rita Harradence]와 함께 오스트레일리아 시드니에서 연구 경력을 시작했다. 나중에 옥스퍼드에서 그녀는 "우리의 협력은 꾸준히 죽을 때까지 지속되었습니다. 카파[Kappa]는 제 상사였어요"라고 말했다.[1][**]

그들은 평생 공동 연구를 수행했다. 그녀의 연구 간행물 중 약 4분의 3이 존과 함께한 공동 연구다. 아무도 노벨상 위원회의 결정에 의문을 품지 않았지만, 노벨상 연설 때 존이 다음과 같이 말했다. "나는 아내 리타 콘포스의 인내와 위대한 실험 기술에 힘입어 화학합성 연구를 많이 수행하여 성공을 거두었습니다. 다른 면에서도 마찬가지입니다. 나는 아내에게 표현할 수 있는 것보다 훨씬 더 많은 것을 빚지고 있습니다."[2]

리타 해러던스[1915-2012]는 오스트레일리아 시드니에서 태어났다. 그녀의 부모는 영국계로, 리타의 조부모는 1880년대 초에 오스트레일리아로 이주했다. 아버지는 목수였고 어머니는 결혼하기 전까지는 시드니의 한 백화점에서 재봉사로 일했다.

리타는 학교 성적이 늘 수석이었다. 고등학교 시절에 그녀는 수학을 좋아했다. 화학을 개별 과목으로 공부하기 시작한 것은 고등학교 끝자락이었지만, 그녀는 훌륭한 선생님으로부터 좋은 영향을 받았다. 고등학교에 입학하기 전에는 대학이라는 말을 듣지도 못했다. 고등학

---

[*] 나머지 공동 수상자는 블라디미르 프렐로그(Vladimir Prelog)였다.
[**] 카파(Kappa, 그리스 문자 κ)는 시드니에서 대학 시절부터 불린 존 콘포스의 별명이다.

교 졸업 자격시험에서 그녀는 화학과 수학 분야에서 일등급 우등 성적을 받았는데, 화학은 뉴사우스웨일스주에서 일등을, 수학은 여학생 중에서 일등이었다. 이 성적 덕분에 17세 때 시드니 대학교에 자동으로 입학하게 되었다. 그곳에서 그녀는 유기화학을 선택했으며, 4학년 때부터 연구를 시작했다.

리타는 3학년 때인 1934년에 존을 처음 만났다. 그녀는 존보나 한 학년 선배였고 나이는 두 살 더 많았다. 그 당시 존 콘포스는 10세 무렵에 시작된 진행성 질환인 이맥경화증 때문에 청력을 완전히 잃은 상태였다. 언젠가 그녀는 값비싼 플라스크의 손잡이를 부러뜨렸는데, 한 친구가 존에게 도움을 요청해보라고 알려주었다. 존이 유리를 불어 만드는 법을 알고 있었기 때문이었다. 이 일을 계기로 그들은 서로 알게 되었고, 긴 주말 동안 블루 마운틴에서 지질을 연구하고 산책을 하는 등 야외 취미 활동을 함께했다. 그들은 각자 화학 연구를 직업으로 선택했다.

석사학위를 받은 리타는 당시 오스트레일리아에서 그 이상으로 공부하기는 어렵다고 생각했다. 부모는 그녀를 지원할 수 없었기 때문에 공부를 더 하기 위해 해외로 나가려면 장학금이 필요했다. 그러나 해외 장학금은 거의 없었다. 오스트레일리아의 여섯 개 대학을 대상으로 한 '1851년 박람회 장학금'은 단 두 건뿐이었으며, 1938년에는 너무 소극적으로 처신하다가 지원하지도 못했다. 그러나 이듬해에는 그녀와 존, 둘 다 지원했다. 그들은 둘 다 옥스퍼드 대학교로 가서 로버트 로빈슨 Robert Robinson 경 밑에서 연구하고 싶어 했다. 존은 이렇게 설명했다. "로버트는 장학금 선발위원회에 있었죠. 그는 우리 두 사람에 장학금을 줄 수 있는 사람이었기 때문에 확실한 동기가 있었습니다."[3] 리타가 선배라서 먼저 추천을 받았고 존은 두 번째였다. 나중에 로버트는 농담조로 "콘포스를 추천하려면 해러딘스도 같이 추천해야 했어요!"라고 회고했다. 그 당시 로버트는 존 콘포스의 뛰어난 능력을 시드니 대학교 교수들에게 들어서 이미 알고 있었다.

리타의 이야기를 들어보자.

우리는 1939년 8월 6일 시드니를 출발해 동양 여객선 오라마(나중에는 군함이 되어 침몰됨)에 탑승했을 때만 해도 서로 친한 사이가 아니었어요. 우리 배가 콜롬보와 아덴 사이 중간 지점에 있었을 때 전쟁이 발발했고, 배는 아프리카를 돌아 방향을 바꾸었어요. 승객 대부분이 그랬던 것처럼 나는 카파에게 물어보았죠. 우리도 케이프타운에서 돌아가야 한다고 생각하느냐고요. 그는 이렇게 대답했어요. "지금 가지 않으면 우리는 결코 갈 수 없을걸요. 나는 계속 갈 겁니다." 그래서 나 역시 그렇게 했답니다. 우리는 배로 11주 반 후에 사우샘프턴에 도착했는데, 옥스퍼드는 이미 학기가 시작된 후였어요.

두 사람은 논문을 쓰던 시기인 1941년에 약혼했고, 그해 9월에 결혼해 1946년까지 옥스퍼드에서 지냈다. 존은 귀가 안 들렸기 때문에, 로빈슨이 국립의학연구소National Institute for Medical Research(NIMR)에 그들의 일자리를 마련해주었고, 거기서 찰스 해링턴Charles Harington의 지도를 받았다. 그들은 이미 시드니에서 함께 연구를 시작했었다. 그들은 교수들과 함께 유기합성 관련 논문 두 편을 출간했다. 그들이 옥스퍼드에서 발표한 논문은 모두 스테로이드 합성과 관련된 내용이었다.

리타의 연구 경력 중 가장 중요한 프로젝트는 분자 내 원자의 3차원적 배열을 다루는 입체화학 분야에서 이뤄졌는데, 콜레스테롤의 생합성 연구와 관련되어 있다. 그들은 옥스퍼드에서 이 연구를 시작하여 NIMR에 임용되었을 때도 그 연구를 계속했다. 그때 두 번째 아이가 태어났고, 리타는 잠시나마 자기가 연구를 계속하지 못할 거라는 생각도 했다. 해링턴이 "내가 연구를 계속하도록 격려했습니다. 연구소의 과학자 아내에게는 파트타임 일만 제공되었죠. 1947년에 복직했어요"라고 말했다. 그 이후 15년간 그녀는 비정규직 신분으로 자신의 실험 기술을 사용하여 연구를 발전시켰다. 연구팀은 화학적 과정에서 분자의 어느 부분이 반응하는지 파악하기 위해 여러 기술을 사용해야 했다. 사용하는 주요 기술 중에 동위원소 표지법이 있었다. 이 방법은 동위원소(한 원자의 다른 동위원소는 양성자 수가 같지만 중성자 수가 다르다)로 분자 내의 하나 또는 다른 원자를 바꾸어야 한다는 것을 의미한다. 반응이 일어난 방식을 이해하기 위해 반응 중 표지가 있는 원자의 경로를 추적했다. 그녀는 수십 가지 방법으로 원자를 분류했는데, 이는 또한 새로운 합성 경로를 고안해야 한다는 것을 의미했다. 연구팀은 몸에서 콜레스테롤이 어떻게 형성되는지 알고 싶어 했고, 마침내 효소가 콜레스테롤의 전구체인 스콸렌squalene이라는 큰 분자를 만드는, 14단계 절차를 재현하는 데 성공했다.

존은 이 연구팀의 책임자였고, 다른 동료도 많이 참여했다. 리타는 실험실의 천재였다. 비록 리타가 나에게 다음과 같이 말했지만 말이다. "카파의 독창성과 입체적인 사고 없이는 이렇게 흥미진진하고 도전적인 연구를 할 수 없었을 거예요. 조지 폽잭^{George Popjak}(이 연구에서 가장 중요한 공동 연구자)과 나는 이 점을 강조하고 싶습니다."

리타를 만나보니 그녀는 아주 겸손하다 못해 수줍어하기까지 했다. 그녀는 화학 분야의 업적으로 많이 인정받지는 못했다. 서식스 대학교에서 받은 명예 박사학위와 오스트레일리아 국립대학교에서 그녀의 이름을 따서 만든 여성용 연구 펠로십이 있을 뿐이다. 나는 그녀에게 본인의 업적에 대해 적절하게 인정을 받았는지 물어보았다. 그녀는 과학계 동료들이 자기가 한 일을 확실히 알아준다고 대답했는데, 그녀에게는 그 점이 중요했다. 그녀는 명성이나 평판 따위는 신경 쓰지 않았다.

그녀는 도전적인 연구 과제와 힘겨운 연구 활동을 수행하는 한편으로, 자녀 세 명을 돌보고 가사 활동을 하느라 어려움이 컸다. 존은 독순술讀脣術을 배운 적이 없어서 그녀는 남편의 귀가 되어야 했다. 자녀가 어렸을 때는 보모가 있었다. 그녀는 1년씩 두 번이나 휴직했고, 어떤 때는 파트타임으로 일했다. "물론 어려웠어요. 세 자녀가 있을 때 가끔 생각했습니다. '내가 이걸 시작하지 않았다면 하지 않을 수 있겠지만, 지금은 포기할 수 없다'라고요. 나는 슈퍼우먼이 아닙니다. 자녀 양육과 독자적인 직업은 양립할 수 없었죠. 우리가 매우 긴밀하게 일했기에 그나마 가능했어요. 실험실에 있을 때 아이들을 생각하지 않는 것보다 집에서 화학을 생각하지 않는 편이 더 쉬웠습니다."

제인 크램, 도널드 크램

화학자

1995년, 캘리포니아주 데저트 팜 자택의 제인 크램과 도널드 크램
(사진: 이스트반 허기타이)

도널드 크램1919-2001은 1987년 노벨 화학상을 장마리 렌Jean-Marie Lehn 및 찰스 페더슨Charles J. Pedersen과 공동 수상했다. 그들은 다른 분자 또는 이온이 결합할 수 있는 '구멍'을 가진 분자를 개발한 공로로 노벨상을 받았다. 이 수상자들이 이룬 업적 덕분에 여러 합성 화학 분야가 빠르게 발전했다. 크램은 이 새로운 화학 영역을 '호스트-게스트host-guest' 화학이라 불렀고, 렌은 이것을 '초분자 화학supramolecular chemistry'이라고 불렀다.

제인 루이스 맥스웰Jane Lewis Maxwell, 1924-은 에모리 대학교에서 유기화학 분야 박사학위를 받았다. 그녀는 매사추세츠주 사우스 해들리에 있는 마운트 홀리오크 칼리지의 화학 교수였다. 제인은 연구 프로젝트를 계기로 도널드 크램과 처음 만나기 시작했다. 그녀는 에모리 대학교의 세미나 주제로 도널드의 연구 주제를 다루었다. 나중에 그녀는 캘리포니아 대학교 로스앤젤레스 캠퍼스(UCLA)에서 그와 함께 안식년을 보냈다. 마침내, 1969년에 두 사람은 결혼했다. 제인은 도널드의 두 번째 부인이었다.

제인은 결혼한 후에 정규직 일자리를 얻지 못했다. 도널드가 "그녀의 유일한 업무는 나를 적절히 유지시켜주는 거예요"라고 말했듯이, 그녀는 UCLA에 임용되지 못했다.[1] 그러나 그것이 그녀가 화학과 영영 작별했다는 것을 의미하지는 않았다. 그녀는 방향을 전환해 남편과 함께 화학에 대한 글을 쓰기 시작했다. 두 사람은 함께 비평 논문과 책을 썼다. 그중에는 초등 교과서와 〈컨테이너 분자와 손님들Container Molecules and Their Guests〉이라는 호스트-게스트 화학에 관한 연구 논문도 있다.[2]

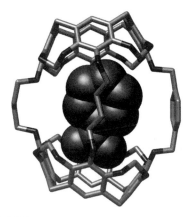

초분자 안에서 결합된 니트로벤젠의 결정 구조. 도널드 크램은
다른 분자와 결합할 수 있는 분자를 개발한 공로로 노벨 화학상을 받았다.
(http://www.wikipedia.org 공용 도메인)

도널드 크램은 두 사람의 공동 저술 활동이 어떻게 이루어지는지
설명했다. "그 작업은 진정한 도전이었죠! 공동 저자들이 서로에게 도
움이 되려면 서로 비평을 해야 합니다. 우리는 서로 사랑하지만, 두
가지 역할을 하다 보면 진짜 싸움으로 번질 때도 있어요. 솔직하고 분
석적인 아내를 둔 게 나로서는 행운이죠. 누구나 비평가가 필요하고
그녀는 나의 비평가입니다. 아마도 그녀는 나보다 더 지적이지만, 그녀
의 사고는 그렇게 창의적이거나 대담하지는 않아요. 우리는 서로를 보
완합니다." 그가 내린 결론은 함께 일하는 부부에게서 흔히 볼 수 있
는 듯하다. "우리가 하는 과학은 너무 까다로워서 한 사람이 성공에
필요한 모든 자질을 갖추지 못합니다. … 우리 부부는 '길버트와 설리
번'의 관계와 비슷합니다. 한 사람은 노랫말을, 다른 사람은 음악을 담

당하죠. 혼자서 노래하는 것은 어려운 일이니까요."[3]

　도널드 크램은 자신의 성공에 두 사람의 상호작용과 아내의 아이디어와 비평이 중요했다면서 항상 감사의 마음을 표했다. 그는 노벨상 수상자 연설에서 이 점을 언급했고, 또 나와 나눈 대화에서도 이렇게 표현했다. "1970년 이후로 내가 제시한 새 아이디어는 전부 그녀의 비평 덕분이었어요. … 그녀가 없었다면 내가 결코 노벨상을 받지 못했을 겁니다. 이것은 매우 분명한 사실입니다."[4]

밀드러드 드레셀하우스, 진 드레셀하우스

물리학자

2002년, 매사추세츠주 케임브리지에서 밀드러드 드레셀하우스와 진 드레셀하우스
(사진: 막달레나 허기타이)

밀드러드Mildred(또는 밀리Millie)는 저녁때 대개 친구들과 함께 실내 악을 연주한다. 그녀는 하루 종일 연구, 교육, 멘토링, 공공 봉사로 바빴더라도 저녁에는 음악을 연주했다. 우리가 만났던 2002년 2월 5일 에도 그들은 브라스 오중주를 연주했다. 밀리 드레셀하우스는 다음과 같이 말했다.[1]

나는 음악을 통해 과학으로 뛰어들었어요. 과학과는 거리가 먼 가정에서 자랐죠. 어렸을 때 음악 장학금을 받았지만, 왠지 과학에 흥미를 갖게 되었고, 대부분 독학으로 과학을 공부했습니다. 내가 열 살 쯤 되었을 때, 폴 드 크뤼프Paul de Kruif의 책《미생물 사냥꾼Microbe Hunters》을 읽었어요. 그것은 나에게 매우 강렬한 영향을 주었죠. 그럼에도 꽤 오랫동안 과학을 직업으로 생각하지는 않았어요. 내가 대학생일 때 … 화학과 수학뿐 아니라 물리학 수업을 들었으므로 이 세 방향 중 어느 쪽으로든 갈 수 있었어요. 대학원 물리학과와 수학과에 둘 다 지원했기 때문에 수학과로 거의 진학할 뻔 했어요. MIT 수학과 대학원 으로부터 장학금과 함께 입학 허가서를 받았거든요. 동시에 물리학 분야에서도 풀브라이트 장학금을 제안받았기 때문에 수학과로 진학하지 않았어요. 풀브라이트 장학금을 받아 해외로 유학을 가는 것이 더 좋은 기회인 것 같았거든요. 그 덕분에 수학자가 아니라 물리학자가 된 거예요.

밀드러드의 부모는 1920년대에 폴란드에서 미국으로 이민 왔다. 밀드러드 스피웍Mildred Spiewak은 1930년 브루클린에서 태어났다. 그녀는 뉴욕시에 있는 헌터 대학교에서 대학 교육을 시작했고, 거기서 로 절린 앨로 Rosalyn Yalow 의 영향을 크게 받았다. 앨로는 연구직 일자리 를 구하는 데 어려움을 겪었는데, 그 때문에 밀리가 좌절하지는 않았 다. "나는 어려움을 느끼지 못했어요. 나는 그녀보다 열 살이나 더 어 렸고, 그래서 부정적인 면이 보이지 않았어요. 로절린 역시 부정적인 것을 그렇게 많이 보지는 않았을 거예요. 우리의 기대가 그다지 높지 않았거든요. 그녀는 어떤 종류든 일자리를 갖게 되어 기뻐했고, 연구 직 일을 좋아했어요."[2]

헌터 대학교를 졸업한 후, 밀리는 풀브라이트 장학금을 받아 영국 케임브리지에 있는 캐번디시연구소로 갔다. 그녀는 래드클리프 칼리 지에서 석사학위를 받았고, 시카고 대학교에서 박사학위를 받았다. 위대한 물리학자이자 교사인 엔리코 페르미 Enrico Fermi 는 여전히 시 카고 대학교에서 교수로 재직하고 있었고, 그녀는 페르미의 양자역학 quantum mechanics 강의를 들었다. 그녀는 페르미의 강의 덕분에 자기 가 물리학자처럼 생각하게 되었다고 믿는다. 불행하게도 모든 교수가 페르미 같지는 않았다. 그녀는 지도교수를 이렇게 평했다. "그는 여성 들이 대학원에 가야 한다고 생각하지 않았어요. 그는 내가 현재 하고 있는 일을 계속 진행해야 한다고도 생각하지 않았어요. 그는 내가 장 학금을 받거나 어떤 식으로든 인정을 받을 때마다 무척 불편해했어 요. 이것을 자원 낭비라고 하더군요. 나를 지도해줘야 할 사람이 바로 이런 사람이었다고요."[3] 이런 역경을 딛고 당시 물리학에서 촉망받던 초전도체 superconductor 분야에서 훌륭한 업적을 이루었다는 것은 바 로 그녀의 결단력과 역량을 입증해주고 있다.

아침에 한 가족을 챙기는 게 늘 문제였죠.
링컨연구소의 상사가 잔소리를 얼마나
해대던지 나는 그 소리를 듣느라
진이 다 빠졌어요. 나는 인간적으로
가능한 한 최선을 다하고 있었거든요.

밀리는 박사과정 때 장래에 남편이 될 사람을 만났다. 유진(진) 드레셀하우스 Eugene(Gene) Dresselhaus 는 반도체 semiconductor 와 반금속 semimetal 에 대한 연구로 캘리포니아 대학교 버클리 캠퍼스에서 박사학위를 받은 후 시카고 대학교에서 박사후 연구원으로 일하게 되었다. 그녀가 박사학위를 받은 1958년에 두 사람은 결혼했다. 진은 이론 물리학자였으며, 코넬 대학교에서 교수직을 얻었다. 코넬 대학교 측은 친족등용금지법 때문에 그녀를 고용하지 않았지만, 그녀는 2년간 미국 국립보건원 National Institutes of Health(NIH) 에서 연구비를 지원받으며 근무했다. 다른 차별의 조짐도 있었다. 어느 학기 초에 전자기 이론을 가르치던 한 교수가 떠나면서 그 과목을 가르칠 사람이 없었던 때였다. 밀리는 그 사건을 다음과 같이 기억하고 있었다.[4]

나는 연구비를 받고 있었기 때문에 아무 보수 없이 그 과목을 가르치겠다고 자원했습니다. 그러자 큰 소란이 일어났어요. 교수진은 일주일

동안 매일 모여서 내가 이 과목을 가르칠 자격 여부를 결정하는 것이 아니라, 젊은 남성들이 젊은 여성인 나에게 주의를 기울일지를 논의하더군요. 나는 전자기 이론 분야에서 연구 경험이 많았죠. 그 과목은 여학생이 한 명도 없었어요. 나이 든 중진 교수들로서는 젊은 여성이 젊은 남학생들을 가르치는 것을 이해하고 받아들이기 어려운 일이었죠. 어쩌면 그들은 내가 결혼했고 아이까지 있었기 때문에 괜찮다고 결정했을 것입니다. 나는 닫힌 문 뒤에서 무슨 일이 일어났는지 정확히 몰랐어요. 하지만 나는 그 과목을 가르칠 수 있는 기회를 얻었고 그 일을 아주 잘 해냈습니다. 몇 년이 지난 후, 그 수업을 들었던 여러 학생을 다른 길에서 만나 그 사실을 더 자세히 알게 되었죠. 그들에게는 다소 색다른 경험이었기 때문에 내 수업을 기억하고 있더라고요. 그 학생들은 그 과목이 자기들에게 얼마나 의미가 있었는지 몇 년이 지난 후에 나에게 말해주었습니다.

2년간의 연구비 지원이 끝났을 때 그녀는 다른 직장을 알아봐야 했다. 진은 본인이 교수 자리를 얻는 것보다 그녀가 일할 수 있도록 해주는 게 더 중요하다고 마음먹었다. 그래서 그들은 둘 다 일할 수 있는 곳을 찾아보기로 결정했다. 그 기회는 MIT에 있는 국방연구소인 링컨연구소가 제공했다. 그곳은 업무가 과중하지 않아서 그들이 하고 싶은 연구는 무엇이든 할 수 있었다. 그녀는 그다지 경쟁이 치열하지 않은 자기광학magneto-optics 분야를 선택했다. 자기장으로 들어가는 물질에 전자기파가 미치는 영향을 연구하는 분야였다. 그녀는 남편의 제안대로 반금속과 흑연graphite을 연구 대상으로 삼았는데, 그것은 탁월한 선택이었다. 그들의 연구는 성공적이었고 흥미로운 결과를 많이 얻었다. 심한 경쟁은 없었다고 해도, 그녀의 삶은 네 명의 자녀와 얽히면서 다소 복잡했다. 아이들은 모두 1959년에서 1964년 사이에 태어났다. 밀리의 상사는 그녀가 매일 아침 지각한다고 잔소리해댔지만 그것도 도움이 안 되었다. 다시 밀리의 말을 들어보자.[5]

아침에 한 가족을 챙기는 게 늘 문제였죠. 링컨연구소의 상사가 잔소리를 얼마나 해대던지 나는 그 소리를 듣느라 진이 다 빠졌어요. 나는 인간적으로 가능한 한 최선을 다하고 있었거든요. 그래서 내 인생의 모든 불편한 감정을 털어버리고 1년을 쉬고 싶었어요. 내가 생산성이 떨어지는 것도 절대 아니었어요. 내 연구의 양과 질에 대해 아무도 불평하지 않았죠. 그들은 내가 8시 정각 대신에 8시 30분에 출근하는 것을 좋아하지 않았습니다. 큰아이가 다섯 살이 채 안 되었습니다. 나는 거의 매년 아기를 낳았기 때문에 모든 일을 제대로 끝내고 오전 8시까지 실험실에 도착하기가 정말 힘들었어요. 나를 비판하는 사람들은 모두 독신자였어요.

다행스럽게도 링컨연구소에서 7년을 보낸 뒤, 그녀는 MIT의 객원교수직을 얻었고, 결국 정규직 교수가 되었다. 진은 링컨연구소에서 10년 동안 더 지냈지만, 그가 진정으로 흥미를 느끼는 연구를 할 수 없었기에 불만을 느끼기 시작했다. 밀리가 MIT 소재 센터의 센터장이 되었을 때의 일이다. 그녀는 연구 프로그램이 너무 방대해 그것을 어떻게 관리해야 하는지 상상조차 할 수 없었다. 따라서 진이 MIT의

밀리 연구실로 옮긴다면 둘 다 도움이 될 것이라는 결론을 내렸다. 두 사람은 그 후 계속 함께 일했다. 그들은 수많은 연구 논문을 함께 발표했고 그 분야의 연구자들이 널리 사용하는 교재를 집필했다. 현재 두 사람 다 MIT 소속으로, 그녀는 물리학과의 명예교수이며, 진은 MIT의 프랜시스 비터 자기연구소Francis Bitter Magnet Laboratory 교수다.

밀리의 가장 중요한 연구 프로젝트는 탄소와 관련이 있었는데, 특히 흑연층 사이에 다른 원소 또는 분자가 삽입되는 층간삽입화합물intercalation compounds에 관한 것이다. 그녀와 연구팀은 나노과학의 발전에 중요한 역할을 해왔다. 그녀는 1970년대 초반에 이 분야의 연구를 시작했다. 그 후 곧 풀러렌fullerene과 나노 튜브nanotube에 관심을 갖게 되었다. 1985년, 텍사스의 한 연구팀이 새로운 형태의 탄소를 발견했다는 소식으로 세상이 떠들썩했다. 그들의 발견은 《네이처》에 발표되었다.[6] 그들은 탄소 원자 60개로 구성되고 축구공처럼 생긴 아름다운 대칭 분자를 버크민스터풀러렌buckminsterfullerene이라 이름 지었고 짧게는 '버키볼'이라 불렀다. 그때까지 드레셀하우스 팀도 이미 수년 동안 관련 연구에 참여해왔었다.[7]

스몰리Smalley와 그 밖의 다른 사람들보다 먼저, 1980년대 초에 우리는 다른 사람들이 한 것처럼 버키볼 연구 논문을 썼습니다. 우리는 레이저로 충격을 가할 때 탄소 표면에서 나오는 것이 큰 덩어리의 탄소 원자라는 것을 알아냈죠. 그저 탄소 원자 한두 개로는 그렇게 될 수 없고, 커다란 수백 개의 원자 덩어리여야 한다고 내가 말하곤 했습니다.

많은 사람이 그 주장을 비웃었습니다. 사람들은 그것이 불가능하다고 생각했어요. 하지만 우리는 그 방출과 관련된 핵심적인 실험을 하지 못했습니다. 가장 핵심이 되는 실험은 질량 분광 측정 mass spectroscopy measurement인데, 우리는 그 실험을 생각하지 못했던 겁니다.

탄소 연구의 중요성을 가장 잘 보여주는 사실은 이 분야에서 최근 두 번이나 노벨상 수상자가 나왔다는 점이다. 한 번은 1996년에 버크민스터풀러렌을 발견한 로버트 컬Robert Curl, 해럴드 크로토Harold Kroto, 리처드 스몰리Richard Smalley가 받았고, 그다음엔 2010년에 그래핀graphene의 발견으로 안드레 가임Andre Geim과 콘스탄틴 노보셀로프Konstantin Novoselov가 받았다. 그래핀은 단일 흑연판 또는 드레셀하우스 팀이 수년간 연구해온 개방형 나노 튜브라고 할 수 있는 2차원의 탄소층이다.

2012년, 밀리는 탄소과학 분야에 기여한 공로로, 카블리상Kavli Prize을 받았다. 노르웨이 과학 및 문학 아카데미는 세 개 분야, 즉 천체물리학, 나노과학, 신경과학 분야에서 뛰어난 업적을 낸 사람에게 2년마다 카블리상을 수여한다. 2012년은 세 번째 되는 해였다. 카블리상은 아직 잘 알려져 있지 않지만, 분야별로 100만 달러가 주어진다는 사실로 그 상의 무게를 짐작할 수 있다. 밀리는 그 상을 단독으로 받았다. 이 상이 발표된 후, 《US 뉴스 앤드 월드 리포트US News and World Report》는 그녀를 '탄소과학의 여왕'이라고 불렀다.[8]

그 밖에 밀리가 받은 권위 있는 상 중 몇 개를 꼽으면, 2012년 버락 오바마 대통령이 수여한 엔리코 페르미 상, 2007년 로레알-유네스코 여성 과학자상, 2005년 하인츠상, 1990년 조지 부시 대통령이 수여한 국가과학훈장 등이 있다. 그녀는 미국 국립과학원(1985), 국립공학원(1974), 그리고 미국 예술과학원(1974)의 회원이다.

수년 동안 과학 연구에 직접 참여한 이후, 어느 시점에 그녀는 젊은 연구원과 여성 과학자들의 경력 개발을 도와야 한다고 생각했다. 그녀는 미국 물리학협회 회장, 미국 과학진흥협회 회장, 국립과학원 재무이사 등의 고위 직책을 맡았다. 그녀는 에너지국의 과학부장을 잠시 맡기도 했다. 그녀는 중앙 행정부의 일원으로서 연방 예산에서 물리학에 대한 지원 감소 추세를 바꿀 책임이 있었다. 그러나 고위직 활동으로 그녀의 과학 활동이 중단되지는 않았다.

밀리의 또 다른 관심사는 여성 문제인데, 그녀는 이 영역에서 헌신적으로 일했다.[9] MIT에 임용된 초기부터 적극적으로 활동하기 시작했다. 그곳에서 그녀는 여성에게 배정되는 과학 및 공학 분야의 장학금을 늘렸다. 여학생들의 멘토 요청도 받았다. 그 당시 MIT에서 여학생의 비율은 4%였다. 그녀는 대학 학부 지원서 평가를 요청받은 적이 있는데, 이 프로젝트를 진행하면서 여학생이 MIT에 입학하는 것이 남학생보다 훨씬 더 어렵다는 것을 알게 되었다. 기숙사 공간은 제한되어 있었고, 여학생은 대개 차별이나 괴롭힘 같은 사회적 요인 때문에 남학생만큼 공부를 잘하지 못했다. 1960년대 후반, 그녀는 입학할 때 동등한 자격 요건을 채택하기 위한 운동을 벌여서 관철시켰다. 나중에 그녀와 여성 동료들은 여성 포럼을 시작했는데, 이 포럼은 꾸준히 활성화되었다. 그녀는 자기가 시작한 모든 변화를 자랑스러워했다. 지금까지 MIT의 여학생 수는 1960년대에 비해 거의 10배나 증가

1988년, 밀드러드와 진(밀드러드 드레셀하우스 제공)

했다. 1990년대 후반, 또 다른 MIT 교수인 생물학자 낸시 홉킨스가 MIT 여성 과학자들의 현황을 조사해 보고서를 작성했고, 그 실태가 미국 전역에 알려지게 되었다.[10] 그 당시 밀리는 수십 년 전에 직면했던 문제들이 다소 해결되었다고 생각했다. 그러나 이 문제를 논의하기 위한 모임에서 자료를 보고 난 후, 여전히 불평등이 많다는 것을 깨달았다. 그녀는 그 이후로 상황이 크게 개선되었다고 믿는다.[11]

드레셀하우스 부부의 2인조 공동 작업은 이례적인 면이 있다. 밀드러드가 남편보다 더 성공했고 유명하다는 점이다. 다음은 어떻게 그런 일이 일어났는지 그녀가 설명해준 내용이다.[12]

그렇게 시작되지는 않았어요. 시작은 정반대였죠. 우리가 결혼했을 때, 진은 매우 유명한 사람이었고 나는 전혀 알려지지 않았어요. 남편은 좋은 직장을 얻었지만 나는 일개 대학원생이었고 그다음엔 박사후 연구원이었습니다. 우리가 링컨연구소에 왔을 때도 마찬가지였어요. 우리가 1년 정도의 차이가 있었지만, 그는 중진 연구자였고 나는 훨씬 더 낮은 하급 연구원이었어요. 나는 차별 때문에 휴직까지 해서 경력 단절을 경험한 사람이었고, 그는 별로 차별을 겪지 않았습니다. 나는 차별 대우를 거울 삼아 내 이익을 위해 노력했죠. 처음부터 그렇게 계획한 것이 아니었습니다. 나는 가르치는 능력을 타고난 사람이고, 이런 재능이 많은 도움이 되었습니다. 학생들은 나를 좋아했어요. 나는 다소 외향적인 사람이었습니다. 어떻게 된 일인지 모르겠네요. 그냥 그런 일이 일어났습니다. 어쩌면 여자인 것이 장점이었는지도 몰라요.

그녀는 사람들이 남편보다 본인에게 더 많은 공치사를 보내는 것이 불공평하다고 생각한다. 아마도 그녀가 좀 더 외향적이고 대중적인 데 비해, 진은 오히려 수줍어하고 내성적이기 때문일 것이다. 그들은 삶의 대부분을 함께 연구해왔다. 문제를 해결하기 위한 아이디어는 두 사람 모두에게서 나왔다. 종종 그들은 오랜 토론 끝에 합의에 도달했다. 과학자 부부가 이룬 업적이 단독으로 연구했을 때보다 훨씬 더 크다는 세간의 평가는 드레셀하우스 부부에게도 적용된다. 밀리는 다음과 같이 덧붙였다. "당신과 가까운 어느 누가 당신이 하는 모든 미친 짓을 이해해주는 건 훨씬 더 즐거운 일이에요. 우리가 하는 일이 그렇듯이, 과학에 전념하는 것은 일종의 미친 짓이죠."[13] 그들은 실험실뿐 아니라 집에서도 과학에 관해 이야기했다. 자녀가 어렸을 때, 아이들은 의미도 모르면서 특정 말들을 사용하곤 했다. 아이들은 부모가 과학을 논할 때 그 말들을 들었을 뿐이다.

그녀는 남편에게 의지할 수 있었기 때문에 가정과 연구, 행정 업무를 모두 처리했다. "무엇보다도, 나에게는 일의 절반을 해준 남편이 있었어요. 그는 모든 것을 도와주었답니다. 그 덕분에 모든 일이 가능했죠. 또한, 나에게는 29년 동안 꾸준히 아이들을 돌봐준 한 여성 보모가 있었어요. 정말 도움이 되었습니다. 그 당시, 아이 네 명은 학자들 사이에서 매우 흔한 일이었어요. 대개 아내가 아이들과 함께 집에서 지냈기 때문에 자녀 네 명을 갖는 것이 남자들에게는 그다지 큰 문제가 되지 않았어요."[14] 그녀는 지금까지 자기가 한 일들을 진 없이는 결코 해낼 수 없었을 거라고 여긴다.

거트루드 샤프 골드하버,
모리스 골드하버

핵·입자물리학자

트루디 골드하버와 모리스 골드하버
(故 모리스 골드하버 사진 제공)

"거트루드 샤프 골드하버Gertrude Scharff Goldhaber는 제1차 세계대전 당시에는 어린이로서, 나치 독일에서는 유대인으로서, 여성 전문직 종사자가 거의 없던 시절에는 과학 분야의 여성으로서, 그리고 친족 등용금지법이 엄격하게 적용되던 법치 시대에는 다른 과학자의 아내로서, 그녀는 인생 전반에 걸쳐 폭력과 차별에 맞서 싸워야 했다. 그녀의 성공은 그녀의 재능과 추진력, 의지를 보여주는 증거다." 미국 국립과학원에서 발간한 그녀의 전기적인 회고록은 이렇게 시작한다.[1]

거트루드(트루디) 샤프1911-1998는 독일 만하임Mannheim에서 태어났다. 그녀는 이미 네 살 때 "숫자에 매료되었다." 그리고 10대 때 수학과 물리학을 공부하기로 결정했다. 왜냐하면 "세상이 만들어지는 원리를 이해하고 싶었기 때문이다."[2] 그녀의 아버지는 딸이 변호사가 되길 원했지만 과학자가 되려는 그녀의 결심도 지지해주었다.

그 당시 독일에서는 학생들이 매 학기 다른 대학교로 갈 수 있었다. 트루디는 뮌헨에서 공부를 시작했고, 한때는 베를린으로 갔는데, 그곳에서 장래 남편이 될 모리스 골드하버Maurice Goldhaber, 1911-2011를 만났다. 그러다 그녀는 물질의 자기적 특성을 연구 주제로 한 박사 논문을 끝마치기 위해 뮌헨으로 돌아왔다. 1933년 나치가 집권했을 때 그녀는 뮌헨에 있었고 유대인 박해가 시작되었다. 다행히 지도교수 발터 게를라흐Walter Gerlach의 도움으로 그녀는 박사과정을 마칠 수 있었다.

그녀가 박사학위를 받을 무렵, 모리스는 이미 독일을 탈출해 케임브리지에 있는 어니스트 러더포드Ernest Rutherford의 캐번디시연구소에서 일하고 있었다. 1935년에 그녀는 모리스를 따라 영국으로 건너가 런던의 임페리얼 칼리지에서 1937년 노벨상 수상자인 G. P. 톰슨^{G. P.} Thomson과 함께 잠시 일했다. 1938년에 모리스는 일리노이 대학교 어바나−샴페인 캠퍼스에서 일하기 위해 떠났지만, 이듬해에 런던으로 돌아와 트루디와 결혼한 후 함께 미국으로 건너갔다.

그녀는 자격이 충분했지만 친족등용금지법 때문에 일리노이 대학교에서 일자리를 얻을 수 없었다. 심지어 연구를 수행할 실험 공간마저 제공받지 못했다. 그녀의 선택이라고는 핵물리학 프로젝트를 수행하고 있는 남편의 일에 합류하여 무보수로 일하는 것뿐이었다. 전쟁 기간 동안에, 모리스는 중요한 논문들을 작성했지만, 그 논문들은 기밀 사항 때문에 전쟁 이후에야 물리학 잡지인 《피지컬 리뷰^{Physical} Review》에 발표되었다. 맨해튼 프로젝트^{Manhattan Project} 때 그가 발견한 업적들이 이용됐지만, 모리스 골드하버는 독일에 거주하는 아내의 부모 때문에 이 프로젝트에 참여할 수 있는 허가를 받지 못했다. 그들은 전쟁 후에야 나치가 1941년에 이미 트루디의 부모를 살해했다는 사실을 알게 되었다. 골드하버 부부는 "독일인들이 기록을 잘 보존하고 있었기 때문에 그 일이 벌어진 정확한 날짜"를 알 수 있었다.[3]

트루디 또한 핵물리학의 귀중한 결과들을 얻었다. 어바나−샴페인에 있는 동안, 그녀는 우라늄^{Uranium}의 자발적인 분열에서 중성자가 생성된다는 사실을 처음으로 밝혀냈다. 이 논문은 1942년에 제출되었지만, 전쟁 때문에 4년 후에야 게재되었다. 출판된 논문의 주석을 보면, 전쟁이 끝날 때까지 출판을 자발적으로 보류했다는 사실이 적혀 있다.

전쟁이 끝난 후 골드하버 부부는 브룩헤이븐 국립연구소로 옮겨 갔

거트루드 샤프 골드하버는
제1차 세계대전 당시에는 어린이로서,
나치 독일에서는 유대인으로서,
여성 전문직 종사자가 거의 없던 시절에는
과학 분야의 여성으로서, 그리고
친족등용금지법이 엄격하게 적용되던
법치 시대에는 다른 과학자의 아내로서,
그녀는 인생 전반에 걸쳐 폭력과 차별에 맞서
싸워야 했다. 그녀의 성공은 그녀의 재능과
추진력, 의지를 보여주는 증거다.

고, 그곳에서 트루디는 미국 해군으로부터 연구 보조금이 나오는 연구원 자리를 얻었다. 모리스는 다음과 같이 회상했다. "브룩헤이븐 국립연구소의 친족등용금지법 규정은 훨씬 유연했습니다. 남편과 아내가 같은 부서에서 일하지만 않으면 되었죠. 처음에는 잠시 지내려고 이곳에 왔는데, 그 후 1950년부터 평생을 지냈습니다. 이렇게 약한 친족등용금지법 규정조차 연구소가 없애버렸을 때, 우리는 같은 부서에서 일하게 된 첫 번째 부부가 되었죠. 지금은 그곳에 많은 부부가 함께 일하고 있습니다. 처음엔 우리 둘 다 핵물리학 연구를 했지만, 결국엔 내가 소립자 물리학으로 옮겨 갔어요."

핵물리학 분야에서 두 사람의 협력은 약 20년간 지속되었다. 그들의 가장 중요한 공동 발견은 소립자의 특성에 관한 것이었다. 그들은 이른바 베타 입자가 전자와 동일하고 방사성 붕괴에서 생성되었다는 사실을 입증했다. 그들은 납에 베타선을 쏘아서 방출된 에너지를 측정했다. 만약 그런 에너지 방출이 일어났다면, 그것은 베타선이 전자와 동일하지 않다는 것을 나타낼 것이다. 반면에, 베타선이 전자와 동일하다면, 파울리 배타 원리Pauli exclusion principle에 따라, 베타 입자는 깊이 결합된 전자처럼 위치를 차지할 수 없고, 에너지 방출은 일어나지 않을 것이다. 이 실험에서는 어떤 에너지 방출도 없었으므로 베타 입자와 전자의 동질성이 입증된 것이다.

1940년대 후반과 1950년대 초반에는 원자핵의 구조에 관심이 많았다. 그것을 설명하기 위해 다양한 모델이 개발되었으나 그 모델의 적용 가능성은 보편적이지 않았다. 예를 들어, 노벨상을 수상한 마리아 괴퍼트 메이어와 한스 옌젠Hans Jensen의 껍질 모형shell model은 단지 핵의 바닥상태ground state만을 기술하고 들뜬상태excited states, 즉 핵이 바닥상태보다 더 높은 에너지 수준에 도달할 때에는 적용할 수 없는 것처럼 보였다.

거트루드 골드하버는 약간 들뜬상태에서 특성이 결정될 때의 핵들을 연구하는 것에 관심을 가졌다. "그런 시스템에 관한 그녀의 초기 연구는 핵 운동에 관한 집단 이론의 기초가 되는 중요한 발견이었습니다. 바로 이것을 연구해 오게 보어Aage Bohr와 벤 모텔손Ben Mottelson이 노벨상을 탔답니다."[4] 모리스 골드하버는 이야기를 계속했다.

그녀는 이론을 잘 설명할 수 있는 모델을 개발했습니다. 이것은 짝수–짝수 핵(짝수 개의 양성자와 중성자를 포함하는 원자핵)의 첫 번째 들뜬 상태의 모델입니다. 기둥의 높이는 에너지에 비례해요. 이것은 껍질 모형과 집단 모형이 모두 필요하다는 점을 보여줍니다. 닫힌 껍질에서 에너지는 매우 높고, 그 중간에는 아주 낮은 에너지가 몇 개 있습니다. 사람들이 짝수–짝수 핵은 낮은 에너지를 가질 수 없다고 생각했을 때, 아내는 처음으로 아주 낮은 에너지들을 발견했습니다. 개념을 완전히 바꿀 정도의 발견이지만, 대개 표에만 인용되고 있어요.

다음은 트루디가 제작한 모형 사진이다.

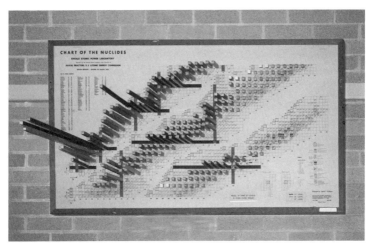

브룩헤이븐 국립연구소의 벽에 걸린 짝수–짝수 핵의 초기 들뜬상태의 3차원 모형(사진: 막달레나 허기타이). 수평선은 핵에 있는 중성자의 수를, 수직선은 핵에 있는 양성자의 수를 나타낸다. 도표에 수직으로 놓인 나무 막대의 높이는 핵의 에너지에 해당한다.

아쉽게도 거트루드 골드하버는 66세의 나이로 브룩헤이븐 국립연구소에서 은퇴해야 했다. 1970년대는 정년퇴직 연령이 있을 때였다. 그녀는 에너지와 아이디어로 가득 차 있어서 은퇴 후에도 정부나 민간 기관들에 자문하고 상담해주는 등 수많은 활동에 참여했다.

비록 시작은 어려웠지만, 결국 트루디는 자신의 업적으로 정당하게 인정을 받았다. 1947년에 일리노이 대학교에서 비정규직으로 일하는 동안에도, 그녀는 이미 미국 물리학회 회원으로 선출되었다. 1972년, 그녀는 마리아 괴퍼트 메이어(1956)와 우젠슝(1958)에 이어서 미국 국립과학원 회원으로 선출된 세 번째 여성 물리학자가 되었다.

골드하버 부부는 아들을 둘 두었는데, 그중 한 명도 역시 물리학자로서 트루디와 공동 연구를 수행하여 논문 두 편을 발표했다. 이 논문들은 물리학 분야에서 첫 번째 어머니-아들 공동 작품이다.

그녀는 과학계에서 여성의 지위와 기회를 심각하게 생각한 사람이었다. 그녀는 브룩헤이븐 여성 과학자 프로그램Brookhaven Women in Science program의 창립자 중 한 사람이었다. 그녀의 이름을 붙인 상, 즉 거트루드 S. 골드하버 물리학상도 있는데, 이 상은 스토니브룩 학생 또는 브룩헤이븐에서 일한 여성 과학자에게 매년 수여되었다. 트루디와 모리스의 이름을 딴 다른 상들도 있다.

과학계에서 여성들의 지위에 대해 논의하면서, 모리스는 과학계 업무에 남자와 여자가 참여하는 방식에는 차이가 있을 수 있다고 언급했다. 적어도 트루디와 그가 젊었을 때는 그랬다. 그 당시 여성이 과학자가 되는 것은 남성보다 훨씬 더 어렵다는 것이 입증되었기 때문에 매우 헌신적인 여성들만 과학자가 되려고 시도했다. 강렬한 헌신과 집념은 그들의 연구에서도 나타났다. "과학에 깊이 빠진 여성들은 시간이 허락하는 한 남성보다 훨씬 더 집중적으로 연구했습니다. 마이트너, 우젠슝, 앨로와 내 아내는 모두 매우 헌신적이었습니다." 하지만 모리스는 가끔씩 두 사람의 공동 작업이 너무 격렬해 힘들다고 느낄 때도 있었다. "이것은 수년간 밤낮으로 함께 일한 후에 일어난 일이었죠. 우리는 1939년부터 약 15년 내지 20년 동안 함께 일했어요. 그런 다음 나는 관심을 갖게 된 기초 입자 fundamental particle 쪽으로 연구 방향을 바꾸었어요." 그는 트루디의 특성을 다음과 같이 설명했다. "그녀는 매우 꼼꼼하게 실험하고 결과를 분석했어요. 나도 몇 가지 일은 끝까지 파고들었지만, 아내보다 더 여기저기 싸돌아다니며 일을 벌이는 성향이었어요. 우리는 어느 정도 서로 보완적이었답니다."

이저벨라 칼,
제롬 칼

결정학자

해군연구소 사무실의 제롬 칼과 이저벨라 칼
(이저벨라 칼 제공)

칼 부부와는 수십 년 동안 친구로 지내왔다. 이 부부에 관해 글을 쓰는 것은 나로서는 특히 보람 있는 일이다. 우선, 두 사람은 내 남편 이스트반과 내가 연구해온 분야, 즉 기체상 전자회절gasphase electron diffraction 기술로 분자 구조를 결정하는 분야의 선구자들이다. 이스트반에게서 수년간 그 부부 이야기를 들었지만 1978년이 돼서야 처음 만났다. 헝가리의 페치Pecs에서 열린 국제회의에서였다. 나는 그들이 얼마나 친절한 사람인지 한번에 알게 되었다. 그들은 우리 분야에서 '대가'이면서도 젊은 사람들과 인내심을 가지고 모든 것을 의논할 준비가 되어 있었다.

그들은 확실히 '과학자 부부' 자질을 갖추었다. 두 사람은 미시간 대학교에서 만났다. 제롬 칼1918-2013은 이저벨라보다 나이가 몇 살 더

1978년, 헝가리 페츠에서 열린 국제회의에서 칼 부부와 허기타이 부부(사진 출처 미상)

많았지만 같은 시기에 로렌스 브록웨이^{Lawrence Brockway}와 함께 기체 상 전자회절로 박사과정 연구를 시작했다. 제롬은 그때 무슨 일이 있었는지 다음과 같이 설명했다.[1]

내가 그녀를 만난 것은 미시간 대학교 입학 첫날이었습니다. 니는 실험 시간이 시작될 때까지 기다리는 성격이 아니라서, 실험 기구를 설치해야 할 때 직접 가서 설치한 사람이었어요. 교육용 실험실의 자리 배치는 알파벳 순서에 따라 지정되었습니다. 그녀의 성은 루고프스키 Lugowski, 즉 L로 시작했고, 내 성은 K로 시작했죠. 이저벨라가 도착해 나를 보았고, 이미 실험용 기구가 모두 설치된 것을 보았습니다. 나는 그녀가 무슨 말을 했는지 기억나지 않지만 그녀는 놀란 것 같았습니다. 이것이 이저벨라와 나의 첫 만남이었죠. 첫해에는 수업 때 말고는 그녀를 자주 보지 못했어요. 우리는 가끔 저녁에 산책을 했습니다. 한번은 그녀가 몸이 안 좋아서 놓친 수업 자료를 내가 그녀의 숙소로 가져다주었습니다. 이듬해에 우리는 함께 점심을 먹기 시작했고 그 학기가 끝날 무렵 결혼했습니다.

이저벨라 루고프스키^{Isabella Lugowski}는 1921년에 디트로이트에서 태어났다. 그녀의 부모는 폴란드 출신의 이민자들로, 아버지는 가옥 도장업자였고 어머니는 재봉사였다. 이저벨라는 학교에 입학하고 나서야 겨우 영어를 배웠다. 그녀는 고등학교 때 화학을 전공하기로 결심했다.

이저벨라와 제롬은 미시간 대학교를 졸업한 후, 시카고 대학교의 맨해튼 프로젝트에서 근무했다. 두 사람 다 불순물 없는 핵분열 연료 플루토늄plutonium 생산 방법을 찾는 데 관여했다. 제롬은 이 금속의 산화물에서 플루토늄을 생산하는 독창적인 방법을 발견했으며, 이저 벨라는 순수한 플루토늄 염화물 제조에 성공했다. 전쟁이 끝난 후, 두 사람은 2년 동안 미시간 대학교에서 일했다. 그곳에는 강사가 많이 부족해서 친족등용금지법에도 불구하고 기꺼이 이 부부를 함께 고용했다. 1946년, 그들은 해군연구소에 취직하여 다시 운 좋게 함께 일할 수 있었다.

이저벨라의 말에 따르면, 두 사람은 "함께 따로 일했다." 그녀는 유명한 과학자 부부를 성공시킨 요인이 무엇인지 이 말로 정확히 표현했다. 그들은 서로를 보완했다. 그녀가 말했듯이, "제롬은 하는 일들의 상당 부분을 실험적인 예로 들고 싶어 했죠. 내가 밝혀낸 많은 구조의 결과를 이용했습니다. 이것은 계획한 것이 아니었어요. 그냥 그런 식으로 밝혀진 거예요."[2]

원래 두 사람 다 실험에 관심이 많았다. 그들은 기체상 분자의 3차원 구조를 알아내는 데 사용되는, 상대적으로 새로운 기체상 전자회절 기술로 실험과 데이터 분석을 크게 개선했다. 제롬은 서서히 이론 연구로 옮겨 갔고, 이저벨라는 실험을 계속했다. 그들은 실험 데이터로부터 더 많은 정보를 얻으려고 부단히 노력했으며, 이것은 더 나은 분석 방법을 만드는 데 도움이 되었다.

그들은 분자구조의 더 미세한 세부 사항을 밝혀내는 방식으로 실험을 개선했다. 한 분자의 구조는 그 분자의 기하학적 모델로 형상화될 수 있는데, 이 모델에서는 분자의 각 원자가 작은 구체(공)sphere로 표시되며, 이 구체는 3차원 공간에서 고정된 위치를 갖는다. 전자회절 기술은 이런 구조에 관한 정보를 산출해냈다. 그러나 실제로는 이 구조들이 고정적이지 않다. 오히려 원자들은 제자리에서 끊임없이 움직이고 있다. 제롬과 이저벨라는 전자회절 기술을 좀 더 민감하게 만들어서 구조물들이 움직이는 정보까지 제공할 수 있었다.

흥미롭게도 칼 부부의 관심의 대상이 된 분자들 중 하나는 매우 단순하고 단단한 분자, 즉 이산화탄소였다. 그 분자는 탄소 원자 한 개와 산소 원자 두 개, 즉 CO_2로서 세 개의 원자로 이루어져 있는데, 우리는 그 구조를 $O=C=O$로 표기할 수 있다. 칼 부부는 그 기하학을 정확하게 규명하고 싶어 했다. 먼저, 세 원자가 직선으로 배열된다고 가정할 수 있다. 하지만, 분석 결과, 산소 원자 두 개 사이의 거리가 두 개의 $C=O$ 거리의 합보다 약간 짧은 것처럼 보였다. 이는 약간 구부러진 모양을 나타낼 수도 있었다. 칼 부부는 이 수수께끼를 그냥 남겨두고 불일치를 실험의 불완전성 탓으로 돌릴 수도 있었다. 하지만 그들은 이 문제가 계속 신경 쓰였다. 그러다가 마침내 산소 원자 두 개 사이에서 관찰된 짧은 거리는 단지 외견상의 단축이라는 사실을 인식하게 되었다. 이것은 산소 원자의 움직임이 $O=C=O$의 가상 직선에서 멀어진 결과였다. 그 변화는 아주 미미해서 칼 부부가 알아차린 것을 나머지 과학계가 완전히 인정하기까지는 10년이 더 걸렸다. 돌이켜보면, 예상치 못한 현상을 관찰한 다음 그것을 이해할 때까지 과학적 사고가 어떻게 쉬지 않고 작용했는지 보여주는 훌륭한 사례였다. 관찰을 넘어서, 그들은 분자들이 어떻게 만들어지고 존재하는지 좀 더 상세하게 이해하여 전 분야를 발전시키는 해석을 내놓았다.

나중에, 엑스선 결정학 연구와 관련하여 실험보다 이론적인 혁신이 먼저 일어났다. 1950년대 초에 제롬과 수학자 허버트 하우프트먼 Herbert Hauptman은 엑스선 회절 데이터의 분석을 위한 '직접법direct method'을 함께 개발했다. 이 방법은 이른바 위상 문제로 인한 엑스선 회절 분석의 주요 난제를 극복하는 데 적용되었다. 오랫동안 결정학자들은 구조 정보의 많은 부분을 잃어버렸고, 엑스선 회절로 얻은 결정 구조에는 특별한 해결책이 없다는 사실을 받아들였다. 그러나 칼과 하우프트먼은 그 문제를 완벽하게 해결할 수는 없지만 관련된 수학적 장치를 이용한 해결책이 존재한다는 것을 보여주었다. 일단 칼과 하우프트먼이 이처럼 수학적 장치를 제공하니 결정학자들은 실험 데이터에서 직접 결정 구조를 풀 수 있는 방법이 생겼다. 엑스선 결정학은 이 발전으로 큰 추진력을 얻어서 훨씬 더 큰 시스템을 규명하고 더 높은 신뢰성을 얻게 되었다. 이 연구는 결국 허버트 하우프트먼과 제롬 칼에게 노벨상을 안겨주었다.

그러나 성공과 인정은 쉽게 오지 않았다. 오랜 세월 동안, 결정학자들은 칼과 하우프트먼의 제안을 적용하기는커녕 수용하기를 꺼렸다. 이것은 엄청난 좌절감을 불러일으켰는데, 이 방법을 받아들이도록 실제로 압력을 행사한 사람이 이저벨라였다. 하우프트먼은 이 사실을 다음과 같이 설명하고 있다. "결정학계의 반응은 좋게 표현하면 회의적이었고, 최악으로 표현하면 적개심이었어요. … 이저벨라 칼은 40~60개 원자를 가진 상당히 복잡한 분자들의 구조를 밝혀냈는데 그때까지는 상상할 수도 없는 일이었습니다. 그것은 사람들에게 여기에 무엇인가 있다는 점을 확신시켜주었습니다."[3] 사실, 시간이 흐르면서 아무도 이 방법을 사용하려고 하지 않자, 이저벨라는 인내심을 잃고 직접 엑스선 회절 실험실을 만들기로 마음먹었다. 그녀는 이 새로운 방법에 대한 수학적 설명과 엑스선 회절 데이터 사이의 연관성을 밝혀냈다. 이렇게 그녀는 이 직접법을 엑스선 결정학의 성공적인 도구로 만드는 데 중요한 역할을 했다.

1985년, 노벨위원회가 제롬에게 지명 소식을 전하려고 전화를 걸었을 때, 그는 유럽에서 귀국하는 비행기에 탑승하고 있었다. 위원회는 비행기 기장에게 전화를 걸어 제롬에게 이 소식을 전해달라고 부탁했다. 기장은 객실로 나가서 제롬에게 이 신나는 소식을 전했는데, 제롬은 맨 먼저 이저벨라가 수상자로 포함되었는지 물어보았다. 기장은 알지 못했다. 남은 비행 시간은 제롬에게 매우 괴로운 시간이었다. 그가 집에 돌아왔을 때, 그녀가 수상자에 포함되지 않았다는 것을 알게 되었고, 이에 대한 슬픔을 떨쳐버리지 못했다. 대부분의 동료는 그녀가 상에 포함되어야 한다는 제롬의 생각에 공감했다. 유명한 영국의 결정학자 앨런 매카이Alan Mackay는 "모든 것을 믿을 수 있게 만든 것은 이저벨라 칼의 연구였기 때문에 그녀가 반드시 포함되었어야 했다"고 말했다.[4] 이중나선으로 명성을 얻은 제임스 왓슨James D. Watson도 이와 비슷한 소회를 표현했다.[5] 이저벨라의 입장에서도 제롬과 함께 노벨상을 받았으면 매우 좋았겠지만, 그 후에 받은 수많은 다른 저명한 상들로 위안을 삼았다.

새로운 구조 확인 방법이 얼마나 유용한지 증명한 후, 이저벨라의 관심은 커다랗고 생물학적으로 중요한 분자의 구조 규명 쪽으로 더 기울어졌다. 그녀는 펩티드, 스테로이드, 알칼로이드의 미세 구조를

아이를 갖는 것은 체계적인 관리가
필요하지만, 아이들이 내 경력에 장애가 된다고
생각해본 적이 없어요. 아이들이 있다고 해서
우리의 직장 생활이 방해받은 적은
결코 없었거든요.

밝혀냈으며, 그녀의 연구 결과는 전 세계적으로 화학·생화학 연구의
발전을 이끌어냈다.

이저벨라와 제롬에게는 딸이 세 명 있는데, 그녀가 어떻게 이들을
키웠는지도 논의해볼 만하다. 그녀는 결정학이 아이들을 양육하면서
연구를 계속할 수 있는 과학 분야라는 점에서 자기가 운이 좋았다고
생각한다.[6]

결정학은 여러분이 계속해서 지켜봐야만 하는 분야가 아니에요. 여
러분은 그것을 집으로 가져갈 수도 있고, 아기를 돌보는 동안 아이디어
나 연구 결과에 관해 깊이 생각할 수도 있어요. 예를 들어, 결정학에서
대부분의 프로젝트는 아이디어나 어떤 물질로 시작되며, 결정 구조를
얻을 때 연구가 종료됩니다. 이것은 별개의 일이죠. 연구 프로젝트를 진
행하려면 관련성이 있는 많은 것들이 동시에 진행되기를 바라지만, 단
계적으로 수행하는 것도 가능하답니다. 다른 분야의 프로젝트에서는
아마도 훨씬 더 많은 상호작용이 필요할지 모르겠습니다.

물론, 그것으로 충분하지는 않았다. 자녀들이 어렸을 때는 아기를 돌봐주는 보모가 있었다.[7]

제2차 세계대전 이후, 더 이상 농장에서 살고 싶어 하지 않는 할머니 나이대의 여성이 많이 있었던 게 행운이었어요. 여기서 60마일 정도 떨어진 곳에 버지니아 산맥이 있죠. 전쟁 중에 이곳에서 많은 아이들이 워싱턴으로 몰려왔고 전쟁이 끝난 후에도 돌아가기를 원하지 않았어요. 그래서 할머니들이 도시(워싱턴)로 왔기 때문에 우리는 그분들을 주중에 보모로 채용할 수 있었죠. 주말에는 도시에 있는 보모의 아이들을 찾아 함께 지냈고요. 우리 아이들이 충분히 자라서 더 이상 도움이 필요하지 않을 때까지 그분들의 도움이 매우 컸습니다.

아이를 갖는 것은 체계적인 관리가 필요하지만, 아이들이 내 경력에 장애가 된다고 생각해본 적이 없어요. 아이들이 있다고 해서 우리의 직장 생활이 방해받은 적은 결코 없었거든요. 아이들이 좀 더 나이가 들었을 때, 즉 적어도 일곱 살 이상이 되었을 때 우리는 유럽에서 열리는 여러 회의에 참석하기 위해 여름 여행으로 아이들을 데려갔습니다.

이저벨라가 받은 권위 있는 상들 중 하나는 스웨덴 왕립과학원에서 주는 아미노프상Aminoff Prize(1988)인데, 이 상은 결정학의 선구자를 위해 특별히 제정된 것이다. 그 밖에도 그녀는 수많은 상과 명예 직위를 받았으며, 너무 많아 모두 열거하기조차 힘들 정도다. 그녀는 미국 국립과학원(1978)의 회원이다. 1993년에는 프랭클린연구소로부터 '엑스선 회절을 이용하여 분자의 3차원 구조를 결정한 업적'으로 바우어

상Bower Award과 과학 분야 공로상Prize for Achievement in Science을 동시에 수상한 최초의 여성이 되었다. 1995년에는 빌 클린턴 대통령으로부터 국가과학훈장을 받기도 했다.

우리는 서로 과학계에서 여성의 기회와 승진에 관해 이야기했는데, 이저벨라는 이 점에 관해 다음과 같이 말했다.[8]

몇몇 다른 나라들을 살펴보자고요. 특히 내가 가장 잘 알고 있는 결정학자들을 중심으로 생각해봅시다. 프랑스의 여성 동료들은 항상 나를 부러워했습니다. 내가 이곳에서 누렸던 연구의 자유 때문이에요. 결정학 분야에 아주 훌륭한 여성 과학자가 몇 분 있었지만, 대학에서 남성들이 가진 지위를 얻을 수는 없었습니다. 여성들은 더 높은 자리에 임명되지 않았습니다. 이탈리아에도 여성 결정학자가 꽤 많습니다. 그들은 항상 나에게 와서 내가 어떻게 처신했는지 물어요. 왜냐하면 그들은 대체로 훌륭한 조수로 일했지만 관련 그룹의 리더가 되지는 못했거든요. 영국은 분위기가 나아지고 있습니다. 결정학 분야의 교수진이거나 조직의 수장인 여성들이 꽤 있습니다. 미국은 잡다하게 섞여 있어요. 이탈리아식부터 영국식 상황까지 모든 경우가 존재합니다. 나는 젊은 동료가 많지 않기 때문에 현재 상황을 잘 모릅니다. 내 세대 중에는 이미 작고한 슈메이커Shoemaker 부부가 좋은 사례였어요. 데이비드David와 클라라Clara 모두 훌륭한 결정학자였죠. 데이비드는 MIT의 교수였고 클라라는 늘 남편의 연구비로 살고 있었습니다. 데이비드가 오리건주에서 학과장이 되고 나서야 클라라가 전임 교수로 임명되었습니다. 이것이 지난 몇 년 동안 그 부부의 삶이었습니다. 켄 헤드버그Ken

Hedberg와 그의 아내 리즈Lise는 둘 다 전자회절을 연구하는 사람들이 었는데, 리즈는 제대로 된 직업을 가진 적이 없어요. 그녀 역시 남편의 연구비로 일했습니다. 같은 경우이지만 몇 가지 다른 사례가 있었습니다. 대학 측은 여러 이유를 들며 부부를 함께 고용하지 않았죠. 이 여성들이 논문을 많이 발표하고 매우 훌륭한 업적을 냈지만 그들은 결코 독립하지 못했거나 말년에 가서야 겨우 독립하는 데 성공했습니다. 그런 점에서 볼 때, 미국 정부연구소의 연구직은 대체로 훨씬 더 좋았습니다.

과학자 부부인 여성에게 중요한 문제는 자신의 연구 성과를 적절히 인정받는 것이다. 내가 이저벨라에게 본인이 한 일을 제롬이 인정했는지 물어봤을 때, 그녀는 "그런 것 같아요"라고 대답했다. 질문을 돌려서 얼마나 인정했는지 물었더니 "흔하지는 않았어요"라는 대답이 돌아왔다.

2009년, 제롬과 이저벨라는 60년 이상(부부 합산 127년) 근무한 후 해군연구소(NRL)에서 은퇴했다. 레이 마버스Ray Mabus 해군 사령관은 민간인이 해군에서 받을 수 있는 최고의 상인 명예시민봉사상을 그들에게 수여했다. "제롬 칼이 NRL에서 일을 시작했을 때는 프랭클린 D. 루스벨트 대통령이 있었고, 휘발유는 갤런당 21센트였으며, 최저임금은 시간당 30센트였고, 일등급 우편 요금은 3센트였다"[9]는 사실은 두 사람이 얼마나 오래전에 NRL에 합류했는지 잘 나타내준다. 그들이 NRL에서 보낸 60년 세월 동안, 연구소는 눈부시게 성장했으며 전례 없이 과학과 기술이 발전했다. 이런 발전을 목격했을 뿐만 아니라 그 발전에 적극적으로 동참했던 이 부부는 둘 다 무척 감개무량한 기분이 들었을 것이다. 제롬은 2013년 6월에 세상을 떠났다. 그들은 서로를 완벽하게 보완해주었기 때문에 공동의 업적은 개별적으로 일했을 때보다 훨씬 더 컸다.

에바 클라인,
조지 클라인

종양생물학자

2001년, 부다페스트에 있는 허기타이 부부의 집에서 에바 클라인과 조지 클라인
(사진: 이스트반 허기타이)

에바 클라인은 성공한 과학자로서, 89세의 나이에도 여전히 활기차고 자신의 연구에 열성을 다하는 것처럼 보였다. 그녀는 연구 경력 외에도, 세 명의 자녀, 즉 아들 하나와 딸 둘을 용케 길러냈다. 그러나 에바의 삶이 한 여성 과학자의 매혹적인 삶을 다룬 동화라고 믿기에 앞서, 우리는 그녀의 이야기를 더 잘 알아야 한다. 그녀에겐 극복해야 할 난관이 많았다.

에바와 그녀의 남편 조지는 둘 다 스웨덴 스톡홀름에 있는 카롤린스카연구소 Karolinska Institute 분자세포생물학과의 종양생물학자이다. 그들은 스웨덴에서 꽤 엄격하게 지키고 있는 정년을 한참 지났지만 카롤린스카에서 특별히 배려해 실험실 공간뿐만 아니라 각자의 연구팀도 유지하면서 계속 활동해왔다.

에바가 80세가 되었을 때, 그 부서는 그녀를 위해 축하 행사를 마련했고, 부서별 뉴스 레터는 그녀에게 보낼 무언가를 써달라고 조지에게 요청했다. 그의 반응은 이랬다. "요청이라니요! 우리는 그저 58년 동안 결혼 상태를 유지해왔고, 57년 동안 함께 일을 해왔으며, 자녀 세 명을 키우며 손주 일곱 명이 자라는 것을 지켜봤어요. 그렇다면 에바에 대해 뭐라고 말할 수 있을까요? 아무 할 말이 없거나 프루스티안 Proustian (마르셀 프루스트의 작품, 또는 그가 그린 중산 계급 및 귀족 세계를 연상케 하는 단어 — 옮긴이) 차원의 소설(적어도 17권) 한 편쯤 나올 정도가 되죠."[1]

그들은 매혹적이고도 관습에 얽매이지 않는 삶을 살았다. 두 사람 모두 1925년(그녀는 에바 피셔 Eva Fischer 로서) 부다페스트의 부유한 유대인 가정에서 태어났다. 그들은 그 나라에서 반유대주의가 심화되는 것을 경험했다. 점점 더 가혹한 인종차별법 제정이 뒤따랐다. 1944~1945년, 해방 전 마지막 몇 달 동안 에바와 그녀의 가족 몇 명은 부다페스트 대학교 조직학연구소에 숨어 있었다. 이 대학의 수업은 1944년 가을까지 중단되었다. 의대생 야노스 지르마이^{Janos Szirmai}가 도와주었고 그들을 위해 문서를 교묘하게 위조해주었다.

그때까지 에바와 조지는 서로 알지 못했다. 1944년에 조지는 부다페스트의 유대인위원회에서 조수로 일했으며, 아우슈비츠의 대량 학살 사건을 설명해주는 아우슈비츠 의정서^{Auschwitz Protocols}에 접근이 가능했다. 이렇게 접근 권한이 있는 일반인들은 거의 없었다. 두려움이 너무 커 상상조차 못했기에 그것이 진실일 거라고 믿는 사람은 훨씬 더 적었다. 조지는 그 보고서를 믿은 사람들 중 한 사람이었고, 그 덕분에 목숨을 건졌다. 1944년 초여름, 헝가리 당국이 그를 아우슈비츠행 열차에 태웠을 때 그는 탈출해서 숨어 있었다.

전쟁이 끝나고 에바와 조지는 의대로 진학했다. 그들은 벌러톤 호수에서 우연히 만났는데, 보자마자 사랑에 빠졌다. 하지만 조지는 곧 스웨덴으로 떠났고 카롤린스카연구소에서 일자리를 잡아 조직배양 연구를 하게 되었다. 이 연구는 부다페스트의 학창 시절부터 이미 익숙한 것이었다. 그 후 그는 헝가리로 돌아와서 에바와 결혼했고, 1947년에 두 사람은 헝가리를 영영 떠났다.

두 사람은 스톡홀름에서 일을 하며 의학 학업을 마쳤다. 둘 다 같은 포부가 있었기에 서로 의지할 수 있었다. 예를 들어, 한 사람이 공부하는 동안 다른 사람은 일을 했다. 결국 둘 다 의학학위를 받았고, 뒤이어 더 높은 학위까지 받게 되었으며, 마침내 두 사람 다 스웨덴

1950년대 후반, 카롤린스카연구소를 방문한 스웨덴 여왕 루이즈에게
환영 꽃다발을 건네는 에바 클라인(사진 제공: 에바 클라인)

왕립과학원 회원으로 선출되었다. 과학자로서 동료들에게 받을 수 있
는 가장 높은 평가를 받은 셈이다. 그들은 자기 분야, 즉 종양생물학
과 면역학에서 세계적인 명성을 얻게 되었다. 그들은 이민 간 나라 스
웨덴에서 유명해져 동료들과 최상류층 사람들의 존경을 받았다.

클라인 부부는 종양면역학에서 신중하고 광범위한 실험을 토대
로 수많은 과학적 성과를 거두었다. 그러나 그들이 과학에 가장 중요
하게 기여한 것은 실험적 발견이라기보다는 통찰력이라 할 수 있다.
하지만 그 통찰력도 그들의 실험적인 연구에 기반했다. 그것은 종양
에서 염색체 전이, 즉 두 가지 다른 염색체 사이의 교환이 암유전자
oncogene의 활성화 효과를 반영한다는 인식이었다. 꽤 기술적인 내용
처럼 들리지만 이것이 바로 종양면역학을 크게 발전시켰다. 실험 연구

자체는 카롤린스카에서 두 그룹으로 나뉘어 별도로 진행되었다. 한 그룹은 생쥐의 종양을, 다른 그룹은 인간의 종양을 다루었다. 이 두 그룹끼리는 서로 교류하지 않았지만, 두 그룹 모두 클라인 부부와 의사소통을 했다. 갑자기 두 생물체의 행동에 중요한 공통분모가 있다는 것이 명백히 밝혀졌다.

다른 중대한 발견들도 있었다. 예를 들이, 1960년대와 1970년대 초반에, 그들은 화학적으로 그리고 바이러스로 유도된 종양이 유전적으로 동일한 생쥐에서 거부 반응을 일으킬 수 있다는 것을 보여주었다. 그들은 1970년대 초에 옥스퍼드에 있는 한 그룹과 함께, 정상 세포와 악성 세포를 융합하여 악성 종양을 억제할 수 있다는 것을 보여주었다. 예상치 못한 일이었다. 그들이 연구하기 전까지는 악성 표현형이 지배적인 것이라 믿었는데 결과는 그 반대가 되었다. 이 발견으로 종양 억제자tumor suppressor라는 연구 분야가 새로 열렸다. 에바의 연구팀은 생쥐를 가지고 실험을 수행해왔지만, 그 결과들은 인간과도 밀접한 관련이 있었다. 생쥐에서 발생한 종양은 인간에서 발생한 것과 매우 비슷하다. 더구나 대체로 동일한 유전자들이 생쥐와 인간에서 발생한 종양의 원인이 된다.

이런 연구 내용을 언급하는 것만으로도 클라인 부부의 삶이 흥미진진했다는 것을 알 수 있다. 하지만 그들의 삶은 결코 쉽지 않았다. 특히 에바에게는 더 큰 부담이었고 조지는 양심의 가책을 느꼈다. 에바의 말에 따르면, 자녀들이 태어날 즈음부터 조지는 집안일을 전혀 하지 않았다고 한다. 첫째 아들이 태어났을 때, 그녀는 부다페스트에서 자기를 키워준 유모를 스톡홀름으로 불러들여 함께 살았다. 나중

1951년, 아들 피터와 함께 있는 젊은 시절의 에바 클라인(에바 클라인 제공)

에도 그들은 함께 거주하는 다른 사람들의 도움을 늘 받았다. 그래도 그것은 악몽이었다. 조지는 아무것도 하지 않았을 뿐만 아니라 그녀를 더 힘겹게 했다. 무엇보다도 조지는 그녀가 '비과학적인' 활동에 관여하는 것을 싫어했다. 이것은 에바를 더 힘들게 했다. 돌이켜보면, 그녀는 자신이 과학에 너무 깊이 빠져 있어서 아이들이 성장기에 고통을 겪었을 것이라고 생각한다. 조지는 그녀가 '가정주부'가 되는 것을 원하지 않았고 그녀도 그 점을 알았기 때문에 연구는 자기뿐만 아니라 남편에게도 중요한 일이었다.

조지가 에바를 만났을 때, 그녀는 생기 넘치는 젊은 여성이었다. 그녀는 자기가 소속된 단체에서 중심 역할을 했고, 그 시절의 힘든 여건 속에서도 걱정이 없었다. 그녀는 시, 예술, 심지어 연기에도 관심이 있었고, 지적 갈증과 헌신으로 가득 차 있었다. 그녀는 시어머니와는 전혀 다른 모습을 보였다. 조지의 말을 들어보자.[2]

어머니는 훌륭한 가정주부였습니다. 내가 잘 먹고 잘 차려입는지 무척 신경 쓰셨죠. 유대인 어머니들이 종종 그런 것처럼 어머니는 나를 과잉보호한 겁니다. 아버지는 내가 한 살 때 돌아가셨습니다. 어렸을 때, 나는 어머니와 이야기를 나누고 싶은 마음이 간절했습니다. 하지만 어머니에게 말을 꺼낼 때마다, 곧바로 어머니 표정에서 내가 제대로 옷을 입었는지, 춥지 않았는지, 내게 무엇을 더 먹여야 하는지 걱정하는 모습을 보게 되었습니다. 이것은 나를 영원히 가정주부로부터 멀어지게 만들었습니다. … 그래서 나는 지적이지 않은 사람과 결혼하는 걸 상상도 안 했습니다. 나는 지적인 아내를 원하지 않는 남자들을 이해하기 어려웠습니다.

에바는 세 자녀 중에서 첫째 아들과 늘 좋은 관계를 유지하고 있다고 말한다. 지금 그녀는 과학이 자신에게 얼마나 중요했는지 아이들한테 설명했어야 했다고 생각한다. 그랬다면 아이들은 이해해주었을 것이다. 하지만 그런 일은 일어나지 않았다. 그녀는 일하느라 너무 바빴고, 아이들은 아마도 엄마가 자기들을 돌보지 않는다고 생각했을 것이다. 그녀는 그 점을 감지했고 항상 무능하다고 느꼈다. 실제로 실험실과 가정 양쪽 다 그랬다. 마치 기차를 타려고 하지만 결코 그 기차에 도달하지 못하는 것처럼, 항상 힘들게 달리고 있는 것만 같았다.
에바와 조지는 언제나 함께 일했다. 조지는 그녀의 상사였다. 에바

는 거의 모든 면에서 두 사람이 얼마나 다른지 이렇게 설명했다.[3]

희한하게도 우리는 성격이 너무 달라요. 그는 참을성이 없는 반면에, 나는 참을성이 아주 많아요. 우리는 함께 논문을 쓸 수 없어요. 동료들을 상대하는 것도 다릅니다. 그는 동료들과 일 이야기를 나눌 인내심이 없지만, 나는 '핑퐁ping-pong' 스타일, 즉 항상 토론하고 아이디어를 교환하는 것을 좋아합니다. 우리의 공동 작업이 실제로 효과가 있었다는 것은 기적이죠.

우리는 일하는 스타일도 서로 다릅니다. 예컨대, 나는 글을 매우 천천히 쓰고, 그는 후다닥 씁니다. 그는 세부적인 것에 관여하려고 하지 않아요. 심지어 짜증까지 냅니다. 나는 세부 사항들을 곰곰이 따져보는 걸 좋아합니다. 문제의 해결책이 어디에서 오는지 어떻게 알겠어요. 사실 우리는 너무 달라서 같은 방식으로 생각하지도 않죠. 그래서 우리의 공동 작업은 이상적일 수밖에 없어요. 내 기억에, 나의 가장 큰 문제는 대처하는 방식이었습니다. 내가 과학에서 최선을 다한다고 느낀 적은 없지만 노력해야 한다고는 생각했거든요. 나는 몇 가지 작은 발견을 했지만 그것들은 모두 시기상조였으며 항상 좋은 것만은 아니었죠. 나는 그렇게 발견한 것들을 계속 밀고 나갈 만큼 자신감이 충분하지는 않았습니다. 이제는 알 수 있어요. 어떤 것을 발견한 후 15~20년이 지나야 겨우 그것이 옳은 것으로 받아들여진다는 사실을요.

다음에 나오는 조지의 발언을 들어보면 알겠지만, 지금 에바는 너무 겸손한 것 같다. 하지만 일단, 에바의 생각을 좀 더 들어보자.

얼마 후에, 나는 그가 해왔던 것과는 다소 다른 주제를 다루기 시작했어요. 어렵지만 흥미로운 일이었어요. 하지만 곧이어 연구원들은 '상사'가 그 일에 관심이 없다며 투덜대더라고요. 연구원들에게는 상사의 관심이 중요한 문제잖아요. 그래서 한편으로는 남편과 아내 사이의 상호작용, 다른 한편으로는 실험실에서 상사와 동료의 입장에서 오가는 상호작용이 매우 복잡해졌죠. 그것을 좋거나 나쁘다고 말할 수는 없어요. 그냥 어려운 일이었습니다. 물론 수년 동안 내 앞으로 나오는 연구비가 있었지만 나는 행정 업무를 전혀 하지 않았기 때문에 혼자서 연구에만 집중할 수 있었습니다.

오랫동안 에바와 조지는 소속 연구팀과 연구 방향이 달랐지만, 그들의 연구는 여러 가닥의 실로 연결되어 있다. 그녀의 최근 프로젝트는 서로 관련된 두 가지 주제에 집중되어 있다. 그중 하나는 소위 버킷 림프종Burkitt's lymphoma이라 불리는 것이다. 버킷 림프종은 약 50년 전에 아프리카에서 발견된 질병이다. 그녀는 이 병을 바이러스학 측면과 면역학 측면에서 연구해왔다. 연구 주제 중 다른 하나는 버킷 림프종의 원인이 되는, 이른바 엡스타인-바 바이러스Epstein-Barr virus에 관한 것이다. 이 바이러스는 눈에 띄는 특별한 영향 없이 대다수 사람들 몸 안에 존재하지만 면역 체계의 일부인 특정 세포를 감염시킬 수 있다.

조지는 두 사람의 연구 스타일이 판이하다는 에바의 말에 동의한다. 그는 늘 새로운 영역을 탐사하고 참신한 아이디어를 파고드는 것을 좋아하는 반면에, 그녀는 오래된 주제를 붙들고 오래된 질문들을 다른 관점으로 바라보는 것을 좋아한다. 그래서인지 그녀는 다음 단계의 연구가 무엇이 될지 확실히 모른다. 후속 연구는 그 과정 중에 얻은 결과에 달려 있다. 조지는 그녀가 분명한 질문뿐만 아니라 미묘한 질문, 온갖 질문을 던지는 것을 좋아하고, 그런 접근법이 새로운 아이디어를 가져온다는 것을 강조한다. 그는 수십 년 전에 사람들이 림프구 종양의 상호작용과 항종양 반응 사이의 연관성을 찾으려 했던 사건을 떠올렸다. 모든 사람에게는 어디서 답을 찾아야 하는지 분명해 보였지만 에바에게는 그렇지 않았다. 그녀는 아무도 관심을 기울이지 않았던 것, 조지가 '배경'이라고 불렀던 것을 고집스럽게 찾으려고 했다. 나중에 밝혀지듯이, 그녀가 옳았고, 이것은 이른바 '자연 살해 세포natural killer cell'라고 말하는 중요한 세포의 발견으로 이어졌다. 오늘날 사람들은 이 세포를 '엔케이NK 세포'라고 부른다. 이 이름도 그녀의 아이디어였다.

일과 가정생활의 모든 어려움을 겪으며 에바는 조지와 세상은 물론, 그녀 자신에게도 실험실과 가정 양쪽 다 지킬 수 있다는 것을 증명했다.

실비 콘버그,
아서 콘버그

생화학자

1960년경, 스탠퍼드 대학교 실험실의 실비 콘버그와 아서 콘버그
(故 아서 콘버그 제공)

"진지한 과학을 선호하는 실비의 취향은 나보다 훨씬 더 일찍 발달했다."[1] 이것은 1959년 노벨상 수상자인 아서 콘버그[1918-2007]가《효소의 사랑을 위하여[For the Love of Enzymes]》라는 자신의 저서에서 아내에 대해 쓴 내용이다. 두 사람은 로체스터 대학교를 다닐 때 만났다.

실비 루스 레비[Sylvy Ruth Levy, 1917-1986]는 뉴욕주 로체스터에서 태어났다. 그녀는 대학 시절에 생물학에 관심을 갖게 되었다. 아서 콘버그는 그녀가 생물학 고급 과정 강의를 들으려고 여성 캠퍼스에서 리버 캠퍼스로 통학한 몇 안 되는 학생들 중 한 명이었다고 말했다.[2] 당시 아서의 계획은 의사가 되는 것이었다.[3] 한편, 실비는 학업을 마친 후 로체스터 대학교 생화학 실험실에서 일하기 시작했다.

결국, 실비는 베데스다에 있는 국립암연구소에 들어가려고 메릴랜드주로 이사했다. 1942년에 아서 역시 베데스다에 있는 국립보건원으로 옮겼고, 두 사람은 여기서 다시 만났다. 1943년에 그들은 결혼했다. 1947년에서 1950년 사이에, 그들에게는 아들이 세 명 생겼고, 이 기간에 그녀는 전업 주부였다. 그때 아서는 생화학 분야에서 경력을 쌓기로 결심했다. 그들은 미주리주 세인트루이스에 있는 워싱턴 대학교의 칼 코리와 거티 코리의 유명한 실험실로 옮겼다. 그때 실비는 실험실에 복직하기로 결정했다. 그들의 장남인 로저 콘버그는 나에게 이렇게 편지를 썼다. "어머니는 아버지의 DNA 합성 연구에 참여했으며, 또한 아버지와 함께 폴리인산염 중합효소[polyphosphate polymerase]를 찾는 연구도 했습니다. 이 효소는 당시 생체고분자 합성 분야에서 관심이 많았기 때문에 중요했습니다."[4]

1953년에 제임스 왓슨과 프랜시스 크릭이 DNA의 이중나선 구조를 발견한 후, DNA에 대한 관심이 점점 높아졌고, 아서도 이 주제에 끌렸다. 실비도 이 연구에 참여했다. 1955년에 그녀는 DNA 중합효소를 연구할 때 대장균 추출물을 사용하고 있었다. 그녀는 대장균에서 폴리인산염 중합체를 합성하는 효소를 분리했는데, 그 덕분에 폴리인산염 합성 방법을 발견하게 되었다. 그녀는 그것을 폴리인산염 키나이제라 불렀다.[5] 나중에 콘버그 가족은 캘리포니아로 이사했고, 그녀는 그곳 실험실에서 계속 일했다. 그녀는 "1959년에 스탠퍼드로 이사한 후 1~2년 동안이었어요. 그러고 나서 은퇴했죠"[6]라고 말했다.

실비는 재능이 많은 학생이었고 영재 과학자였다. 아서에 따르면, "우리가 데이트할 때, 나는 뉴욕주 리젠트 시험(뉴욕주에서 고등학교 교과목별로 실시하는 일종의 진급 및 졸업 자격시험 — 옮긴이)의 화학 과목에서 만점을 받았다고 말했습니다. 그녀는 '저도 그랬어요'라고 말한 다음 '대수학과 기하학에서는 몇 점을 받았나요?'라고 물었습니다. 나는 97점을 받았지만 그녀는 각각 100점을 받았답니다."[7] 아서는 그녀가 아내이자 세 아이의 어머니이기 때문에 과학에서 큰 불이익을 겪었다고 인정했다. "그녀는 과학을 좋아하고 잘했지만 거티 코리와는 달리 야심이 크지는 않았습니다. 그녀는 나와 어린 아이들을 성심껏 보살피느라 과학의 속도를 따라잡기 어려웠을 겁니다. 그녀는 훌륭한 우리 아이들을 도와주고, 지도하고, 칭찬하는 것으로 행복해했습니다."[8]

그녀는 아이들을 대단히 잘 키웠다. 장남인 로저는 생화학자가 되었다. 그는 스탠퍼드 대학교 구조생물학 교수이며, 단백질을 생산하기 위해 세포가 우리의 유전자 정보를 어떻게 복제하는지 밝혀낸 공로로 2006년도 노벨 화학상을 받았다. 차남인 토머스는 샌프란시스코에 있는 캘리포니아 대학교 생화학 및 생물물리학 교수다. 그는 DNA 중합효소 II와 III의 특성을 처음으로 규명했다. 막내아들 케네스는 성공한 건축가이자 연구 및 임상 치료 시설을 전문적으로 설계하는 회사 콘버그 어소시에이츠 Kornberg Associates 사장이다.

그녀의 야심이 부족하다는 아서의 진술과는 모순되는 몇 가지 일화가 있다. 1959년 아서의 노벨상 수상 소식이 발표된 후, 《마이애미 뉴스》에 '그들이 남편들의 노벨상 수상을 도왔다'는 제목의 짤막한 기사가 실렸다. 이 신문은 실비와 인터뷰를 했다. "그녀는 수줍어했지만 강인한 정신력의 소유자였다. '아내와 어머니는 집 밖에서 직업을 가질 수 없다고 누가 말하죠?' 그녀가 물었다. '물론, 나는 아이들이 어렸을 때는 집에 있었지만 실험실 일에도 계속 관여하고 있었어요. 프로젝트 몇 가지를 진행했고 연구 논문을 몇 개 편집하기도 했어요.'"[9]

이 시기에 실비의 또 다른 인용문, 즉 "나는 도둑맞았어요"가 나왔다. 이 말은 아서 혼자만 노벨상을 받았을 때 그녀가 실망했다는 것을 나타내는 데 종종 인용되었다. 아들 로저는 이 문제와 관련해 다음과 같이 썼다. "어머니의 말은 농담으로 한 말이었습니다. 어머니는 당시 기자가 자신의 말을 액면 그대로 받아들여서 난처해질 수도 있다는 것을 깨닫지 못했습니다. 어머니는 많은 사람이 생각하는 것처럼 아버지가 노벨상을 받을 적임자라고 생각했습니다."[10]

아서는 자기 저서에서 이렇게 묘사했다. "다음 날 신문에는 '나는 도둑맞았어요'라는 실비의 말이 인용되었다. 그녀는 실제로 DNA 중합효소를 발견하는 데 크게 기여했다. 그녀의 변함없는 지지가 없었다면 나는 이 연구가 어떻게 나아갔을지 상상도 할 수 없다."[11]

밀리차 N. 류비모바, 블라디미르 A. 엔겔가르트

분자생물학자

1950년 무렵, 블라디미르 엔겔가르트와 밀리차 류비모바
(모스크바의 나탈리야 엔겔가르트 제공)

밀리차 니콜라예브나 류비모바 Militza Nikolaevna Lyubimova 는 때때로 '소련 분자생물학의 아버지'라고 불렸던 유명한 러시아 과학자 블라디미르 알렉산드로비치 엔겔가르트 Vladimir Aleksandrovich Engelhardt, 1894-1984 의 아내이자 오랜 공동 연구자다. 두 사람은 함께 일했고 공동으로 중요한 발견을 했다. 하지만 엔겔하르트만 유명 인사가 되었을 뿐, 류비모바에 대한 정보는 거의 없다. 나는 이용할 만한 정보를 모두 모으려고 노력했다. 그러고 나서 그들의 딸이자 모스크바에 있는 러시아 과학원의 교수 겸 과학자 나탈리야 엔겔가르트 Natalia Engelgardt 의 친절한 도움으로 이 스케치를 완성할 수 있었다.

밀리차 류비모바는 카잔 대학교 병리해부학과 학과장 니콜라이 마트베예비치 류비모프 Nikolai Matveevich Lyubimov, 1852-1906 교수의 딸이었다. 그는 1905년 1차 러시아 혁명 기간 동안 카잔 대학교 최초의 선출직 총장이었다. 밀리차는 1899년에 태어났고 카잔에서 어린 시절을 보냈다. 그녀가 일곱 살일 때 아버지가 돌아가셨다. 곧바로 1910년에 어머니는 두 딸과 함께 모스크바로 이사했다. 밀리차는 모스크바에서 학교를 다녔고, 모스크바 대학교 의학부에 입학했다. 이 기간은 제1차 세계대전, 1917년에 일어난 두 차례의 혁명, 수년 동안의 내전, 그리고 공산주의 독재 정권이 수립되던 어려운 시기였다. 밀리차는 재능이 많고 강인한 성격을 지닌 여성이었다. 고난을 겪으며 그녀는 더욱 강해졌다. 그녀는 일찌감치 힘든 일이 무엇인지 배웠다. 그 경험은 평생토록 그녀와 함께했다.

1926년에 대학을 졸업한 후, 그녀는 생화학연구소에서 젊은 연구원 블라디미르 엔겔가르트의 첫 두 대학원생 중 한 명이 되었다. 그 연구소는 엔겔가르트가 의과대학을 졸업하고 군 복무를 마친 후 다닌 첫 번째 직장이었다.[1] 블라디미르와 밀리차는 1927년 10월에 결혼했다. 곧이어 1929년에 엔겔가르트는 카잔 주립 의학연구소의 생화학과장으로 초빙되어 카잔으로 이사했고, 그녀는 이듬해에 합류했다. 그녀는 부과장이 되었다. 이런 행정직 외에도, 그녀는 연구를 계속했으며, 결국 비정규직 부교수에 해당하는 객원 강사가 되었다. 이 시기에 엔겔가르트와 류비모바는 무척 검소하게 살았다. 그들은 공동 아파트*에서 작은 방 두 개를 차지했다. 전문직 친구를 많이 사귀었고, 정기적으로 세미나를 개최하며 활발한 지적 생활을 영위했다. 휴가 기간에는 장기간 여행을 떠나곤 했다.[2] 엔겔가르트는 자전적 노트에 두 사람의 '취미'를 다음과 같이 묘사했다.[3]

> 어릴 때는 취미를 등산이라는 한 단어로만 말했다. 어려움을 꿋꿋하게 나누는 아내와 함께, 우리는 먼저 중앙 캅카스산맥의 산봉우리들을 등반했고, 이어서 파미르고원의 고지대와 빙하를 따라갔고, 그다음엔 중국 국경에 있는 티엔—창의 산꼭대기를 따라갔다. 그날 내 기억에 생생하게 남는 것은 … 그때 우리가 소련과 중국 사이의 국경을 이루는 고도 4000미터 이상의 가파른 산등성이 위에 서 있었다는 점이다. 우리는 소련 땅에 한 발을 딛고 중국 영토에 다른 발을 딛고 서 있었으며, 흐릿한 하늘이 우리 앞에 놓인 거대한 타클라마칸사막 위로 뻗어 있었다.

---

* 공동 아파트란, 각 가정에 한두 개의 방이 있고, 모든 가정이 공동 주방과 욕실을 같이 사용하는 아파트를 의미한다.

첫째 딸 알리나[Alina]는 1933년 3월에 태어났다. 얼마 후, 엔겔가르트가 레닌그라드 대학교에 초빙되었고 가족은 그곳으로 이사했다. 둘째 딸 나탈리야는 1934년 12월 레닌그라드(오늘날의 상트페테르부르크)에서 태어났다.

1935년 중반에 그들은 다시 이사했다. 블라디미르와 밀리차는 모스크바로 돌아왔고, 이곳에서 둘 다 A. N. 바흐 생화학연구소에서 전문직 활동을 계속했다. 1937년에 밀리차는 박사학위를 받았으며, 동물세포 생화학 실험실 선임 연구원이 되었다.

이 시기는 엔겔가르트 부부가 공동으로 중요한 발견을 한 때였다. 1920년대 후반에, 근육이 일하는 데 필요한 에너지의 근원은 큰 분자인 아데노신삼인산[ATP]의 분열이라는 것이 밝혀졌다. 이 분자는 흔히 '자연의 에너지 저장소'라고 불린다. 과학자들은 이 과정이 정확히 어떻게 일어나는지 이해하려고 오랫동안 노력해왔지만 성공하지 못했다. 엔겔가르트 부부는 근육 조직을 물로 추출했으나 거기에서 그들은 이 분자를 발견하지 못했다. 이것이 엔겔가르트가 이 분자를 '효소학의 신데렐라'라고 불렀던 이유다.[4]

이 수수께끼에 착안하여 엔겔가르트와 류비모바는 뭔가 다른 것을 시도하려고 했다. 추출물로 실험을 더 많이 하는 대신 '잔여물', 즉 수용성 효소가 추출된 후에 남아 있는 물질을 취했다. 지나고 나서 보니 이 과정이 논리적으로 보이지만, 두 사람 이전에는 아무도 그 생각을 하지 못했다. 첫 번째 시도 때 이 잔여물에서 매우 높은 효소 활성을 발견했다. 그 이후부터 그들은 틀에 박히지 않은 색다른 단계를 다시 밟았다.

그들은 효소 활성을 수반하는 분자를 분리하려고 시도했다. 우선, 근육 수축을 담당하는 단백질 미오신을 분리하기로 결정했는데, 이것은 이미 많이 알려져 있었다. 이를 위해 그들은 고농축 소금 용액을 사용했다. 놀랍게도, 엔겔가르트와 류비모바는 그들이 찾고 있던 효소 활성이 실제로 미오신 추출물에 포함되어 있다는 것을 발견했다. 예상과 달리 효소 활성이 실제로 미오신 자체에 존재했던 것이다. 그들은 《네이처》에 이 결과를 발표했으며, 그 기사는 크게 주목을 받았다. 이 발견은 생화학 분야에서 새로운 시대를 열어주었다. 그 후 몇 년 동안 엔겔가르트와 류비모바는 이 주제로 연구를 계속했고 더 중요한 것들을 발견했다.

1941년 6월 나치 독일이 소련을 공격했을 때, 엔겔가르트와 류비모바는 모스크바에 있었다. 10월 16일까지, 그들은 생화학연구소의 장비와 직원 및 가족들을 대피시키는 일을 지휘했다. 처음에는 카잔으로, 나중에는 키르기스스탄의 프룬제로 대피했다. 모든 연구소가 모스크바로 복귀한 1943년 가을까지, 생화학연구소와 몇몇 다른 생물학연구소는 그곳에 머물렀다. 이 기간 동안 밀리차는 과학 연구 외에도 노동조합위원회 의장을 맡았다. 그녀는 또한 대피한 과학자들과 그 자녀들의 삶을 챙기는 일에 관여했다.

1943년에 엔겔가르트와 류비모바는 근육 분야, 특히 미오신의 효소적 특성과 근육의 기계화학mechanochemistry을 연구한 업적으로 스탈린상Stalin Prize(나중에 소련 국가상USSR State Prize로 명칭 변경)을 받았다.

결국 다른 연구팀들도 미오신이 근육 수축을 담당하고 ATP를 분

모스크바에서 남성들에게 둘러싸여 있는 밀리차. 그녀의 오른쪽에 알베르트 센트죄르지가,
왼쪽에는 블라디미르 엔겔가르트가 앉아 있다(사진: 모스크바의 나탈리야 엔겔가르트).

열시켜 에너지를 방출함으로써 이 작용을 촉발시키는 원인이라는 것
을 입증했다. 헝가리 세게드의 알베르트 센트죄르지와 일로나 뱅가도
그중 하나였다. 전쟁이 끝나자마자 알베르트 센트죄르지는 모스크바
를 방문하여 생화학연구소의 엔겔가르트를 만났다. 얼마 후, 밀리차
는 근육 연구[5]를 수행한 센트죄르지의 책을 러시아어로 번역했다.[6] 엔
겔가르트 부부는 ATP와 미오신에 관한 중대한 발견으로 1946년 노
벨상 후보에 지명되었지만, 수상자로 선정되지는 못했다.[7]

　밀리차와 블라디미르는 성공한 부부였다. 그들은 또한 용감하고 고
결했다. 여기서 예를 하나 들어보자. 1944년과 1954년 사이에 엔겔가
르트는 동료 알렉산드르 바에브 Aleksandr Baev 가 석방되어 과학계로

복귀할 수 있도록 노력했다. 바에브는 재능 있는 과학자로서, 1930년대 초반 카잔에서 같이 지내던 동료였다. 바에브는 엔겔가르트가 레닌그라드를 떠난 후에도 거기에 머물렀다. 엔겔가르트 가족이 모스크바로 다시 이사한 후, 엔겔가르트는 바에브를 모스크바의 생화학연구소로 초청했다. 스탈린의 대공포 기간인 1937년에 바에브는 무고죄로 체포되어 악명 높은 강제노동수용소 10년 형을 선고받았다. 엔겔가르트는 박사학위 심사를 아직 통과하지 못한 바에브의 논문 원고를 소중하게 보존했다. 바에브가 더 이상 투옥되지는 않았지만 시베리아 북부의 노릴스크에 유배되어 있을 때, 엔겔가르트는 그를 발견하고 레닌그라드에서 그의 박사학위 논문을 통과시켰다. 그 후 엔겔가르트는 바에브가 북쪽의 우랄산맥 서쪽에 있는 코미Komi 공화국의 식팁카르 Syktyvkar 에서 연구직을 얻을 수 있도록 도와주었다. 안타깝게도, 1949년 소련에 새로운 억압의 물결이 몰려왔고, 바에브는 다시 체포되었다. 바에브는 아내와 두 명의 어린 자녀와 함께 시베리아로 유배되었다. 1954년에 바에브가 재기할 때까지 밀리차와 블라디미르는 적극적으로 그의 가족들을 도왔다.[8] 그를 도우면 자신들이 위험해질지도 모르는데도 개의치 않았다.

1940년대 후반부터 밀리차는 수채화를 그리기 시작했다. 그림과 연필 스케치는 몇 년 동안 그녀의 취미 활동이 되었다. 이 활동으로 그녀는 만족감과 휴식을 얻었다. 그녀는 또한 재미있는 자연물들을 즐겨 수집했으며, 이것들을 특정 이미지로 바꾸어 만들기도 했다. 그녀의 작품들은 엔겔가르트의 집을 장식했다. 블라디미르는 아내의 취미를 무척 좋아했고, 그녀의 창의력을 자랑스럽게 생각했다. 그녀는 집

의학 유전자의 영향은
다음 세대로 계속 전달될 것이다.
내 작은딸은 모스크바 종양센터 실험실에서
과학자로 일하고, 내 손녀들 중 한 명은
모스크바 국립대학교의
정상 및 병리적 신경심리학을 연구하고 있다.

안일을 돌보고 남편이 걱정 없이 일할 수 있는 최적의 환경을 보장하기 위해 최선을 다했다.

1950년대 중반 블라디미르와 밀리차는 모스크바 교외 부유층 거주지인 니콜리나 고라의 부지를 매입했다. 밀리차는 핀란드풍 디자인을 기초로 집을 설계했으며 매력적인 정원을 꾸미려 했다. 가족들은 그 집을 매우 좋아했다. 블라디미르는 그곳에서 휴식을 취했고, 친구들을 초대해 여흥 시간을 가졌으며, 그의 삶에서 발생한 여러 복잡한 문제를 곰곰이 되새겼다. 불행히도, 그 집은 밀리차가 죽은 뒤 불이 나 전소되었다.

전쟁이 끝난 후, 밀리차는 근육 단백질의 생화학 작용과 녹색식물의 수축 메커니즘을 계속 연구했다. 그녀는 크레아틴 포스포키나아제 creatine phosphokinase 활성이 액틴과 관련이 없다는 사실을 발견했다. 그녀는 분광광도법 spectrophotometry 을 이용하여 ATP와 미오신의 상호작용을 연구했다. 나중에 그녀는 미모사(함수초)Mimosa pudica의 움직임을 연구하기 시작했다. 그녀는 기초과학 연구 외에 응용 분야에도 관심이 있었고, 이는 성공으로 이어졌다. 그녀는 ATP 생산의 신기술을 개발하여 소련의 산업에 도입했으며, 다른 나라의 특허권과 비슷한 혁신 인증서 몇 가지를 받았다. 1957년에 그녀는 생물학 박사학위를 받았다. 그녀는 평생 활동했으며 여러 국제 과학 학술회의에 참석했다. 그녀는 1969년 당시 동독에 있던 베를린훔볼트 대학교에서 명예 의학 박사학위를 받았다.

모스크바로 돌아온 후, 1943년부터 엔겔가르트 부부는 A. N. 바흐 생화학연구소에서 연구를 계속했다. 블라디미르 엔겔가르트는 소련 과학에서 중요한 위치를 차지했고, 악명 높은 트로핌 리센코Trofim Lysenko가 위세를 떨치던 시기에 타격을 입은 실험생물학의 재건에 관여했다. 1959년, 엔겔가르트는 바흐연구소를 떠나서, 처음엔 소련 과학원의 방사선 및 물리화학생물학연구소(아직 '분자생물학'이라는 용어를 정부 당국이 배척하고 있을 때)라는 새 연구소를 설립했다. 이 이름은 1969년에 분자생물학연구소로 변경되었으며, 현재는 V. A. 엔겔가르트 분자생물학연구소로 불린다. 밀리차는 바흐 생화학연구소에서 동물세포생화학 실험실을 이끌었다. 그녀는 1975년에 사망했다.

엔겔가르트 부부의 큰딸 알리나는 화학자가 되었지만, 얼마 후 과학정보 분야로 옮겨 갔다. 작은딸 나탈리야는 실험종양학자가 되었다. 엔겔가르트는 자전적 에세이에 다음과 같이 쓰고 있다. "의학 유전자의 영향은 다음 세대로 계속 전달될 것이다. 내 작은딸은 모스크바 종양센터 실험실에서 과학자로 일하고, 내 손녀들 중 한 명은 모스크바 국립대학교의 정상 및 병리적 신경심리학을 연구하고 있다."[9] 현재, 나탈리야 엔겔가르트는 모스크바 암연구센터 발암연구소의 면역화학 실험실 연구원이며 여전히 활동하고 있다.

이다 노다크,
발터 노다크

화학자

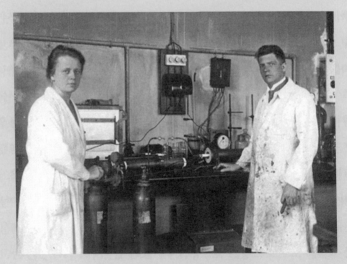

실험실의 이다 노다크와 발터 노다크
(신시내티 대학교, 화학사 외스퍼 컬렉션 제공)

1934년 엔리코 페르미와 동료들은 로마 대학교에서 중성자로 우라늄(원자번호 92)에 충격을 가했고 우라늄보다 무거운 두 가지 새로운 원소가 생성되었다고 추정했다. 같은 해 독일 분석화학자 이다 노다크Ida Noddack는 로마 실험에서 일어난 일과 다른 설명을 내놓았다. 그녀는 중성자 충격은 실제로 우라늄 핵을 부수고 우라늄보다 가벼운 두 종류의 원소에 해당하는 원자를 생성한다고 제안했다.[1] 그 제안은 무시되었다. 1938년 12월, 엔리코 페르미는 새로운 중 원소를 발견하여 노벨 물리학상을 받았다. 같은 달 베를린에서 오토 한과 프리츠 슈트라스만Fritz Strassmann은 우라늄의 중성자 충격 생성물 중에 우라늄보다 가벼운 것으로 알려진 바륨Barium이 존재한다는 사실을 입증해 보였다. 곧 리제 마이트너와 오토 프리슈Otto Frisch는 그 실험을 핵분열nuclear fission이라고 해석했고 노다크가 초기에 추측한 사실을 뒷받침해주었다. 이다 노다크의 과학적 통찰이 옳다는 것을 입증한 사례가 핵분열만 있는 것은 아니다.[2]

이다 노다크는 1896년 독일의 라크하우젠(현재의 베젤)에서 이다 타케Tacke로 태어났다. 그녀는 베를린-샤를로텐부르크 공과대학에서 최초의 여학생들 중 한 명으로 화학과 야금학을 공부했다. 그다음에 베를린에 있는 AEG(전자회사)의 산업 현장에 처음 자리를 잡았고, 나중에는 지멘스운트할스케Siemens & Halske로 옮겼다. 1925년에는 베를린에 있는 제국물리기술연구소로 이직했다. 여기서 그녀는 발터 노다크Walter Noddack와 함께 일했는데, 발터는 원소 주기율표에서 빠진 원소를 찾고 있었다. 이다 타케와 발터 노다크는 1926년에 결혼했다.

타케와 노다크는 1925년에 오토 베르크Otto Berg와 함께 새로운 원소 두 개를 발견해서 보고했는데, 그것들을 마수륨masurium(원자번호 43, 현재의 테크네튬)과 레늄rhenium(원자번호 75)이라 이름 지었다. 이 이름들은 그 당시 독일의 두 지역, 노다크의 가족이 있던 마수리안 호수(지금은 폴란드령)와 타케의 출생지인 라인 지역(제1차 세계대전에서 독일이 승리한 장소)을 지칭했다. 나중에 이런 명명은 독일 민족주의가 표출된 것으로 해석되었다. 레늄의 발견은 과학계에서 받아들여졌지만 마수륨은 그렇지 못했다.

　마수륨의 발견은 주로 니오븀niobium, 산소, 철, 망간을 함유한 광석 컬럼바이트columbite의 분석을 기반으로 했다. 노다크 부부는 광석 표본을 전자빔으로 충돌시켜 방출된 엑스선을 분석했다. 두 사람은 광석이 원자번호 43인 방사성 원소를 함유하고 있다고 결론지었다. 비평가들은 이 원소가 너무 불안정하여 암석에서 발생할 수 없다고 지적했다. 게다가 추정된 이 원소가 어떤 이유로 그 광석에 존재할지라도, 그 양이 너무 적어서 노다크 부부가 사용한 장비로는 탐지할 수 없었을 거라고 생각했다. 사실, 그다음 몇 년 동안 노다크 부부는 광석에서 레늄을 추출할 수는 있었지만, 컬럼바이트에서 마수륨을 추출하는 데 성공하지 못했다. 마수륨 건은 노다크 부부에게 큰 오점이 되었다. 어니스트 로렌스Ernest Lawrence는 노다크 부부의 주장을 "분명히 망상적이다"라고 말했다. 몇 년 후인 1937년에 카를로 페리에Carlo Perrier와 에밀리오 세그레Emilio Segrè는 사이클로트론 실험으로 43번 원소를 발견하고 그것을 테크네튬technetium이라고 이름 지었다. 이 이름은 이것이 인공적으로 만들어진 최초의 새 원소라는 것을 나타낸다.

마수륨 이야기가 여기서 끝나는 것은 아니다. 1960년대에 연구자들은 자연 발생 광석에서도 미세한 양의 테크네튬을 발견했기 때문에 노다크의 발견은 다시 관심을 끌었다. 1980년대 후반에, 노다크가 연구했던 광석에서 43번 원소의 존재를 설명할 수 있는 과정이 만들어졌는데, 이는 노다크 부부가 테크네튬의 진정한 발견자(마수륨이라고 불렀던 원소)가 될 수 있다는 것을 의미했다. 다른 사람들은 여전히 노다크 부부가 측정했다고 주장한 양이 비현실적으로 크다고 주장했다. 그 후 미국 국립과학기술연구소(NIST)에서 스펙트럼 분석기 소프트웨어와 최상의 데이터베이스를 사용한 '가상 실험virtual experiment'을 통해 노다크 실험을 시뮬레이션했는데, 컬럼바이트 암석에 원소 43이 존재한다는 사실과 1925년의 데이터가 일치했다. 국제순수·응용화학연합에 따르면, 노다크가 1925년에 측정한 것은 실제로 원소 43이라는 증거로서 설득력이 있다.

이다 타케는 1926년에 발터 노다크와 결혼했을 때부터 공식 지위를 얻지 못했다. 1920년대 후반과 1930년대의 대공황 당시, 독일에서는 여성들이 일하는 게 장려되지 않았다. 직업이 있다고 해도 기혼 여성들은 남성들 자리를 마련하기 위해 직장을 그만두도록 강요받는 경우가 잦았다. 이다 노다크는 남편의 실험실에서 무급으로 연구를 계속했다. 그녀는 남편의 조수 역할만 했던 것은 아니라고 강조했다. 1935년에 노다크 부부는 프라이부르크 대학교로 옮겨 그곳의 물리화학연구소에서 일했다.

1941년 독일이 프랑스 북동부의 알자스 지역을 점령한 후, 발터 노다크는 새로 창립된 슈트라스부르크 제국대학교(프랑스 대학교인 스트라스부르 대학교는 다른 곳으로 피했다)에서 물리화학연구소의 교수이자 소장으로 임명되었다. 두 사람은 프랑스가 해방될 때까지 그곳에서 근무했다. 기혼 여성들이 일자리를 갖는 것에 반대하는 나치의 전반적인 정책에도, 그녀는 그곳에서 급여를 받았다. 노다크 부부는 연구용 장비 및 기타 물품들을 풍족하게 지원받았다. 이상하게도, 그들은 스트라스부르 시기에 과학 출판물이 없었다. 물론 이 시기는 나치 독일의 몰락으로 끝났다. 노다크 부부가 떠난 지 수년이 지난 1947년, 스트라스부르 대학교에서 화학 수업을 시작한 아돌프 J.-P. Adloff 는 강의실에 있는 원소 주기율표에서 여전히 43번 원소가 마수륨이라고 적혀 있는 것을 발견했다.[3]

노다크 부부가 나치 혹은 나치 동조자인지 여부는 여러 문헌에서 논의되었다. 나치의 주력 대학 중 하나인 슈트라스부르크 대학교에서 화학 전공 교수의 80%가 나치 당원이었지만 노다크 부부는 아니었다.[4] 그러나 두 사람은 '나치 정권이 신뢰하는 일원'이라는 것을 뜻하는 자리를 제안받았고, 그들이 이런 자리를 받아들였다는 점은 나치로부터 이익을 얻으려는 의도가 있었다고 볼 수 있다.

1944년 11월, 연합군이 스트라스부르에 도착했을 때, 노다크 부부는 장비를 포장하여 독일로 보냈다. 결국, 그들은 연합군의 군사정부로부터 장비들을 지켰고 연구를 계속할 수 있도록 허가를 받았다. 장비를 소유한 것은 그들이 일자리를 얻는 데 큰 도움이 되었다. 1946년 말에 그들은 밤베르크에 있는 철학신학 대학교로 자리를 옮겼는데, 거기는 화학 연구를 하는 데 이상적인 곳은 아니었다. 그는 스트라스부르의 기구들을 이용해서 사설 지구화학연구소 Institute of

Geochemistry를 설립했다. 그녀는 그 연구소에서 무급으로 다시 연구를 계속했다. 결국 이 연구소는 1956년 국유화되었고, 발터 노다크는 1960년에 사망할 때까지 소장직을 유지했다. 이다 노다크는 1968년에 본 근처에 위치한 바트 노이에나 Bad Neuenahr의 은퇴 공동체로 옮길 때까지 그곳에서 연구를 계속했다. 그녀는 1978년에 사망했다.

이다 노다크는 몇 가지 명예를 얻었다. 1925년에, 독일 화학자협회가 주관한 학술대회에서 기조연설을 한 최초의 여성이었다. 1931년에 그녀와 남편은 레늄을 발견한 공로로 독일 화학자협회에서 제공하는 유스투스 리비히 메달 Justus Liebig Medal을 받았다. 노다크 부부는 노벨상 후보로 여러 차례 지명되었지만 수상하지는 못했다.

이다 노다크의 저작물 중에서 가장 유명한 것은 앞서 언급한 것처럼 페르미가 초우라늄 원소 transuranium elements 생성에 대해 발표한 이후에 출판된 것이다. 핵물리학과 화학 연구가 왕성한 가운데 그녀의 제안은 어떻게 무시당했을까? 어니스트 훅 Ernest Hook은 몇 가지 흥미로운 이유를 수집했는데, 여기서는 다음과 같이 간략하게 언급하겠다.[5]

엄밀히 말해, 이다 노다크의 제안은 무시되지 않았다. 받아들여지지 않았을 뿐이다. 그녀는 어떤 것도 운에 맡기지 않았고 개인적으로 페르미와 에밀리오 세그레, 그리고 아마도 다른 여러 사람에게도 논문 사본을 보냈다. 페르미는 핵분열이 가능하지 않다고 판정하는 몇 가지 계산을 실시했다. 당시 존경받고 있었던 오토 한과 리제 마이트너 팀이 펴낸 간행물은 페르미의 결론을 뒷받침했다. 페르미와 세그레 외에도 한과 마이트너, 이렌과 프레데리크 졸리오퀴리 등은 핵분열의 초기 발견을 놓쳤던 것이다. 그들에게 일찌감치 제안을 보냈는데도 말이다. 이것이야말로 진짜 수수께끼이다.

이다 노다크는 핵과학자가 아니라 분석화학자이자 지구화학자였기 때문에 그녀의 말을 중요하게 받아들이지 않았을지도 모른다. 이것은 예전에 마수륨의 오류와 결부되면서 더 복잡해졌다. 노다크 부부의 나치 동조 혐의도 동료들의 시각에 영향을 미쳤다. 이다 노다크를 무시하는 태도가 그녀가 여성이라는 이유 탓으로만 돌리는 것은 상황을 너무 단순하게 본 것이다. 왜냐하면 이 분야에 있는 퀴리 가문 여성들의 명성뿐만 아니라 리제 마이트너도 연관되어 있었기 때문이다. 하지만 마이트너도 종종 과소평가를 받았고 결코 사실이 아님에도 그저 오토 한의 조수로만 여겨졌던 것도 사실이다.

노다크의 제안을 기각한 아주 신빙성이 있는 이유는, 그것이 시기 상조로 간주될 수 있었다는 점이다. 수년 후에 라우라 페르미Laura Fermi는 실제로 1934년 실험에서 미처 깨닫지 못했지만 핵분열이 일어났을 거라고 남편에게 제안했고, 페르미는 다음과 같이 회고했다. "그 일은 분명히 일어났습니다. 우리는 그것을 생각할 충분한 상상력이 없었죠."[6] 실제로 '핵분열'이란 새로운 아이디어였고, 노다크는 명백한 증거를 제시하지 못한 채 그것을 제안만 했을 뿐이며, 그녀의 논문을 읽은 과학자들은 핵분열을 단순한 추측으로만 간주했다. 어떤 것이 됐든, 나중에 생각해보면 선구적인 아이디어였다.

오토 한과 슈트라스만은 1934년 이후 1938년 핵분열 관련 주요 논문에 이르기까지 이다 노다크의 논문을 참고 문헌에 넣지도 않았다. 이 사실을 보건대, 오토 한이 그녀의 제안을 받아들이는 것이 얼마나 어려웠는지 알 수 있다. 이다 노다크는 한과 슈트라스만이 주로 자신들의 연구를 발표하는 저널 《나투어비센샤프텐*Naturwissenschaften*》에 짧은 글을 발표하고 싶은 충동을 느꼈다. 그녀는 한에게 개인적으로 자기 아이디어를 설명했는데도 그 사실이 간과되었던 점에 불만을 토로했다.[7] 해당 저널이 한에게 의견을 구했지만, 한과 슈트라스만이 이에 대응할 시간도 의향도 없다고 저널에 통보했고, 이 내용을 담은 편집자의 편지와 함께 그녀의 의견이 실렸다. 돌이켜보면, 무거운 원자가 더 작은 조각으로 분해될 가능성에 대해 수많은 연구자가 실험으로 어떤 결론을 도출하지 않고 논의만 하고 있었다니 참 의아한 일이다. 그들은 이다 노다크의 주장과 그녀의 표현 방식이 타당했는지 결정하는 것을 다른 사람들의 판단에 맡겼다.

그래도 이다 노다크의 핵분열 가능성에 관한 아이디어가 무시된 이유가 뭔지 여전히 논란이 많다. 1938년과 1939년 사이에 핵분열을 발견한 후 이어진 사건들은 그것의 중요성을 충분히 보여주었다. 독일이 원자폭탄을 만들겠다는 생각을 4년 일찍 했다면 무슨 일이 일어났을까? 세계 역사가 매우 끔찍한 방식으로 바뀌었을 가능성도 있었다. 모든 물리학자와 핵화학자가 이다 노다크가 제안한 의미를 파악하는 데 너무 느렸던 사실을 우리는 고맙게 생각해야 할 것이다.

    과학자 부부를 다룬 1장을 마무리하면서, 나는 특별히 두 가지 예를 더 언급하고자 한다. 신경생물학자 릴리 잔Lily Jan은 1995년에 미국 국립과학원(NAS) 회원으로 선출되었지만 이 위대한 명예를 받아들이는 것을 썩 내켜하지 않았다. 그 이유는 남편과 배우자가 동일한 인정을 받지 못했기 때문이다. NAS의 조례에는 지명자가 명예를 수락할지 또는 거절할지 결정하는 데 1년을 줄 수 있다고 명시되어 있다. 1년 이내에 남편 유닝 잔Yuh Nung Jan도 NAS 회원을 제안받았으므로 두 사람은 기쁜 마음으로 선출을 수락했다.

    잔 부부는 캘리포니아 대학교 샌프란시스코 캠퍼스 생물물리학 교수이다. 두 사람은 국립 타이완 대학교 학부과정에서 만났으며 캘리포니아 공과대학에서 박사과정을 밟으려고 미국으로 건너갔다. 그들은 처음 이론물리학을 공부했고, 물리학자 출신 생물학자 막스 델브뤼크Max Delbrück의 권유로 생물학으로 바꾸었다. 두 사람은 생물물리학과 물리학에서 박사학위를 받았을 때 이미 결혼한 상태였다.

    잔 부부는 별개의 프로젝트로 일하기 시작했지만 곧 그들의 노력을 합치기로 결정한 다음부터 계속 공동 연구를 해왔다. 그들의 첫 번째 큰 발견은 특정 펩티드peptide 호르몬이 신경전달물질로 작용할 수 있다는 것이었다. 다른 하나는 소위 포타슘(칼륨)^{potassium} 채널에 관한 것이고, 유전자 복제와 신경세포의 발달 등 다른 중요한 발견이 뒤따랐다. 그들의 업적은 공동 수상으로 인정받았다. 최근에 받은 상은 신경과학 분야의 2010년 에드워드 스콜닉상^{Edward M. Scolnick Prize}, 2011년 의생명과학 분야의 와일리상^{Wiley Prize}, 2012년 신경과학 분야의 그루버상^{Gruber Prize} 등이 있다.

잔 부부는 자녀 두 명을 키웠는데 연구를 공동으로 하듯이 가족에 대한 책임도 함께 나누었다. 그들은 일정을 서로 조율했다. 예를 들어, 적어도 한 사람은 아이들과 함께할 수 있도록 번갈아가며 실험을 했다. "과학적 협업은 매우 효과적이에요"라고 릴리는 말했다. "두 사람이 함께 일을 잘할 수 있죠. 효과적인 협업은 각자 연구한 것을 단순히 더하는 것 그 이상이에요." 유넝도 이 말에 동의했다. "우리는 협업이 아주 잘 이루어졌어요. 일할 때 그리고 성격 면에서 서로를 보완해줍니다." 그는 아내가 참을성이 무척 강하고 집중력도 좋은데, 자기는 "거칠고 말도 안 되는 생각"을 하며 좀 더 충동적인 경향이 있다고 설명한다.[1]

잔 부부의 일이 벌어진 지 13년 후인 2008년에 암 유전학자인 낸시 젠킨스^{Nancy Jenkins}도 NAS 회원으로 선출되었다. 그러나 그녀 역시 연구 결과에 그녀와 남편의 업적을 따로 나누는 것이 불가능하며, 남편 없이는 명예를 수락할 수 없다고 주장했다.[2] 또 다시 수락 여부를 결정하는 1년 이내에 남편 닐 코펄랜드^{Neal Copeland}도 NAS 회원으로 선출되었다. 과학자 부부는 기꺼이 이 회원 자격을 수락했다.

젠킨스와 코펄랜드는 과학계에서 활동했던 기간 내내 함께 보냈다. 두 사람은 하버드 대학교 의과대학에서 박사후과정 때 만났다. 1980년에 두 사람은 메인주에 있는 잭슨연구소 Jackson Laboratory 에서 일하게 되었는데, 이 연구소는 쥐를 위주로 포유류 유전 연구를 수행하는 비영리 단체였다. 낸시와 닐은 결혼을 한 후 딜레마에 빠졌다. "우리는 앞으로 활동하는 동안 경쟁을 하거나 협력을 할 수 있었습니다. 결국 협력을 선택했습니다."[3]

그들은 메인주에서 3년을 지낸 후 처음에는 신시내티 대학교 의과대학으로, 나중에는 메릴랜드주 프레더릭에 있는 국립암연구소(NCI)로 옮겼다. 두 사람의 주요 연구 주제는 쥐를 대상으로 한 실험으로 인간의 질병, 특히 암을 모델링하는 것이다. 그들은 암의 원인이 되는 유전자를 밝혀내 이 유전자를 차단하는 약을 개발하려고 했다. NCI에서 약 2만 마리의 쥐 군집을 만들었다.

2006년, 그들은 예기치 않게 싱가포르로 자리를 옮겼다. 이 도시 국가는 분자생물학을 전폭적으로 지원해 중요한 과학 연구 단지를 개발하려고 했다. 다수의 최고 과학자가 유리한 재정적 지원뿐만이 아니라 프로젝트를 선택할 때 "어떤 조건이나 제한도 없었기" 때문에 그곳으로 이사했다. 젠킨스는 이렇게 말했다. "우리는 싱가포르의 새로운 연구 커뮤니티인 바이오폴리스 Biopolis 건설에 참여할 기회가 생겼어요. 우리는 22년간 NCI에 있었고 심기일전할 준비가 되어 있었죠. 또한 싱가포르는 후보 암유전자를 대상으로 유전자 검색을 할 수 있는 예산을 많이 배정했고 쥐 사육 공간도 충분히 제공했어요. 이 일을 미국에서 했으면 어려움이 무척 많았을 겁니다. 싱가포르에서 사는 게 정말 즐거웠어요. 대규모 외국인 거주 지역을 갖춘 아름다운 도시국가라 그런지, 집에서 멀리 떨어져 있다고 느끼지 않았죠."

2011년에 젠킨스와 코펄랜드는 텍사스주 휴스턴에 있는 감리교 병원연구소로부터 이례적인 제안을 받았다. 《사이언스 *Science*》에서 "텍사스의 30억 달러 펀드가 과학 분야의 거물급을 끌어당긴다"[4]라는 헤드라인으로 보도했듯이, 새로운 시작의 일환으로 두 사람은 미국으로 돌아왔다. 코펄랜드는 감리교 암 연구 프로그램의 총책임자이고 젠킨스는 공동 책임자다. 또한 감리교 아카데미에서 코펄랜드는 암 생물학 학장이며 젠킨스는 유전학 학장이다.

협력이 어떻게 이루어지는지 묻는 질문에 낸시는 다음과 같이 썼다. "우리는 비슷한 관심과 기대를 공유하지만 강점과 기술을 서로 보완해줍니다. 내 생각엔, 이 방식이 대부분의 다른 사람에게 적용되지는 않을 거예요. 우리는 사무실까지 같이 쓰지만, 우리는 그게 아주 좋았어요!"

일로나 뱅가, 릴리 잔, 낸시 젠킨스의 용기는 사람들의 이목을 끌었다. 나는 이런 일이 반대로 일어난 적이 있는지 궁금했다. 즉 아내와 함께 일했는데, 혼자만 상을 받은 남성 과학자도 똑같이 그렇게 했을지 궁금했다.[*]

과연 부부 팀의 남성 파트너는 두 사람이 함께 인정받아야 마땅한 것을 자기가 독차지해서는 안 된다고 생각할까?

---

[*] 미국 국립과학원 자료를 찾아봤지만 이 질문의 답을 얻지 못했다.

2장
·
정상에 선
여성 과학자들

INTRO
'정상에 선 여성 과학자들'에 대하여

과학자 부부인 여성 과학자들의 사례를 보니 모두 과학 분야에서 특별하게 기여한 사람들이다. 지금부터는 그에 못지않은 여성 과학자들을 소개하겠다. 그들은 각자의 분야에서 탁월한 성취를 보였고, 숱한 난관을 극복하고 인내했다. 이들은 망각 속으로 사라지지 않은 사람들이지만, 그 밖에 수없이 많은 사람이 잊혔다고 생각하는 것이 합리적일 것이다. 우리의 '영웅들' 중 일부는 가장 명예로운 노벨상을 받았다. 그들도 다른 사람들과 섞어 알파벳 순서로 소개할 것이다. 그럼에도 노벨상의 높은 인지도를 감안해 우선, 아직 자세히 설명하지 않은 여성 노벨상 수상 과학자들 이야기를 잠깐 언급하려고 한다.

지금까지는 노벨상을 받은 여성 과학자가 매우 적다. 물론 노벨상이 제정된 첫 번째 세기와 비교하면, 최근 들어 노벨상을 받는 여성 과학자들의 수상자 수가 늘어나고 있다. 노벨상을 받은 모든 여성 과학자는 어떤 표상이 된다. 그들이 필연적으로 다른 과학자들보다 더 탁월한 과학자이기 때문이 아니라, 일단 인정을 받았다는 이유로 과학자의 길을 걷고자 하는 사람들에게 영감을 주기 때문이다. 또한 노벨상 수상에서 제외됐다는 사실로 명성을 얻은 대표적인 여성 과학자들도 있다. 2장에도 몇 명 나오지만, 여기에 포함되지 않은 과학자 두 명에게 특별히 주목하려고 한다. 바로 리제 마이트너와 로절린드 프랭클린이다. 여기서는 이미 언급한 서론 내용을 보충만 하겠다.

지금까지 프랭클린의 삶은 아주 자세하게 묘사되었으며, 사람들은 그녀의 업적을 인정하고 높이 평가해왔다. 제임스 왓슨이 《이중나선 _The Double Helix_ 》[1]에서 프랭클린을 부당하게 묘사해서 그녀에 대한 관심이 상당히 커졌다. 그 내용만 없었으면 훌륭한 책이 되었을 것이다. 그리고 나서 좀 더 현실을 반영하고 호의적인 책들이 적어도 두 권 이상 출간되었다.[2] 따라서 우리는 로절린드 프랭클린이 자기가 관여한 발견의 기록, 특히 DNA 구조 발견의 연대기에서 마침내 적절한 위치를 확보했다고 말할 수 있다.

리제 마이트너 역시 그녀를 핵분열 발견의 연대기에서 적절한 위치에 놓으려고 하는 과학자들의 특별한 노력이 있었다. 그녀에게 헌정된 논문은 두 건 있었지만,[3] 더 많은 게 있다. 마이트너가 노벨상 후보에서 누락된 사실은 1945년에 오토 한이 단독으로 노벨상을 받은 이래로 계속 쟁점이 되어왔다.

스웨덴 왕립과학원은 이런 비판에 어느 정도 영향을 받았다. 물리학자 회원 중 한 사람인 잉마르 버그스트롬 Ingmar Bergström 은 마이트너의 후보 누락을 주제로 비판적인 연구를 수행하여 1999년에 발표했다. 그는 마이트너가 노벨상을 받아야 했지만 그렇지 못했으며, 받

왼쪽부터 런던 킹스 칼리지의 벽에 있는 명판(사진: 이스트반 허기타이). 로절린드 프랭클린(케임브리지의 에런 클루그 제공). 리제 마이트너를 기리는 스웨덴 왕립과학원 메달(사진: 이스트반 허기타이)

을 자격이 있는 과학자가 받지 못한 불행한 사례 중 하나라고 지적했다. 과학원은 같은 해에 리제 마이트너를 기리는 메달을 발행하는 게 현명하다고 판단했다. 여성 과학자에게는 처음이었다. 버그스트룀 강연의 요약본은 스웨덴 왕립과학원 소책자로 만들어졌다.[4]

과학 연구에 참여한 많은 사람 가운데 노벨상 수상자가 아주 적어서 통계적으로 의미 있는 연구는 할 수 없었지만, 여성이 수상자 중 과소 대표되었다는 사실은 의심의 여지가 없다. 표 1은 과학 분야에 대한 정보와 함께 노벨상 현황을 나타낸다. 물리학, 화학, 의생명과학('생리학·의학') 외에도 문학과 평화 분야에 노벨상이 있고, 스웨덴 은행이 수여하는 '알프레드 노벨을 기념하는 경제학상'인 노벨 경제학상도 있다.

과학 분야의 세 부문 사이의 분포는 고르지 않다. 물리학은 여성 수상자의 비율이 1%로 가장 낮은 반면, 생리학·의학은 5.3%로 가장 높았고, 화학이 2.4%였다. 이것은 여성 과학자들의 비율이 의생명과학 분야에서 가장 높고 물리학에서 가장 낮다는 사실과 일치한다. 문학, 평화, 경제학을 포함한 모든 노벨상 중 여성의 비율은 5.4%로 총 46명이다(이 자료는 2014년도 노벨상 수상자 조사 결과이며, 2015년부터 2018년까지 4년 동안 추가된 숫자를 포함하면 총 51명이다 — 옮긴이). 노벨상 여성 수상자의 약 3분의 1이 과학 분야에서 나왔다.

표 2는 과학 분야의 여성 노벨상 수상자 이름이다. 노벨상 수상자 16명 중 9명이 이 책에서 자세히 논의된다. 첫 번째 노벨상 수상자 3명은 1장에서 다루었으며 나머지는 2장에서 다룰 것이다. 노벨상 수상자의 중요성을 고려해, 나머지 과학 분야 노벨상 수상자 7명은 아래에서 간략하게 언급하겠다.

표 1. 2014년까지 노벨상에서 여성의 비율

분류	전체 수상자 수	여성 수상자 수	여성 수상자 비율(%)
물리학	199	2(3)***	1.0
화학	169	4(5)	2.4
생리학·의학	207	11(12)	5.3
문학	111	13(14)	11.7
평화	103*	16(17)	15.5
경제학	75	1	1.3
과학상 전체	575	17**(20)	3.0
전체	864*	47**(52)	5.4

* 추가로, 25개 기구가 노벨 평화상을 받았다.
** 여성 수상자의 수가 한 명 적다. 마리 퀴리가 물리학상과 화학상 두 차례 받았기 때문이다.
*** 2015~2018년까지 4년 동안 여성 수상자 수가 경제학을 제외한 각 분야에서 한 명씩 증가하여, 옮긴이가 변경된 숫자를 괄호 안에 표기했다.

표 2. 과학 분야 여성 노벨상 수상자*

물리학
1903	**마리 퀴리**
1963	**마리아 괴퍼트 메이어**
2018	도나 스트리클런드**

화학
1911	**마리 퀴리**
1935	**이렌 졸리오퀴리**
1964	도러시 오지킨
2009	**아다 요나트**
2018	프랜시스 아널드

생리학·의학
1947	**거티 코리**
1977	**로절린 앨로**
1983	바버라 맥클린톡
1986	**리타 레비몬탈치니**
1988	**거트루드 엘리언**
1995	**크리스티아네 뉘슬라인폴하르트**
2004	린다 벅
2008	프랑수아즈 바레 시누시
2009	엘리자베스 블랙번
2009	캐럴 그라이더
2014	마이브리트 모세르
2015	투유유

* 이 책에 수록된 노벨상 수상자는 굵은 글씨로 나타냈다.
** 2015년~2018년도의 여성 노벨상 수상자 명단은 옮긴이가 조사해 넣었다.

도러시 호지킨

　도러시 호지킨[1910-1994]은 영국의 결정학자였으며, 영국인 노벨상 수상 과학자 중에서 유일한 여성이다. 과학 분야에서 그녀가 이룩한

여성 노벨상 수상자 세 명. 왼쪽부터 영국 우표에 있는 도러시 호지킨, 콜드스프링하버연구소의 바버라 맥클린톡(뉴욕 스카스데일의 칼 마라모로쉬 제공), 엘리자베스 블랙번(사진: 막달레나 허기타이)

주요 업적은 생화학 물질인 페니실린, 비타민 B_{12} 및 인슐린의 3차원 구조를 밝혀낸 것이었다. 이 연구를 위해 그녀는 기술을 향상시켜야 했다. 복잡한 시스템에 비해 준비가 덜 되어 있었기 때문이다. 인슐린은 800여 개의 원자를 가진 분자이며, 구조를 완전히 이해하는 데 35년이 걸렸다. 작업이 완료된 때는 그녀가 노벨상을 받은 후 5년 만이었다.

도러시 호지킨은 유쾌하고 인기 있는 사람이었고, 수줍어하면서도 단호한 여성이었으며, 멋진 아내였고, 세 자녀의 어머니였다. 가까운 동료 중 한 사람으로 노벨상 수상자인 막스 페루츠 Max Perutz의 말을 들어보자. "도러시에게는 마법이 있었죠. 그녀에게는 적이 없었어요. 그녀의 이론을 비판하는 과학자들이나 정치적 견해가 반대인 사람들 사이에도 적이 없었어요. … 도러시는 위대한 화학자, 성스럽고 관대하고 부드러운 박애주의자이자 평화를 헌신적으로 옹호한 사람으로 기억될 겁니다."[5]

바버라 맥클린톡

바버라 맥클린톡[1902-1992]은 '점핑 유전자'라고도 불리는 전이성 유전인자를 발견해 노벨상을 받았다. 이미 40여 년 전에 발견했던 것이다. 그녀는 코넬 대학교에서 유전학을 공부한 후 다른 기관에서 잠깐 일하다가 1940년에 콜드스프링하버연구소에 정착했다. 유전자 연구 대상은 인디안 옥수수라고도 불리는 옥수수였다. 그녀는 유전자가 옥수수 DNA의 한 위치에서 다른 위치로 이동할 수 있다는 사실을 발견했다. 그런 변화로 돌연변이 또는 염색체의 손상이 뒤따랐다. 그녀의 발견은 "그 시대를 훨씬 앞서서 이설에 가까웠다."[6] 그것이 진지하게 받아들여지기까지는 오랜 시간이 걸렸다. 그녀가 옥수수에서 발견한 후, 약 20년이 지나서야 비슷한 이동성 요소들이 박테리아에서 발견되었다.

린다 벅

린다 B. 벅[1947-]은 시애틀에 있는 워싱턴 대학교의 프레드 허친슨 암연구센터에서 근무하는 생물학자다. 그녀는 인간과 기타 포유동물이 수천 가지의 냄새를 구별하는 방식, 그리고 두뇌가 그 냄새를 구별하는 메커니즘을 연구했다. 그녀는 냄새 수용체와 후각 시스템을 발견해 2004년에 리처드 액설[Richard Axel, 1946-]과 노벨상을 공동 수상했다. 그들은 어떤 유전자가 우리의 후각을 조절하는지 규명했다. 우리의 코에는 냄새 수용체 단백질군이 있다. "여러 가지 조합으로 작용해 뇌가 거의 무한한 수의 냄새를 식별할 수 있게 합니다. 이는 알파벳 글자가 결합해 서로 다른 단어를 만들어내는 것과 같습니다."[7] 그녀는 노벨상 수상 이후에도 이런 연구를 계속해 페로몬이 동물의 특정 행동을 자동적으로 유도하는 방식에까지 연구를 확장했다.

프랑수아즈 바레 시누시

프랑수아즈 바레 시누시 Françoise Barré-Sinoussi, 1947- 는 인간 면역 결핍 바이러스를 발견해, 2008년에 뤼크 몽타니에 Luc Montagnier, 1932- 와 노벨상을 공동으로 수상했다. 그녀는 박사학위를 받은 다음 미국 국립보건원에서 박사후과정을 마치고, 파리의 파스퇴르연구소에 합류하여 몽타니에 그룹에서 일하기 시작했다. 그들은 전사 transcription 과정이 일반 바이러스와 종류가 다른 레트로바이러스 retrovirus 와 암과의 연관성을 찾고 있었다. 1980년대 초 아프리카에 새로운 전염병이 발생했을 때, 그들은 몇 년 사이 그 병을 일으키는 바이러스를 분리했는데, 나중에 인간 면역 결핍 바이러스(HIV)로 명명된 레트로바이러스였다. 그 이후 그것을 조사해왔다. 노벨상 발표 보도 자료에 따르면, "HIV는 새로운 유행병을 일으켰다. 과학과 의학이 이처럼 빠르게 새로운 질병체의 기원을 밝혀내고 치료법을 제공한 적이 결코 없었다. 성공적인 항抗레트로바이러스 요법 덕분에 HIV 감염자의 평균 수명은 감염되지 않은 사람들의 기대 수준과 유사하다."[8]

엘리자베스 블랙번과 캐럴 그라이더

2009년 세 명의 과학자가 노벨 생리의학상을 함께 받았다. 텔로미어telomer와 효소 텔로머레이스telomerase가 염색체를 보호하는 방법을 발견한 엘리자베스 블랙번1948-, 캐럴 그라이더1961-, 잭 쇼스텍Jack Szostak, 1952-이 그들이다. 이 발견은 공동으로 노력한 결과다. 블랙번과 쇼스텍은 1980년대 초까지는 따로 일했으나, 그 이후엔 협조하기 시작했다. 블랙번의 대학원생이었던 그라이더도 곧 팀에 합류했다. 노벨위원회의 보도자료에 따르면, 그들은 "생물학의 중요한 문제를 해결했다. 세포 분열 중에 어떻게 염색체를 완전히 복사할 수 있는지, 그리고 어떻게 분해로부터 보호되는지에 관한 것이다."[9] 텔로미어는 염색체의 말단에서 모자 역할을 하는 뉴클레오티드이며 분해로부터 염색체를 보호한다. 그라이더와 블랙번은 또한 자기들이 '텔로머레이스'라 이름 지은 효소를 발견했다. "텔로미어는 노화와 관련하여 중요하며, 텔로미어의 단축은 세포와 전체 유기체의 노화로 이어지는 요인 중 하나다. 암세포 분열의 증가는 텔로머레이스 활성과 관련되어 있다는 것이 밝혀졌다. 암과 싸우기 위해 이 지식을 어떻게 사용할 수 있는지가 핵심 연구 주제다.

마이브리트 모세르

과학자 부부인 마이브리트 모세르May-Britt Moser, 1963-와 에드바르

모세르Edvard Moser, 1962-는 뇌의 포지셔닝 시스템에 관한 발견으로 2014년 노벨 생리의학상을 공동 수상했다. 나머지 한 명은 존 오키프 John O'Keefe, 1939-다. 마이브리트와 에드바르 모세르는 트론헤임에 있는 노르웨이 과학기술대학교 NTNU의 교수다. 박사학위 프로젝트는 달랐지만 이후에 힘을 모아 공동 연구실을 세웠다. 두 사람은 그 이후로 계속 함께 연구하고 있다. 최근 인터뷰에서 그녀는 두 사람의 상호 보완성이 일을 할 때 완벽한 협력 관계를 만들었다고 강조했다. 그들은 뇌가 자체 탐색 시스템을 구축하는 방법(뇌의 GPS라고 할 수 있다)을 인식하여 신경과학을 진일보시켰다. 모세르 부부는 그리드 세포grid cell 라고 불리는 새로운 종류의 세포를 발견했다. 이 세포는 지도처럼 두 뇌에 주기적인 패턴을 형성하여 우리가 자신의 길을 찾도록 도와준다. 모세르 부부의 발견은 알츠하이머병과 다른 퇴행성 신경 장애를 치료할 방법을 찾아내는 데 의미가 있다.

조슬린 벨 버넬

천문학자

왼쪽: 1975년경 조슬린 벨 버넬(조슬린 벨 버넬 제공),
오른쪽: 2002년 조슬린 벨 버넬(사진: 막달레나 허기타이)

"조슬린 버넬Jocelyn Burnell은 훌륭한 사람이고 나는 그녀를 대단히 존경합니다. 그녀는 노벨상을 받지 못해 슬프지 않느냐는 질문을 자주 받곤 합니다. 그녀는 늘 이렇게 대답합니다. '내가 왜 슬퍼해야 하나요? 나는 노벨상을 받지 않는 경력을 쌓았어요.' 노벨상을 못 받은 게 그녀에게는 분명 부당한 일이었지만, 그녀는 여전히 행복한 사람이고, 그 일이 그녀에게 아무런 해를 끼치지 않았습니다." 이것은 유명한 물리학자이자 작가인 프리먼 다이슨Freeman Dyson이 나에게 조슬린 벨 버넬에 대해 말한 내용이다.[1]

그녀 이야기를 간략히 요약해보자. 그 발견은 조슬린이 영국 케임브리지 대학교의 박사과정 학생일 때 이루어졌다. 그녀의 지도교수이자 천문학자인 앤터니 휴이시Antony Hewish가 실험을 설계했고 관찰 결과를 설명하는 데 중요한 역할을 했다. 결국, 그는 노벨상을 받았다. 그는 상을 받을 만했지만 조슬린이 수상자에서 빠진 것은 불공평했다.

조슬린 벨은 1943년 북아일랜드의 벨파스트에서 네 자녀 중 첫째로 태어났다. 그녀는 학교를 다니기 시작할 무렵부터 이미 과학에 관심이 있었다. 1957년 소련이 스푸트니크Sputnik를 발사한 후, 그녀는 흥분에 사로잡혀 과학자가 되기로 결심했다. 왜 천문학인가? 그녀의 아버지는 공공 도서관에서 책을 빌려오곤 했는데, 조슬린이 늘 그 책들을 뒤적였다. 어느 날 아버지가 천문학 관련 책들을 빌려오자 조슬린은 특별한 반응을 보였다. 책을 침실로 가져갔다. 그녀는 이렇게 회고했다. "나는 1950년대 후반에서 1960년대 초반에 천문학의 규모와 웅장함에 푹 빠졌어요. 나는 학교에서 배운 물리학이 우주를 이해하는 데 도움이 될 만한 도구라는 것을 깨달았죠."[2]

그녀는 벨파스트에서 학교를 다녔고, 뒤이어 영국에서 기숙학교를 졸업했다. 그녀는 스코틀랜드에서 칼리지를 다녔고, 1965년에 글래스고 대학교에서 학사학위를 받았다. 그러고 나서 케임브리지 대학교에서 천문학을 전공했다.

앤터니 휴이시 교수는 막 연구 방향을 바꾸고 있었다. 그는 전파은하계radio galaxies를 연구하기로 결정했다. 그는 고감도 전파망원경을 디자인했고, 대학원생 조슬린은 그것을 만드는 데 적극적으로 참여했다. 전파망원경은 수많은 기둥과 수 킬로미터에 이르는 전선으로 만든 거대한 구조물이었다. 그녀는 측정을 하고 망원경에서 나오는 수천 개의 신호를 기록하는 일을 맡았다. 이 망원경은 1967년 7월에 작동하기 시작했고, 그녀는 그해 11월에 몇 가지 이상한 신호를 처음으로 알아차렸다.

휴이시의 말을 들어보자. "이 조사는 매주 전파은하계 수백 개를 관찰하려고 계획되었습니다. 운도 따라주었죠. 예컨대, 내가 디자인한 기구가 지금껏 알려지지 않은 펄서pulsar라는 현상을 감지하는 데 완벽하게 작동했습니다. 그것은 전혀 예상치 못한, 예측하지 못한, 그리고 과학이 불러일으킨 것들을 산산조각 내는 것들 중 하나였습니다…"[3] 조슬린은 그 당시를 생생하게 기억한다.[4]

이런 발견은 결코 꿈도 꾸지 않았기 때문에 사고나 다름없었죠. 말 그대로 상상할 수 없었으니까요. 나는 매우 멀리 있는 대상인 퀘이사quasar를 연구하고 있었습니다. 내가 가끔 사용하는 비유로 표현하자

망원경 앞에 있는 조슬린 벨(조슬린 벨 버넬 제공)

면, 몇 군데 좋은 자리에서 일몰 광경을 비디오로 찍고 있는 셈이죠. 석양의 장관을 볼 수 있는 그런 장소에서요. 곧이어 차가 나타나 앞쪽에 주차한 다음 비상등을 깜빡여 지금 만들고 있는 비디오를 망치는 거예요. 우리가 겪었던 상황이 그런 것과 좀 비슷했습니다. 우리는 우주에서 가장 먼 것들에 초점을 맞추고 있었는데, 이런 독특한 신호가 전경에 나타난 거죠. 그게 바로 펄서였어요.

이런 신호들은 특징이 있다. 매우 날카롭고 일정한 간격으로 반복된다는 것이다. 이 신호를 처음 발견한 사람들은 장비에 문제가 있다고 생각했다. 그런 다음 사람들은 다른 원천으로부터 약간의 소음과 일부 인공 신호가 포착되고 있는 것 같다며 두려워했다. 심지어 그녀는 이것이 외계 문명이 보내는 메시지일지도 모른다고 생각해, 그것들을 LGM, '작은 녹색 사람들Little Green Men'이라 불렀다. 그녀는 외계 문명으로부터 메시지가 온다면 아마 전파천문학자들이 그 메시지를 포착할 것이라고 생각했다. 곧 그들은 또 다른 장소 그리고 더 많은 곳에서 오는 신호를 발견했다. 그들은 멀리 떨어진 문명이 신호의 원천이라는 아이디어가 폐기되어야 한다는 것을 깨달았다. 더 많은 것은 말할 것도 없고 두 문명으로부터 거의 동시에 메시지를 받을 가능성은 전혀 없었기 때문이다. 그녀는 이런 생각이 들자 안심했다고 말했다. 나는 그 말을 듣고 놀랐다. 외계인과 접촉하는 것은 환상적인 발견이었을 텐데 하고 말이다. 그러나 그녀는 실리를 따졌다. 그녀는 이것이 문제가 될 수도 있었다고 정확하게 말했다. 그렇게 되면 그녀는 연구비 지원이 끝나는 나머지 반년 동안 자신의 논문을 완성하지 못했을 것이다.

마침내 휴이시가 이 놀라운 관찰을 해석해냈다. 신호는 중성자별에서 나왔다. 이 별들은 밀도가 극히 높아 원자핵의 밀도와 비슷하다. 태양의 질량이 반지름 10킬로미터의 공에 채워져 있는 것이라고 상상하면 된다. '중성자별neutron star'이라는 이름은 중성자로만 구성된다는 의미는 아니며 지구상의 어떤 것보다 중성자가 더 풍부하다는 것을 뜻한다. '펄서'라는 이름은 '맥동전파원脈動電波源, Pulsating Radio Star'을 줄여서 부르는 말이다. 펄서를 관측해보면 매우 강한 자기장이 있으며, 지구의 경우처럼 자기장이 회전축과 일치하지 않는다. 펄서가 회전할 때, 자기극에서 나오는 광선은 바다를 가로지르는 등대 불빛처럼 하늘을 휘젓고 다닌다. 광선이 지구를 통과할 때마다 우리는 펄스를 포착할 수 있다. 이것이 우리가 규칙적으로 이어지는 펄스를 얻는 방법이다.

곧이어 전 세계의 다른 전파천문학자들이 펄서를 찾기 시작했고 많은 것을 발견했다. 하버드 대학교 천문대의 조지프 테일러 Joseph Taylor는 이 천문학자들 중 한 명이었으며, 케임브리지 관측을 최초로 확인한 일원이었다. 1974년에 휴이시와 마틴 라일 Martin Ryle (관련된 발견을 함)은 노벨 물리학상을 받았다. 조슬린은 수상자가 아니었다. 40년 전 그 당시에는 조슬린을 포함해 어느 누구도 그녀가 노벨상을 받으리라고 기대하지 않았다. 천문학이 인정받았다는 사실이 그녀를 행복하게 하는 최고의 보상이었다.[5]

무척 기뻤는데, 주로 정치적인 이유였어요. 나는 전략가이자 정치인이잖아요. 노벨 물리학상이 천문학 관련 분야에 수여된 것은 처음이었습니다. 물론, 노벨 천문학상이란 것은 없고, 물리학이 가장 근접 학문이죠. … 이것은 [천문학이] 포함되었다는 사실을 분명하게 보여준 첫 번째 사건이었어요. 정말이지, 그게 중요했어요. 완전히 새로운 분야의 문을 여는 것이었죠. 나는 그점을 곧바로 알았고 그래서 그토록 기뻤던 거예요. … 만족했습니다.

그 당시에 과학은 위대한 사람들(그리고 남자들)이 수행하는 거라고 생각했습니다. 위대한 사람들은 휘하에 조수들을 두었는데, 그들은 이 조수들이 훨씬 하찮고 지적으로 떨어져서 생각이라는 것을 하지 않을 것이고, 위대한 사람의 지시를 실행하기만 하면 된다고 여겼어요. 그런 일은 100년 전 어쩌면 더 최근까지도 과학계에서 해오던 방식이었을 겁니다. 지난 30년 동안 벌어졌던 일을 생각해보세요. 과학이란 곧 팀의 노력, 즉 많은 사람의 아이디어와 제안이 훨씬 더 많이 필요하다는 것을 이해하게 되었죠. 그러나 노벨상이 주어지던 당시만 해도, 과학이란 위대한 인물이 이루어낸다는 생각이 여전했어요. 어떤 상이 됐든, 상을 수여하는 것은 그런 생각과 일치했어요. 당시 우리는 과학의 팀 성격을 깨닫지 못했던 거예요.

펄서 발견으로 노벨상이 수여된 지 약 20년이 지난 후, 사람들의 기억을 불러일으키는 일이 일어났다. 사람들은 조슬린에게 일어난 부당함을 이야기하기 시작했다. 1993년에 노벨 물리학상은 다시 천문학 관측에 돌아갔다. 이중 펄서를 발견한 공로로 조지프 테일러와 러셀 헐스Russell Hulse가 대상자였다. 이중 펄서의 발견은 중력을 연구할 새로운 가능성을 열어주었기 때문에 특히 중요했다.

1974년과 1993년 노벨상 사이에는 눈에 띄는 유사점과 차이점이 있었다. 1993년 노벨상의 경우, 발견자들은 매사추세츠 대학교 애머스트 캠퍼스의 테일러 교수와 그의 대학원생 러셀 헐스였다. 그들은 함께 실험을 실시했다. 헐스가 관측을 하고 테일러가 그것을 해석했다. 그러나 이 경우 교수와 예전의 제자 둘 다 상을 받았다. 전문가들은 두 경우 사이의 불일치에 특히 주목했다. 테일러는 이렇게 말했다. "확실히 맞습니다. … 1974년 노벨상위원회는 조슬린 벨 버넬이 중요하게 기여한 부분을 간과했습니다. 이제는 시대가 바뀌었어요. 수십 년을 거치면서 사람들은 대규모 그룹 활동에서 젊은 공동 협력자들의 공헌을 훨씬 더 잘 알게 되었습니다."[6] 테일러 교수는 조슬린을 노벨상 시상식에 초대했다. "…단순히 그녀가 즐겁게 경험했으면 하는 심정이었습니다. … 그녀가 예전에 거의 다 왔는데도 이루지 못한 것을 다소나마 보상하는 차원이라고 할까요."[6] 수상자들이 종종 시상식에 동료들을 초대하는 경우가 있었지만, 휴이시는 1974년 노벨상 시상식에 조슬린을 초대하지 않았다. 조슬린에게 이 점을 물어보자, 그녀는 퉁명스럽게 말했다. "오, 내가 임신했거나 어린아이가 있었거나, 뭐 그런 상태에 있었나 보죠."[7]

물론, 노벨상 수상자는 시상 기관이 결정한다. 따라서 불공정한 일이 일어났다고 해도 실제 수상자들은 아무 책임이 없다. 노벨상 역사를 들여다보면, 수상의 영예를 공유해야 마땅한데도 선정되지 않은 경우에 수상자가 협력 연구자를 인정했던 사례들이 있다. 수상자들은 노벨상 연설에서 협력 연구자들의 업적을 언급하고, 시상식에 초대하고, 때로는 상금을 공유한다. 1923년, 프레더릭 밴팅Frederick G. Banting과 존 매클라우드John J. R. Macleod가 인슐린을 발견해 생리의학상 분야에서 노벨상을 받았을 때, 밴팅의 제자 찰스 베스트Charles Best는 수상자에 포함되지 않았고, 밴팅은 자기 상금을 찰스 베스트와 나누어 가졌다.[8]

이와 달리, 펄서 발견에 대해 질문을 던지자, 휴이시는 "내가" 이런저런 일을 했다고 계속 강조했으며, 구체적인 설명을 요구받고 나서야 조슬린을 언급했다. 펄서를 처음 관찰한 대학원생이 있는지 여부를 묻는 질문에 휴이시는 이렇게 대답했다. "오, 그렇습니다. 그녀는 내 제자였고 내가 설계한 것을 관찰했습니다. 그녀는 훌륭한 학생이었고 매우 열심히 일했으며 전파망원경 제작을 도왔고 수백 피트에 이르는 차트 기록을 신중하게 분석했습니다."[9] 그녀의 이름을 끌어내기 위해서는 재촉이 더 필요했다.

휴이시는 노벨상 대상자 선정에 책임이 없지만, 그는 스스로를 지키려고 노력했던 것 같다. 그는 《벨파스트 텔레그래프 *Belfast Telegraph*》 기자에게 이렇게 말했다. "대중의 마음속에는 그녀가 펄서 발견의 핵심 인물입니다. 나는 완전히 지쳤어요. … 조슬린이 모든 일을 했고 내가 그 공을 가로챘다는 이 어리석은 일 … 내 말은 그건 완전히 잘못됐다는 겁니다. 그녀가 노벨상에 대해 불만을 나타냈다면, 솔직히 말해서 그건 정말 유감입니다. 이 상황은 내가 만든 비유와 비슷합니다. 즉, 누가 미국을 발견했을까요? 콜럼버스였나요? 아니면 망을 보는 사람이었나요? 그녀의 기여는 매우 유용했지만 창조적이지는 않았어요. 그리고 나는 그 정도 기여를 가지고 사람들이 노벨상을 받는다고는 생각하지 않습니다."[10]

휴이시의 평가에 모든 사람이 동의하는 것은 아니다. 1993년 노벨상 시상식에서 벌어진 훈훈한 이야기가 그 점을 말해준다. 물리학 교수이자 노벨 물리학상 위원회에서 오랫동안 위원으로 활동한 안데르스 바라니 *Anders Bárány*는 조슬린에게 1974년의 사건을 얼마나 유감스럽게 생각하는지 말했다. 그는 1993년이었다면 그런 일이 일어나지 않았을 것이라고 확신했다. 그런 다음 바라니는 곧바로 멋진 행동을 취했다. 매년 이 상의 투표에 참가하는 사람들은 노벨상 메달의 소형 복제본을 받는다. 바라니는 자신의 복제 메달 중 하나를 보상의 증표로 조슬린에게 주었다.[11]

조슬린의 인생 이야기로 돌아가보자. 1969년에 케임브리지 대학교에서 박사학위를 받은 후, 그녀는 계속해서 일자리를 꽤 많이 거쳤다. 그녀는 사우샘프턴 대학교에서 몇 년을 지내다가 런던 대학교로 옮겨 교수로 임명되었다. 그녀는 또한 에든버러 왕립천문대에서 일했다. 1990년 초에는 개방대학교 the Open University 물리학 교수가 되었다. 내가 그녀를 프린스턴 대학교에서 만났을 때 그녀는 방문 교수였다. 2001년에 배스 대학교 과학대학 학장으로 임명되어 4년을 지냈다. 2013년에는 옥스퍼드 대학교 방문 교수를 지냈다.

경력 초기에는 남편이 영국 지방정부의 공무원이었기 때문에 자주 이사를 해야 했다. 이것이 일자리를 자주 바꾸어야 하는 이유였고, 그녀가 과학 분야에서 경력을 쌓는 데 지장을 주었다. 그녀는 임신했을 때 학과장에게 출산휴가를 위해 무엇을 준비해야 하느냐고 물었다. "학과장은 이렇게 말하더군요. '출산휴가? 난생처음 들어보는 말이네요!'" 그래서 바로 사임했다. 아들이 대학에 갈 때까지 18년 동안 그녀는 비정규직으로 일했다. 그녀는 결혼하고 엄마가 된다는 것 때문에 상당히 큰 차이가 생겼다고 느꼈다. 동시에 한편으로는, 자기가 처한 상황 덕분에 한 분야에서 연구만 해왔던 것보다 훨씬 더 광범위한 기능을 습득할 수 있었다고도 생각했다.

이리저리 이사를 하는 동안에도 그녀는 천문학의 발달을 따라잡았다. 그녀는 감마선, 엑스선, 적외선 및 밀리미터파천문학 등 다양한 분야에 종사해왔다. 그녀는 경영 교육을 받은 것이 배스 대학교 학장 자리를 수락했을 때 매우 유용했다고 생각했다. "평생 학계에 몸담고 있었으면, 더 깊은 경험을 했겠죠. 하지만 훨씬 더 협소한 범위에 머물렀을 겁니다."[12] 그녀는 결혼한 지 약 20년 만에 이혼했다.

조슬린은 퀘이커 교도다. 그녀는 퀘이커교가 과학자에게 잘 맞는 종교로 여긴다. 거룩한 저술과 전통을 덜 강조하고 신의 본성과 세상의 본질을 배우는 데 더 중점을 두기 때문이다. 퀘이커교는 지구와 그 위에 사는 모든 것을 존중하는 생태계를 강조한다.[13]

퀘이커교의 가르침 중 하나는 단순하게 살고 과소비를 하지 말라는 거예요. 이것은 … 지구를 보호하는 개념과 아주 비슷하죠. 탐구하기 좋은 유형의 종교라고 할까요. … 신조 또는 그와 비슷한 것을 믿거나 말할 필요가 없어요. 그래서 퀘이커교에 과학자가 많은가 봐요. … 흥미로운 사실이 있어요. 퀘이커교는 1640년대에 영국에서 시작되었는데, 이때는 과학이 눈부신 활동을 하며 신학에서 벗어나던 때와 거의 같은 시기였죠. 우연일 수도 있지만, 퀘이커교와 과학이 같은 시기에 자기 정체성을 얻은 것이 흥미롭잖아요.

그녀의 수상 이력을 살펴보자. 그녀는 노벨상을 제외하고, 권위 있는 상을 많이 받았으며 주요 행정직을 맡았다. 그녀는 미국 천문학회, 왕립천문학회, 미국 철학협회가 주는 상을 받았다. 몇몇 명예 박사학위를 받았고, 1999년에 대영제국 훈장(CBE)을 받았다. 2003년에는 왕립협회(런던)의 회원(FRS)으로 선출되었으며, 2007년에 대영제국 데임 Dame (여기사) 작위에 올랐다. 왕립협회 회원이 되는 것은 과학 분야에서 동료들에게 인정받는다는 것을 의미하기 때문에 특히 중요하다. 그러나 이는 그녀가 펄서를 발견한 후 수십 년이 지난 뒤였기에 상당히 굼뜬 처사일 수밖에 없었다. 그녀는 왕립천문학회와 물리학연구소의 회장도 지냈다. 그녀가 노벨상을 받지 못해 더 유명해졌다고 하니, 그 말도 그럴듯하게 들린다!

이본느 브릴

우주항공공학자

왼쪽: 2000년, 프린스턴 시절의 이본느 브릴(사진: 막달레나 허기타이)
오른쪽: 2010년, 이본느 브릴이 오바마 대통령으로부터 국가기술혁신상을 받고 있다.
(국가과학기술상 재단 제공)

"혁신에 대한 열정, 인간 지식의 최전선을 탐험하는 대담함, 그리고 더 나은 세상을 만들고자 하는 열망이 이 비범한 과학자, 엔지니어, 발명가 들을 이끌었습니다. 이분들의 독창성 덕분에 당면한 어려움을 딛고 모든 사람이 더 높은 곳에 이르고자 최선을 다해왔습니다." 이는 버락 오바마 대통령이 2010년 과학자, 엔지니어, 발명가의 최고 영예인 국가과학훈장과 국가기술혁신훈장 수상자를 발표할 때 한 말이었다.[1] 87세의 우주항공공학자 이본느 브릴은 기술혁신상 수상자 다섯 명 중 한 명이자 이 중 유일한 여성이었다. 그녀는 26년 동안 이 상을 받은 사람 중 일곱 번째 여성이었다.

이본느 메델라인 브릴Yvonne Madelaine Brill, 1924-2012(결혼 전 성은 클레이즈Claeys)은 캐나다 위니펙에서 태어났다. 그녀의 부모는 둘 다 벨기에 이민자 출신으로 대학 교육을 받지 못했다. 이본느는 과학과 수학을 전공했다. 항상 공학에 흥미가 있었지만 그녀가 고향에 있는 매니토바 대학교에 입학하던 시절에는 공학 분야에서 여성들을 받아주지 않았다. 이본느는 나에게 그 이유를 말해주었다. 그녀의 말인즉, 공학도들이 측량 실습 과정 때 약 3주 동안 황무지에서 야영을 해야하는데, 대학 측이 여성용 특별 숙소를 마련하는 것을 원하지 않았기 때문이라는 것이다.

그녀는 1945년에 미국으로 치면 수학 전공에 해당하는 학위를 받으며 졸업했다. 그 후 그녀는 남부 캘리포니아로 이사해 샌타모니카에 있는 더글러스 항공사에서 일했다. 그녀는 화학 석사학위를 취득하려고 서던캘리포니아 대학교 야간대학에 다녔다. 더글러스 항공사에서는 공기역학 부서에서 근무했다. 그 회사는 무인 지구 궤도 위성을 설치하는 계약을 맺었다. 그녀는 이 위성의 궤적을 연구했는데, 대부분 수학과 관련된 업무였다. 젊은 전문직 여성들에게 조언을 아끼지 않았던 프로그램 매니저는 그녀가 화학 학위를 받으려고 공부하는 것을 알고는 화학 부서로 전출하라고 제안했다. 그렇게 해서 그녀는 로켓 추진체와 로켓 엔진, 그리고 공기를 흡입하는 제트엔진, 이른바 '램제트^{ramjet}'에 관여하게 되었다. 그렇지만 그녀는 공학을 좋아했다. 화학 석사학위를 받은 후 박사학위에 도전하지 않고 공학 분야에서 경력을 쌓기로 결심했다.

더글러스 항공사에서 인공위성 관련 업무는 기밀 사항이었다. 프로젝트 랜드$^{Project\ RAND}$ 체계에 속해 있었기 때문이며, 이는 나중에 미국 공군 초창기 싱크탱크 중 하나인 랜드연구소가 되었다. 냉전 기간 동안 브릴의 부서 직원들은 미사일에 집중했고, 무인 지구 궤도 위성은 뒷전으로 밀려났다. 브릴의 주요 임무는 로켓 연료와 산화제의 성능을 결정하는 데 필요한 고온의 열역학적 특성을 계산하는 것이었다. 이런 데이터는 최초의 업계 표준으로 사용되는 열역학 표에 포함되었다.

이본느는 한동안 이 프로젝트를 진행했다. 하지만 이론보다는 실험 업무를 선호했기에 소규모 회사인 마쿼트^{Marquardt}에 입사해 램제트와 관련된 다양한 테스트를 실시했다. 그곳에서 그녀는 UCLA 화학과 박사후 연구원이자 장래에 남편이 될 사람을 만났다. 둘 다 일자리를 구할 때 갈등이 있었다. 그녀는 미소를 띤 채 기억을 떠올렸다. "나에게 가장 좋은 기회는 서해안 쪽이었고, 그에게는 동해안 쪽이었어요. 물론 그 사람 의견을 따랐죠."[2] 두 사람은 코네티컷주로 이사를 갔고, 그녀의 남편은 올론 인더스트리Olon Industries에서 일했고 그녀는 유나이티드 항공사에 일자리를 구했다. 그러나 곧 그녀의 남편이 이직을 결심해 프린스턴으로 옮겼으며, 그 이후에 계속 그곳에서 살았다. 1950년대 중반부터 10년 가까이 그녀는 정규직 일자리를 얻지 못했다. 그 사이 자녀 세 명을 두었으며, 추진체 컨설턴트로서 일하거나 쉬면서 새로운 연료 화합물을 개발하는 연구를 진행했다.

1966~1967년 무렵에, 이본느는 RCA 아스트로 전자에 우주선 추진 관련 일자리가 있다는 이야기를 들었다. 그녀가 이룬 가장 중요한 업적은 이 회사와 관련이 있을 것이다. 우주선으로 무엇인가를 해본 적이 없었던 그녀로서는 큰 도전이었다. 회사는 추진 분야에 대한 경험이 전혀 없었다. 그녀는 그 회사 직원 중 처음이자 한 명뿐인 추진 분야 엔지니어였다. 그녀가 맡은 첫 번째 임무는 일련의 통신위성에 사용할 가장 좋은 추진 방법을 찾아내는 것이었다. 과산화수소를 가지고 시도했지만 처리가 매우 어려웠다. 그녀는 칼텍Caltech(캘리포니아 대학교 공과대학)의 제트추진연구소에서 히드라진 실험을 하고 있었지만 어려움에 처해 있다는 소식을 들었다. 결국, 그녀는 히드라진 저항 제트 또는 전열 히드라진 추진기라 불리는, 신뢰할 수 있고 경제적인 추진기를 만드는 방법을 찾아냈다.

나는 쉬운 방법이 있어야 한다고 생각했어요. 그래서 추진체 조합과 성능 계산 등 내가 초기에 했던 모든 일을 짚어보았습니다. 성능 계산에 필요한 방정식을 보면 가장 중요한 매개 변수는 제품의 분자량에 대한 로켓의 챔버 온도의 제곱근이며, 성능을 그래프로 그리면 일직선을 얻을 수 있다는 점을 알게 되었죠. 나는 그냥 재미 삼아 한번 해본 거예요. 따라서 히드라진에 대해 생각해보니, 분해 생성물은 암모니아, 수소, 질소뿐이었어요. 발열 반응을 일으키면 히드라진으로부터 상당한 양의 열을 얻을 수 있죠. 연소생성물을 전열기로 더 높은 챔버 온도로 가열할 수 있다면 연소물의 분자량은 변하지 않겠지만 성능을 높여줄 거예요. 실제 내가 성능을 계산해보니, 30%가 더 늘어났는데, 이것은 매우 의미가 있는 결과였죠. 나는 명세서를 작성했고, 결국 회사는 특허를 신청한 뒤 우주선에 적용했어요. 이 추진기를 사용하는 우주선이 꽤 많아졌습니다. 지난여름에, 나는 히드라진 추진기를 만드는 회사를 조사해봤어요. 그 결과, 전열 히드라진 추진기를 사용하는 우주선이 궤도에 120개 있더라고요.

히드라진 추진기는 그전에 사용된 추진기보다 훨씬 효율적이다. 인공위성의 궤도를 제어하고 인공위성을 적절한 궤도에 오랫동안 유지하게 할 수 있다. 1983년에 처음 성공한 이후 히드라진 추진기는 위성 산업에서 표준이 되었다. 브릴은 RCA/해군 노바 우주선 프로젝트의 프로그램 관리자로 일하며 그 밖의 추진 시스템을 성공리에 구축했다.[*] 나중에 그녀는 1992년에 착수한 화성 관측 우주선 관련 일을 했다. 1981년에 RCA를 떠나 워싱턴 DC의 NASA 본부로 옮겼고, 2년 동안 우주왕복선 프로젝트의 고체 로켓 모터 프로그램 관리자로 근무했다. 1986년부터 5년간 런던의 국제해양위성기구에서 위성 시스

---

[*] 현행 교육 프로그램 노바(NOVA)하고는 전혀 관계없다.

템의 추진 관리자로 일했다. 그녀는 1991년에 은퇴했으나 궤도에 있는 통신위성 추진 시스템 자문을 계속했으며 우주선 기술과 관련된 패널과 이사회에서 다양한 활동을 해왔다.

1945년 이본느 브릴이 일을 시작했을 때, 남자들은 여전히 전쟁과 관련된 일에 징집되었기 때문에 기술적인 재원이 부족했고 여자들에게 일자리가 열려 있었다. 반면에, 그녀는 화학 관련 직장에서 여성 고용 차별에 관한 안 좋은 일을 겪었다. 이때 겪었던 일 때문에 그녀는 화학 박사학위에 도전하지 않기로 결심했다. 공학은 달랐다. "여성 공학자 수가 너무 적어서 그랬는지, 이 계통에서는 단 한 명도 차별하는 규정을 만들지 않았어요. 내 판단이 옳았던 셈이죠. 그 일을 할 능력이 있고, 기꺼이 할 의향이 있으며, 얄팍한 핑계를 대며 그럭저럭 살려고 하지 않는 한, 존중받았습니다."

그녀가 일을 시작한 후 여성 공학자의 수는 상당히 증가했지만 공학은 여전히 '남성의 직업'이다. 브릴은 바로 이런 이유 때문에 롤 모델이 무척 필요하다고 생각했다. 2000년 내가 그녀를 방문하기 바로 전날, 그녀는 '딸들을 직장으로 데려가기'라는 프로그램으로 하루를 보냈다.

그녀는 여성공학자협회에서 적극적으로 활동했다. 협회는 1950년에 창립되었지만, 그녀는 협회의 존재를 한참 지나서야 알았다. 협회의 기본 사명은 젊은 여성들이 공학 분야에 기회가 있다는 것을 알게 해주는 것이다. 그 밖에도 지원 활동 및 봉사 프로그램을 꾸려 운영해왔다. 1970년대 후반, 그녀는 학생 문제를 담당하는 임원이었다. 그녀는 당시 이 프로그램이 매년 약 1만 5000명의 여자 고등학생에게 영향을 미쳤을 것으로 추정했다.

여성 공학자 수가 증가하더라도 관리직에 여성은 거의 없다. 이는 국립공학원NAE에서도 비슷한 양상을 보이고 있다. 2000년에 내가 브릴과 이야기를 나누었을 때, 항공우주공학부AED에 여성 회원은 두 명뿐이었는데, 한 명은 브릴이고 나머지 한 명은 공군성 장관을 지냈고 현재 MIT 교수인 실라 위드널Sheila Widnall이었다. 2012년 현재, NAE에서 AED 회원 211명 중 여성 회원은 8명이다.

브릴은 항공우주공학 분야에서 자기가 거둔 성공에 대해 이렇게 말했다. "나는 남자들이 하는 것과 다른 각도로 문제를 다룹니다. 대체로 그렇게 해왔다고 생각해요. 제조업 쪽 예를 들어볼게요. 기계공학의 학위를 가진 내 딸은 제조업체에서 근무하는데, 대개 여성들은 일을 준비하고 일이 되게끔 하는 더 쉬운 방법을 알고 있어요. 어렸을 때 여자들에게 기계 관련 일을 적극 권유하지는 않겠지만, 분명히 말할게요. 그런 일을 잘하는 사람의 앞길을 막아서는 안 됩니다."

그녀의 인생에서 가장 큰 도전이 무엇인지 묻자, 처음에는 그런 문제는 생각해보지도 않았다고 말했다. 하지만 그녀는 모든 것, 즉 일하러 가는 것, 긴 업무 시간 동안 해야 할 일을 하고 나서 24시간 이내에 집에서 모든 일을 해내야 하는 것 자체가 도전이었다고 대답했다.

그녀의 영예는 흥미로운 일에서 시작되었다. 그녀는 1980년에 다이아몬드 슈퍼우먼상을 받았다. 패션 잡지인《하퍼스 바자Harper's Bazaar》에 '슈퍼우먼' 후보자 지명 광고가 실렸다. 변호사, 의사, 회사 대표(CEO) 등 온갖 직업을 망라한 제안이 있었고, 이본느의 친구 한 명이 그녀의 이름을 추천해 엔지니어도 후보 대열에 들어가게 했다.

그녀는 이렇게 기억했다. "다이아몬드 슈퍼우먼이 되는 기준은 40세 이상이었어요. 자녀를 가지려고 경력을 중단하고 다시 직장에 복귀해 정상에 올라야 하는 것이었어요. 물론, 나는 정상에 오른 것은 아니지만 다른 기준을 충족했어요. 정말로 흥미롭고 재미있는 일이었죠. 부상은 드비어스 DeBeers 회사에서 내놓은 1캐럿짜리 다이아몬드였는데, 심사위원단은 다이아몬드 슈퍼우먼 다섯 명을 선정했어요. 뉴욕에서 신문 앞면에도 나오고 큰 기쁨을 안겨주었답니다."

브릴은 1986년에 여성공학자협회에서 주는 상을 받았다. 그녀는 로켓공학과 우주 탐사에 기여한 공로로 동료들의 인정을 받아 미국 항공우주공학협회 회원으로 선출되었다. 그 밖에도 많은 일이 뒤따랐다. 그녀는 미국 국립공학원 회원이었고, 국제 여성 기술인 명예의 전당(1991)과 국립 발명가 명예의 전당(2010)에 입회했다. 2010년 국립 발명가 명예의 전당에 오른 사람들 중 포스트잇 노트 Post-It Notes 발명가들이 특히 큰 관심을 불러일으켰는데, 《워싱턴 포스트》는 이런 기사를 실었다. "매우 불분명한 산업의 다른 거물들이 자리했다. … 우주에서 인공위성을 유지하는 데 사용되는 전열 히드라진 추진기 제작자인 이본느 브릴이 유일한 여성 후보자였다(참고: 로켓 추진기를 발명하는 데 여성 한 명이 필요했고, 포스트잇에는 두 명이 필요했다)."[3]

2012년 3월, 이본느 브릴이 세상을 떠났을 때 주요 미국 신문이 모두 사망 기사를 실었다. 《뉴욕 타임스》는 부고 기사에 브릴의 요리 기술을 언급하면서 시작했고 다음 단락에 가서야 "훌륭한 로켓 과학자"라고 언급해서 항의가 빗발쳤다. 신문은 즉시 정정 기사를 냈다.[4]

밀드러드 콘

생화학자

왼쪽: 1927년 밀드러드 콘(故 밀드러드 콘 제공)
오른쪽: 2002년 밀드러드 콘(사진: 막달레나 허기타이)

"여기 엄청난 능력을 지녔지만, 국립과학원에 선출될 때까지 실제로 학계에서 부차적인 직책에만 머물렀던 여성의 사례가 있습니다. 밀드러드는 수년간 내 연구에 영향을 준 효소학 및 산소-18 측정에 중요한 업적을 남겼습니다."[1] 폴 보이어Paul Boyer는 1999년 밀드러드 콘에 대한 인터뷰에서 이렇게 말했다. 폴 보이어는 아데노신삼인산ATP 합성의 기초가 되는 효소 메커니즘을 설명하여 1997년 존 워커John Walker와 노벨 화학상을 공동 수상했다. ATP는 유기체의 에너지 통화이므로, 그것의 생성을 이해하는 것이 가장 중요하다고 여겨졌다. 산소-18* 같은 추적자tracer를 사용하는 것은 반응의 메커니즘을 분자 수준에서 이해할 수 있도록 했다. 보이어는 산소-18을 다루는 데 익숙하지 않았고, 그에게 산소-18 기술을 처음 소개한 사람은 밀드러드 콘이었다. 이것은 개인적인 관계에서 일어난 일이 아니라 보이어가 콘의 논문을 읽었기 때문에 벌어졌다. 그들이 직접 만난 것은 훨씬 나중이었다.

밀드러드 콘1913-2009은 뉴욕시에 거주하던 유대계 러시아 이민자 가정에서 태어났다. 그녀는 고등학교 시절 아주 훌륭한 화학 선생님을 만났고, 이것이 그녀를 화학으로 끌어들였다. 그녀가 헌터 대학교에서 공부할 때, 물리학이 훨씬 더 매력적이라고 생각했지만, 대학 측이 물리학을 전공으로 제시하지 않았기 때문에 콘은 물리학을 부전공으로 하고 화학을 전공했다. 그녀는 대학원에 진학하려고 20개의

---

* 산소-18은 산소의 희소 동위원소로, 흔하게 볼 수 있는 산소의 동위원소는 산소-16이다.

대학에 지원했지만 어떤 제의도 들어오지 않았다. 그 당시에 횡행한 반유대주의 관행 탓이었다. 그녀는 저축했던 돈을 컬럼비아 대학교 입학금으로 썼다. 그곳에서 교육 조교 장학금 수혜 자격은 남학생만 해당되었기에 그녀는 받을 수 없었다. 첫해가 지나고 돈이 바닥나자 직업을 얻어 공부를 병행했다. 그녀는 1934년에 헤럴드 유리 Harold Urey 가 지도하는 박사과정에 등록했다. 헤럴드 유리가 중수소 발견으로 노벨 화학상 수상자로 발표되기 몇 달 전이었다. 그녀는 유리의 실험실에서 동위원소인 산소-18로 일하기 시작했다.

밀드러드는 1934년부터 1937년까지 유리의 제자였다. 흥미롭게도, 그녀가 졸업할 무렵과 그 이후에 여학생 수에서 큰 변화가 일어났다.[2]

그 당시에는 여학생들이 없다는 느낌이 들었어요. 그래도 통계에 따르면, 1950년대와 1960년대에 비해 여성 대학원생의 비율이 더 많았거든요. 1950년대와 1960년대에는 이 나라의 과학 분야에서 여성 박사의 비율이 급격히 줄어들었어요. 나는 이 현상을, 남자들이 제2차 세계대전에서 돌아와 여자들을 대체해버렸기 때문이라고 해석했죠. 전쟁 때 여성들은 비전통적인 일자리를 많이 차지했어요. 하지만 나중에 여성들을 내몰기 위해 이렇게 떠들어대더라고요. 여성들은 결혼해서 아이를 낳아야 하고, 적어도 다섯 살이 될 때까지 아이들을 직접 키우지 않으면 아이들이 괴물이 될 거라고 말이죠. 그게 효과가 있었어요. 여성해방운동이 시작되어 여성들이 대학원에 다시 입학하기까지는 시간이 좀 걸렸습니다.

유리의 지도를 받으며 졸업한 후에도 그녀는 훌륭한 멘토들을 만났다. 처음에는 코넬 대학교의 빈센트 뒤비뇨 Vincent du Vigneaud 그룹에서 일했고, 그다음에는 세인트루이스 워싱턴 대학교의 칼 코리와 거티 코리의 연구실에서 일했다. 유리, 뒤비뇨, 코리 부부는 모두 미래의 노벨상 수상자였다. 이런 점에서 콘은 운이 좋았지만, 펜실베이니아 대학교에서 교수직을 얻기까지 20년이 걸렸다. 그녀는 마침내 생화학 및 생물물리학 분야의 벤저민 러시 석좌교수 Benjamin Rush Professor로 임명되었다. 1971년에 그녀는 미국 국립과학원 회원으로 선출되었다. 그녀가 수상한 수많은 영예 중 하나는 1982년에 레이건 대통령으로부터 받은 국가과학훈장이다.

밀드러드는 '동위원소의 이용'에 관한 연구에 집중했고, 결국 그녀는 이 분야의 연구와 질량 분석 같은 물리 기술 분야의 권위자가 되었다. 이것은 유리 밑에서 박사학위를 받고 난 이후에도 계속되었다. 밀드러드의 연구는 개념론 측면과 방법론 측면 모두 중요한 결과를 가져왔다. 그녀는 동위원소 인-31에 기반한 핵자기공명 NMR 분광학을 적용해 효소의 작동 기제를 알아내는 데 기여했다. 그녀는 ATP의 효소 반응을 연구했다. 그 결과 ATP 농도의 변화를 측정하면 근육 질환의 정도를 알 수 있다는 점을 보여주었다. 그녀는 또한 뇌의 마그네슘 농도도 측정했다.

밀드러드의 남편인 이론물리학자 헨리 프리마코프 Henry Primakoff는 러시아에서 온 이민자였다. 두 사람은 1934년에 컬럼비아 대학교에서 만났다. 남편의 임용으로 그녀의 연구 장소는 정해졌지만, 친족등용금지법 때문에 같은 학교에 고용될 수 없었다. 그러나 남편은 콘이 연구직을 얻는 게 가능한지 확인하고 나서야 임용을 수락했다. 그는 매우 협조적이었다. 그는 아내가 직업을 갖는 게 무엇보다도 중요하다고 여겼다. 그러나 동시에, 콘은 집안일을 도와주는 문제에 관해서는 이렇게 말했다. "그런 점에서 그는 유럽 사람다웠죠. 그에게 뭔가 해달라고 요청할 때마다, 남편은 '사람을 써라'라고 말하더군요. 그는 집안일에 손끝 하나 안 댔지만, 가끔씩 아이들과 놀아주었고 아이들에게 들려줄 이야기를 지어냈어요. … 나는 가족 중에서 기술자였어요. 아이가 장난감을 망가뜨리면, 그것을 고치는 사람이었죠. 남편은 잔손이 가는 일에는 꿈쩍도 하지 않았는데, 여성적인 일뿐만 아니에요. 차를 고치지도 않았고, 정원 일에도 관심이 전혀 없었습니다. 매우 똑똑했으니까요."[3]

밀드러드는 21년 동안 교수에 임용되지 못했다. 오랫동안 연구직으로 지내는 것이 경제적으로 불리했으나 자신의 프로젝트에 전념할 수 있다는 장점이 있었다. 또한 자녀가 아플 때는 집에서 아이를 돌보기도 수월했다. 그러나 그녀는 실험실에서 연구를 잘하고 싶은 마음이 간절했다. 콘 부부에게는 30년 동안 자녀 세 명을 돌봐준 훌륭한 여성이 있었다. 그 당시 아이들에게 일하는 엄마는 아주 드물었다. 첫 아이 니나는 학교에서 엄마가 직업을 가진 유일한 학생이었다는 것을 가지고 불평을 늘어놓았다.

대학 시절에 니나는 심리학을 전공했는데, 일하는 엄마와 일하지 않는 엄마가 아이들에게 미치는 영향을 주제로 논문을 썼다. 그녀의 결론은 주목할 만한 차이가 없다는 것이었다. 프리마코프 집안의 세 자녀는 모두 박사학위를 취득했다. 두 딸은 심리 치료사이고, 아들은

가족 사진: 밀드러드 콘, 헨리 프리마코프, 그리고 세 자녀인 로라, 폴, 니나
(故 밀드러드 콘 제공)

생화학 교수다.

나는 일하는 엄마로서 밀드러드가 해준 이야기에 깊은 감명을 받았다. 아이를 가졌을 때 나는 두 아이를 위해 각각 반년가량 집에서 지냈다. 우리 부부는 그 일을 아주 잘 치러냈고 아이들도 불만이 없었다. 그러나 사실상, 대부분의 여성, 특히 전문직 여성들은 어린아이가 있어도 자기 일에서 뒤처지지 않도록 직장에 복귀하려고 애쓰는 환경에서 살았다. 그런데 우리 가족의 소아과 주치의가 나를 심하게 꾸짖었다. 보살핌이 부족했다며 우리 아이들이 노후에 그대로 갚아줄 거라고 얘기하는 게 아닌가! 나는 그 말을 듣고 상심했다. 그래서 밀드러드에게 그녀의 경험을 좀 더 많이 이야기해달라고 부탁했다.

헌터 대학교 화학과 학과장은 여성이 화학자가 되는 게 여성답지 않다고 했어요. 그런데 그 사람은 어째서 여자대학에서 화학을 가르치고 있었을까요? 그가 바랐던 것은 우리가 화학 교사가 되는 거였어요. 나는 친척들의 비난에 많이 시달리기도 했어요. 내가 공부하겠다고 돈을 모을 때 이모 한 분이 차라리 내 치아 교정에 돈을 쓰는 게 더 낫다고 하시더군요. 큰이모는 내가 교육을 받았으니 결혼도 못 할 거라고 했어요. 첫 아이를 가진 후, 시어머니는 내게 일을 그만두라며 줄기차게 말렸지만, 성공하지 못했습니다. 큰딸이 내가 일한다고 불평한 이유 가운데 하나는, 아이가 2학년, 즉 일곱 살 때 브라우니단Brownies(11세 이전의 어린 소녀로 구성되는 걸스카우트—옮긴이)에 가입했는데, 그것을 운영하는 여자가 내가 일한다는 것을 알고는 아이에게 내가 나쁜 엄마라고 말했기 때문이었답니다. 이런 식으로 엄마가 일하는 것을 반대하는 사회적 압력이 많았죠.[4]

이 말을 듣자마자 나는 사소한 질문을 던졌다. "오늘날 과학 일도 하고 가족도 갖고 싶어 하는 젊은 여성에게 당신은 어떤 조언을 해주고 싶나요?" 밀드러드는 대답했다. "가장 먼저 제안하고 싶은 것은 올바른 사람과 결혼하는 겁니다. 그게 가장 중요하니까요. 전적으로 지지해주는 남편이 있어야 합니다. 그런 남편은 평등을 말로만 떠벌이지 않아요. 내 남편은 정말 페미니스트였어요. 그는 여성을 좋아하고 존중했습니다. 두 번째는 어떤 결정을 내리든 죄책감을 느끼지 말아야 한다는 겁니다."[5]
대화가 끝날 즈음, 밀드러드는 자기가 한 조언에 몇 마디를 더 보탰다.

여성 과학자들에게 드리는 몇 가지 조언. 여성 과학자들은 여성보다 과학자를 더 강조해야 합니다. 1970년대에 여러 위원회에서 활동했던 때가 기억나는군요. 위원회 관계자는 여성들을 모든 위원회에 참여시키고 온갖 행정 책임을 떠맡기려 했는데, 나는 정말 인기가 없는 사람이었어요. 나는 이렇게 말했죠. 여성들을 그냥 내버려두라고. 여성들이 과학 활동으로 모범을 보이고, 그렇게 해서 다른 사람들에게 영향력을 행사하게 하라고. 동료 여성 과학자들조차 잘 수긍하지 않더라고요. 사람이란 자칫하면 권력에 눈독을 들이게 되는 존재죠. 권력을 갖고 싶어 하는 여성들에게는 괜찮을지 몰라도, 과학의 대안으로 여성들이 다른 활동을 하라고 등을 떠밀어서는 안 됩니다. 정부가 모든 자문위원회에 여성을 배치하기로 결정했을 때, 나는 NIH에서 세 개, NSF에서 두 개 총 다섯 개의 연구심사평가단에 참여하라는 요청을 받았어요. 모두에게 차례가 돌아갈 만큼 여성이 충분하지 않았습니다. 나는 그런 활동을 제한했어요. 직업 관련 학회에서 활발하게 활동했고, 대학에서도 위원회 두 곳에 봉사하기로 했지만 더 이상은 안 했어요. 이스라엘에 가는 것을 고려했지만 주저하고 있던 유명한 물리학자에 관한 이야기를 읽은 적이 있는데, 그 사람의 아내는 남편에게 아인슈타인의 조언을 들어보라고 설득했답니다. 그래서 그는 아인슈타인에게 갔고, 아인슈타인은 이렇게 말했대요. "나는 과학자가 먼저고 유대인은 그다음입니다." 여성 문제도 마찬가지예요. 과학자가 먼저고, 관심을 가져야만 한다면 여성 과학자가 두 번째입니다.[6]

거트루드 B. 엘리언

화학자, 약리학자

1996년, 노스캐롤라이나 리서치 트라이앵글 파크에서 거트루드 엘리언과 막달레나 허기타이
(사진: 이스트반 허기타이)

거트루드 엘리언의 어느 팬 레터:

1984년, 다섯 살짜리 우리 딸은 급성 림프성 백혈병 진단을 받고 여러 약물 중에서 6-메르캅토푸린6-mercaptopurine이 포함된 화학요법 치료를 받은 바 있습니다. 이때 우리 가족은 육체적으로나 정신적으로 정말 어려움을 많이 겪었습니다. 하지만 아이의 병에 차도가 생겨 5년 동안 재발이 없었으며, 지난 2년 3개월 24일 동안 약물치료를 전혀 받지 않았다는 점을 말씀드릴 수 있게 되어 무척이나 기쁩니다! 아이는 5월에 열한 번째 생일을 맞이해 부모에게 크나큰 기쁨을 안겨줄 것입니다. 스포츠계 거물과 연예계 인사들에 대한 과장된 찬사로 가득 찬 언론 매체를 접하니, 당신과 당신의 동료들이 이 사회에 그렇게 많이 기여했는데 제대로 인정도 못 받고 있다는 생각이 들었습니다. 당신은 정말 진정한 영웅입니다![1]

이 편지는 우리가 1986년 노스캐롤라이나 리서치 트라이앵글 파크의 글락소웰컴에 있는 거트루드 엘리언의 사무실을 방문했을 때 사무실 벽에 붙어 있는 수많은 글 중 하나였다.

거트루드 엘리언1918-1999은 뉴욕시의 어느 학자 집안에서 태어났다. 그녀의 부모는 대공황 때 모든 것을 잃었지만, 그래도 아이들은 좋은 교육을 받아야 한다는 것을 알고 있었다. 교육이 더 나은 삶으로 나아갈 유일한 길이었기 때문이다.

어린 시절부터 그녀는 책 읽기를 매우 좋아했는데, 가장 좋아하는 책은 폴 드 크뤼프의 《미생물 사냥꾼》이었다. 이 책은 1926년에 처음

출판된 이래 과학자와 과학 분야에서 일을 하려고 하는 수많은 젊은 독자를 사로잡았다. 엘리언 세대의 뛰어난 과학자들이 크뤼프 이야기에 감탄하여 대거 과학 분야에 직업을 가지게 되었다.

그녀는 어린 학생일 때 이미 암 치료법을 찾아내는 화학자가 되고 싶어 했었다. 그런 포부를 갖게 된 데에는 마음 아픈 계기가 있었다. 그녀가 대학에 들어가기 전에 할아버지가 암으로 돌아가신 것이다. 그 이후, 아픈 사람들을 위한 치료법을 찾아야겠다는 결심은 그녀의 약혼자가 죽었을 때 더욱 강렬해졌다. 약혼자는 페니실린으로 치료될 수 있는 병에 걸렸으나 그때만 해도 치료가 불가능했다. 얼마 지나지 않아 가능해지기는 했다. 엘리언은 상상할 수 있는 것 이상으로 자기 목표를 눈부시게 이룩해냈다. 그것은 그녀가 1988년 생리의학상 분야에서 노벨상을 받으며 증명되었다. 그녀는 약물 치료에 새로운 원리를 수립한 제임스 블랙James W. Black과 조지 히칭스George H. Hitchings와 함께 노벨상을 공동으로 수상했다.

그녀의 성공 가도는 수월하지 않았다. 엘리언은 뉴욕시 소재 여자 대학인 헌터 대학교를 다녔다. 그곳은 경제 여건과는 상관없이 성적이 우수한 젊은 여성들의 입학을 허가했다. 그녀는 수석으로 최고의 영예를 누리며 졸업했다. 대학 졸업 후, 15개의 대학원에 지원했지만 어느 곳도 그녀에게 장학금을 주려 하지 않았다. 유대인이며 여자라서 탐탁잖게 여겼던 것이다. 그녀는 학생들을 가르치면서 학비를 마련했다. 그녀는 뉴욕 대학교에 등록했고, 연구는 밤과 주말에 했다. 1941년에 석사학위를 받았고, 일자리를 구하려 했지만 그녀의 경력은 그다지 밝아 보이지 않았다. "면접 볼 때, 심사위원들이 이렇게 말했어요. '음, 당신은 석사학위만 있기 때문에 여기까지가 당신이 오를 수 있는 가장 높은 자리라고 말할 수밖에 없네요'라고…. 나는 그런 말을 왜 들어야 하는지 아주 의아했어요. 그들은 내가 얼마나 능력이 있는지, 혹은 내가 그 일에 적합한지 그런 것도 몰랐습니다. 내가 얼마나 높은 자리에 오를 수 있는지 그들에게 묻지도 않았고요. 나는 그런 질문을 하려는 생각조차 없었다니까요. 승진, 그런 건 바라지도 않았어요. 나는 중요한 것을 하려고 했죠. 정말로 암을 치료하고 싶었습니다."[2]

1944년, 첫 인터뷰 때 히칭스가 핵산 유도체들을 연구 중이라고 말했는데, 나는 푸린 purine 이나 피리미딘 pyrimidine 이 뭔지 정말 몰랐어요. 하지만 그가 말하는 것에 매우 흥미가 당기더라고요. 그는 핵산의 생화학에 관심이 있었죠. … 히칭스는 특정 화합물을 만들고 싶어 했습니다. 나는 화학 석사학위가 있었고, 좋은 성적을 받았기 때문에 그 일을 할 수 있을 거라고 생각했어요. 나는 독일어를 읽을 수 있었기에 독일어로 된 문헌들을 죽 훑어보았죠. 상당수의 책이 에밀 피셔 Emil Fischer 의 연구들이더군요. 집에서 이디시어 Yiddish (독일어 히브리어 등의 혼성 언어 — 옮긴이)를 배웠고, 대학 시절 독일어 수업을 들었습니다. 화학자들은 독일어를 알아야 했어요. 전에는 할 수 없었던 일이지만 전쟁 중이라 갑자기 여자들이 화학 분야의 일자리를 구할 수 있었죠. 나는 히칭스의 조수로 일을 시작했습니다.[3]

엘리언과 히칭스 사이에 진행되는 연구는 아주 좋게 발전했다. 히칭스는 "아이디어가 좋다면 자유롭게 개발하도록 하겠다"[4]는, 회사 창업자 헨리 웰컴Henry Wellcome이 연구원들에게 말한 기업관을 그대로 따라서 했다. 즉 히칭스는 엘리언에게 무엇을 해야 하는지, 하지 말아야 하는지 따위를 결코 말한 적이 없다. "그는 내가 가능한 한 많은 것을 할 기회를 주었어요. '그것은 당신의 업무가 아니야' '당신은 약리학자가 아니다, 바이러스학자가 아니다, 면역학자가 아니다'라고 말한 적이 한 번도 없었어요. 그래서 나는 그 모든 게 될 수 있었죠."[5] 엘리언은 연구에서 점점 더 많은 책임을 맡으며 일했다.

히칭스의 아이디어는 박테리아, 기생충 및 종양세포 DNA의 특정 기본 요소들을 대체하여 이것들의 생존을 막는 것이었다. 그는 이 기본 요소들과 비슷한 분자를 찾고 있었다. 이것은 약물 연구에서 일반적으로 시행하는 접근법과 다를 뿐만 아니라, 연구자들이 그 당시에는 관심을 기울이지도 않던 DNA에 초점을 두었기 때문에 혁신적인 접근법이었다. 그는 여러 가지 다른 푸린 유도체를 준비하는 작업을 엘리언에게 맡겼다. 푸린은 단순한 유기 분자인데, DNA의 네 개 염기 중 두 개는 푸린 유도체(다른 두 개는 피리미딘 유도체)다. 푸린 그 자체는 5환 고리와 융합된 6환 고리로 이루어져 있다.

그녀가 해야 할 일은 환자들에게 투여하여 박테리아, 기생충 또는 종양 세포를 속일 수 있도록 이 분자의 다양한 유도체를 준비하는 것이었다. 엘리언은 일을 할 때 히칭스처럼 열정적이었다. 유기합성 작업을 셀 수 없을 만큼 수행했을 뿐만 아니라 그와 관련된 분야를 습득해서 새로운 물질의 생물학적 활성을 테스트했다.

힘든 일이 결실을 낳았다. 30여 년 동안 공동 작업을 하면서, 두 사

푸린의 구조

람은 많은 약을 개발했는데, 모두 푸린 유도체였다. 잘 알려진 것들은
다음과 같다.

- 티오구아닌Thioguanine: 소아 백혈병 치료제
- 푸리네톨Purinethol(메르캅토푸린mercaptopurine): 백혈병, 비非호지
  킨 림프종 및 기타 질병 치료제
- 질로프림Zyloprim(알로푸리놀Allopurinol): 통풍 치료에 가장 중요한
  기능을 하는 약
- 이무란Imuran(아자티오프린Azathioprine): 장기이식 때 이식 기관의
  거부를 막는 면역 억제제
- 조비락스Zovirax(아시클로비르Acyclovir): 항바이러스제(예: 헤르페스
  바이러스herpes virus 감염 치료에 사용)

완전히 새로운 약이 시판되는 경우는 거의 없는데, 여기서는 전체
에서 눈에 띄는 몇 가지 목록만 제시했다. 그러나 엘리언, 그리고 그
녀와 함께 노벨상을 공동으로 받은 동료들은 특정 약품의 발견이 아
니라 약품 연구를 위해 수립한 원리를 인정받아서 상을 받았다. 노벨
상에 언급된 그 원리는 '합리적인 약품 설계'라는 것이다. 이 아이디어

는 원래 히칭스의 초기 DNA 연구에서 나왔다.

엘리언이 은퇴한 후, 젊은 동료들이 엘리언과 히칭스가 시작했던 일을 계속 이어갔다. 항바이러스제가 처음 생산된 것은 그녀가 활동하던 때였고, 이것은 오늘날 약리학의 중요한 영역이 되었다. 은퇴 후에도 엘리언은 동료들이 조언을 구할 경우를 대비하여 연구실에 남아 있었다. 항바이러스제는 항균제보다 생산하기가 어렵다. 항균제보다 효과가 선별적이어야 하기 때문이다. 달리 말해, 항바이러스제는 바이러스의 DNA와 그 약이 보호해야 하는 인체의 DNA를 구별할 수 있어야 한다. 그녀의 지도 아래 헤르페스 바이러스 감염 치료를 목적으로 앞에서 언급한 항바이러스제가 생산되었다. 엘리언이 은퇴하자마자, 그녀의 전 직장 동료들은 에이즈^AIDS 바이러스를 막기 위한 약, 즉 아지도티미딘^azidothymidine(AZT)을 최초로 만들었다. 엘리언은 자기가 직접 신약을 생산했을 때보다 이 약의 개발을 더 기뻐했다.

이런 성공에도, 엘리언은 자기가 박사학위가 없다는 점을 늘 아쉬워했다. 그녀는 박사학위가 없는 몇몇 노벨상 수상자 중 한 명이었다. 실제로, 그녀는 현역 시절 한때 박사학위를 취득하려고 브루클린 폴리테크연구소에 등록하기로 마음먹은 적이 있었다. 그러나 얼마 지나지 않아 상근직만 공부를 계속할 수 있다는 말을 들었다. 이 말은 그녀가 좋아하고 필요로 하는 일을 포기하라는 것이나 다름없었다. 하지만 그녀는 포기하지 않았다. 나중에 성공한 이후, 그녀는 몇 군데로부터 명예 박사학위를 받았는데, 그중의 하나가 브루클린 폴리테크연구소였다.

엘리언은 생애 마지막까지 왕성하게 활동했다. 1996년에 남편과 나

1969년, 거트루드 엘리언이 조지워싱턴 대학교에서 첫 명예 박사학위를 받았을 때
조지 히칭스와 함께 (故 거트루드 엘리언 제공)

는 리서치 트라이앵글 파크에 위치한 그녀의 사무실을 방문했다. 사
무실 벽에는 사진이 많이 걸려 있었다. 모두 그녀의 동료 및 업무와
관련된 사진이었다. 그중 영국 풍자만화가 제임스 길레이James Gillray
가 그린 〈통풍The Gout〉 사본이 액자로 표구되어 있었다. 통풍은 관절
통증을 호소하는 불쾌한 질환인데, 대개 엄지발가락에서 발생한다.
혈액 안에 요산이 너무 많아 요산 결정체가 형성되고 이것이 관절에
축적되어 발생하며 염증을 유발한다. 요산은 푸린 대사 과정의 부산
물인데, 푸린의 화학적 특성을 규명하는 것은 엘리언의 핵심 연구였
다. 그녀와 동료들이 통풍 치료제를 발견한 것은 거의 우연에 가까웠
다. 이 약 덕분에 회사는 수익이 많이 생겼는데, 예기치 않은 성공이

면접 볼 때, 심사위원들이 이렇게 말했어요.
'음, 당신은 석사학위만 있기 때문에 여기까지가
당신이 오를 수 있는 가장 높은 자리라고 말할
수밖에 없네요'라고⋯. 나는 그런 말을 왜 들어야
하는지 아주 의아했어요. 그들은 내가 얼마나
능력이 있는지, 혹은 내가 그 일에 적합한지
그런 것도 몰랐습니다.

었다. 그들의 노력이 수익 창출을 바라고 지시를 받아 한 것이 아니었기 때문이다.

엘리언은 노벨상을 받을 당시 70세였고, 갑자기 각광을 받게 되었다. 처음에 그녀는 노벨상 때문에 자신의 삶이 바뀌지는 않을 거라고 생각했지만 실제로는 바뀌었다. 그녀는 위원회와 자문위원회에 참석해달라는 요청을 엄청나게 받았고, 강연도 많이 해야 했다. 그래도 노벨상이 그녀의 인생 막바지에 와서 운이 좋았다고 여겼다. 연구가 한창이었던 시기를 방해하지 않았기 때문이다. 노벨상이 가져다준 변화를 좋아하느냐는 질문에 그녀는 노벨상 덕택에 자기가 정말 즐기는 활동이 추가되었다고 말했다. 그것은 매년 듀크 대학교에서 의과대학 3학년 학생들을 대상으로 연구를 가르치는 것이었다. 이 활동의 목표는 연구를 직업으로 선택하게 하는 것이 아니라 과학을 바라보는 학생들의 관점을 넓히는 데 있었다.

엘리언은 81세를 일기로 1999년에 사망했다. 그녀는 결혼하지 않았다. 그녀는 급성 질환, 즉 심장 감염으로 사망한 약혼자를 어느 누구도 대신할 수 없다고 생각했다. 그녀는 마지막 날까지 활발하게 활동했는데, 하려던 계획이 아주 많았다. 엘리언은 그 이유를 이렇게 말했다. "아직 할 일이 너무 많아요. 가치 있는 연구는 정말로 변화를 불러올 수 있답니다. 내가 어딘가에서 강의를 했는데 누군가 내게 와서 '당신 덕분에 신장 이식을 했고 25년이 지났습니다'라고 했을 때 내가 어떻게 느꼈을지 상상해보세요. 나는 '감사' 편지를 많이 받았는데, 이들을 모두 가지고 있어요. 그런 편지들이야말로 아픈 사람들을 건강하게 한 것에 대한 진정한 보상이 아닐까요."[6]

메리 게일러드

이론물리학자

2004년, 버클리에서 메리 게일러드
(사진: 막달레나 허기타이)

노벨상을 받은 미국의 물리학자 리언 레더먼Leon Lederman에 따르면, 메리 게일러드Mary Gaillard는 "물리학계의 비극적인 여성 중 한 명"[1]이라고 한다. 일반적으로 물리학, 특히 이론입자물리학은 여성을 찾아보기 어려운 분야다. 그러나 메리 게일러드는 예외다. 그녀는 지금까지 오는 동안 모든 장벽을 극복하고, 이 분야에서 두각을 나타냈다. 그녀는 클린턴 대통령 시절 미국 국립과학위원회 위원으로 봉사했고, 미국 국립과학원 회원이며, 수많은 상을 받았다.

메리 캐서린 게일러드(결혼 전 성은 랠프Ralph)는 뉴저지주 뉴브런즈윅에서 1939년에 태어나, 오하이오주 페인즈빌에 있는 클리블랜드에서 자랐다. 아버지는 소규모 여자대학에서 역사를 가르치는 선생님이었고 어머니는 고등학교에서 가르쳤다. 그녀의 직계 가족 중에 과학에 흥미를 보이는 사람은 아무도 없었지만 메리는 물리학을 좋아했다. 그녀는 버지니아주에 있는 여자대학 홀린스 칼리지를 다녔다.

물리학을 전공했습니다. 그 학교의 물리학 전공자는 2년에 약 한 명 꼴로 있었어요. 대학 시절 나는 파리에서 1년을 보냈는데, 물리학 교수가 그곳 실험실을 구경시켜주었어요. 그 영향이 컸는지 물리학이 계속 뇌리에 남아 있었죠. 그 교수가 도러시 몽고메리Dorothy Montgomery였습니다. 원래 예일 대학교에 있었으나 남편이 죽자, 그녀는 정규직 교수 신분이 아니었기 때문에 거기에 있을 수 없어 버지니아에 있는 이 여학교로 옮겨온 거예요. 운이 좋았죠. 왜냐하면 나를 프랑스 실험실에 데려간 것 말고도 나에게 여름 학기 학생으로 브룩헤이븐에 가라고 권했기 때문이에요. 나는 대학교 3학년과 4학년 이후, 이렇게 여름 학기를

두 번이나 들었는데, 거기서 고에너지물리학에 깊이 빠져들었죠.[2]

메리는 컬럼비아 대학교에서 대학원 공부를 했는데, 첫해에 물리학 박사후과정의 프랑스인 장마르크 가이야르 Jean-Marc Gaillard를 만나 1961년에 결혼했다. 장마르크는 같은 해에 박사후과정을 마치고 프랑스 오르세에 있는 파리 대학교(소르본)로 옮겼다. 메리는 거기서 대학원 공부를 계속했지만 무척 힘든 시기를 보냈다. 그녀는 이론 연구를 원했지만 할 수 없었다. 제한된 수의 학생들만 이론물리학을 전공할 수 있었기 때문이다. 특수학교 출신이 아니라서 실험실에 합류할 수도 없었다. 그 당시 특수학교는 남학생만 받아들였다. 따라서 그녀의 첫해는 실의에 빠진 한 해였다. 그때 남편이 제네바에 있는 CERN(유럽 입자물리연구소)에 6년 예정으로 임용되어 그곳으로 이사했다. 메리에게 운도 따랐다. 오르세 출신 교수 한 명도 그곳으로 가게 되면서 그녀가 이론 분야의 논문 작업에 착수할 수 있게 되었다.

메리는 제네바에서 방문자 신분으로 체류했다. 공식적으로 그녀는 파리 대학교 오르세 캠퍼스의 대학원생이었으며, 이후에 프랑스 국립 과학연구소 Centre National de la Recherche Scientifique(CNRS)에서 근무했다. 프랑스의 박사학위 시스템은 2단계 구조로 되어 있었다. 1964년에 그녀는 첫 번째 박사학위를 받았고, 1968년에 두 번째 박사학위를 받았다. 이 기간 동안 그녀는 자녀 세 명을 낳았는데, 첫째 아들이 1962년에 태어났다. 딸은 메리가 첫 번째 박사학위 논문을 쓸 때 태어났고, 막내아들은 두 번째 논문을 쓰는 동안 태어났다. 프랑스와 스위스에서는 어린 자녀를 돌보는 게 미국보다 훨씬 수월해서 다행이

1970년, CERN에서 머리 겔만과 함께 있는 메리 게일러드(메리 게일러드 제공)

었다. 메리 가족은 작은 프랑스 마을에서 살았다. 일일 가사도우미, 나중에 가정부를 고용했는데, 이 비용들은 모두 감당할 만했다.

메리는 CERN에서 월급을 받는 정규직으로 채용된 적이 한 번도 없었다. "내가 여자라서 그렇다는 것이 명시적으로 적혀 있지는 않지만 뭐, 뻔했죠." 그녀는 여성 물리학자들이 상당히 나쁘게 대우받았다는 것을 알게 되었다. 마침내 그녀는 여성 과학자들을 대상으로 설문조사를 실시해 보고서를 작성했다.[3] 그녀는 여성 과학자들 중 10%만 급여를 받고, 86%는 CERN으로부터 한 푼도 안 받는다는 사실을 알아냈다. 급여를 지불하지 않는 이유가 몇 가지 있었다. (i) 남편이 CERN 직원이다. (j) 남성 실업자에게 우선권이 있다. "(i)와 (j) 항목은 노골적으로 성차별적인 내용이잖아요. (j) 항목 자체가 이를 말하고 있으며, (i) 항목은 단지 친족 관계의 행정적인 문제가 아니라 여성 신청자는 남편이 그녀를 부양하기 때문에 급여가 필요치 않다는 가정이 은연중에 내포되어 있어요."[4] 한 여성 물리학자는 메리에게 '면접 볼 때 CERN 관계자가 남성 물리학자의 아내인 여성 물리학자들에게는 월급을 전혀 주지 않았다'고 했다는 말을 전했다. 그런 사람이 너무 많았다.

몇 년이 지나면서 CERN에서 실시한 연구를 토대로 CNRS에서 메리의 지위는 점차 높아졌다. 그녀는 이론물리학자가 되려는 자신의 고집이 정당했다는 것을 보여주었고, 중요한 결과를 많이 내서 국제적으로 물리학자들의 주목을 받았다. 그녀와 벤 리Ben Lee가 이른바 참쿼크charm quark라고 하는 것의 질량을 예측했는데, 이 입자가 실험으로 발견되기 전의 일이었다.[5] 이것은 그녀에게 가장 중요한 결과인데, 이 결과가 나오기까지는 CERN 시절로 거슬러 올라간다. 쿼크는 기본 입자, 즉 물질의 가장 작은 구조 단위이며 더 작은 입자로 나뉘어지지 않는다. 그리스의 철학자 데모크리토스Democritos는 원자를 분할할 수 없다고 생각했지만, 나중에 우리는 원자가 양성자, 중성자, 전자로 구성된다는 것을 알게 되었다. 처음에는 이것들이 우주에서 가장 작은 구조 입자라고 생각했다. 나중에 가서야 전자는 그런 입자이지만 양성자와 중성자는 아니라고 밝혀졌다. 여섯 가지 다른 쿼크가 있는데, 그중 하나가 참쿼크다. 쿼크는 가속기 실험에서 간접적으로만 관찰될 수 있다. 몇 년이 더 지나 메리는 동료들과 함께 다른 중요한 예측도 해냈다. 그녀는 승진을 거듭하다가 1980년에 CNRS에서 연구

책임자로 임명되었다.

메리는 1981년에 가이야르와 이혼한 후 미국으로 돌아갔다. 그때 그녀는 이미 유명한 과학자였으며, 시카고 근처의 페르미연구소와 캘리포니아 대학교 버클리 캠퍼스로부터 일자리를 제안받았다. 그녀는 버클리를 선택해서 물리학과의 첫 여성 교수가 되었다. 그 후로 계속 그곳에서 재직했다. 프랑스와 스위스에서 겪었던 것에 비하면 사정이 아주 달라졌다. 그녀가 유럽으로 간 이후 약 20년이 지난 지금은 여성 과학자들의 처지가 긍정적인 양상으로 많이 바뀌었다.

내가 떠날 때만 해도 컬럼비아 대학교의 일개 학생 신세였습니다. 그 당시 몇몇 사람은 내가 이 분야에서 계속 일하게 될 거라고 생각하지 않았나봐요. 나를 진지하게 대하지 않는다는 느낌이 들더라고요. 그 사람들은 속내를 숨기고 있었죠. "너는 이것을 하지 못해." 실험실에서 일하려 했을 때 프랑스 남자들이 내게 건넨 말은 하나같이 터무니없는 내용이었죠. 그러다가 이 나라의 차별 철폐 조치가 받아들여지고 사람들은 더 이상 그런 말을 하지 않았습니다. … 상황이 바뀌었어요. 내가 있었던 미국 국립과학위원회를 둘러보면 전체 회원 중에서 적어도 30%는 여성이라고 할 수 있어요. 이 여성들은 클린턴이 임명했는데, 그는 이런 면에 큰 노력을 기울인 대통령이죠.

메리의 자녀들은 프랑스에서 자랐지만, 부모가 안식년일 때 미국의 교육 시스템을 경험했다. 이런 경험이 그들의 선택에 영향을 미쳤다. 그들 인생의 한 부분 또는 어느 부분에서 세 명 모두 엄격한 프랑스

교육보다 미국 교육의 다양성과 유연성을 더 선호했다(수업 때 진행하는 토론, 독자적으로 진행하는 프로젝트, 잠시 그곳을 떠나게 되더라도 중단된 부분부터 다시 수업을 들을 수 있다는 점). 세 명 모두 과학 분야나 수학 분야에서 학위를 받았지만, 그들 중 누구도 과학을 직업으로 삼지는 않았다. 다시 메리 이야기로 돌아가자. 그녀는 동료 이론입자물리학자인 브루노 추미노 Bruno Zumino 와 재혼했다.

우주가 무엇으로 구성되어 있는지를 다룬 표준 모형은 꽤 잘 알려져 있다. 이 모형에 따르면, 모든 것이 전자와 쿼크 같은 기본 입자로 만들어지며, 특정 힘의 통제를 받는다. 하지만 오랫동안 이 모형에는 단점이 하나 있었다. 즉, 어째서 입자에 질량이 있는지 설명할 수 없었던 것이다. 이 단점은, 아직 발견되지 않은 힉스 Higgs 입자라고 불리는 구성 요소 때문으로 확인되었다. 힉스 입자를 만들어내기에는 에너지가 충분하지 않아 가속기에서 발견되지 않았다. CERN에 역대 가장 높은 에너지 가속기인 대형 강입자충돌기 Large Hadron Collider가 설치되었는데, 힉스 입자의 탐지가 주요 목표 중 하나였다. 그것이 가동되기 시작된 것은 2008년경이었다.

1976년에 메리와 존 엘리스 John Ellis, 디미트리 나노풀로스 Dimitri Nanopoulos는 힉스의 특성을 예측했다. 이후 1980년대에 메리와 마이클 차노위츠 Michael Chanowitz는 힉스가 엄청난 에너지로 발견되거나 새로운 물리학, 즉 기존에 알고 있던 물리학과는 다른 것으로 나타날 것이라고 지적했다. 그들의 연구 결과는 중요하게 받아들여졌고 충돌형 가속기의 후속 작업에 영향을 끼쳤다. 마침내 힉스 입자가 발견되었고, 2012년에 인정을 받았다. 이듬해에 힉스의 존재를 처음 제안한 피터 힉스^{Peter Higgs}와 프랑수아 앙글레르^{François Englert}, 두 과학자에게 노벨 물리학상이 수여되었다.

메리는 두 번째 남편인 브루노 추미노와 함께 초대칭성, 초중력, 끈 이론이라는 주제를 공동으로 연구하고 논문을 발표했다. 일반인들이 이해하기는 어렵지만 모두 표준 모형이 하는 일을 설명하는 데 도움이 되는 것들이었다. 끈이론에서는 모든 입자와 자연의 힘을 작은 끈의 진동으로 묘사한다. 표준 모형은 전자기력, 강력, 약력을 통합하지만 중력을 고려하지 않는다. 중력까지 통합시키려는 것은 초끈이론이라고 불리는 초대칭성 끈이론이 성취하려고 하는 것이며, 따라서 '모든 것의 이론'의 주요 후보가 될 수 있다. 앞서 노벨상을 받은 머리 겔만도 비슷한 이론을 생각했다. 현재 메리는 가속기 실험과 우주론 관찰, 두 분야에서 모두 발견될 수 있는 현상과 관련된 초끈이론의 예측에 대해 연구하고 있다. 그녀는 초중력이론의 기술 개발에 기여했고, 이를 초끈이론에서 유래한 특정 모형 연구에 적용했다. 그녀에게 연구 주제가 없는 날이 올 것 같지는 않아 보인다.

마리아 괴퍼트 메이어

핵물리학자

1930년경, 조지프 메이어와 마리아 괴퍼트 메이어
(신시네티 대학교, 화학사의 외스퍼 컬렉션 제공)

과학자 세 명이 1963년 노벨 물리학상을 공동으로 수상했다. 그 상의 반은 유진 위그너Eugene P. Wigner에게 갔고, 나머지 반은 핵의 껍질 구조를 발견한 마리아 괴퍼트 메이어와 한스 옌젠에게 갔다. 그녀는 과학 분야에서 네 번째로 노벨상을 받은 여성으로, 1963년까지 물리학 분야에서는 두 번째이며, 2013년 현재 이론물리학 분야에서는 유일한 여성 수상자다.

마리아 괴퍼트1906~1972는 카토비츠(당시는 독일, 오늘날은 폴란드의 카토비체)에서 태어났다. 그녀가 네 살이었을 때, 가족은 독일의 유명한 대학 도시 괴팅겐으로 이사했는데, 그녀의 아버지 프리드리히 괴퍼트Friedrich Goeppert는 의과대학 소아과 교수였다. 괴퍼트는 무남독녀였다. 그녀는 말했다. "아버지가 '커서 평범한 여자가 되려고 하지는 말아라'라고 말씀하셨는데, 나중에 아버지가 말한 평범한 여자란 세상에 관심이 별로 없는 가정주부를 의미한다는 것을 알게 되었죠. … 아버지가 내게 그런 말을 한 것이 이상하다고 생각했을까요? … 아니에요. 나는 기분이 우쭐해지면서 그런 여자가 되지 않겠다고 마음먹었습니다."[1] 그녀는 어렸을 때부터 수학과 과학에 관심을 가지기 시작했고, 괴팅겐은 당시 그 분야에서 세계 최고의 장소였다. 수학자 다비트 힐베르트, 리하르트 쿠란트Richard Courant, 헤르만 바일Herman Weyl과 그곳에서 가르치던 물리학자 막스 보른Max Born과 제임스 프랑크James Franck, 그리고 유명한 과학자이거나 미래에 위대한 과학자가 될 폴 디랙Paul Dirac, 엔리코 페르미Enrico Fermi, 베르너 하이젠베르크Werner Heisenberg, 존 폰 노이만John von Neumann, 로버트 오펜하이머Robert Oppenheimer, 볼프강 파울리Wolfgang Pauli, 레오 실라

르드^{Leo Szilard}, 에드워드 텔러^{Edward Teller}, 빅토어 바이스코프^{Victor Weisskopf}가 괴팅겐을 방문했다.

1920년대에는 여성들이 대학에 많이 진학하지 못했고, 더구나 괴팅겐에는 여자아이들에게 대학 입학 자격을 부여할 공립 고등학교도 없었다. 마리아는 사립학교에 다녔으나 그 학교는 그녀가 졸업하기도 전에 문을 닫았다. 그래도 그녀는 대학 입학시험을 쳐보기로 마음먹었고 시험에 붙었다. 그녀의 전공은 수학이었는데, 가족의 친구인 막스 보른은 그녀에게 과학의 혁신적인 분야인 자신의 양자물리학 강좌를 청강하라고 제안했다. 괴팅겐은 양자역학의 발전에 중요한 역할을 했으며, 보른은 주요 창설자 중 한 명이었다. 마리아는 강의 몇 개만 듣고서 전공을 물리학으로 바꿔버렸다. 그녀는 나중에 이렇게 언급했다. "수학은 거의 퍼즐을 풀듯이 시작했어요. … 물리학 역시 퍼즐을 푸는 것이지만, 사람의 의지력이 작용하는 것이 아니라 자연이 만들어낸 퍼즐이란 점이 달랐죠."[2]

프리드리히 괴퍼트는 1927년에 사망했다. 아버지는 마리아를 애지중지했기에 그의 죽음은 그녀에게 엄청나게 큰 충격이었다. 마리아는 가족의 전통을 계속 유지하기 위해 대학 교수가 되기로 결심했고, 보른에게 논문 지도교수가 되어달라고 요청했다. 가족을 부양하는 일은 마리아의 어머니 몫으로 돌아갔다. 어머니는 하숙생들을 받았고, 이때 마리아는 미국의 화학자 조지프(조^{Joe}) 메이어¹⁹⁰⁴⁻¹⁹⁸³를 만나게 되었다. 그는 버클리에서 박사학위를 받았고 보른과 프랭크와 함께 일하려고 괴팅겐으로 왔다. 마리아와 조는 1930년 사랑에 빠졌고 결혼했다. 마리아가 사랑과 행복에 너무 빠져 지냈기 때문에 조는 그녀가 학위논문을 끝내도록 설득해야 할 정도였다. 몇 년 후, 유진 위그너는 그 논문을 "내용이 뚜렷하고 구체적인 걸작"[3]이라고 표현했다.

그녀가 박사학위를 받은 후 두 사람은 미국 볼티모어로 이사 갔다. 조에게 일자리를 제시한, 존스홉킨스 대학교가 있는 곳이다. 마리아는 한 학교에 친족이 같이 일할 수 없다는 규정, 즉 친족등용금지법 때문에 조와 같은 학교에 일자리를 얻을 수 없었다. 더욱이 과학 분야에 여자들이 취업한다는 게 어려운 시기였다. 그녀의 양자역학 지식이 그 당시 존스홉킨스 대학교 전체 물리학 교수보다 우월하다는 것은 중요하지 않았다. 운 좋게도 학교 측은 그녀가 운신할 여지를 마련해주었다. 대학에서 진행하는 과학 활동에 참여하게 해주었던 것이다. 그녀는 여러 교수와 협력하며 열정적으로 일했다.

볼티모어에서 마리아의 생활 양상은 괴팅겐과 달랐다. 볼티모어에서, 괴퍼트네는 그 동네의 사교 장소 가운데 하나였다. 마리아의 아버지가 살아 있을 때 괴퍼트 가족은 우아한 저녁 식사와 그곳의 상류층이 참석하는 리셉션을 베풀곤 했다. 어머니가 모든 것을 준비했다. 그들에게는 하인들이 있었고, 마리아는 요리나 집안일을 배울 필요가 없었다. 이런 괴팅겐식 라이프 스타일을 조와 마리아가 미국에서 그대로 할 수는 없었지만, 그녀는 사랑에 빠져 있었고, 에너지가 충만해 무엇이든 할 수 있다고 믿었다. 아… 슬프지만, 집안일은 그녀가 잘하는 부분이 아니었다. 아들 피터 메이어 Peter Mayer 는 다음과 같이 쓰고 있다. "어머니의 무력감을 본 아버지는 '미국에서는 하녀들을 쓰면 비용이 많이 들기 때문에, 당신이 과학자로 남아 있는 한 … 하녀 한 명 정도는 쓰겠다고 약속하겠소!'라고 반응했다."[4]

그러나 "과학자로 남아 있기"란 쉬운 일이 아니었다. 1933년에 딸 메리앤Marianne이 태어났고 마리아는 1년 동안 집에서 지냈다. 그런 다음 그녀는 다시 대학으로 돌아왔으며, 교수진과 지속적인 협력은 물론 월급을 받지 않는 연구 교수를 자원해 물리 강의를 계속했다. 특히 카를 헤르츠펠트Karl Herzfeld와 그의 제자 알프레트 스클라Alfred Sklar와 함께한 공동 연구가 성공적이었다. 그들은 양자역학 분야의 지식을 화학 문제에 적용한 주요 논문을 발표했다. 그녀는 남편과도 협업하여 통계역학에서 정평이 난 책을 함께 출판했다.[5]

독일에서 나치가 집권하고 유대인 과학자들의 대이동으로 제임스 프랑크와 에드워드 텔러 등 훌륭한 친구 몇 명이 미국으로 왔다. 프랑크는 존스홉킨스 대학교에 합류했고, 텔러는 인근 워싱턴 DC의 조지 워싱턴 대학교 교수로 임용되었다. "마리아는 자연스럽게 텔러와 자기 연구를 가지고 이야기를 나누었다. 그녀는 텔러를 대단히 활기찬 물리학자라 여기고 이론물리학의 지침을 얻으려고 했다."[6] 텔러에 따르면, "마리아는 상당히 유능한 물리학자인 데다가 무척 아름답기까지 했다. 날씬하고 금발인 그녀는 타고난 섬세함과 우아함뿐만 아니라 아주 강인한 정신력도 지니고 있었다."[7]

1938년에 둘째 피터Peter가 태어났다. 그해 존스홉킨스 대학교 측은 조에게 정년 보장tenure을 주지 않았다. 다행스럽게도, 뉴욕시에 있는 컬럼비아 대학교가 조에게 기존 연봉의 두 배와 함께 종신직을 제안했다. 메이어 가족은 맨해튼의 허드슨강 건너에 있는 뉴저지주 레오니아로 이사했다. 컬럼비아 대학교 물리학과는 마리아를 임용하려고 하지 않았다. 곧 노벨상을 받게 될 이시도어 라비Isidor Rabi 교수가 했던 말은 과학계 여성을 대하는 일반적인 태도를 반영했다. 라비 교수는, "여성의 신경계는 … 전혀 달라서 여성들은 중요한 일을 지속적으로 할 수 없습니다. 이와 관련해 논쟁의 여지가 없다는 것이 걱정입니다. 맞는 말이니까요. 여성들이 과학 분야로 나갈 수도 있고 또 충분히 잘하겠지만 결코 위대한 과학을 할 수는 없을 겁니다"[8]라고 말했다. 다행스러운 일은 노벨상 수상자인 화학과 학과장 헤럴드 유리는 그렇게 생각하지 않았다는 것이다. 그는 마리아의 업적을 알고 있었고 무보수로 그녀를 강사로 임명했다.

마리아의 과학적 자질이 더 성장하게 되는 중요한 사건은 컬럼비아 대학교로 엔리코 페르미가 온 것이었다. 그는 이제 막 노벨상을 받은 수상자로, 이탈리아 파시스트 정권을 피해서 온 난민이었다. 그는 마리아에게 그 당시 대두하는 핵물리학 분야에서 일하자고 제안했다.

제2차 세계대전 와중에 대부분의 과학자는 전쟁과 관련된 프로젝트에 참여했다. 조는 메릴랜드의 에버딘 육군시험소에서 근무했다. 그는 오랫동안 가족과 떨어져 있었으므로 아이들을 돌보거나 중요한 집안일들은 마리아가 도맡아 해야 했다. 같은 시기에 전쟁은 여성 과학자들에게 새로운 기회를 열어주었다. 뉴욕주에 있는 소규모 여학교 사라로렌스 칼리지가 마리아에게 교수직을 제안했다. 1942년에 유리는 그녀에게 가장 풍부한 우라늄−238로부터 핵분열성 우라늄−235 동위원소를 분리하는 방법을 찾는 비밀 프로젝트에 참여해달라고 요청했다. 이 프로젝트는 결국 상근직이 되어서 그녀는 사라로렌스 대학교 교수직을 사임해야 했다. 그녀의 인생에서 처음으로 연구의 대가를 받았다! "조에게 의지하지 않고 과학자로서 두 발로 서는 내 자신이 시작되었습니다."[9]

약 2년 후, 에드워드 텔러는 마리아를 또 다른 비밀 작업에 참여시켰다. 그는 로스앨러모스에서 맨해튼 프로젝트를 진행했으며 마리아에게 다양한 재료를 통한 방사선 전달을 조사하라고 요청했다. 그녀에게는 프로젝트의 주요 목표를 알려주지 않았고, 사용했던 계산법까지 기밀로 한다는 서약을 받아냈다. 마리아를 담당한 대령은 실제 계산에 참여한 마리아의 제자들이 우라늄을 다루고 있다는 것을 알면 안 된다고 경고했다. 그는 학생들이 목표물을 원소 92로 알고 있으면 충분하다고 생각했다. 그는 모든 학생이 원소 92가 우라늄이라는 사실을 알고 있으리라는 점을 알려야 했다. 텔러는 마리아에게 연구 목적을 말할 수는 없었지만, 계산해내야 하는 온도를 그녀에게 말하자 "마리아는 숨을 죽였습니다." 분명히 그녀는 그 의미를 이해했다.[10]

그녀는 존스홉킨스 때처럼 컬럼비아에서도 강의를 맡았다. 컬럼비아 대학교 학생들에게 그녀는 너무 힘든 선생이었다. 일반적으로 말해, 그녀는 특출하게 훌륭한 강사는 아니었다. 그녀는 너무 빨리 그리고 너무 작은 소리로 말했으며, 어떤 사람들은 그녀의 생각이 자기 생각을 전달하는 것보다 더 빠르게 작동한다고 생각했다. 그녀는 대단한 흡연자였고 강의 도중에도 줄담배를 피워댔다. 그녀는 종종 자신의 담배를 분필과 혼동하여 분필을 피우거나 칠판에 담배로 필기하려고 했다. 전쟁 관련 연구, 가르치는 일, 조가 없는 상태에서 자녀들을 홀로 돌보는 부담, 독일에 있는 어머니와 친구들에 대한 걱정 때문에 그녀는 체중이 크게 늘었고 알코올 의존 증상이 점차 심해졌다.

전쟁이 끝난 후, 1946년에 조는 시카고 대학교로부터 일자리 제안이 들어와 가족이 그리로 이사했다. 비록 학교 측이 급여를 주지는 않지만 처음으로 그녀에게 '자원 교수' 지위를 약속했다. 그러나 마리아는 자신을 "귀찮은 존재로 여기지 않고 두 팔 벌려 환영한 첫 번째 장소"[11]였기 때문에 고마워했다. 시카고 대학교는 원자력연구원 Institue for Nuclear Studies 을 설립했다. 원자폭탄 프로젝트를 주도적으로 이끄는 물리학자이자 메이어의 오랜 친구인 텔러, 프랑크, 유리, 페르미가 그곳으로 갔다. 그들의 삶은 예전 괴팅겐 시절의 황금기를 닮아가기 시작했다. 우아할 뿐만 아니라 물리학에 전념하는 생활이었다. 곧 아르곤국립연구소 Argonne National Laboratory 가 설립되었으며, 존스홉킨스에서 마리아의 첫 번째 박사과정 제자인 로버트 삭스 Robert Sachs 가 반半일제 근무 형식으로 그녀에게 선임 물리학자 자리를 제안했다. 마침내 그녀는 평화 시기에 돈을 받는 연구직을 갖게 되었다!

텔러는 원소의 기원에 관심이 있었고, 함께 일하자며 마리아를 초빙했다. 이 연구에는 수학 분야의 전문적인 배경이 필요했으며 텔러는 마리아가 이 일에 딱 맞는 적임자라는 것을 알고 있었다. 텔러와 공동 연구 끝에 마리아는 핵의 껍질 구조를 발견했다. 그녀는 자연 상태에서 어떤 원소들은 다른 원소들보다 동위원소의 종류가 많고 존재하는 양도 훨씬 풍족하다는 사실에 주목했다. 그에 대한 납득할 만한 설명이 없는 것처럼 보였지만, 이 원소들은 핵의 중성자 또는 양성자의 숫자가 같다는 공통점이 있었다. 그것들 중 몇몇은 (양성자 수에 관계없이) 중성자가 82개였고, 다른 것들은 중성자가 50개였다. 유사한 안정성이 양성자 50개를 가진 원소들에서 발견되었다. 양성자 50개를 가진 주석은 10개의 다른 동위원소가 있는 반면, 다른 원소들은 몇 개만 가지고 있다. 중성자 50개를 지닌 여섯 가지 원소와 중성자 82개를 지닌 일곱 개의 원소가 있었는데, 다른 원소에서 중성자 수가 같은 것은 꽤 드문 일이다. 다른 과학자들은 이 관찰이 크게 중요하다고 생각하지 않았다. 위그너는 특유의 공손함으로 이 관찰을 재미있는 난센스로 언급하고 이 숫자를 '마법의 숫자'라고 불렀다. 결국 이들 숫자에 라벨을 붙였고, 2, 8, 20, 28, 50, 82, 126으로 이어지는 마법의 숫자가 더 많이 발견되었다. 마리아는 이들 숫자에 사로잡혔고, 그 중요성을 이해할 때까지 숫자 생각을 멈출 수가 없었다.

초창기 동료들의 회의적인 태도에 영향을 받지 않으려고 노력했던 것은 마리아의 공이다. 텔러가 대개 시카고에 가 있었기 때문에 그녀는 주로 조와 페르미와 함께 핵의 구조에 대해 이야기했다. 그녀는 핵의 양성자와 중성자가 서로 다른 에너지 껍질 구조에서 발견될 수 있다고 생각했다. 그녀는 이것을 자주 양파의 층과 비교했으며, 볼프강 파울리는 그녀를 '양파 마돈나'라고 불렀다.[12]

이 껍질 구조는 비록 전자에 대한 긴 거리와 핵에 대한 짧은 거리의 작용력이 다르더라도 원자핵 주위의 전자껍질에 전자가 위치하는 방식과 닮아 있었다. 그러나 어떻게 해도 그녀는 모든 실험 데이터에 적합한 그럴듯한 설명과 수학적 모델을 제시할 수 없었다. 그러던 어느 날, 그녀는 페르미와 토론 중이었다. 페르미가 전화를 받으러 사무실을 나가기 직전 불쑥 물었다. "거기에 스핀−궤도 결합 같은 징후가 있습니까?"[13] 잘 모르는 사람에게는 이 질문이 별로 도움이 되지 않지만, 이 주제는 물론 수학 공식에 매우 익숙했던 마리아는 이 질문에 힘입어 모든 것이 일시에 명확해졌다. 그녀에게는 이것이 직소

jigsaw(조각그림 맞추기) 퍼즐에서 찾을 수 없었던 조각이었다. 페르미가 10분 후 돌아왔을 때쯤에 그녀는 이미 답을 가지고 있었다. 회의를 끝낸 방식에 대해서는 여러 가지 설이 있다. 그중 하나는 페르미가 언제나처럼 서두르지 않고 상세하고 체계적인 설명을 원했지만 "마리아는 흥분하면 말을 속사포처럼 쏟아냈다. 엔리코는 미소를 머금고 떠나며 이렇게 말했다. '내일 흥분이 좀 가라앉으면, 그때 설명해주세요.'"[14]

거의 같은 시기에 한스 옌젠이 이끄는 독일 연구팀은 스핀-궤도 결합의 중요성을 파악하고 괴퍼트 메이어와 같은 방식으로 모델을 설명했다. 두 보고서는 거의 같은 시기에 세상에 나왔다. 질투와 경쟁 대신 괴퍼트 메이어와 옌젠 사이는 서로 우호적인 관계로 발전했다.

1960년에 메이어 부부는 캘리포니아 대학교 샌디에이고 캠퍼스에서 두 사람 다 자리를 주겠다는 제안을 받았다(하지만 그녀에게는 절반의 급여만 제시). 이 무렵 그녀는 너무 유명해져서 시카고 대학교 당국은 마침내 그녀에게 정규직 자리를 제안했다. 그렇지만 메이어 가족은 기후에 매료되어 캘리포니아로 이주했다. 그녀가 노벨상 수상자라는 소식이 1963년에 발표되었을 무렵, 그녀는 건강이 좋지 않았다. 수년 전에 뇌졸중을 앓아 신체 일부가 마비되었다. 그녀는 수상 소식에 행복해했지만 기자들에게 이렇게 말했다. "상을 받는 게 일하는 것만큼 재미있지는 않아요. 일이 해결되는 것을 보는 게 재미있죠!"[15]라고 말했다. 뇌졸중 후에도 그녀는 1972년에 사망할 때까지 계속 일했다.

괴퍼트 메이어의 이력을 보면, 그녀가 다른 사람들과 함께 일하는 것을 좋아했다는 것을 알 수 있다. 동료들은 그녀가 매우 똑똑했지만 연구를 독자적으로 하려고 하지 않았다고 전했다. 동료 한 명은 "비록 그녀의 생각이 아주 독창적이지는 않지만 정말로 훌륭하고 예리합니다"[16]라고 말했다. 그녀가 주변에 최고의 과학자들을 친한 친구와 멘토로 많이 두었다는 것은 행운이었다. 과거 괴팅겐 시절의 그녀는 활발하고 멋진 여자일 뿐만 아니라 가장 재치 있는 여자였다. 괴팅겐의 학생들은 대부분 그녀를 정말 좋아했고, 그녀 역시 남자들과 어울리는 것을 좋아했다. 이후에도 남자들을 매료시키는 그녀의 능력은 줄어들지 않았다. 그녀의 아들은 이렇게 말한다. "여자들이 그러더군요. 어머니가 방에 들어올 때마다 남자들이 어머니 쪽으로 끌려가곤 했다고. 나는 알아차리지 못했지만 말예요."[17]

아버지 다음으로 그녀에게 결정적 영향을 미친 사람은 막스 보른이었다. 빅토어 바이스코프는 두 사람의 교수-학생 관계가 범상치 않았다고 말했다.[18] 그들은 친밀함을 나타내는 독일어 "두du"를 사용했는데, 이는 교수와 학생, 특히 이성 간에는 전례가 없던 호칭이었다. 보른은 결혼 생활에 문제가 있었고 마리아는 그의 막역한 친구가 되었다. 마리아가 미국으로 떠난 후 두 사람은 서신을 주고받으면서 "가장 사랑하는 마리아"라고 쓰고 "그리운 사랑"으로 편지를 끝맺었다.[18] 또한 보른은 미국 과학계에 가능한 한 추천을 많이 해서 그녀에게 길을 열어주려고 했다.

그 밖에도 에드워드 텔러와 쌓은 우정은 그녀가 과학 분야에서 성장하는 데 결정적인 관계였다. 그들은 수년간, 특히 1940년대 중반과 1950년대 중반 사이에 서신으로 연락을 주고받았다. 텔러가 그녀에게 자기 편지들을 없애라고 요구했지만 마리아는 편지를 없애지 않았고, 그렇게 보관된 그 서신은 텔러가 회고록을 작성하는 데 도움을 주었다. 그의 편지는 마리아 괴퍼트 메이어가 과학적으로 어떻게 성장했는지 그 과정에 대한 증언일 뿐만 아니라 대다수가 모르는 텔러의 성격이 그 편지들로 세상에 알려지게 되었다. 그는 마리아를 자신의 인생에서 가장 힘든 시기에 고민거리를 털어놓을 수 있는 동료 겸 친구인 동시에 영혼이 통하는 사이라고 생각했다. 그 서신에는 미국이 수소폭탄을 개발해야 하는지를 둘러싼 논쟁, 수소폭탄 개발, 오펜하이머 청문회 때의 증언, 리버모어 연구소Livermore Laboratory 개소식 등 논란을 불러일으킨 것들이 담겨 있었다.[19] 마리아에게 텔러와 우정을 쌓는 것은 상상력이 무궁무진한 동료로부터 배우는 과정인 동시에, 지적이고 경험 많은 과학자와 함께 핵 구조 및 마법의 숫자 연구에 관한 논의를 할 수 있는 가능성을 의미했다.

한스 옌젠과는 오랫동안 서신 연락을 하는 친구 관계였지만 예전에 맺은 우정과는 결을 달리했다. 그녀는 보른과 텔러를 존경했고, 그들로부터 최대한 많은 것을 배우려고 노력했다. 옌젠을 알게 되었을 무렵, 그녀는 그 분야에서 이미 인정받는 권위자가 되어 동등한 위치에서 서신을 왕래했다. 두 사람은 그 상호작용으로 책을 함께 냈다.[20]

그녀의 가장 중요한 '동료'는 조 메이어였다. 한평생 조는 모든 면에서 가장 신경 써주는 그녀의 후원자였다. 두 사람은 항상 서로에게 이익이 되게끔 과학 이야기를 나누었다. 마리아는 탁월한 수학 실력을 갖춘 이론물리학자였고, 조는 명문 버클리 대학교의 실험화학자였다. 그녀로부터 양자역학을 배운 조는 결국에는 수학적 자질이 필요한 통계역학 전문가가 되었다. 미국에서 지낸 첫 10년 동안, 그녀는 조와 일하거나 동료 화학자들하고만 일했다. 그녀가 쓴 저작물 대부분은 화학 분야였다. 해박한 화학 실력이 나중에 그녀가 핵 껍질 모델을 찾는 데 중요한 요소가 되었다.

마리아가 어렸을 때 과학사가 되고 싶어 했는지는 분명하지 않았다. 조와 사랑에 빠졌을 때도 그녀는 박사학위를 끝내려고 애쓰지도 않았다. 볼티모어에서 메리앤이 태어났을 때도 엄마 노릇을 즐겼다. 그녀는 이렇게 말했다. "아이를 낳는 것은 엄청난 경험이었습니다!"[21] 그러나 시간이 흘러 컬럼비아 대학교에서 근무하는 동안 연구 활동에 점점 더 많은 시간을 쏟으며 우선순위가 바뀌었다. 그녀의 오랜 친구인 막스 보른조차 구구절절 자세한 내용을 담은 장문의 편지를 받았지만 자녀에 대한 언급이 한마디도 없었다는 것에 놀라웠다고 표현한 적이 있다. 그녀는 1940년대 초반부터 자녀와 연락이 끊기기 시작했다고 전기 작가 한 명이 언급하고 있다. 전쟁 기간에 아이들은 보모들이 보살펴주었다. 아이들 입장에서는 그 점이 불만이었다. 특히 피터는 독서 장애가 있었는데, 나중에 난독증 진단을 받고 고생하기도 했다. 메리앤은 마리아에 대해 이렇게 말했다. "간혹가다 엄마 노릇 해보겠다고 애를 쓰긴 했지만 엄마는 툭하면 안 보였죠." 메리앤은 딸을 낳고서 시간을 정해놓고 반드시 아이와 함께 집에서 지내려고 노력했다. 말년에 마리아와 자녀들의 관계를 보자. 마리아는 아들을 노벨상 시상식에 초청했지만 아들은 가지 않았고, 딸은 가고 싶어 했으나 마리아가 초대하지 않았다. 컬럼비아 시절, 메이어 가족은 뉴저지에 있는 작은 마을 레오니아에서 살았다. 과학에 관심이 높아지면서 마리아는 과학자들의 아내와 함께해야 하는 파티에 더 이상 흥미가 생기지 않았다. 과학에 대해 논하는 것이 재미있었고 남자들도 그녀가 합석하면 확실히 좋아했다. 라우라 페르미는 다음과 같이 썼다. "교수 부인들은 마리아 메이어에게 쉽게 접근할 수 없었다. 왜냐하면 그녀는 항상 남자들과 이야기하고 전문적인 주제로 대화를 나누었기 때문이다."[22]

친족등용금지법이 없었다면 마리아가 과학자로서 더 성공했을까? 그녀의 아들 피터는 그렇게 생각하지 않는다. 조 메이어는 그녀를 과학자로 대우해주었고 연구를 계속하도록 격려했다. 동료들과의 상호작용과 인정은 그녀에게 도움이 되었다. 대학 분위기, 세미나, 토론, 모두 그녀에게 필요한 배경이 되었고 지적인 자극을 주었다. 그러나 가장 중요한 것은 아마도 조의 존재였고 그의 꾸준한 지원이었다. 그는 그녀가 자신의 아이디어를 "믿고 말할 수 있는 사람"이었다. 자녀들은 식사 시간과 심지어 사교 모임에서도 항상 과학 관련 대화가 오고 갔다. 이는 아이들이 좋아할 만한 것은 아니었다. 결국 메리앤은 부모에게 가족의 식사 시간에는 과학 토론을 하지 말아달라고 요구했다.[23]

마리아의 인간적인 면모도 엿볼 수 있다. 그녀는 자신의 과학적 삶의 대부분을 대가 없이 일해야 했다는 점을 괴로워했다. 좀처럼 보기 힘든 솔직한 순간에, 그녀는 이제 막 과학 분야에서 일을 시작하는 젊은 여성에게 직업을 구한다는 것이 얼마나 어려운지 속내를 털어놓았다. "지리적으로 남편과 같은 장소에서, 그녀의 결혼은 학계에 종사하는 많은 사람에게 그녀를 심각하게 대하지 않아도 되는 변명거리를 제공하는 계기가 되었다."[24] 그러나 마리아는 과학을 하는 가족의 일원이었기 때문에 적어도 일부 단점을 장점으로 바꾸는 데 성공했다.

달렌 호프먼

핵화학자

2004년, 버클리에서 달렌 호프먼
(사진: 막달레나 허기타이)

자연 상태에서 생기는 원소는 92개가 있는데, 가장 무거운 것은 92번 원소인 우라늄이다. 이런 원소들은 자연에서 볼 수 있는 모든 물질을 구성한다. 하지만 최근의 주기율표를 보면 원소 목록이 100개를 훨씬 넘는다. 우라늄보다 무거운 것들은 인간이 만든 것이며, 그것들은 철저한 조사를 거쳐 발견되었다. 새로운 원소를 발견하려는 시도는 너무 치열해서 때로는 명성이 자자한 실험실마저 사기를 치기도 한다. 과학자들은 새로운 원소들을 찾는 노력을 경주하되, 동시에 사기성 주장들을 경계해야 한다. 달렌 호프먼은 과학 역사상 어느 누구보다 새로운 원소를 많이 발견한 화학자 글렌 시보그Glenn T. Seaborg와 함께 이 분야에서 존경받는 공헌자 중 한 사람이다. 달렌은 스승의 이름을 딴 106번 원소의 화학 기호 '시보귬Seaborgium(Sg)'을 나타내는 핀을 옷깃에 자랑스럽게 꽂고 다녔다. 이것은 위대한 사람들 중에서도 극소수만이 받은 명예로운 표시이다. 1994년, 달렌의 연구팀은 앨버트 기오르소Albert Ghiorso 등의 연구진이 1974년에 발견한 원소 106을 확정 공표했으며, 그 이름을 '시보귬'으로 제안했다. IUPAC(International Union of Pure and Applied Chemistry, 국제순수·응용화학연합 — 옮긴이)는 시보그가 아직 살아 있어서 1997년까지 확정을 미루었지만 생존해 있는 사람의 이름을 따서 원소를 명명하는 것을 금지한다는 규정은 없었다.

내가 달렌을 방문했을 때, 그녀는 이미 공식적으로 은퇴한 상태였다. 은퇴 직후에는 로렌스 리버모어 국립연구소Lawrence Livermore National Laboratory(LLNL)에 새로 설립된 G. T. 시보그 연구소의 창립 이사가 되었다. 또한, 그녀는 캘리포니아 대학교 버클리 캠퍼스

화학과 대학원에서 교수직을 유지했고, 로렌스 버클리 국립연구소 Lawrence Berkeley National Laboratory(LBNL)의 원자력 과학 부문 선임 과학자의 지위도 갖고 있었다.

달렌 크리스천Darleane Christian은 1926년에 아이오와주 북서부에 있는 작은 마을 테릴에서 태어났으며, 그녀의 아버지는 교장 선생님이었다. 달렌은 1951년에 화학 박사학위를 마치고 핵화학을 전문적으로 연구했다. 그녀는 대학원 시절 남편이 될 마빈 호프먼Marvin Hoffman을 만났고, 박사학위를 받은 후 결혼했다. 그녀는 남편이 핵물리학 학위를 딸 동안 오크리지 국립연구소Oak Ridge National Laboratory에서 1년을 보냈고, 남편을 따라 로스앨러모스 국립연구소Los Alamos National Laboratory(LANL)로 갔다. 이때 여성이라는 이유로 겪게 되는 문제에 처음으로 직면했다. 그녀는 방사화학 실험실에서 일하기로 되어 있었지만 그곳에 도착하자 다음과 같은 일이 벌어졌다.[1]

인사과에 전화를 했더니 이렇게 말하던데요. "미안하지만 우리는 그 부서에 여성을 채용하지 않습니다!" 나는 지금까지 이렇게 노골적인 성차별을 받은 적이 없었어요! 엄청난 충격을 받았죠. 그리고 나서 1953년 1월 초에 우리는 실험실 책임자 노리스 브래드버리Norris Bradbury 박사가 마련한 신입사원 환영 파티에 갔고, 여러 사람과 이야기를 나누었어요. 거기서 서로 자기소개를 마친 후 마침내 내가 알아낸 방사화학 실험실 책임자 로드 스펜스Rod Spence 박사를 만났습니다. 그가 이러더군요. "어디에 있었습니까? 계속 찾고 있었는데!" 나는 이렇게 대답했죠. "아, 약속한 일자리를 찾으러 왔는데 찾지 못했어요." 그다음

1980년대, 달렌의 실험실에서 달렌 호프먼과 글렌 시보그
(로렌스 버클리 국립연구소와 달렌 호프먼 제공)

부터 나는 인사과를 믿어본 적이 없습니다.

호프먼 부부는 로스앨러모스에서 30년간 살았고, 두 아이가 그곳에서 태어났다. 달렌은 일을 쉰 적이 없었다. 1964년에 친정어머니가 가까운 곳으로 이사할 때까지 아이들을 돌보는 도우미가 매일 왔었다. 1978~1979년에, 그녀는 캘리포니아 대학교 버클리 캠퍼스에 있는 글렌 시보그 그룹에서 구겐하임 연구비 Guggenheim fellowship 를 받으며 일했다. 1984년에는 아예 버클리로 이사했다.

가장 주목할 만한 달렌의 업적은 자연에서 최초로 플루토늄을 발견한 것이었다. 1971년에 벌어진 일이지만, 그 의미를 알려면 1940년에 버클리에서 우라늄 중성자 충격의 결과를 조사하던 동료 두 명, 에드윈 맥밀런 Edwin M. McMillan 과 필립 M. 에이벌슨 Philip M. Abelson 까지 거슬러 올라가야 한다. 이때는 리제 마이트너와 오토 프리슈가 알아낸 우라늄 핵분열 실험을 오토 한과 프리츠 슈트라스만이 실시한 직후였다. 이 실험은 사상 처음 인공적으로 생성된 초우라늄 원소 넵투늄Neptunium을 만드는 계기가 되었다. 곧이어 1941년에 시보그와 동료들은 원자폭탄 개발에서 두드러진 역할을 했던 플루토늄이라는 다음번 핵 원소를 만들어냈다. 플루토늄 폭탄은 1945년 8월 9일 나가사키에 투하되었다. 플루토늄의 발견은 전쟁 후에야 발표되었다.

1971년, 달렌과 그녀의 동료들은 자연 상태로 존재하는 플루토늄의 잔재를 발견했다. 플루토늄 동위원소 가운데 하나인 플루토늄-244였다.* 이것은 플루토늄 동위원소 중 가장 오래 가는 것으로, 반감기는 8000만 년이다. 플루토늄의 원자번호가 94이고, 우라늄 원자번호는 92이므로(넵투늄은 93) 우라늄은 자연에서 가장 무거운 원소가 아닐 수도 있었다. 이 플루토늄 동위원소가 지구에서 처음 만들어졌는지 아니면 외계로부터 왔는지는 알려지지 않았다. 달렌과 그녀의 연구팀은 그것이 태초에, 즉 우주가 시작할 때부터 존재해왔다고 생각했다.

그 발견은 탐정소설처럼 흥미진진했다. 과학자들은 동위원소가 있을 만한 위치를 찾아 범위를 좁혀갔으며, 마침내 캘리포니아주 마운틴 패스에 있는 미국 몰리브덴 회사Molybdenum Corporation 광산에서 아주 적은 양을 확인했다. 이것은 지구에 있는 원소들의 운명을 이해

---

* 원소의 원자번호는 원소를 판별하고, 그 원소의 핵에 있는 양성자 수를 나타낸다. 양성자 외에도, 핵에는 중성자가 있으며, 대부분의 원소에서 핵은 다른 중성자 수를 포함할 수 있다. 동일한 원소의 원자(동일한 원자번호)이지만 중성자 수가 다른 원자를 동위원소라고 한다. 이 이름은 질량이 다르더라도 주기율표에서 같은 위치에 실리는 것을 의미한다.

할 수 있는 의미 있는 결과였다. 그것은 또한 그녀가 1997년에 클린턴 대통령으로부터 받은 국가과학훈장에 언급될 만큼 매우 중요한 것으로 평가받았다. 미국 예술과학원 회원(1998), 노르웨이 과학문학 아카데미의 외국인 회원(1990) 등 그 밖에도 그녀가 얻은 명예는 많다. 그녀는 미국 화학협회(ACS)가 제공하는 최고의 명예인 프리스틀리 메달 Priestley Medal(2000)을 받기도 했다.

플루토늄−244 발견은 달렌 호프먼의 가장 널리 알려진 과학적 업적이었지만, 몇 년 동안 다른 발견도 했다. 두 가지가 있는데, 하나는 자발핵분열spontaneous fission에서의 대칭 질량 분열의 발견이고, 다른 하나는 무겁고 수명이 짧은 페르뮴Fermium 동위원소의 발견이다. 그녀는 행정 경험도 했다. 1979~1984년에 로스앨러모스에서 과학 부서의 첫 여성 책임자가 되었으며, 공식적으로 은퇴한 이후에도 행정 일을 맡았다.[2]

나는 1991년에 활동적인 강의를 그만두고 은퇴했는데, 시보그가 무척 화를 냈습니다. 1991년에 나와 시보그에게는 캘리포니아 공무원 퇴직 제도에 가입한 사람들을 위한 인센티브 패키지가 있었죠. 내가 받고 있던 봉급 이상을 받으며 은퇴할 수 있다는 뜻이에요. 하지만 나는 다른 선택을 했습니다. 만약 나에게 무슨 일이 생긴다면 남편이 수령인이 되어 같은 금액을 받을 테니, 나는 조금 덜 받기로 했어요. 이 말을 듣고 나서 시보그는 노발대발했어요. 그런 모습은 처음 봤어요. 나는 예전처럼 계속 일할 것이라고 했지만, 그는 힘과 권위가 없다면 예전 같지 않을 거라고 하더라고요. 하지만 은퇴하고 나서, 나는 1991년 로렌스 리버모어 국립연구소의 시보그 연구소 초대 소장으로 취임했습니다. 반일제 근무였어요. 크리스 가트루시스^{Chris Gatrousis}, 톰 수기하라^{Tom Sugihara}, 퍼트리샤 베이스덴^{Patricia Baisden}과 함께 연구소 설립과 정관 작성에 일조했죠. 1996년에 은퇴했고, 지금도 고문으로 일하고 있습니다.

달렌 호프먼은 최고의 과학자였고 여성 문제에도 관심이 있었다. 그녀는 안식년 중 한 번을 1964년에서 1965년까지 노르웨이에서 보냈다. 노르웨이의 핵화학이 발달했기 때문이기도 하고 달렌의 아버지가 노르웨이 혈통이라서 그곳을 택했다. 과학적으로나 사회적으로나 무척이나 좋은 경험이었고, 그녀에게 큰 영향을 미쳤다. "나는 노르웨이 여성들이 미국 여성들보다 훨씬 더 동등한 대우를 받고 있다는 것을 알게 되었습니다. 저녁때 여자 혼자서 외식을 하는 것도 괜찮았고, 남자들이 여자들을 위해 문을 열어주는 행동도 하지 않았죠. 그런데도 도움을 요청하면 기꺼이 도와주었어요. 그곳에서 1년을 보낸 후 나는 정말 많은 것을 배웠어요. 사회나 과학, 양 측면 모두 독자적인 태도가 훨씬 더 향상되었죠!"[3]

노르웨이에서 지냈던 경험 때문에 생긴 영향이든 아니든 간에, 달렌 호프먼의 경력을 돌아보면 그녀가 오랫동안 여성 문제에 관심을 가져온 것을 알 수 있다. 그녀는 여성 과학자의 수가 적다는 것을 알고 있었는데, 최근 들어 여성 과학자 수가 증가하는 현상에 주목했다. 그러나 그녀는 이른바 가위 효과^{Scissor effect}도 알고 있었다. 졸업생 수는 많아졌지만 그 사람들이 주요한 지위로 올라갈수록 그 수가 비정상으로 보일 만큼 급격하게 줄어든다는 것을 말이다. 이것이 바로 달렌이 여성 문제에 관여하게 된 이유였다.[4]

    지난 몇 년간 정말 열심히 일했습니다. 나는 로스앨러모스에서 부서장으로 지내면서 적극적으로 뭔가를 할 수 있었다는 사실이 무척 자랑스러웠어요. 그곳에 있을 때 무척 즐거웠던 관리 업무 중 하나는 마지막 해에 일어났습니다. 당시 연구실은 소송이 여러 건 걸려 있었죠. 여성이 같은 직급의 남성보다 급여를 받지 못했던 것이 주된 이유였어요. 그래서 각 부서에 여성의 평균 연봉을 남성의 평균 연봉 수준까지 끌어올릴 만한 돈이 지급되었죠. 우리는 이 돈을 공과에 따라 여성 직원들에게 분배했어요. 이것이 윈-윈 상황 중 하나라고 생각했고요. 지난 몇 년간 나는 과학계의 여성 관련 문제에 관여해왔습니다. 버클리에서 내 대학원 제자들 가운데 약 30% 정도가 여성이었던 것 같아요. 1984년에 내가 처음 버클리에 갔을 때, 화학과 대학원생의 약 18%만이 여성이었고, 나는 40명의 교수진 중 화학 분야에서 두 번째로 종신 재직하는 여자 교수였죠. 그 당시 나는 화학과의 여성 박사학위를 늘리면 그에 상응하여 주요 연구 대학교의 여자 교수의 수도 늘어날 거라고 생각했어요. 미국 화학협회 통계만 봐도 어림없는 이야기입니다. 현재 미국 화학 분야 학사학위자의 50% 정도가 여성이고 화학 박사학위의 3분의 1 이상을 여성이 받지만, 2005년 지금 주요 대학의 종신 재직 교수 중에 여성은 8% 정도밖에 되지 않습니다. 대학 환경과 종신 재직권의 개념이 뭔지, 그렇게 많은 여성이 미국의 주요 연구 대학에 지원조차 하지 않는 이유가 뭔지 조사해야 합니다.

빌마 후고나이

의사

1890년경, 빌마 후고나이
(http://commons.wikimedia.org, 공용 도메인)

빌마 후고나이Vilma Hugonnai는 1879년에 취리히 의과대학을 졸업하고, 스위스 병원에서 의사로 1년간 근무하다 모국 헝가리로 돌아왔다. 그녀는 헝가리에서 어떤 좌절과 실망을 겪게 될지 전혀 몰랐다.[1]

그녀는 1847년 나지테테니Nagytétény에서 태어났다. 그때는 그곳이 부다페스트 교외 지역이었고 지금은 22번 구역의 일부다. 그녀는 후고나이Hugonnay 백작 집안에서 태어났지만, 그 이후부터 후고나이Hugonnai라는 평범한 이름을 더 좋아했다. 처음에는 가정교사와 함께 집에서 공부했고, 그리고 나서 헝가리의 젊은 여성 전용 고급 기숙학교에서 기본 교육을 마쳤다. 그녀는 여름에 학교 친구들과 함께 보내곤 했는데, 거기에서 죄르지 질라시György Szilassy라는 청년을 알게 되어 18세에 결혼했다. 그들의 결혼 생활은 행복하지 않았다. 남편은 허구한 날 카드, 승마로 소일하거나 전 여자 친구와 함께 지냈다. 빌마는 혼자였지만 적어도 아들과 시간을 보낼 수 있었다. 하지만 그녀는 그런 생활 그 이상의 것을 하고 싶어 했다.

1864년 어느 날, 그녀는 신문에서 스위스 여성들이 대학에 다닐 수 있다는 기사를 읽었다. 1860년대 헝가리에서는 어림도 없었다. 남편은 아내가 스위스 의과대학에 입학하려는 것을 막지는 않았지만, 그녀의 학비 지원은 거부했다. 빌마의 결심은 확고했다. 그녀가 가지고 있는 보석 전부와 그 밖의 다른 것들을 팔아서 취리히로 갔다. 그 당시 비슷한 이유로 세계 각국에서 온 여성들이 취리히 의과대학으로 모여들었는데, 헝가리 출신은 그녀뿐이었다. 그녀는 매우 검소하게 살았고 채소가 고기보다 쌌기 때문에 채식주의자가 되었다. 그녀는 또래들 사이에서 '가난뱅이 백작 부인'으로 알려져 있었다. 빌마는 공부를 잘했고, 교수 한 명과 연구도 같이했다. 1879년에 취리히 대학교는 그녀에게 박사학위를 수여했고, 그 후 그녀는 취리히에 1년 더 머물며 병원에서 의술을 익혔다. 교수들이 빌마의 연구를 좋아해 조교수 자리를 제의했지만, 그녀는 이제 집에 가야 할 때라고 마음먹었다.

1882년에 그녀는 헝가리에서 의학 학위를 등록하려고 했다. 하지만 헝가리에서 여성들은 여전히 고등교육을 받을 수 없었다. 종교와 공교육을 담당하는 장관 에고스톤 트레포트^{Ágoston Trefort}가 빌마의 외국 학위를 인정하지 않았다. 게다가 그는 빌마가 부다페스트 의과대학에서 시험공부를 하는 것도 허락하지 않았고, 의술을 익히는 것도 막았다. 대신, 그는 조산사 자격증을 따라고 제안했다! 그녀는 건강의료 분야에서 일하기로 굳게 결심하고 있었기 때문에 그것도 할 준비가 되어 있었다. 아이러니하게도, 조산학 공부를 하려면 먼저 고등학교 입학시험에 합격해야 했다. 그녀는 의대에 가기 전에 고등학교 과정을 다 마쳤지만 당시 여성들에게는 응시가 허용되지 않아서 입학시험을 볼 기회가 없었다. 그러나, 그 장애물이 사라져 결국 그녀는 조산사가 되었다. 다행히도 조산사 양성 교육을 담당하는 대학 병원 관리자가 그녀가 취리히에서 의학 학위를 받았다는 사실을 알게 되었다. 그는 정해진 교육 과정을 요구하지 않고 조산술 허가 증명서를 내주었다.

그녀는 새 자격증으로 사설 조산원을 열었고, 이후 부다페스트에 있는 여자 기숙학교에서 가르쳤다. 1895년 11월 18일, 오스트리아 황제이자 헝가리의 왕인 프란츠 요제프 1세^{Franz Joseph I}가 여성들이 인문학, 의학, 약학 분야의 고등교육을 받을 수 있도록 하는 법령에 서명했다. 하지만 그게 빌마가 취리히에서 받은 의학 학위가 받아들여진다는 것을 의미하지는 않았다. 그녀는 신경 쓰지 않았고, 48세의 나이에 부다페스트에서 필요로 하는 모든 시험을 통과했다. 마침내 1897년, 그녀는 취리히에서 첫 번째 학위를 받은 지 거의 20년이 지난 후, 이번에는 헝가리에서 두 번째 의학 학위를 받았다.

그 사이에 그녀는 이혼했고, 유명한 화학 교수 빈스 바르타^{Vince} ^{Wartha}와 재혼했다. 바르타는 헝가리 과학원 회원이었고 30년 가까이 부다페스트 공과대학 학장을 지냈다. 그의 주요 업적 중 하나는 '에오신^{eosin}'이라고 불리는 오래된 유약의 구성을 알아낸 것이었다. 이 유약은 페츠의 졸너이^{Zsolnay} 도자기 공장을 세계적으로 유명하게 만들었다.

빌마 후고나이는 여생을 의사로 일했다. 대체로 여성과 가난한 사람들을 치료했고, 여성 문제를 포함해 그 밖의 여러 활동에도 많이 참여했다. 그녀는 여학교에서 위생학을 가르쳤고, 아픈 사람들과 육아, 여성운동, 여성들의 고용 문제 등을 다룬 대중 서적을 여러 권 썼다. 전 생애에 걸쳐 그녀는 건강을 다루는 직업에 여성들이 참여하는 것이 중요하다고 주장했다. 그녀는 여자 고등학교 설립을 도왔고 남녀의 동등한 권리를 옹호했다. 1914년에 제1차 세계대전이 발발하자, 67세의 나이로 군의관 과정을 마쳤으며, 여성 의사와 다수의 간호사로 의료진 84명을 조직해 봉사 활동을 벌였다. 그녀는 1922년에 75세를 일기로 세상을 떠났고, 헝가리에서 자립심 강한 지식인 여성의 상징이 되었다.

프랜시스 올덤 켈시

약리학자

2002년, 메릴랜드주 록빌에 있는 FDA에서 프랜시스 올덤 켈시
(사진: 막달레나 허기타이)

1962년 7월 15일 일요일, 《워싱턴 포스트Washington Post》1면은 미국의 다른 주요 신문처럼 "미국 식품의약국FDA의 영웅적인 여성이 나쁜 약들이 시판되지 못하게 막고 있다"는 제목으로 기사를 시작한다.[1] 유럽에서 콘테르간Contergan이라 불리는 탈리도마이드thalidomide에 관한 끔찍한 이야기가 1960년대 초 전 세계의 신문에 실렸다. 이 약물은 독일의 그뤼넨탈사Chemie Grünenthal Company가 1950년대에 만든 진정제 및 수면제로, 임신 3개월 정도 되는 초기 임산부의 입덧을 완화하려고 개발되었다. 임산부가 이 약을 복용하면 아기가 대부분 기형이거나 팔다리가 없이 선천적 장애를 지닌 채 태어났다. 유럽, 캐나다 및 기타 지역에서 약 1만 명의 어린이가 이 약의 영향을 받은 것으로 추정된다. 반면, 미국에서는 극소수의 경우만 발생했는데, 이는 식품의약국의 양심적이고 헌신적인 과학자 덕분이었다. 일부에서는 그녀를 완고하고 고집이 세다고 생각했다. 그녀가 바로 프랜시스 올덤 켈시였다.

프랜시스 올덤Frances Oldham은 1914년에 캐나다 브리티시컬럼비아 주 밴쿠버 섬에 있는 코블힐에서 태어났다. 그녀는 자연을 좋아했으며, 어린 나이에 이미 자기가 나중에 "꽤 괜찮은 과학자"가 될 거라고 생각했다.[2] 15세에 고교를 졸업해 몬트리올의 맥길 대학교를 다녔고, 19세에 이학 계열의 학위를 받았다. 하지만 그 당시는 대공황 때인지라 일자리를 구하는 것이 거의 불가능했다. 공부를 계속하거나 식료품 배급을 받는 실업자가 되는 길 중 하나를 선택해야 했다. 그녀는 대학교에 머무는 길을 택해 1935년에 약리학 석사학위를 받았다. 그러고 나서 한 교수의 제안에 따라 시카고 대학교 대학원에 지원하여 박사과정을 이어갔다. 그녀는 시카고 대학교에 갓 설립된 약리학과로 옮긴 유진 게일링 Eugene M. K. Geiling 교수에게 편지를 썼다.

프랜시스는 이 이야기를 즐겨 했다. 다소 문제가 있긴 했어도, 그녀는 게일링 교수의 제안을 받았을 때 기뻐했다. 하지만 그녀는 편지가 "친애하는 올덤 씨"로 시작했다는 것을 깨닫고, 이름 프랜시스의 영어 철자에 'e'가 있으면 여자라는 것을 설명하기 위해 납장을 써야 하는지 고민했다. 결국, 그녀는 그 제안을 수락했다. 그녀가 시카고에 나타났을 때 교수가 어떤 생각을 했는지, 여자 이름인 줄 확실히 알았어도 제안을 받았을지 결코 알지 못했다.

1937년에 게일링 박사 연구팀은 미국 식품의약국의 요청에 따라 '특효약 술파닐아미드 Elixir Sulfanilamide'라는 신약에 어떤 문제가 있는지 규명하기 위해 FDA와 긴밀히 협력하고 있었다. 알약인 술파닐아미드는 박테리아 감염 치료에 오랫동안 사용되어 탁월한 성과를 낸 경이로운 약이었다. 그러나 제조사는 아이들이 쉽게 섭취할 수 있게 액체 형태로도 만들려고 했기 때문에 약물을 화학물질에 녹여 추가 테스트를 거치지도 않은 채 바로 출시했다. 이 새로운 형태의 약물은 환자 여러 명을 사망에 이르게 했고, FDA는 게일링 연구팀에 이런 비극의 원인을 파악하라고 요청했다. 프랜시스는 조사를 수행한 게일링의 동료 중 한 명이었으며, 연구팀은 곧 용매인 독성 물질 디에틸렌글리콜 diethylene glycol이 원인임을 밝혀냈다. 이 연구는 1938년에 연방 식품, 의약품 및 화장품 법의 제정을 이끌어낸 계기가 되었다. 신설된 이 법에 따르면, 어떤 약이 시장에 출시되기 전에 제조사는 동물 실험, 화학 실험, 그리고 임상 연구를 토대로 안정성을 입증해야 했다.

프랜시스는 같은 해에 박사학위를 받았다.

시카고 대학교 약리학과 동료 중 한 명이 엘리스 켈시^{F. Ellis Kelsey}
였고, 프랜시스와 엘리스는 1943년에 결혼했다. 약리학 박사학위를
받은 후 시카고 의과대학에 가서 1950년에 의학 박사학위를 받았는
데, 두 딸이 이 기간에 태어났다. 1952년 엘리스가 사우스다코타 대
학교의 샌퍼드 의과대학에서 일자리 제안을 받아 가족은 버밀리언으
로 이사했다. 프랜시스는 의학 박사학위를 받은 후 미국 의학협회 편
집위원으로 일하기 시작했다. 그녀는 학술지에 제출된 수많은 논문에
관여했으며, 이 경험은 나중에 유용하게 쓰였다. 그녀는 사우스다코
타 대학교에서 약리학을 가르치기도 했다.

과학은 켈시 가족이 집에서 끊임없이 주고받는 주제였다. 실제로 프
랜시스와 엘리스는 여러 프로젝트에서 함께 일했으며 수많은 논문을
공동으로 발표했다. 그녀는 또한 고등교육을 받는 여성들에 관심이
많았다. 1960년대, 켈시 부부의 딸들은 워싱턴 DC에 있는 여학교인
국립성당학교를 다녔다. 프랜시스는 내가 과학 분야의 여성들에 관심
이 많다는 것을 알고 있었기 때문에, 그녀가 여성 의료계의 매력을 주
제로 국립성당학교에서 강연한 자료를 내게 주었다.[3]

1960년, 켈시네 가족은 메릴랜드주로 다시 이사를 갔는데, 메릴랜
드는 엘리스가 일하게 된 국립보건원이 있는 곳이다. 프랜시스는 다시
일자리를 찾아야 했다. 그녀는 몇 년 전 기억이 떠올랐다. 그때 FDA
가 그녀에게 같이 일할 마음이 있는지 의사를 타진했었다. 그 당시에
는 같이 일할 수 없었지만 지금은 FDA가 근처에 있으므로 좋은 기회
라고 여겼다. 1960년 8월, 그녀는 신임 의약 검열관으로 FDA에 들어

갔다. 한 달 정도 지났을 때였다. "나는 신참이기 때문에 탈리도마이드 적합성 같은, 간단하게 할 수 있는 일이 나한테 배당되었어요."[4]

그때까지 콘테르간은 유럽 여러 나라, 특히 독일에서 많이 쓰였는데, 흔히 의사 처방 없이 살 수 있는 약이기도 했다. 유럽에서 허용되는 약이었기 때문에 별문제 없이 FDA를 쉽게 통과할 수 있었지만 프랜시스 때문에 그렇지 못했다. 프랜시스와 화학 및 약리학을 전공한 그녀의 동료들은 제약사인 리처드슨-머렐Richardson-Merrell이 케바돈Kevadon이라는 브랜드로 제출한 문서를 검토하면서 수많은 문제에 부딪혔다. 제약사는 동물 실험은 물론 임상 연구도 제대로 보고하지 않았다. 프랜시스의 시선을 끈 것은 약의 효능을 증명한 의사들 이름이었다. 어디서 많이 들어본 이름이었다. 프랜시스는 그들 중 몇몇이 미국 의학협회에서 정식으로 거부된 논문을 쓴 사람이었다는 것을 기억하고 있었다.

FDA의 화학자는 어떤 키랄 형태chiral form의 분자가 테스트되었는지 밝혀지지 않았다는 점에 주목했다. 혹시 라세미 혼합물racemic mixture이었을까? 키랄성chirality은 많은 물질에서 나타나는 분자의 특수한 특성이다. 이는 같은 물질에 두 가지 형태의 분자가 있을 때 '좌우상handedness'을 의미한다. 두 개는 서로 대칭 꼴이지만 왼손과 오른손처럼 겹쳐 놓을 수 없는 구조다. 두 가지 형태를 거울상 이성질체enantiomer라고 한다. 라세미는 두 가지 형태가 같은 양으로 약물에 존재한다는 뜻이다. 거울상 이성질체 중 하나는 질병 치료제, 다른 하나는 독약이 될 가능성이 있다.

탈리도마이드는 두 가지 거울상 이성질체 형태로 존재한다고 알려져 있었다. 두 가지 형태 중 하나는 약물로 사용 가능한 효과가 있고, 다른 하나는 해가 없을 것으로 추정되었다. 결과적으로 두 가지 형태 중 하나에서 기형 발생이 나타났다. 사실, 두 형태는 생명체 내에서 빠르게 상호 변환되기 때문에 단지 하나의 형태에서 기형 유발 효과가 발생한다고만 할 수는 없었다. 그러나 이 사실은 훨씬 나중에서야 알게 되었다.

한편, 켈시는 테스트를 더 많이 요구했으며, 문서를 추가로 작성하라고 회사 측에 요구했고, 이들 사이에 수많은 공문이 오고 갔다. 안달이 난 회사는 승인 절차를 서두르라며 압력을 높여갔다. 이때 유럽에서 이 약물의 사용과 말초신경염peripheral neuritis이 관련되었을 가능성이 있다는 소식이 널리 퍼졌다. 회사는 예방책으로 겉포장에 약의 위험성을 표시하겠다고 FDA에 제안했다. 그러나 켈시는 회사 쪽 제안이 미덥지 않았다. 또 다른 위험이 우려되었기 때문이다. 이즈음 임신 기간에 임산부가 복용하는 약이 태아에게 영향을 끼칠 가능성에 대해 많은 논의가 있었다. 이것은 중요한 문제였다. 유럽에서 이 약이 수년간 임산부의 입덧 치료에 사용되어왔다. 켈시는 장기 복용이 더 걱정되었다. 말초신경병증 증세는 대개 장기간 복용한 후에만 발현되기 때문이다. 회사는 임산부와 관련된 사례 연구를 충분히 하지 않았다. 그리고 실제로 위험했다면 유럽 의사들이 보고했을 것이라고 주장하면서 경고 문구를 겉에 표시하겠다고 다시 제안했다.

이 무렵에 이미 독일의 의사들은 팔과 다리가 심하게 변형된 출생 아들이 증가하고 있다는 점에 주목하기 시작했다. 그러나 이 소식은 미국에 뒤늦게 전해졌다. 그럼에도 켈시는 말초신경병증이 빈번하게 발생했기에 이 약을 승인하지 않기로 결정했다. 1962년 말에 심각한 선천적 장애에 관한 뉴스가 미국에 전해져 결국 리처드슨-머렐 회사는 약의 승인 신청을 철회했다. 안타깝게도 그때까지 수많은 의사에게 '조사 연구용' 약물 샘플을 배포했는데, 그 내용을 정확하게 기록하고 보관할 의무는 없었다. 의사들은 약물이 안전하다고 철석같이 믿었던 것이다. FDA는 그 약이 안전하지 않고 사용하면 안 된다는 사실을 주민들에게 알리기 위해 발 벗고 나섰다. 결과적으로 선천성 기형아 출생의 사례가 있기는 했지만, 이 약의 기형 유발 효과 때문에 다른 나라에서 태어난 수천 명의 불쌍한 아기와 비교해본다면 그 수는 보잘것없었다.

20년 전에 특효약 술파닐아미드 사례와 마찬가지로 탈리도마이드 비극은 미국의 의약품 안전법에 영향을 미쳤다.

> 하늘과 땅이 만나는 천지개벽 때처럼 미국 정치에서도 그런 순간들이 있다. 법 제정을 다그쳐서 불협화음을 접고 신속히 합의를 이루어야 할 때다. 탈리도마이드가 그런 계기를 야기했다. … 탈리도마이드는 이전에 의회에서 논의된 법안보다 강제적 성격이 더 강한 규제 체제(1962년 케파우버-해리스 Kefauver-Harris 수정안 및 1963년 신약 규제)가 만들어지는 데 일조했다.[5]

켈시는 그렇게 제안된 변경안이 이행되었는지 확인하는 일을 담당하게 되었다. 그녀는 FDA 신약 부서 Division of New Drugs의 책임자가 되었고, 나중에는 과학수사국 Division of Scientific Investigations의 책임자

1962년, 백악관에서 프랜시스 켈시의 연방정부 명예 시민상 수상을 축하하는 케네디 대통령.
휴버트 험프리 상원의원이 뒤쪽에서 바라보고 있다.
(사진: 보스턴의 존 케네디 대통령 도서관 제공)

가 되었다. 그녀는 2005년에 FDA에서 은퇴했는데, 그때 그녀의 나이
는 90세였다.

1962년에 언론의 대대적인 보도로 프랜시스 켈시는 갑자기 미국에
서 유명 인사가 되었다. 전국 규모의 갤럽 여론 조사에서 재클린 케
네디, 엘리자베스 여왕 2세 등의 유명인과 같이 가장 존경받는 여성
10명에 그녀가 선정된 것이다.[6] 그해에, 그녀는 존 F. 케네디로부터 연
방 민간인 봉사 부문 대통령상을 받았다. 2000년에 그녀는 미국 여
성 명예의 전당 National Women's Hall of Fame에도 올랐다. 그녀가 탈리
도마이드 사건 조사에 착수한 지 정확하게 50년 후, FDA는 켈시상

(공공 의료를 보호하려는 미덕과 용기를 기리는 프랜시스 켈시 박사상)을 제정해 해마다 FDA 직원에게 수여했다. 첫 번째 수상자는 90세의 프랜시스 켈시였다.

비극이 발생한 지 50년이 지난 지금, 탈리도마이드 이야기는 아직 끝나지 않았다. 이 화합물을 가지고 연구를 더 많이 실시한 결과, 이 약물이 여러 질환에 매우 효과적인 것으로 나타났다. 이미 1960년대 중반에 한센병leprosy을 치료했고, 이후 1990년대에 팔다리의 발달 장애를 일으키는 이 약물의 특성으로 혈관 성장을 제한하여 다발성 골수종myeloma과 같은 암 치료에 사용될 수 있다는 게 밝혀졌다. 보건 당국은 출산을 앞둔 여성들이 이 약을 복용하지 못하게 최선을 다했다. 약을 처방하기 전에 임신 검사를 거치도록 했던 것이다. 그러나 이것만으로는 항상 충분하지 않다. 최근에 여러 신문 보도에 따르면 한센병이 흔한 브라질에서 탈리도마이드가 널리 사용되었고, 지난 8년 동안 100명 이상의 어린이가 기형으로 태어났다. 탈리도마이드가 사용되는 모든 의약품에 엄중한 경고문이 인쇄되어 있는데도 발생했다.[7]

50년 전 프랜시스 켈시와 탈리도마이드가 우연히 맞닥뜨리면서 그녀는 갑자기 유명해졌다. 그 명성은 세월이 흐르면서 퇴색해갔다. 따라서 사건 발생 50주년을 기념하며 쓴 기사를 보니 정말 가슴이 벅차올랐다. 그녀는 "두 가지 역할, 즉 탈리도마이드의 위험으로부터 신생아 수천 명을 구하고, 현대 약물 규제법의 산파 노릇을 했으므로" 이런 대우를 받을 자격이 충분하다.[8]

남편과 나는 2000년에 메릴랜드주 록빌에 있는 FDA 사무실을 방문해 프랜시스를 만났다. 그녀는 겸손했고 그녀의 사무실은 소박했다. 이에 감동을 받은 우리 부부가 그곳 직원들에게 그녀의 이야기를 아느냐고 물어보았다. 모두 알고 있다고 말했다.

올가 케너드

결정학자

왼쪽: 2000년, 영국 케임브리지에서 올가 케너드(사진: 막달레나 허기타이)
오른쪽: 1978년, 올가 케너드(올가 케너드 제공)

올가 케너드 Olga Kennard 는 나에게 말했다.[1]

내가 15세 때 헝가리에서 영국에 왔습니다. 1939년 8월이었고, 나는 영어를 한마디도 못했어요. 9월에 호브카운티 여학교로 배정되었는데, 이 학교 담당자들이 아주 짧은 내 영어 실력을 테스트하려고 했어요. 테스트는 나에게 영어로 이야기를 읽어준 다음 내가 얼마나 이해했는지 물어보는 것이었죠. 이야기를 들어보니 라틴어 우화를 번역한 내용이라는 것을 알아차렸습니다. 아마 테스트를 진행하는 사람들은 내가 헝가리에서 라틴어로 그 이야기를 읽었으리라고는 생각도 못했을 겁니다. 이야기 내용이 무엇이고 이것을 설명할 영어 단어를 찾아내는 것은 그리 어렵지 않았어요. 그들은 내가 이야기 내용을 이해했다고 판단하고, 내 나이 또래에 맞는 입학시험반에 들어가도록 결정을 내렸어요. 그러니까 나는 셰익스피어에 관한 질문에 대답을 하긴 했지만, 가게에서 물건을 살 때 물건의 이름을 정확히 몰라서 애를 먹는 상황이었죠. 그해가 지나자 우리 집은 이사를 갔고 나는 이브샴에 있는 남녀공학 학교에 다녔습니다. 나는 우리 반에서 유일한 여학생이었어요. 왠지 모르지만 케임브리지에 가고 싶다는 생각이 들더라고요. 지금까지 이 학교에서 아무도 케임브리지에 갔던 적이 없었지만, 나는 교장 선생님을 설득해 케임브리지 입학시험을 보게 되었어요. 결국 합격해서 들어갔습니다.

올가 바이스 Olga Weisz 는 1924년에 헝가리 부다페스트에서 태어났다. 아버지는 작은아버지와 함께 사설 은행을 운영했다. 어머니는 대대로 이어오는 골동품상 집안의 딸이었다. 어머니 역시 골동품에 조예가 깊었지만, 가정 밖에서 일을 해본 적이 없었다. 올가는 유복하고 지적인 환경에서 자랐다. 그녀는 좋은 학교에 다녔고 여러 활동을 하면서 멋진 삶을 살았다. 그러나 아버지는 당시 헝가리의 시대 상황, 즉 반유대주의의 물결이 거세지면서 점점 더 잔인한 형태를 띨 거라고 예측했다. 아버지는 이런 상황이 나중에 어떤 식으로 전개될지 명백하게 아는 몇 안 되는 사람들 중 한 사람이었다. 그래서 아버지는 아직 탈출이 가능할 때 이 나라를 떠나려고 했고, 올가의 가족은 모든 것을 뒤로한 채 영국으로 이주했다. 거의 막바지에 가까스로 탈출했다. 이때 친척 몇 명이 홀로코스트(대학살)로 죽었다.

나는 올가가 화학에 관심을 갖게 된 이유가 궁금했다. 이유는 영국에서 겪었던 새로운 환경에 있었다. 그녀는 헝가리와 영국 두 나라는 예술과 문화에서 엄청나게 차이가 나고 완전히 다르다고 느꼈다. "예를 들어, 역사를 살펴볼게요. 나는 19세기 혁명과 러요시 코슈트Lajos Kossuth, 1802-1894(헝가리의 정치가 ─옮긴이)를 얘기하는 헝가리를 떠났는데, 여기는 사람들이 산업혁명 속에서 활동하잖아요. 완전히 다른 환경이었어요. 그러나 물리학, 화학, 수학은 일정해서 나라마다 다르지 않아요. 나에겐 이렇게 변하지 않는 모습이 매력적으로 다가왔어요." 그녀는 케임브리지 뉴넘 여자 대학교에서 자연과학으로 공부를 시작했다. 그 당시 남성들에게만 학위 증명서를 수여했고 여성들은 사실상 학위를 받지 못했다. 여성들은 약 50년이 지나고 난 후에야 졸업식에서 학위를 받았다. 올가는 학업을 멈추지 않았고 적절한 때에 석사학위와 박사학위를 취득했다. 그녀는 화학, 물리학, 결정학, 수학을 공부했다.

올가는 캐번디시연구소의 막스 페루츠 연구팀에 합류해 헤모글로빈의 구조를 연구했다. 그녀는 2년간 여기에 머무르다 캐번디시연구소의 다른 연구팀으로 옮겼다. 1948년에 결혼한 후 런던으로 이사했다. 그녀는 의학연구위원회Medical Research Council의 시각 연구 부서에 들어갔으며, 그곳의 업무는 이상한 경험으로 시작되었다. 학과장은 해밀턴 해트리지Hamilton Hartrige라는 괴짜 교수였다. 그녀는 그 자리에 지원했고 교수는 올가에게 무엇을 해왔는지 물었다.

　나는 엑스선 결정학이라고 대답했죠. 교수는 "괜찮겠군. 시각 색소, 그러니까 로돕신rhodopsin(눈의 망막에서 붉은색 빛을 감지하는 단백질 — 옮긴이)에 관한 연구를 할 수도 있겠네"라고 했어요. 나는 분자량이 얼마인지 물었고, 그는 약 4000이라고 말했어요. 나는 해보겠다고 했어요. 집으로 와서 분자에 대해 알아봤더니 그것은 절대 풀 수 없다는 것을 알게 되었죠. 교수님에게 전화를 걸어 그 일을 할 수 없다고 했어요. 왜냐하면 내가 이 시스템의 구조를 결정할 수 없기 때문이에요. 교수님이 이렇게 말하더군요. "바보같이 굴지 마. 너는 할 일을 찾을 거야. 우편함을 잘 살펴보라고. 자네 위촉장이 있을 테니까." 그렇게 해서 거기로 가게 된 거예요. 거기서 다루었던 비타민 A의 구조 역시 거의 풀기 직전까지 갔다가 끝내 못 풀었지만, 나는 그 구조를 풀려고 노력했어요.

1961년에 올가는 케임브리지 대학교 화학과로 옮겼고, 거기서 정년을 맞았다. 그곳에서 그녀는 수많은 결정 구조를 밝혀냈다. 그녀가 자랑스럽게 생각하는 연구가 몇 가지 있다. ATP(아데노신삼인산)에 관한 연구, 반코마이신Vancomycin과 같은 여러 항생제 연구, DNA를 다루는 수많은 연구 등이 그런 것들이다. 그중에는 염기쌍이 일치하지 않는 DNA 구조를 최초로 규명한 연구도 있다.

올가의 첫 번째 남편은 의학자였고, 1962년에 이혼했다. 그들 사이에 두 딸을 두었는데, 올가가 혼자 아이들을 키웠다. 두 아이 모두 전문가로 성장하여 결혼을 했고, 올가는 다섯 명의 손주가 생겼다. 1994년, 올가는 케임브리지 대학교 다윈 칼리지 학장이면서 국립의학연구소 소장이자 약학 교수인 아널드 버겐Arnold Burgen과 재혼했다. 그는 아카데미아 에우로파에아Academia Europaea(런던)를 설립했다. 두 사람은 케임브리지에 살았다. 올가는 1987년 왕립협회 회원으로 선출되었으며, 1988년에는 주요 관리가 되었다.

올가 케너드의 이름은 케임브리지 구조적 데이터베이스Cambridge Structural Database(CSD)를 준수하는 비영리단체인 케임브리지 결정학 데이터 센터Cambridge Crystallographic Data Center(CCDC)의 설립과 떼려야 뗄 수 없는 관계다.[2] 2013년, CSD는 엑스선 회절 및 중성자 회절 연구를 통해 50만 개가 넘는 유기분자 및 헤테로 유기분자의 완전한 3차원 구조 데이터를 갖고 있었다. 이 모든 것은 1960년대 초에 시작되었다.

존 버널John. D. Bernal은 나하고 아주 친한 친구였습니다. 당시 나는 런던에 있는 국립의학연구소에 재직 중이었습니다. 우리는 소규모 프로젝트로, 구조가 알려져 있는 데이터를 수집하기 시작했어요. 왜냐하면 세이지(버널의 별명)는 이 모든 정보를 종합하면 이들 분자가 서로 구성되는 방법에 관해 새로운 통찰력을 얻을 수 있고, 그들 사이에 끌어 당기는 힘이 무엇인지 밝힐 수 있다고 생각했기 때문입니다. A. L. 키타 이고로드스키A. L. Kitaigorodskii가 이미 이 주제에 관한 책을 냈기 때문 에 이 아이디어가 새롭지는 않았지만, 아직 체계적으로 이루어지지는 않은 상태였어요. 한편, 버널과 나는 보조금을 조금 받았는데, 그 금액 으로는 그 당시 알려진 수백 개의 구조에 관한 정보를 수집하는 연구원 을 딱 한 사람 고용할 수 있었죠. 우리는 이 데이터를 에지 천공 카드에 입력했어요. 사실, 뜨개질바늘 카드였죠. 분류를 잘해서 관련된 속성을 적절한 곳에 배분하고 나서, 각 속성에 구멍을 내는 식이었죠. 어쨌든, 우리가 이 일을 할 때 상당수 나라의 정부는 정보가 중요하다는 것을 깨달았고, 과학 정보의 대부분을 사실상 미국과 러시아가 독점하고 있 다는 것을 알게 되었어요. 이들 나라의 정부는 이런 정보를 전 세계 과 학자들이 이용하지 못하게 될까봐 상당히 우려했죠.

그래서 그들은 국제위원회를 만들어 여러 나라의 다양한 과학 분야 에 배분하기로 했어요. 그들은 여러 나라의 정부에 호소했습니다. 영국 정부도 지원할 수 있는 대상을 찾아보려고 했어요. 지원 대상을 찾다 가, 우리가 하고 있는 소규모 프로젝트를 발견했던 거예요. 버크벡의 다 락방에 앉아 있는 하찮은 사람을 찾은 것이죠. 영국 정부는 이 프로젝 트가 훌륭하다고 결론을 내렸고, 그들이 지원하려고 하는 대상으로 선 정했습니다. 그때까지만 해도 몸 상태가 썩 좋지 않았던 버널은 훨씬 더 큰 규모의 계획을 세우고 싶어 했어요. 어차피 우리가 정말로 원했던 지 원을 받을 수 있다고 생각하지는 않았지만, 나는 계획을 세웠어요. 정 보 수집 연구원을 많이 수용할 수 있는 건물과 실제 활동 인원까지 그

계획에 포함시켰어요. 정부가 지원하고 싶다고 이미 밝혔기 때문에 우리는 큰 부담 없이 워싱턴에서 이 계획을 발표했죠. 별 기대 없이 발표했던 거예요. 이렇게 프로젝트가 시작되었습니다. 그때가 1964~1965년이었죠.

프로젝트는 주제와 함께 점점 커졌어요. 300개의 결정 구조로 시작했는데 [2000년에는] 20만 개의 구조로 늘어났어요. 컴퓨터가 인기를 얻기 시작하자, 우리도 컴퓨터를 사용하기 시작했죠. 결정학자들은 거의 모든 종류의 컴퓨터를 잘 활용해왔습니다. 우리는 데이터 수집 및 분석에 컴퓨터를 광범위하게 사용하는 선구자였던 셈이죠. 지금은 너무 흔한 게 되어버렸지만, 우리는 검색용 프로그램을 최초로 개발했어요. 이걸로 텍스트 검색, 화학 구조 검색, 속성 검색 등을 했어요. 우리는 데이터 제공으로 시작해, 데이터를 사용할 도구까지, 이 모든 것을 통합한 시스템을 개발했습니다.

이 데이터뱅크는 구조 정보가 필요한 사람들 사이에 널리 알려졌다. 이것은 유용성이 큰 도구였다. 사용될 수 있는 한 가지 예가 약품 설계다. 특정 약물은 유사한 구조의 수용체 또는 다른 특성을 갖는 화합물과 비교될 수 있기 때문이다. 전 세계의 대학 및 기타 연구기관 약 1000곳에서 이 데이터뱅크를 사용한다. 이 데이터뱅크를 만들어 데이터를 모으고 새로운 지식을 창조하려는 버널의 아이디어는 현실이 되었다. 마침내 올가는 연구자가 데이터뱅크를 쉽게 이용할 수 있도록 해야 한다는 점을 알게 되었다. 올가와 버널은 정보가 대형 도서관 같은 국가 자원으로 취급될 수 있다고 몇몇 나라의 정부를 설득했다. 그녀는 미국과 몇몇 나라로부터 지원 금액을 선금으로 받았다. 이들 나라는 케임브리지에 연간 일정 금액을 지불한 대가로 데이터베이스를 현지에 배포할 권리를 얻었다. "한번 이 일을 시작하고 나서 더 많은 나라를 설득할 수 있었습니다. 마침내 서로 다른 금액으로 우리를 지원하는 20개 이상의 나라를 확보하게 되었어요. 비용의 일부는 국가 보조금으로 충당했고요. 긍정적인 효과가 있었죠. 과학자들이 각 나라의 정보를 무료로 사용할 수 있게 되었거든요. 대학의 과학자들, 이전에 가입할 수 없었던 젊은 과학자에게 특히 의미가 컸습니다. 제약회사처럼 영리를 추구하는 회사는 일정 금액을 내야 했어요."

과학계의 여성 지위에 관해서, 올가는 결정학이 여성에게 운이 좋은 분야일 것이라고 말했다. 남녀 문제에 관한 한 결정학이 중립적으로 보이기 때문이다. 실제로, 결정학은 선도적인 여성 과학자들을 배출해낸 위대한 전통을 가지고 있다. 캐슬린 론스데일Kathleen Lonsdale, 도로시 호지킨, 캐럴라인 맥길리버리Caroline MacGillavry, 이저벨라 칼 등이 있기 때문이다. 올가는 차별 대우를 받아본 적이 없다. "회의에 가면 여성위원장, 초대된 여성 강사, 그리고 청중석의 많은 여성을 볼 수 있었어요. 아마 왕립협회에 들어가기는 좀 어려울 것 같지만, 그거야 단지 그런 어려운 일들 중의 하나일 뿐이잖아요."

구로다 레이코

화학자

왼쪽: 2000년, 스톡홀름에서 구로다 레이코(사진: 막달레나 허기타이)
오른쪽: 왼쪽과 오른쪽 방향 나선 모양이 모두 나타나는 L. 스테그날리스 달팽이
(구로다 레이코 사진 제공)

구로다 레이코黑田玲子는 1975년에 도쿄 대학에서 화학 박사학위를 받았다. 당시 일본의 고용 시장은 개방 시스템이 아니었다. 교수들은 대개 남성이 거의 대부분인 졸업생 위주로 채용되었다. 레이코의 지도교수는 여성이 할 수 있는 것 중 가장 좋은 것은 결혼 생활이라고 조언을 하는가 하면, 심지어 결혼을 주선하기도 했다.[1] 레이코는 거절했다. 그녀는 결혼 대신 영국의 박사후 연구원 자리를 택했고, 몇 년이 지나 그녀는 명문 도쿄 대학에서 자연과학 분야의 첫 여성 정교수가 되었다.

구로다 레이코는 1947년 아키타현에서 태어나 혼슈 북부 미야기현의 수도 센다이에서 자랐다. 아버지는 일본 문학 교수였고 어머니는 주부였다. 레이코는 이렇게 말해주었다.[2] "이것은 그 당시에는 지극히 정상적이었던 모습이었어요. 어머니는 재주가 많았죠. 글도 잘 썼어요. 내 생각엔 적어도 20년만 늦게 태어났어도 매우 성공을 거둔 커리어 우먼이었을 거예요. 하지만 어머니는 집에 틀어박혀 요리하고 우리를 돌보는 일을 하셨어요." 레이코는 아주 어린 시절부터 왜냐고 질문을 던지는 것에 흥미가 있었다. '숟가락의 오목한 면으로 보면 얼굴이 거꾸로 보이고, 볼록한 면에서는 그렇지 않은 이유가 뭐예요?' 이런 식의 질문이었다. 아버지는 대답을 못했지만 레이코가 호기심을 갖는 것을 북돋아주었다. 하지만 레이코의 집은 과학 책이 아닌, 일반 책으로 가득했다. 모두 일본 고전문학 관련 서적이었고, 대부분 현대에 쓰는 언어와는 아주 다른 일본어로 된 책들이었다. 그녀는 고교 시절에 이들 중 몇 권은 읽느라고 고생을 했다.

레이코는 1975년 킹스 칼리지 런던의 화학과에서 스티븐 메이슨

Stephen Mason과 함께 일하기 시작했다. 메이슨은 27세의 나이에 과학의 역사를 다룬 책을 집필하여 유명해진 사람이었다. 이 책은 여러 언어로 번역되었다. 레이코는 메이슨을 알고 있었다. 그녀가 박사 논문을 '엑스선 결정학 및 결정 상태의 원편광 이색성circular dichroism(CD) 분광학에 의한 금속 복합체의 절대 배열의 규명'을 주제로 발표했고, 메이슨은 이 분야의 세계적인 전문가였기 때문이다. 메이슨은 금속 복합체의 절대 배열을 규명하는 연구에 함께할 동료가 필요했으며, 레이코와 같이 일하는 것을 무척 기쁘게 생각했다. 그녀는 메이슨이 제시한 1년 안에 주어진 문제에 답을 찾아냈으며, 계약 기간이 계속 연장되어 결국 6년 동안 킹스 칼리지에 머물렀다.

그녀는 1981년에 연구원과 명예 강사로 승진했다. 영국에 도착했을 때, 그녀는 영어 실력이 별로 좋지 않아서 영어에 능숙해지기로 결심했다. 그녀는 텔레비전을 보고, 동료들의 말에 귀 기울이고, 웅변 강좌까지 들었다. 레이코는 영어를 잘 익혀서 학과장이자 노벨상 수상자인 모리스 윌킨스Maurice Wilkins가 장기 휴가를 갔을 때 그를 대신하여 고분자 조립에 대해 가르칠 기회도 얻었다.

레이코의 관심은 생물학의 분자 기반 쪽으로 서서히 변했다. 그녀는 분자생물학의 새로운 기술을 배웠는데, 특히 DNA와 키랄성chirality에 푹 빠져들었다. 레이코는 이렇게 언급했다. "내가 일본에서 금속 복합체의 절대 배열을 배울 때, 양손잡이인 게 인생에서 그다지 대수롭지 않다고 생각했지만 지금은 정말 매력적이라는 것을 알게 되었어요." 그 이후로 그녀는 계속 이 연구 주제에 천착해왔다.

키랄성은 살아 있는 유기체를 만드는 특정 분자의 특징이다. 예를 들어, 가장 작은 글리신을 제외하고 자연 발생 아미노산은 키랄성이다. 모든 생물체에서 단백질을 구성하는 아미노산은 모두 왼손잡이다. 반면에 모든 생물체의 핵산은 오른손잡이 당을 사용한다. 생물학적으로 중요한, 분자의 키랄 선택성은 관련 연구자들이 생명의 기원과 본질을 이해하는 데 핵심이 되는 퍼즐이다.

레이코는 런던에 지내는 첫해에 곧 일본으로 돌아갈 거라고 생각했다. 너무 오래 머물러 있으면 서양 물이 지나치게 많이 들어서 일본 사회가 받아들이지 않을 수도 있다고 누군가 경고해주기도 했다. 집으로 돌아와서 할 수 있는 직업이 몇 가지 있었지만, 연구와 관련된 일자리는 없었다. 과학과 영어를 가르치는 것이 대부분이었다. 그녀는 연구를 좋아했기에 가르치는 일은 하지 않았다. 런던 생활이 좋았다. 그녀는 흥미로운 연구를 하고 있었고, 좋은 친구가 있었으며, 일본에서는 자기 능력에 합당한 교수직을 얻을 기회가 없을 거라고 생각했다. 그래서 영국에서 정규직 자리를 얻으려고 지원했고, 1985년에 런던의 서턴에 있는 암연구소의 선임 과학자가 되었다.

그러나 곧 도쿄 대학의 채용 공고 소식을 알게 되었고 누군가 응모해보라고 권유했다.

내부 경쟁자들(조교수)이 있다는 것을 알고 있었어요. 원래 대학 당국은 내부 후보자를 선호하잖아요. 이번에는 다섯 명의 후보자가 세 자리를 놓고 경쟁하는 상황이었어요. 어떤 사람은 이렇게 말하더라고요. "그냥 지원하세요. 다른 건 몰라도 해외에서 일하는 당신 같은 사람들이 있다는 것을 알게 해야죠." 그래서 나는 지원서를 보냈습니다. 나중에 내가 후보로 뽑혔다는 소식을 들었죠. 어떻게 해야 할지 모르겠더라고요. 얼마 지나서 누군가 나에게 전화를 걸어 다음과 같이 알려줬어요. "일본에서는 사람들이 일자리 제안을 거절하지 않아요. 채용이 된다면, 이 사실에 매우 감사해야 할 거예요. 이번이 우리 과에서 여성에게 일자리를 제공하는 첫 번째 사례가 될 겁니다. 혹시라도 당신이 거절하면 앞으로 지원할 다른 여성들에게도 상당히 좋지 않은 영향을 끼칠 서예요." 생각해보겠다고 대답했죠. 5분 후에 일본에서 온 공식 전화를 받았습니다. 나는 이렇게 대답했어요. "기쁜 마음으로 받아들이겠습니다!"

그렇게 해서 레이코는 일본으로 돌아와 도쿄 대학 예술과학부에서 여성으로는 자연과학 분야 최초의 부교수가 되었다. 그녀의 교수직 채용은 여러 요인이 작용하여 운 좋게도 우연의 일치로 일어났을 것이라고 레이코는 생각한다. 우선, 그녀는 직무기술서의 내용에 적합한 사람이었고, 해외 경험도 매우 긍정적으로 반영되었을 것이다. 그녀는 또한 여성에게 일자리를 제공한 게 실수가 아니라는 것을 증명하기 위해 열심히 노력해야 한다고 생각했다. 그녀가 제안을 수락해 일본으로 돌아온 후에 한 친구는 레이코가 정교수로 승진하지 못할 것이라고 예상했다. 그 친구의 예상이 틀렸다. 1992년에 그녀는 도쿄 대학에서 자연과학 분야 최초의 여성 정교수가 되었다. 이와 관련하여 레이코는 흥미로운 발언을 했다. "이제 대학 당국이 여성을 더 이상 채용하지 않으려 할지도 몰라요. 왜 그런지 아세요? 여성 교수가 대학 외부의 일로 바빠지면 그만큼 행정 업무의 비율이 높아지기 때문이에요. 나는 이런저런 정부 위원회에 소속되어 있어요. 위원회마다 최소 10%의 여성을 두어야 한다는 규정 때문이죠. 여성 과학 교수가 거의 없어서 종종 이런 위원회에 참석해야 하는데, 시간을 꽤나 잡아먹는 답니다."

일찍이 어떤 사람들은 그녀가 유럽에서 너무 오래 지내서 적응하는 데 문제가 있을 수 있다고 생각했지만 전혀 문제가 없었다. 동료들이 저녁때 술을 마시러 가면서 그녀를 초대했지만, 실험실 업무와 실험을 위해, 그리고 과학 문헌을 읽느라 너무 바빴기 때문에 항상 함께하지는 못했다.

1999년에 레이코는 여성 프로젝트 책임자로는 처음으로 일본 과학 기술진흥기구에서 5년 동안 거액의 보조금을 지원받았다. 실험실을 만들고, 신규 인력을 채용하는 것을 비롯해 전체 프로젝트를 계획해야 했다. 레이코는 프로젝트를 키로모폴로지 Chiromorphology라고 이름 지었는데, 이는 키랄 구조를 의미하는 '키랄성'과 '형태학'이라는 단어를 결합해 만든 것이다. 키랄 구조는 살아 있는 세계와 무생물의 세계에서, 거시적 또는 미시적으로 자연 전체에 편재되어 있다. 그녀는 키랄성 분자에서 결정에 이르기까지, 그리고 유전자에서 유기체에 이르기까지 미시 영역과 거시 영역 사이의 연결 고리를 이해하려고 노력했다.

그녀의 연구 주제 중 하나는 발달생물학의 키랄성 측면과 관련이 있다. 예를 들어, 달팽이의 나선형 모양은 단일 유전자의 위치에 따라 결정된다. 그녀는 이 유전자가 8세포 배아 단계에서 상대적 분자 배열을 지시한다는 것을 증명했다. 그녀는 물질 조작으로 배아의 키랄성을 변경하고 특정 유전자 세트의 유전자 발현 위치를 반전시킴으로써 건강한 거울상 이미지mirror image 동물을 만들어냈다.

나는 국제회의에서 가끔 발생하는 어려운 상황을 레이코가 어떻게 다루는지 보았다. 예를 들어, 앞사람의 연설이 늘어지는 바람에 그녀가 연설할 시간까지 넘어오자, 그녀는 유머와 기품 넘치는 반응을 보여 청중들로부터 존경을 얻기도 했다. 그녀는 자기가 수줍음을 매우 많이 탄다고 생각했다.

뭐라고 말을 하는 대신, 나는 조용히 있다가 뒤에서 불평을 늘어놓았죠. 그러나 나중에는 이 방법보다, 내가 불공평하다고 느낀 것에 대해 의견을 말하면서 미소를 짓는 편이 낫다는 것을 깨닫고 방법을 바꾸기로 마음먹었어요. 사실, 사람들은 나의 이런 행동을 높이 사기도 했어요. 뿐만 아니라, 사람은 다양한 문화를 배워야 합니다. 예를 들어, 영국 사람들은 신랄하게 말하는데, 속뜻은 그렇지 않거든요. 그냥 그 사람들의 문화이려니 해야죠. 나는 미소를 띤 채 그들이 무례하다고 말했어요. 그랬더니 그들은 미안하다며 일부러 그런 것은 아니라고 대답하더군요. 다른 사람들에게 상처를 주지 않도록 조심해야 합니다.

은퇴할 시기가 가까워지자 구로다 레이코는 도쿄 대학 예술과학 대학원으로 자리를 옮겼고, 그곳에서 키랄성 연구를 이어갔다. 그녀는 그동안 국내외에서 상과 표창을 많이 받았다. 사루하시상, 닛산 과학상, 야마자키-테이치상 등을 받았고, 일본 문부과학성 장관으로으로부터 과학기술상을 받았으며, 2008년 일본 과학위원회 위원으로도 활동했다. 국제적으로 인정을 받은 그녀는 스웨덴 왕립과학원(2009)의 외국인 회원으로 선출되었으며, 2013년에는 로레알-유네스코 여성 과학자상을 받았다. 그녀는 2006년부터 케임브리지 결정학데이터센터 센터장, 2008년부터 국제과학위원회 부회장으로 재직했다. 2013년에 유엔 사무총장 과학자문위원 26명 중 한 명으로 임명되었다. 그녀는 정부 및 대학교의 여러 위원회에서 활동했으며, 요즘도 TV 방송과 신문 지면에 많이 등장한다. 일본을 대표하는 인사가 되었고, 권위 있는 일본국제상Japan Prize 시상식 사회자로 수년 동안 활동하기도 했다. 그녀는 침착하게, 또 탁월한 영어 솜씨로 그 역할을 완벽히 소화해냈다.

지난 20년 동안 일본에서 과학계에 종사하는 여성의 상황이 크게 바뀌었다. 레이코가 어렸을 때, 그녀는 과학이나 가족 중 하나를 선택해야 했다. 레이코와 결혼하려고 했던 젊은 남자들은 그녀에게 전업주부가 되어야 한다고 했다. 레이코의 말을 들어보자. "그 남자들은 이런 식으로 말했죠. '좋아, 당신이 원한다면 일을 할 수는 있어. 하지만 나는 집안일은 하지 않을 거야.' 태도가 어쩌면 그렇게 한결같던지, 이럴 바에야 해외로 나가는 것이 낫겠다고 생각했어요." 요즘 젊은 부부는 두 사람 모두 일을 하고, 남자들은 집안일을 돕고 있다. 그들은 서구 사회로부터 배우고 있다. 여성이 아이를 낳더라도 부모가 도와줄 준비가 되어 있으면 여자는 계속 일할 수 있다. 이미 일어나고 있는 엄청난 변화다. 그러므로 젊은 여성이 레이코에게 조언을 구하면 그녀는 이렇게 말할 것이다.

오, 이제는 두 마리 토끼를 다 잡을 수 있어요. 일과 가족, 다 잡아야죠. 이제는 더 쉬워요. 요즘 부모는 50대라도 활력이 넘치잖아요. 부모에게 아이들 좀 돌봐달라고 수시로 도움을 청하세요. 그리고 슈퍼마켓에서 절반가량 조리된 음식을 이용하세요. 음식 준비가 훨씬 쉬워질 테니까. 일자리도 여성에게 열려 있고, 임산부는 두세 달 동안 휴가를 쓸 자격이 있어요. 나의 공동 연구자 한 명은 아기가 있는데도 일을 계속했어요. 그 아기가 벌써 세 살이네요. 졸업하고 나서 일자리 구하기가 아직은 남자보다 여자가 더 힘들 수 있어요. 하지만 과학자가 된다는 것은 특별한 직업으로 들어가는 거잖아요. 이런 측면으로 바라보자고요. 그럼 훨씬 더 좋아요.

레이코와 알고 지낸 지도 10년이 넘었다. 최근에 나는 레이코에게 현재 상황에 대해 물어볼 기회가 있었다. 들어보니, 과학계와 사회 전반적으로 여성과 관련된 변화 양상이 더 컸다.

일본 정부는 2020/30을 목표로 소수 집단 우대 정책을 채택해 성평등 사회를 달성하기 위해 노력하고 있어요. 이 캠페인은 2020년까지 여성의 30%가 의사결정 과정에 참여할 것을 보장한답니다. 2011년 일본 전체 대학교에서 자연과학 분야 정교수 및 부교수의 여성 비율은 각각 4.6% 및 9.4%입니다. 하지만 인문학 분야에서는 20.8%와 35.7%로 훨씬 높습니다. 2011년에 과학자의 13.8%만이 여성이었는데, 이는 1992년의 7.9%에서 서서히 증가한 수치죠. 달성된 목표 중 하나는 전국 자문단과 위원회에서 활동하는 여성 수예요. 지금은 30% 이상입니다. 정보 기술 시대에 여성은 가정을 이루려고 연구를 중단할 필요가 없습니다. 예를 들어, 스카이프^{Skype}나 인터넷으로 접속해 얼마든지 대학 도서관 자료들을 이용할 수 있으니까요. 리더가 되는 것은 분명히 쉬운 일은 아니죠. 하지만 일본 상황도 전 세계 다른 나라와 비슷해요.[3]

예전에 이야기를 나눌 때 우리는 레이코에게 물었다. 본인이 원했던 것을 할 수 있었느냐고. 그녀는 한참을 망설이다가 대답했다. 우선, 그녀는 아무리 비현실적인 소원이라 해도 어쨌든 이루어질 거라고 믿으려 했다. 그러고 나서, 그녀는 가정을 꾸리고 일도 계속 병행하는 게 좋을 것이라고 말했다.[4] 후속 질문에는 이렇게 답했다. "나는 후회 따위는 하지 않으려고 애를 쓰죠. 하지만 관심과 보살핌을 받을 수 있는 가족들과 함께하는 것이 정말 좋다고 생각합니다." 그녀는 요리와 집안 청소를 좋아한다. 매일 요리를 하고 정원 가꾸기를 좋아해서 가족이 있었다면 아주 능숙하게 잘해왔을 것이다. "아이들이 있었다면 소중한 보물이 되었을 거예요. 그러나 후회해본들 아무것도 얻는 게 없어요. 나는 후회 같은 건 안 하겠다고 결심했어요. 오히려, 나는 지금 내 모습에 감사하고 있습니다."

니콜 M. 르 두아랭

발생생물학자

2000년, 파리에서 니콜 M. 르 두아랭
(사진: 막달레나 허기타이)

1986년, 명망 있는 교토상Kyoto Prize 수상자에 니콜 M. 르 두아랭 Nicole M. Le Douarin이 선정된 이유는 다음과 같았다.[1]

생물학자들은 단순한 형태의 난자에서부터 점차 정교한 조직에 이르기까지 극적인 변화를 수반하는 동물의 발달 과정에 수년간 관심을 기울여왔다. 그러나 그 과정을 전반적으로 이해한다는 것은 무척 어렵다. 이는 오늘날 생물학의 가장 중요한 주제이기도 하다. 그 어려움 중 하나는 발달 과정에서 유기체의 기본 단위인 각각의 세포가 어떻게 행동하는가, 하는 아주 기본적인 사실을 알아내는 것이다.

르 두아랭 교수는 닭과 메추라기 배아에서 메추라기-병아리의 키메라Chick-quail chimera*를 만들어내는 새로운 기술을 발명했고 메추라기-병아리 세포 표지 시스템을 고안했다. 또한 세포 수준의 발달 연구에 새로운 접근법을 세웠다. 그녀가 배아 조작embryo manipulation이라는 새로운 연구 기술의 확립에 크게 기여함으로써, 발달 연구는 새 시대를 맞이하게 되었다.

1930년대 프랑스 농촌 지역에서 자란 어린 소녀가 프랑스 학술원과 국제학회 회원을 거쳐 레지옹 도뇌르Legion d'honneur 훈장을 받기까지 과학 분야에서 성공적으로 살아온 길을 뒤따라가보는 것은 가치가 있는 일이다.

니콜 마르테 르 두아랭은 1930년 프랑스의 최서단에 있는 브르타

---

* 키메라는 유전적으로 다른 배아를 섞어 만든 생물이며, 어원은 그리스 신화에서 유래한다.

뉴의 작은 마을에서 태어났다. 아버지는 사업가였고 어머니는 니콜이 다니던 지역 학교의 교사였다. 부모가 학비를 낼 수 있는 자녀 대부분이 종교학교에 다녔기 때문에, 교실에는 학생이 거의 없었고, 6세에서 14세 사이의 아이들이 함께 공부했다. 니콜이 11세가 되자 부모는 그녀를 낭트의 기숙학교로 보냈다. "기숙학교에 적응하는 게 정말 힘들었어요. 그전까지 학교는 집의 연장선이었죠. 보호해주지, 경쟁이라곤 없지, 자유롭지, 정말 이상적이었다고요. 그러나 기숙학교는 완전히 달랐어요. 하지만 차츰 익숙해졌죠."[2] 전쟁이 끝난 후 부모는 다른 마을 로리앙으로 이사했고, 그녀는 1949년에 고등학교를 졸업했다.

니콜은 파리의 소르본 대학교에서 공부했다. 그 당시 그녀는 무엇을 하고 싶은지 몰랐다. 아직 갈피를 잡지 못한 상태에서 문학으로 공부를 시작했다. 첫해가 지나자 생각이 바뀌어 생물학으로 옮겼다. 그녀는 1954년에 자연과학대학을 졸업했다. 그러고 나서 교사 자격증을 땄다. 그녀는 수년간 교사 생활을 하다가 어느 날 문득 누군가를 가르치면서 평생 살고 싶지는 않다는 생각이 들었다. 그녀가 연구직에 종사하기로 결정했을 때는 이미 29세였다. 그러나 그녀는 연구실에서 보수를 주지 않았기에 가르치는 일을 계속 이어갈 수밖에 없었다. 그녀는 콜레주 드 프랑스 College de France 의 유명한 발생학자 에티엔 올프 Etienne Wolff, 1904-1996 교수의 실험실에서 일을 시작했다. 처음 2년 동안은 자신의 논문을 쓰기 위해 일했다. 쉽지 않은 생활이었다. 이때 이미 두 명의 자녀가 있었다. 마침내 가르치는 일을 그만 두었을 즈음에 그녀는 올프 교수가 운영하는 프랑스 국립과학연구소 연구실 전임 연구원이 되었다. 1964년에 박사학위를 받았다.

그녀가 강사로서 얻은 첫 직장은 파리에서 남쪽으로 400킬로미터에 위치한 클레르몽페랑 대학교였다. 그녀는 일주일에 이틀을 파리에서 출퇴근을 하며 생활했다. 고달픈 시기였다. 얼핏 보면 낭트에서 일을 시작했을 때 휴식을 취할 수 있던 것 같지만 일이 잘 풀리지 않았다. 대학 학장은 부부가 같은 곳에서 교수로 재직하는 것을 좋아하지 않았기 때문이다.

　대학 측이 나를 교수가 아니라 조교수로 임명했어요. 받아들이고 싶지 않았죠. 그때 나의 은사인 에티엔 올프가 도움의 손길을 건네더라고요. 올프 교수는 낭트로 와서 학장과 이야기를 나누었습니다. 그는 내가 자격이 있기 때문에 교수직을 받아야 한다고 주장했어요. 그의 막강한 권위로 일이 잘 진행되었고, 결국 대학 측은 교수직을 주었습니다. 그러나 그것만으로는 내 삶이 편해지지 않았어요. 강의가 너무 많이 배정돼 부담감이 컸고, 실험실 공간도 얻지 못해서 남편의 실험실을 사용해야 했습니다.

　약 5년 후, 올프 교수가 은퇴해 대학 당국이 그를 대신할 사람을 물색했지만 적임자를 못 찾았어요. 대학 측은 유명한 미국인 교수에게 조언을 구했는데, 이때 내 얘기가 언급이 되었어요. "낭트에 훌륭한 자격을 갖춘 여성이 있습니다. 올프 교수하고 함께 일했던 분입니다." 이 기회를 통해서 나는 CNRS의 발생학연구소 책임자로서 일할 수 있게 되었지만 콜레주 드 프랑스의 교수직은 맡지 못했어요. 올프 교수가 이렇게 말하더군요. "니콜, 자네는 내 수제자야. 하지만 자넨 여자고 콜레주 드 프랑스에는 여자 교수가 있었던 전례가 없어. 그래서 자네를 내 후임 교수로 추천할 수는 없다네. 여자를 추천한 첫 번째 사람이 되고 싶지는 않아." 그래서 그는 썩 뛰어나지는 않은 남자를 교수직에 대신 추천했지만, 결국 나는 1989년에 콜레주 드 프랑스 교수가 되었습니다.

니콜은 연구 초기부터 발생학을 좋아했다. 그녀의 학위 논문은 간이 어떻게 생성되는지 이해하는 것과 관련되어 있다. 모든 배아 발달이 난자에서 일어나는데, 그녀는 이 원리를 이용해 병아리 배아에서 실험을 실시했다. 매우 쉬운 조작법을 통해 발달 단계에서 배아의 성장 과정을 눈으로 관찰할 수 있었다.

한편, 프랑스에 동일 종 내에서 잡종을 개발하는 데 관심이 매우 많은 유전학자가 있었다. 그는 메추라기로 실험을 했다. 메추라기는 매일 알 하나를 낳아 알을 많이 확보할 수 있었고, 니콜에게 메추라기로 실험하라고 제안했다. 메추라기는 병아리보다 훨씬 작게 태어나고 메추라기 알이 달걀보다 작지만, 메추라기의 태아는 병아리의 태아와 거의 같은 크기다. 하지만 그녀는 실험 중에 메추라기 알의 세포핵 구조가 병아리 세포의 모양과 다르다는 것을 알게 되었다. 메추라기 세포의 중심에 단단히 꽉 채워진 DNA가 대량으로 존재하며, 이는 발달의 모든 단계에서 나타나는 메추라기 세포의 특징인 것으로 드러났다. 이것은 그녀에게 DNA의 빽빽하게 채워진 영역을 특수 염료를 사용해 색을 입히면, 메추라기 세포를 병아리 세포와 구별할 수 있을 것이라는 영감을 불어넣었다. 그녀는 메추라기 세포를 염색한 뒤, 병아리 배아의 해당 부분을 제거하고, 그것을 지속적으로 메추라기 세포로 대체했다. 즉, 그녀는 메추라기에서 나오는 세포를 항상 알아볼 수 있는 병아리−메추라기 키메라를 만들었다. 이 방법으로 그녀는 한 가지 종으로 연구를 제한했다면 알지 못했을 간 발달의 세부 사항을 규명해냈다.

곧 니콜은 또 다른 아이디어를 생각해냈다. 이 조합 기술로 세포 이동을 연구할 수 있을 거라고 착안한 것이다. 신경계가 발달하는 데 세포 이동은 매우 중요한 주제였다. 니콜은 이 연구로 세계적 권위자가 되었다. 그녀가 전공하는 세부 주제는 '신경관neural crest'이다. 니콜은 유튜브에 이 내용을 상세하게 설명하는 동영상을 올렸다.[3] 그녀는 이 주제를 가지고 책도 집필했다.[4] 이 연구들로 배아 발생 과정에서 무슨 일이 일어나는지 알아냈으며, 그 결과 역시 진화론적 관심을 끌기에 충분했다.

니콜의 개인적인 삶을 들여다보자. 그녀는 소르본 대학교 학생이었을 때 첫 남편을 만나 일찌감치 결혼해 20대 초반에 두 딸을 낳았다. "딸들이 어렸을 때, 나는 고등학교 선생이었고 아이들과 함께 지낼 시간도 충분했어요. 그러나 나중에 연구에 참여하게 되니 가족과 같이 지낼 시간이 부족해지더라고요. 그 시절 아이들이 불평하지는 않았지만, 애들이 어른이 되고 나서야 애들이 나를 보고 싶어 했구나, 하는 느낌을 받았죠. 최근에 딸들과 그 이야기를 나누었는데, 애들이 친절하고 매우 신중한 태도를 보였어요. 한 명은 정신과 의사고 아직 자녀는 없습니다. 한 명은 부인과 외과의사이며 애가 넷이에요. 아이들을 잘 돌보고 있죠."

니콜과 첫 번째 남편은 결국 이혼했고, 이후 니콜은 집단유전학을 연구하는 유전학자와 재혼했다. 니콜은 프랑스 아카데미의 회원이지만 전남편과 현재의 남편은 둘 다 회원이 아니다. 나는 이런 상황이 문제가 되었는지 니콜에게 물었다.

남편이 아내의 성공을 어떻게 받아들이는 게 좋을까요. 이건 중요한 문제예요. 물론, 남자들은 어떤 것을 받아들여야 할 때도 있겠지만, 아내의 성공을 받아들이지 못하는 남자들도 늘 있을 거예요. 예를 들어, 어떤 사람이 아카데미 회원이든 아니든 학술 분야에서 성공을 거둘 수 있어요. 자부심이라는 게 회원 여부와는 상관이 없잖아요. 자신감이 있다면 아내가 아카데미 회원이든, 장관이나 그 밖의 다른 직책을 가졌든 아내를 자랑스러워해야죠. 첫 남편과 학창 시절에 처음 만났고 함께 자랐지만 서로 성격이 딴판이었어요. 어렸을 때는 그렇게 차이가 많이 나지 않았지만 어른이 되니 확실히 다르더라고요. 두 번째 남편을 만났을 때는 이미 내 성격이 다 형성된 상태였죠.

내 인생 초기에는 경력을 쌓겠다는 목표가 없었습니다. 그러나 포부가 큰 여성이었어요. 더 배우며 연구하고 싶었지만 내가 교수가 될 거라고는 생각도 안 했어요. 결혼할 무렵이었죠. 남편은 교수가 되고 나는 CNRS에서 일하게 될 거라고 생각했어요. 하지만 삶은 내 생각과는 다르게 흘러갔답니다. 연구 일을 시작하고 보니, 이게 바로 내가 원했던 일이라는 생각이 들더라고요. 그리고 성공은 자연스럽게 나에게 다가왔죠. 나는 아무것도 하지 않았어요. 남편이 낭트 대학 교수라서, 그 대학은 나에게 교수직을 주려고 하지 않았죠. 뭐, 놀랄 일도 아니었어요. 대학 측은 여성들이 거둔 업적이나 성과는 전혀 고려하지도 않고, 여성에게 부정적인 태도를 취했습니다. 그것은 원칙의 문제예요. 나는 원칙에 어긋나는 게 싫었어요.

니콜은 최근에 프랑스 과학아카데미(아카데미데시앙스^Academie des
Sciences —옮긴이) 사무총장으로 선출되었다. 나는 그녀에게 여자라서
선출된 것이 아니냐고 물었다. 그녀는 수긍하면서 그런 요인이 작용
했을지도 모른다고 대답했다. 요즘 추세가 여성에게 보직을 맡기고
싶어 하지만, 후보 대상으로 거론될 만한 여성이 그다지 많지 않기 때
문이다.

네, 충분히 가능한 일이죠. 그래서 이로운 점이 있긴 하지만 개의치
않아요. 나는 현실주의자이며 사실을 받아들이기 때문이에요. 이것은
사회가 진화한다는 신호입니다. 내가 적합한 사람이 아니었으면 사람
들이 나를 뽑아주지도 않았겠죠. 내 나름으로는, 경쟁해야 했던 다른
것들이 있었어요. 사람들이 선망하는 직책인데 운 좋게도 내가 그 자리
에 앉게 되었죠. 나는 아카데미 구성, 예산 관리, 여러 행정 업무를 비
롯해 아카데미 조직을 책임지고 이끌어야 합니다. 나는 2000년에 70세
였으므로 올해 직장에서 은퇴해야 했어요. 내가 수십 년간 해왔던 활
발한 연구 활동이 앞으로 없을 거라는 생각은 정말 받아들이기 힘들어
요. 그런 이유로, 나를 활력 있게 해주는 새로운 일을 하는 게 좋을 수
있어요. 나는 아직도 연구를 계속할 소규모 팀이 있고 학술 업무에 열
정을 가지고 있어요. 아울러, 나는 책도 쓰고 싶어요. 나는 이런 일이
좋습니다!

리타 레비몬탈치니

발생생물학자

2000년, 로마에 있는 리타 레비몬탈치니의 집에서
(사진: 막달레나 허기타이)

1986년 노벨 생리의학상 분야의 공동 수상자 리타 레비몬탈치니가 과학에 관심을 갖게 된 계기는 무엇일까? 그녀는 이렇게 대답했다. "한순간도 내 자신이 과학자라고 생각해본 적이 없었어요. 내 쌍둥이 여동생은 이탈리아 최고의 예술가이자 화가였고, 남동생은 건축가에 훌륭한 조각가였죠. 내가 과학에 접근하는 방식은 꾸준히 과학에 관심을 기울이는 것 말고도 신경계를 미적 관점에서 보는 것이었어요. 지금도 나는 내 자신이 과학자라고 생각하지 않아요. 오히려 과학적 관점보다는 예술적 관점으로 접근하니까요."[1]

　　리타 레비몬탈치니1909-2012는 이탈리아 토리노에서 태어났다. 아버지는 전기 기술자였고 어머니는 재능 있는 화가였다. 형제자매는 남동생 한 명과 언니 한 명, 쌍둥이 여동생이 한 명 있었다. 그녀는 자서전에서 "부모의 지적 탐구심이 우리에게 영향을 주었다"고 밝혔다.[2] 하지만 가장이 모든 결정을 내리는 고지식한 가정이었다. 아버지는 여성이 전문직에 종사하는 것을 강하게 반대했다. 리타에게는 전문직으로 일하는 고모가 두 분 있었는데, 결혼생활이 순탄하지는 않았다. "아버지는 가족, 자녀, 배우자, 직업 간의 균형을 찾기가 너무 어려워서 우리(리타와 두 자매)가 고등교육을 받으면 안 된다는 결론을 내렸어요. 나는 화가 치솟았죠. 결혼도 안 하고 아이도 안 갖겠다고 다짐했어요. 그 대신 공부를 하고 싶었거든요." 그렇게 아버지 말을 따른 사람은 리타의 언니뿐이었다. 리타의 쌍둥이 여동생 파올라Paola는 예술적 재능이 있어 화가로 성공했다. 리타는 스물한 살이 될 때까지 기다렸다가 아버지에게 이렇게 말했다. "나는 아내나 어머니가 되는 것에 별 관심이 없고 공부하는 것이 더 좋아요."[3] 아버지는 끝끝내 허락하지 않았지만 리타는 의과대학에 입학했다. 1932년, 아버지는 리타가 대학에 들어간 지 1년 만에 돌아가셨다. "나와 아버지의 관계는 내 책 《완벽하지 않은 것에 대한 찬양*In Praise of Imperfection*》[4]에 이렇게 묘사되어 있어요. '이 책은 파올라와 아버지의 삶, 떠나보내고 난 뒤에야 사랑하고 숭배했던 아버지를 기억하기 위한 책이다.'"

리타가 다니던 의대에는 총 300명의 학생이 있었는데, 여학생은 일곱 명이었다. 리타의 동료들 중에는 살바도르 루리아Salvador Luria와 레나토 둘베코Renato Dulbecco가 있었고, 이 두 사람 역시 나중에 리타와 함께 노벨상 수상자가 되었다. 세 명 다 이름난 조직학자histologist 주세페 레비Giuseppe Levi 교수의 제자였다. 리타는 레비의 실험실에서 일하다가 신경계의 발달에 흥미가 생겼고, 그것은 그녀의 평생 관심사가 되었다. 그녀는 현미경으로 신경 검사를 용이하게 하는 은-염색 silver-staining 기법을 배웠다.

리타는 1936년에 졸업한 후 신경학 및 정신의학 분야에서 3년 전문 과정을 시작했으나 당시의 시대적 상황은 여의치 않았다. 1938년에 무솔리니가 만든 인종차별법은 유대인들을 대학에서 강제로 몰아냈다. 1939년 초, 그녀는 브뤼셀에 있는 어느 신경학연구소에 몇 개월간 지내다가 12월에 독일이 벨기에를 침략하기 직전 이탈리아로 돌아갔다. 그녀는 침실에 작은 실험실을 만들어 병아리 배아로 신경발생학 실험을 시작했다. 그녀는 미주리주 세인트루이스 워싱턴 대학교의 빅토르 함부르거Viktor Hamburger, 1900-2001가 쓴 논문의 영향을 받았다. 그녀가 집에 차린 실험실에 주세페 레비 교수도 합류하여 연구를 같이했다. 1941년에 토리노에 엄청난 폭격이 가해지자 리타 가족은

빅토르 함부르거와 같이 있는 리타 레비몬탈치니

피에몬테로 옮겨 기초 장비만 가지고 실험을 계속했다. 그녀는 아이들에게 먹일 질 좋은 달걀을 농부들에게 직접 구입했다. 농장의 달걀이 영양가가 더 풍부했기 때문이다.[5]

1943년 가을, 독일이 이탈리아를 침공하자, 리타 가족은 피렌체로 이주해 숨어 지냈다. 1944년 말부터는 영국계 미국 사령부에서 의사로 일하기도 했다. 마침내 1945년 5월, 리타 가족은 집으로 돌아왔고, 그녀는 해부학과 학과장이 된 레비 교수의 조교로 대학에서 일하기 시작했다. 전쟁이 끝난 후, 리타와 레비 교수는 벨기에 정기간행물에 공동 연구를 발표했다. 빅토르 함부르거는 자기가 세운 가설과 모순된다는 것을 깨닫고는 그 논문에 관심을 가지게 되었다. 그는 레비몬탈치니를 세인트루이스로 초대하여 신경생리학 관련 일을 맡아달라고 요청했다. 1947년에 그녀는 몇 달만 머무를 예정으로 세인트루이스에 도착했지만, 결국 20년 이상을 그곳에서 지냈다. 그 이유는 그녀의 발견이 옳았다는 것을 입증했기 때문이다. 얼마 후, 함부르거는 병아리 배아에 이식한 악성 생쥐 종양mouse tumor 때문에 신경섬유가 웃자랐다는 논문을 그녀에게 보여주었다. 리타는 은-염색 기법을 이용해 이 실험을 반복했으며, 이 과정에서 신경섬유가 배아 기관 어디에서든 나타난다는 사실을 알게 되었다. 그녀는 종양이 이 섬유 성장을 유도하는 모종의 물질을 방출한다는 가설을 세웠다.

이 발견은 1951년에 뉴욕 과학아카데미에서 발표되었지만, 정작 리타 본인은 그 연구 결과에 별로 관심이 없었다. 그녀는 무슨 일이 일어났는지 알고 싶어 했으므로 레비 교수에게 배운 조직배양 기술을 시도해보기로 결심했다. 리타는 독일의 유명한 유기화학자인 에밀 피셔의 조수 헤르타 메이어Hertha Meyer와 알고 지냈는데, 그녀는 리우데자네이루에 있는 생물물리학연구소에 조직배양 실험실을 세웠다. 리타는 그곳에서 일하게 되었다. 조직배양 기술 덕분에, 그녀는 자기 가설이 옳았다는 것을 입증할 수 있었다. 종양은 배양 배지에서 성장인자를 방출했다. 이것은 나중에 신경성장인자nerve growth factor(NGF)로 알려지게 된다. 세인트루이스의 함부르거 연구소로 복귀하자 스탠리 코언Stanley Cohen이 그들과 합류했으며 의미 있는 공동 연구가 이어졌다.

NGF는 신경섬유의 성장을 빠르게 유도하는 단백질 분자다. 리타는 아름다운 현미경 사진을 통해 종양 세포가 배양액에 존재하면 꽃

잎이나 태양 광선처럼 방사 형태로 배아 신경세포에서 섬유가 싹터 나왔다는 것을 보여주었다. 또, 코언은 숫쥐의 타액선과 뱀 독에 NGF가 풍부하다는 것을 발견해서 그 구조를 알아냈다. 나중에 그는 표피성장인자epidermal growth factor(EGF)를 발견했다. 레비몬탈치니와 코언은 세포가 서로 어떻게 대화하는지 밝혀냈고, 그 밖의 성장인자들이 발견될 수 있는 길을 열어주었다.[6]

리타 레비몬탈치니와 스탠리 코언은 성장인자를 발견한 공로로 1986년 노벨 생리의학상을 받았다. 시상자는 시상 이유를 이렇게 설명했다. "리타는 훌륭한 연구를 꾸준히 수행함으로써 NGF가 특정 신경의 생존에 필수적일 뿐만 아니라 신경섬유의 성장을 조절한다는 것을 알아냈습니다. 신경세포는 항체에 의해 NGF가 차단될 때 죽습니다. 뇌에 NGF를 주입하면 특정 신경섬유가 뻗어 나오는데, 이렇게 NGF의 신경 생성 효과는 뇌에서 신경섬유가 얽혀 있는 신경 다발 사이에서 어떻게 길을 찾는지 설명해줍니다."[7]

리타는 1960년대에 이탈리아로 돌아왔다. 처음에는 잠시만 체류할 예정이었지만 계속 머물게 되었다. 그녀는 로마에 있는 이탈리아 국립 연구위원회의 세포생물학연구소 소장이 되어 단체를 이끌었다. 그녀는 공식 은퇴 후에도 계속 연구소에 출근해 연구 프로그램에 참여했다. 내가 방문했을 무렵인 2000년의 연구 주제도 여전히 NGF였다. 그녀는 반세기 전부터 진행되었던 NGF의 정체 규명은 아직 시작에 불과하다고 말했다. 이번에 그녀의 동료들은 체내의 내부 환경이 변하지 않는 항상성 과정homeostatic processes, 즉 내부 평형 상태에서 이 분자가 어떤 역할을 하는지 연구하고 있었다. 그들은 말초 및 중추 신경계는 물론, 면역 및 내분비계를 포함한 연구를 하고 있었다. 이 분자가 정신 질환, 예컨대 알츠하이머병, 치매, 조현병, 우울증, 자폐증 같은 질병 치료에 사용될 수 있다는 새 결과가 나타났다. 같은 방식으로 상처 치유 속도를 높이고 피부 궤양 치료에 사용될 수도 있다. 파비아 대학교의 과학자들은 최근에 사랑에 빠진 젊은 사람들이 서로 사랑하기 전 또는 이미 오랫동안 사랑해온 사람들보다 NGF가 훨씬 더 높은 수준을 나타낸다는 사실을 발견했다. 그 수준은 약 1년 이상 지속되지 않는다.[8]

자신의 저서 《신경성장인자의 무용담 The Saga of the Nerve Growth Factor》[9]에서 리타는 자기가 발견한 것을 이렇게 설명한다. "신경성장인자의 역사는 과학 산업이 아니라 추리소설에 더 가깝다." 우리는 카롤린스카연구소에 있는 오토손 Ottoson 교수의 의견에 동의한다. 그는 이렇게 말했다. "이것은 확실한데, 신경성장인자의 역사 자체가 과학에 대한 자비로운 헌신을 보여주는, 영감을 불러일으키는 증거라는 사실입니다."[10]

리타 레비몬탈치니의 예술적 재능은 그녀의 모든 저서에 잘 표현되어 있다. 그중에 두 권만 영어로 집필했다. 《완벽하지 않은 것에 대한 찬양 In Praise of Imperfections》의 모토로서 그녀는 윌리엄 예이츠 William B. Yeats 의 시 〈선택 The Choice〉에서 두 줄을 인용했다.

인간의 지성은 선택을 강요당한다.
완벽한 인생이냐, 완벽한 일이냐.

지금도 둘 다가 아닌 한 가지를
선택하는 것이 더 쉬워요. 내가 한 선택에
나는 정말, 정말 만족합니다.
나는 후회한 적 없어요. 내가 할 수 있는
최선의 선택이라고 생각하니까요.

"여성에게는 그것이 여전히 양자택일의 문제일까요?" 나는 그녀가 어떻게 생각하는지 물었다. 그녀는 요즘은 상황이 다르다고 생각했다. 그녀의 여성 동료들은 모두 결혼하여 아이를 낳았다. 그러나 대부분이 이혼했다고 그녀는 덧붙였다. 그녀의 견해는 이랬다. "지금도 둘 다가 아닌 한 가지를 선택하는 것이 더 쉬워요. 내가 한 선택에 나는 정말, 정말 만족합니다. 나는 후회한 적 없어요. 내가 할 수 있는 최선의 선택이라고 생각하니까요."[11]

그녀는 자기가 쓴 책 중에서 《인생의 찬가 *Cantico di una vita(The Hymn of Life)*》를 최고로 꼽는다. 그녀는 NGF를 발견할 당시 어머니에게 쓴 편지 1500통 가운데 약 200통을 추려서 고쳐 쓴 다음 이 책에 수록했다.

리타 레비몬탈치니는 103세를 일기로 2012년 12월 30일에 세상을 떠났다. 그녀가 100세일 때 영국의 일간지 《인디펜던트 *The Independent*》는 그녀에게 바치는 헌정 기사를 실었다. 그 기사에 따르면, 그녀가 안약 형태로 수년간 NGF를 상용해왔다고 언급했다. 그게 도움이 되었는지 여부는 알 수 없지만, NGF는 뇌의 신경세포가 살아남도록 도와준다. 그녀는 자기가 100세 때, 정신력이 수십 년 전보다 더 좋아졌다고 말했다.

리타는 아름다웠고 늘 우아했다. 나이가 들어도 변함없었다. 그녀는 몸집이 작고 가냘프지만 활력이 넘치고 목적의식이 뚜렷했다. 그녀는 죽을 때까지 이탈리아 상원의원을 지냈으며, 자기에게 부여된 과제를 진지하게 받아들였다. 2006년, 그녀의 나이 97세일 때 과학 기금 삭감에 반대하며 과학에 대한 지지를 촉구했다. 《네이처》는 "리타 레비몬탈치니 대 프로디(로마노 프로디Romano Prodi, 당시 이탈리아 총리)의 대결에서 리타 레비몬탈치니가 이겼다"고 보도했다.[12]

한편, 그녀의 시적인 기질은 자신의 저서에서 NGF와 스톡홀름에서 열린 1986년 노벨상 시상식을 언급할 때 생생하게 드러난다.[13]

그것은 곧 펼쳐질, 리우데자네이루 카니발 직전 분위기 같았다. 1952년, NGF는 신경섬유가 꽉 찬 듯한 기운이 느껴지는 곳, 몇 시간이면 도달하게 될 그곳에서 성장을 일으키는 기적 같은 능력을 드러내기 위해 가면을 벗었다. 그 무용담은 그렇게 시작되었다.

1986년 크리스마스이브 때, 스웨덴의 왕족, 왕세자, 한껏 차려입은 숙녀들, 턱시도 차림의 신사들 앞에서, 축하 분위기를 돋우는 드넓은 홀의 화려한 대형 투광 조명 아래 NGF는 모습을 드러냈다. 검은색 망토를 두른 채, 그는 왕 앞에서 절을 하고, 잠시 자기 얼굴을 가린 베일을 내렸다. 박수갈채를 보내는 사람들 사이에서 나를 찾고 있는 그를 보았을 때, 몇 초 만에 우리는 서로를 알아볼 수 있었다. 그런 다음 그

는 베일을 다시 쓰고, 나타날 때도 그랬듯이 불시에 사라졌다. … 우리
는 다시 만날 수 있을까? 혹시 내가 그를 만나려고 수년간 열망해왔던
것이 그 순간에 충족되어, 이제부터는 그의 흔적을 영원히 잃어버린 것
일까?

제니퍼 맥킴브레슈킨

바이러스학자

2000년, 멜버른의 실험실에서 일하고 있는 제니퍼 맥킴브레슈킨
(사진: 막달레나 허기타이)

인플루엔자는 킬러다. 그게 전 세계로 퍼져 나가면, 전염병이 발생하여 수백만 명이 일할 능력을 상실하고 일상생활을 정상적으로 하지 못하게 된다. 인플루엔자 바이러스는 돌연변이 형태로 계속 바뀌어가므로 치료법을 찾기가 매우 어렵다. 항抗인플루엔자 백신이 있지만, 바이러스가 조금만 바뀌어도 백신은 그 새로운 종에 반응하지 않아 무용지물이 되어버린다. 이것은 효과적인 약물을 찾는 연구가 이 분야에서 꾸준히 필요한 이유이기도 하다.

제니퍼 맥킴브레슈킨Jennifer McKimm-Breschkin은 오스트레일리아의 연구원으로서 바이러스 퇴치 방법을 알아내는 데 그녀의 경력 대부분을 할애했다. 그녀는 1953년 멜버른에서 제니퍼 맥킴으로 태어났다. 그녀는 어릴 때부터 과학에 관심이 있었지만 처음에는 의사가 되고 싶었다. 하지만 어느 이상한 사람을 만나면서 마음이 바뀌게 되었다. 그녀가 의과대학에 지원한 후, 한 교수는 그녀에게 "의학은 한 여성의 경력으로는 최악"이라고 말했다.[1] 그녀는 만약 그 말이 교수진의 기본 태도라면 의학계는 여학생들에게 호의적이지 않을 거라고 생각했다. 그래서 그녀는 교사가 되는 것을 목표로 과학을 공부하기로 마음을 굳혔다. 그 당시만 해도 여성이 과학을 전공했다면 교사가 되는 것을 의미했기 때문이다. 그러나 그녀는 학사학위를 받은 후, 우등 학사학위를 따기 위해 학업을 이어갔다. 그러려면 1년간 연구 프로젝트를 수행해야 했다. 여기서 그녀는 자기가 실험실에서 일하는 것을 얼마나 좋아하는지 깨달았고, 연구자가 되기로 결심했다. 이것은 또한 그녀가 빅토리아 정부 교육부에서 대학 학자금으로 받았던 지원금을 갚아야 한다는 것을 의미했다.

제니는 1974년에 멜버른의 모내시 대학교를 졸업했으며, 풀브라이트 장학금을 받아 미국 펜실베이니아 주립대학교의 허시 메디컬센터 Hershey Medical Center에서 대학원생이 되었고, 1978년에는 바이러스학 박사학위를 받았다. 허시에서 그녀의 앞으로 남편이 될 앨런 브레슈킨Alan Breschkin을 만났는데, 그는 밴더빌트 대학교에서 박사학위를 받은 미국인 박사후 연구원이었다. 두 사람은 펜실베이니아 주립대학교에서 일을 끝낼 때까지 일주일 내내 실험실에서 함께 보냈다. 이후 그들은 결혼해서 함께 오스트레일리아로 떠났다.

그녀는 이후 수년간 멜버른 대학교에서, 월터와 엘리자 홀 연구소 Walter and Eliza Hall Institute에서, 그리고 연방정부 위생국에서 바이러스학과 면역학 분야를 연구했다. 이 기간에 두 자녀를 두었다. 잠시 동안 그녀는 비정규직으로 일했는데, 오스트레일리아 보육 시설의 도움을 많이 받았다. 남편은 늘 협조적이었지만 과학자가 두 명 있는 가정에서 아이들을 키우기는 쉽지 않았다. 아이들은, 음악 예행연습이 끝난 후 데리러 오는 사람 중에 항상 엄마가 꼴찌로 온다고 말하곤 했다. 다행히도, 아이들은 과학이 엄마에게 중요하다는 것을 이해했으며, 부모가 집에서 과학에 관해 이런저런 이야기를 많이 나누어도 크게 신경 쓰지 않았다. 그녀의 이야기를 들어보자. "우리 둘은 20년 전 허시에서 홍역 바이러스를 연구했고 최근에 그 연구를 다시 시작했어요. 우리는 함께 일하는 게 즐거워요. 이것이 내가 그를 만난 방식이고, 그를 알게 된 방식이에요. 그래서 우리가 집에서 과학에 관해 이야기하는 것 또한 너무나 자연스러운 일이죠. 우리 둘의 삶이 과학을 중심으로 돌고 있기 때문에 어쩔 수 없어요."[2]

1987년 제니는 6000명이 넘는 인력과 전국에 55개 이상의 연구 부서를 갖춘 오스트레일리아 국립과학기구인 연방정부 과학기술연구기관Commonwealth Scientific and Industrial Research Organization(CSIRO)에 들어갔다. 이곳은 세계적인 대규모 연구기관 축에 속한다. 현재, 그녀는 CSIRO의 재료과학공학 부서의 바이러스학 분야 수석 연구원 겸 프로젝트 리더로 일하고 있다.

그녀는 오늘날 인플루엔자 퇴치에 이용되는 두 가지 약물 중 하나인 자나미비르zanamivir(상표명은 리렌자Relenza)라는 약을 발견하고 개발한 팀의 일원이었다. (다른 하나는 오셀타미비르–타미플루다.) 남편과 나는 1999년에 오스트레일리아를 방문해서 제니를 만났다. CSIRO의 한 파생 기관인 생체분자연구소에 있는 제니의 실험실을 방문한 것이다. 그곳에서 거의 20년 동안 진행되어온 흥미로운 연구 프로젝트에 대해 제니로부터 직접 듣게 되었다.

인플루엔자 바이러스는 표면에 두 종류의 스파이크spike가 있다. 하나는 뉴라미니다아제neuraminidase(NA)라고 불리는 효소다. 다른 하나는 헤마글루티닌hemagglutinin(HA)으로 불리는 단백질인데, 이는 세포 표면에 있는 수용체에 바이러스를 부착시켜 바이러스를 세포 안으로 넣는다. 그런 다음 바이러스는 세포 안에서 재생되고 신생 바이러스가 세포에서 빠져 나오려고 하면 'NA 스파이크'가 세포 표면의 수용체를 끊어 신생 바이러스가 퍼져 나갈 수 있도록 한다. 바이러스는 돌연변이가 쉽게 일어난다. 바이러스의 특정 변종에 면역성을 얻었더라도 새로운 변이체에 대해서는 더 이상 면역성이 없을지도 모른다. 그리고 바이러스 표면에 있는 이런 '스파이크'가 시간이 지나면서 변하는 것으로 보인다.

피터 콜먼Peter Colman의 주도 아래 CSIRO에서 연구 프로젝트가 시작되었다. 1970년대 후반, 그는 동료들과 엑스선 결정학을 이용해 NA의 분자 구조를 알아냈다. 그들의 목표는 항체가 NA의 표면에 결합하는 방식을 이해하는 것이었다. 결국, 연구팀은 돌연변이 때문에 바이러스 표면에 변화가 많이 일어났지만 변화가 없었던 하나의 특별한 곳, 작은 주머니를 발견했다. 바이러스가 수용체를 절단하려고 세포에 결합하는 곳이 바로 이 주머니였다. 수용체를 인식하려면 이 주머니가 특이해야 한다. 그 특이함이 주머니가 변이되지 않는 이유이기도 하다. 이것은 NA 효소의 활성 부위였다. 연구팀은 이 활성 부위와 유사-수용체 분자(기질基質이라 부른다)가 결합한 구조를 밝혀냈고, 그 정보를 토대로 기질과 비슷하고 주머니의 보존된 활성 부위와 상호작용하는 약물 개발에 착수했다. 이 약물은 활성 부위를 채워서 바이러스가 세포 수용체에 결합하지 못하도록 하는 마개 역할을 한다. 제니는 엄청난 수의 인플루엔자 바이러스가 자라게끔 수천 개의 배란 달걀에 접종한 다음에 거기서 뉴라미니다아제를 정제하기 위해 복잡한 생화학 실험을 실시했다.

연구팀은 매우 강력한 약물을 개발하는 데 성공했다. 이 약물들은 바이러스가 결합하는 수용체 분자의 구조에 기반을 두고 있으며, 인간에 있는 어떠한 뉴라미니다아제에도 잘 결합하지 않기 때문에 독성이 전혀 없다. 이 약물은 알약이 아니라 구강 흡입제다. 이 약물은 바이러스가 복제되는 기관지 표면을 덮어주며, 세포 밖의 바이러스에 작용한다. 중요한 점이 하나 있다. 백신과는 달리, 이 약은 모든 인플루엔자 바이러스에 효과가 있다는 점이다. 활성 부위가 매우 잘 보전되기 때문이다. 그녀의 바이러스 연구팀은 인플루엔자 바이러스가 이 약물에 내성이 생기는지 여부를 알아내려고 수년간 연구해왔다. 그들은 리렌자Relenza에 내성이 생기는 것은 극히 희박하다고 보았다.

이것은 1999년 방문 때까지 진행된 그 프로젝트의 발전 양상을 보여준다. 그 이후 제니는 바이러스 연구에 계속 참여했으며 인플루엔자 바이러스 약품을 개발해왔다. 경쟁 약품인 타미플루가 상업적으로 더 크게 성공했다. 아마도 타미플루가 흡입제가 아니라 삼키는 약(캡슐)이기 때문일 것이다. 하지만 리렌자는 효과가 탁월하고 흡입하는 것이 장점이다. 흡입은 바이러스가 증식하는 상기도에 많은 양의 약물을 직접 전달하므로 매우 효과적이다. 더구나 바이러스가 변이된 경우에도 바이러스 퇴치에 효과가 높은 것으로 나타났다. 제니의 연구팀은 또한 H5N1 인플루엔자 바이러스의 내성을 연구하고 있다. 이것은 악명 높은 조류독감 바이러스다. 그리고 일부 바이러스 변종은 여전히 리렌자에 상당히 민감하게 반응한다는 증거가 있다.

제니의 주된 목표는 인플루엔자 바이러스의 내성을 연구하고, 다른 사람들과 협력해 그런 내성을 없애는 신약을 개발하는 것이다. 그녀는 브리티시컬럼비아 대학교의 스티브 위더스Steve Withers와 공동 연구를 실시해, 최근에 새로운 메커니즘에 기반한 인플루엔자 바이러스 억제제를 발표했다. 신약으로 만들어 시판되기까지는 시간이 오래 걸리겠지만, 인플루엔자로 인한 인간의 고통을 줄이고 사망자 수를 줄이는 것이 연구의 중요한 동력으로 작용하고 있다.

앤 매클래런

발생생물학자

2004년, 케임브리지에서 앤 매클래런
(사진: 막달레나 허기타이)

"쥐의 유전학 및 발달 연구에 크게 기여하는 동안 그녀가 보여준 엄청난 힘은 과학 정보를 걸러 핵심만 추려내고 그것을 다른 사람들과 공유하는 것에서 비롯되었습니다. 그리고 그녀는 건전한 과학적 근거를 기반으로 하는 공공 정책을 수립하기 위해 지칠 줄 모르고 일했습니다." 폴 버고인 Paul Burgoyne 은 《네이처 지네틱스 Nature Genetics》에 실린 앤 매클래런 Anne McLaren 의 부고 기사에 이렇게 썼다.[1] 그녀는 인간 생식 기술을 주제로 하는 공개 토론회나 공청회처럼, 필요하다면 시간과 장소를 가리지 않고 과학을 널리 알리는 성실한 홍보 대사였다.

H. M. 블라우 H. M. Blau 교수가 기고한 다른 부고 기사에 따르면, 매클래런은 2003년 어느 날, 줄기세포 연구와 그 장점을 주제로 바티칸 교황청 아카데미에서 주최한 회의에 초청받았다. 모든 참가자들이 자신들의 분야, 즉 줄기세포가 지니는 의학적 응용의 잠재성에 대해 이야기할 때, 그녀는 윤리와 정치 문제를 거론했다. 그녀의 주장은 너무나 설득력이 있어서 이탈리아에서는 체외수정 관련 법이 더욱 엄격해졌다. "불가능한 일에 직면했어도 마음속에 있는 말을 했던, 조그맣고 대범한 여성의 이미지는 항상 나와 함께할 것입니다."[2]

앤 로라 도린티아 매클래런 Anne Laura Dorinthea McLaren, 1927-2007 은 크리스타벨 맥노튼과 2대 아버콘웨이 남작인 헨리 덩컨 매클래런 사이에서 네 번째 자녀로 태어났다. 헨리는 자유당 국회의원이자 성공한 사업가였다. 그들은 런던의 하이드 파크 근처에 살다가 제2차 세계대전이 일어나자 웨일스 북부에 있는 저택으로 이사했다. 전쟁이 끝나자 앤은 케임브리지의 사립학교에서 기본 교육을 마쳤다. 성공한 과학자

들은 대부분 일찌감치 과학에 관심을 키워왔지만 앤 매클래런은 달랐다.[3]

　만약 과학자가 안 되었다면 변호사나 기자, 그 밖에 뭐든 되었을 거예요. 어렸을 때 딱히 과학자가 되겠다는 열망이 크지 않았거든요. 과학자가 되는 것은 손쉬운 일이었죠. 어린 시절에 글쓰기를 잘한다고 주위에서는 옥스퍼드에서 영문학을 배우라고 권했어요. 그런데 옥스퍼드 대학교 영문학 시험지를 보니, 그곳에서 면접도 못 보겠다는 생각이 들었어요. 시험에 필요한 책을 다 읽지 않았기 때문이죠. 반면에, 내가 비록 과학을 거의 공부하지 않았는데도 생물학 시험지는 아주 쉬워 보였어요. 그때 생물학을 하게 될 거라고 생각했습니다. 옥스퍼드에서 처음 2년 동안 동물학, 물리학, 수학을 수강했는데, 결국 동물학에 가장 관심이 가더라고요. 그래서 동물학을 계속 공부하다 보니 과학자가 된 거예요.

　그녀는 옥스퍼드에서 공부하면서 존 홀데인John. B S. Haldane과 피터 메더워Peter Medawar 같은 저명한 과학자들과 함께 일했는데, 특히 유전학자 에드먼드 포드Edmund. B. Ford의 연구에 크게 감명받았다. 이를 계기로 유전학을 공부하기로 마음먹었다. 그곳의 다른 학생 도널드 미치Donald Michie도 유전학에 매료되어 함께 연구를 시작했다. 앤은 1952년에 동물학 박사학위를 받았다. 그녀와 미치는 유니버시티 칼리지런던에서 일할 수 있는 연구비를 받았다. 두 사람은 그곳으로 이사 갔고 그해 결혼도 했다.

두 사람은 공동 연구를 매우 성공적으로 진행했다.

연구비를 받은 프로젝트는 근친 교배시킨 쥐의 두 계통 사이에 모계 영향maternal effect이 얼마나 되는지 조사하는 것이었어요. … 우리는 모계 영향이 난자에 있는 어떤 것, 아마도 세포질 때문인지, 아니면 요즘 유전자 각인이라고 하는 것과 관련이 있는지 알아내고 싶었죠. 또 그것이 임신 중 자궁이 미친 영향 때문인지도 궁금했어요. 그것을 확실히 연구하려면 두 계통 사이에 배아 이식embryo transfer이라는 방법을 써야 합니다. … 우리는 자체적으로 배아 이식 기술을 개발해야 했어요. 왜냐하면 유럽에서는 아무도 그 기술을 사용하지 않았기 때문이에요. 결국 우리는 배아 이식 작업에 성공했죠. 그리고 모계 영향이 자궁 효과라는 것을 발견했어요. 왜냐하면 이식된 배아가 자궁을 제공한 수양 어머니와 닮았고 유전적 난자 어머니와 닮지 않았기 때문이에요.

이 시기에는 실험용으로 키우던 쥐 개체 수가 너무 많아져 공간이 충분하지 않았기 때문에 그들은 1955년에 왕립수의대학으로 장소를 옮겼다. 앤 매클래런의 가장 유명한 연구는 존 비거스John D. Biggers와 공동으로 연구한 것이다. 그녀의 설명에 따르면, 그것은 믿기지 않을 만큼 간단해 보였다. "존 비거스는 거기서 병아리 골격의 원시세포를 배양하고 있었어요. 그는 옆 실험실에 있어서 서로 잘 알게 되었죠. 그래서 그가 배아를 배양할 무렵에, 나는 그것들을 자궁에 넣어 봤고, 쥐가 태어났어요. 24시간 동안 몸 밖에서 보관했던 배아를 성체로 기르는 일에 성공한 것은 그때가 처음이었어요."

이 연구는 신문의 헤드라인을 장식했다. 그러나 이 발견의 사회적이고 윤리적인 의미는 서서히 사라졌다. 1978년에 이 연구의 필연적인 결과로서 첫 '시험관 아기'가 태어났다. 그녀가 체외 수정에 관한 여러 가지 의미를 논의하는 각종 위원회와 토론에 참여해달라고 초청받았던 것은 놀라운 일이 아니다. 이 중에서 가장 중요한 것은 이른바 워녹위원회Warnock Committee였다. 이것은 사상 처음으로 시험관 아기가 태어난 직후 영국 정부가 조직한 위원회다. 이 위원회는 인간과 관련된 생식의 사회적, 윤리적, 법적 의미를 연구할 책무를 맡았다. 위원장인 데임(여기사) 메리 워녹Mary Warnock은 유명한 철학자이자 작가였다. 앤 매클래런은 이 주제에 과학적 전문 지식을 지닌 유일한 회원이었다. "워녹위원회는 1982년에 설립되었는데, 이는 신학자와 의사 및 변호사 등 여러 다른 직종의 사람들이 속한 위원회였어요. 나는 거기서 유일한 생물학자고요. 메리 워녹은 훌륭한 위원장이었죠. 우리는 적절한 입법 권고안과 조언을 작성해 정부에 제출했습니다. 거기에는 임상 실험과 인간의 배아 연구, 둘 다 모두 정부가 IVF(체외 수정)를 규제할 권한을 설정해야 한다는 권고가 포함되었어요."

매클래런은 이 위원회가 올바른 방향으로 운영되도록 조정하는 역할을 수행했는데, 그녀는 궁극적으로 인간 수정 및 배아 발생 법안Human Fertilisation and Embryology Act이 제정되도록 지침들을 만들었다. 곧 인간 수정과 배아 발생 당국은 기금을 지원받았고, 그녀는 그곳에서 10년 동안 적극적으로 활동했다. 나중에 그녀는 줄기세포에 관한 토론에도 똑같이 열심히 참여했다. 그녀는 또한 멸종 위기에 처한 동물의 DNA를 수집하고 저장하는 '냉동 방주 프로젝트Frozen Ark

Project'의 공동 설립자이기도 했다. 워녹은 그녀에 대해 다음과 같이 썼다. "그녀는 진정한 과학자의 덕목이 무엇인지 나에게 가르쳐주었다. 바로 비전과 신중함, 열정과 더불어 증거를 엄정하게 요구하는 태도를 겸비하는 것이다. 무엇보다도 그녀는 과학적으로 입증하는 데 따르는 더딘 과정은 물론 학생들의 무지에 대해서도 인내심을 가지고 기다려주었다."[4]

과학적 이슈를 가지고 그녀에게 상담 요청이 늘어난 것을 제외하면, 그녀의 연구 강도는 전혀 줄어들지 않았다. 과학 정보 및 상담에 참여하기 훨씬 전이었던 1959년에, 그녀는 에든버러에 있는 동물유전학연구소Institute of Animal Genetics로 옮겨 15년간 지냈다. 그녀는 쥐 키메라 연구 분야를 선도적으로 수행했다. 1974년에는 유니버시티칼리지런던에 있는 의학연구위원회의 새 포유동물 개발사업부New Mammalian Development Unit의 부서장을 역임했다. 이 사업부의 설립은 포유동물 발달 연구의 중요성을 상징하는 것이다. 1992년에 그 보직에서 물러나 케임브리지에 위치한 웰컴트러스트/암연구소Wellcome Trust/Cancer Research(나중에 거던연구소Gurdon Institute로 이름이 바뀜)로 옮겼다. 그녀는 죽는 날까지 연구를 계속했다. 그녀의 관심 분야는 뒤에 포유동물 원시 배아세포에 집중되었다. 2004년에 그녀는 나에게 이렇게 말했다. "나는 늘 즐겁게 일했고, 하나의 일이 다른 일들을 만들어냈기 때문에 항상 여러 가지 일을 동시에 해왔어요. 이제 나는 배아세포에서 일어나는 유전자의 각인imprinting을 연구하고 있습니다. 초기 배아세포 연구는 유전자의 각인에 관한 연구로 이어졌으며, 또한 원시세포에서 만들어지는 줄기세포로 이어졌죠. 하지만 어느 특정

한 부분이 더 중요하다고 말할 수는 없습니다."

귀족 출신이었지만, 그녀는 평생 사회주의자였고, 미치도 마찬가지였다. 그들은 냉전 기간에 공산당에 가입하여 소련과 동유럽의 과학자들을 지원했다. 그녀는 퍼그워시 회의 ^{Pugwash Conferences}(1957년에 캐나다 퍼그워시에서 발족한 연례 국제 과학자 회의. 핵무기 폐기와 세계 평화 등을 토의함 — 옮긴이)의 협의회 위원이었다.[5, 6, 7] 운동 지도자들은 그녀를 이렇게 기억했다. "앤 매클래런은 퍼그워시 공동체 정신과 과학자들의 사회적 책임에 대한 신념이 철두철미했습니다. 앤이 퍼그워시 협의회에서 종신 재직권을 보장받은 것은 그녀가 활기찬 정신력, 자립적인 사고방식, 원만한 동료 관계를 지닌 사람이기 때문이죠."[8] 그녀는 왕립협회(1975)의 회원이었으며, 1991년에 왕립협회의 대외업무 담당 총무가 되었다. 왕립협회 330년 역사상 처음으로 여성이 이 자리를 맡은 것이었다. 1993년에는 영국 과학진흥협회 회장을 역임했다. 그녀는 1993년에 대영제국 데임(여기사) 작위를 받았고, 2001년에는 로레알-유네스코 여성 과학자상의 수상자 중 한 사람이었다. 2002년, 포유류의 배아 발달을 연구한 선구적인 업적으로 폴란드의 안제이 타르코프스키 ^{Andrzej Tarkowski}와 공동으로 일본국제상^{Japan Prize}을 수상했다.

과학 분야에서 그녀의 의사소통 능력은 위원회와 청문회의 토론에만 국한되지 않았다. 그녀는 과학을 일반 대중에게 전달하는 능력이 탁월했다. 또 다른 부고 기사에서 나온 사례를 인용하자면, 그녀는 다음과 같이 말했다. "배아가 여성의 몸 밖에 있을 때 유전학은 아버지와 어머니에게 동등한 권리가 있다는 것을 말해줍니다. 배아가 몸

안에 있을 때는 생리학은 여성의 권리가 최우선이라는 것을 말해줍니다."⁹

매클래런은 여성의 권리를 옹호했고 모든 여성운동에 관여했다. 운 좋게도, 그녀는 차별을 겪어보지 않았지만, 차별 문제가 존재한다는 것을 잘 알고 있었다. 그녀는 AWiSE(영국의 과학 및 공학 여성 협회)의 창립 멤버이자 회장도 지냈다. 그녀는 국내외에서 여성의 권리에 관해 많은 조언을 했다. 실험실에서 일하는 남성과 여성의 인력 구성이 균형적이어야 한다고 주장하기도 했다.

매클래런은 2년 터울로 자녀 세 명을 두었다. 그녀는 아이들 때문에 일을 그만둘 사람이 아니었다. "연구 과학자로서 시간을 탄력 있게 썼어요. 아이들이 아주 어렸을 때는 가끔씩 실험실로 데려가기도 했어요. 그리고 한 아이는 돌봐줄 오페어 걸 au pair girl(영어 공부를 목적으로 영국에 와서 아기 돌보거나 가사 일을 돕는 외국인 여학생 — 옮긴이)을 구했는데 주로 노르웨이에서 온 젊은 여성들이었죠. 아이들은 그녀들을 좋아했어요." 아이들은 자라서 셋 모두 전문 직종에서 일한다. 그녀에게 어머니이자 동시에 과학자로서 살아가는 데 가장 어려웠던 것이 뭐였냐고 물어보니, "시간, 시간, 그리고 시간 조율"이라는 대답이 돌아왔다.

그녀와 도널드 미치는 1950년대 후반에 이혼했지만 좋은 친구 사이로 남아 있었다. 배아 발달의 환경적 영향을 다룬 공동 연구를 아주 성공적으로 끝낸 후, 미치는 유전학에서 발을 뺐다. 그는 제2차 세계대전 기간에 블래츨리 파크에서 암호 관련 일을 했으며, 나이가 어린데도 프로젝트의 리더 중 한 사람이었다. 그는 유명한 암호 해독가 겸 컴퓨터 과학자이자 '튜링 기계'의 창조자인 앨런 튜링^{Alan Turing}과 절친한 사이였다. 전쟁이 끝난 후 미치는 유전학에 관심을 갖기 시작했는데, 그것이 앤과 만나게 된 계기가 되었다. 하지만 미치가 진정으로 사랑하는 대상은 암호해독과 인공지능이었다.

2007년 7월 초, 앤 매클래런과 도널드 미치는 케임브리지에서 런던으로 여행 중이었다. 미치는 에든버러에서 상을 받기로 되어 있었는데, 그곳으로 가다가 비극적인 자동차 사고로 둘 다 사망했다.

2004년에 그녀와 대화를 나누던 중, 나는 그녀가 연구하는 분야에서 어떤 일이 일어나길 원하는지 물어보았다. 의심할 여지없이, 그것은 그녀가 가장 관심을 보였던 어떤 특정 주제였다.

알고 싶은 게 몇 가지 있었어요. 예컨대, 복제할 때 체세포 핵을 재프로그램하는 난자 세포질의 요소가 무엇인지, 이와 마찬가지로, 배아세포 자체에 있거나 또는 각인에 관여하는 배아세포에서 후성적인 변화를 일으키는 조직 환경의 요인들이 무엇인지, 그리고 나는 일반적인 후성적 변화에 대해 더 많이 알고 싶었죠. 이것들은 종종 환경적 요인으로 생길 수 있기 때문에 DNA의 염기 서열 변화를 수반하지 않지만 유전자 발현에 변화를 초래해요. 후성유전학^{epigenetics}에 대해 더 많이 알수록 신중하게 생각해야 한다는 것을 더 많이 깨닫게 돼요. 아마도 획득된 유전적 특성에 관한 우리의 견해마저 재고해야 할 겁니다. 왜냐하면, 특히 식물에서 환경이 생물의 후성 상태에 영향을 미칠 수 있고, 이것이 한 세대에서 다른 세대로 유전될 수 있다는 증거가 상당히 많기 때문이에요. … 그리고 그것은 앞으로 확장될 것이 확실한 매혹적인 영역입니다.

끝으로, 더 큰 그림을 파악하는 그녀의 능력은 신진 여성 과학자들에게 건네는 조언에서도 볼 수 있다.

과학에 관심이 있는 사람이라면, 줄기차게 노력해볼 만한 가치가 있다고 생각합니다. 이와 달리, 연구하는 삶이 정말 적성에 맞지 않는다는 것을 깨닫게 되는 경우도 있을 거예요. 그런 사람들에게는 다른 가능성이 있어요. 가르치는 일로 갈 수 있죠. 나는 몇몇 젊은 과학자를 알고 있는데, 학교에서 가르치는 일이 진정 자기가 원하는 거라고 결심한 사람들이에요. 그 길도 괜찮죠. 아니면 과학을 떠나 사업이나 아예 다른 직업, 예컨대 저널리즘(언론) 일을 할 수도 있고요. 생각해보세요. 미래에 다른 직종의 많은 사람들이 과학적 배경을 갖는 것을 말이죠. 생각만 해도 좋은 일이죠. 현재는 국회의원 중에 과학 이슈를 이해하는 사람이 거의 없어요. 더 많은 의원이 과학 지식을 갖춘다면 얼마나 좋을까요. 누구든 과학 분야에서 일을 시작했다는 이유만으로 평생 과학자의 삶을 이어가야 할 필요는 없습니다.

크리스티아네 뉘슬라인폴하르트

생물학자

2001년, 튀빙겐 대학교 자신의 연구실에서, 크리스티아네 뉘슬라인폴하르트
(사진: 막달레나 허기타이)

"톨Toll!" 이 말은 이상하고 신기하고 대단하고 돌아버릴 것 같은 느낌을 모두 함축하고 있는 독일어 단어다. 이 단어는 1979년 말, 동료 에릭 비샤우스Eric F. Wieschaus, 1947- 와 함께 초파리 배아를 이용한 돌연변이 연구의 실험 결과를 살펴보던 크리스티아네 뉘슬라인폴하르트Christiane Nüsslein-Volhard 의 입에서 튀어나왔다. '앞쪽'이 없이 '뒤쪽'만 형태를 갖춘 신기한 돌연변이를 발견했기 때문이다. 이후 이런 변이의 원인이 되는 유전자를 학계에서는 이 단어로 부르고 있다. 뉘슬라인폴하르트와 비샤우스는 《네이처》에 이 결과를 발표했고, 이 내용은 그들이 1995년에 노벨상을 받게 되는 연구의 첫 단추가 되었다.[1]

크리스티아네 폴하르트는 1942년에 독일 마그데부르크에서 태어났다. 비록 부모는 교육을 많이 받지 못했지만, 슬하의 딸 넷과 아들 하나를 모두 학문에 관심을 가지게끔 키웠다. 크리스티아네가 관심을 갖게 된 분야는 과학이었다. 고등학교 시절부터 좋은 경험, 특히 친절한 생물 선생님이 유전학, 진화, 동물행동학 같은 흥미로운 여러 주제를 많이 접하도록 해준 경험들이 계기가 되었다. 생물학을 계속 공부하려고 프랑크푸르트 대학교에 진학했지만, 대학에서는 고등학교 때 배운 내용 이상을 가르치지 않아 실망만 하다가 급기야 튀빙겐 대학교로 전학했다. 그곳에서 그녀는 마침 독일에서는 처음 개설된 생화학 수업을 비롯하여 유전학과 미생물학 과목들을 흥미롭게 수강했다.

1968년, 생화학 전공으로 졸업한 다음에 튀빙겐에 계속 남아 막스 플랑크 바이러스연구소Max Planck Institute für Virusforschung에서 1973년에 박사학위를 취득했다. 하지만 장래 어떤 일을 하고 싶은지는 확신이 없었다. 주위 의견을 들어보니, 박테리아나 분자생물학은 이미 연구가 많이 진행된 내용이라고 했다. 그녀는 무언가 새로운 분야에 도전하고 싶었고, 발생생물학Developmental Biology이 가능성이 있다고 생각했다. 다행히도 튀빙겐에 그 분야를 연구하는 사람들이 있었다. 발생생물학은 최소 단위인 분자에서 특정 구조들이 어떤 식으로 패턴을 이루며 만들어지는지, 그리고 세포들이 어떻게 자라고 분화되는지 규명하는 학문이다. 그녀는 이렇게 기억한다. "나는 어떤 복잡한 과정을 잘게 쪼개는 도구로, 유전학의 DNA 복제를 이용했어요. 그 과정에서 형태 발생에 관한 문제와 유전학을 결합시킬 만한 시스템을 찾으려 했으며, 유전자의 생성물인 분자에 접근하는 수단으로 유전학을 활용하려고 했죠."[2] 그녀는 초파리drosophila를 적합한 연구 대상으로 정했다.

그녀는 바젤과 프라이부르크에 잠시 머물렀다가 하이델베르크에 있는 유럽 분자생물학연구소에서 일자리를 얻었다. 바젤에서 만났던 미국인 에릭 비샤우스도 하이델베르크로 오게 되었다. 두 사람은 3년 동안 함께 초파리 돌연변이 연구를 진행하며 성공적인 결과를 도출해냈다. 초파리의 유충은 겉으로 보기에 비슷한 분절segment이 14개 있는데, 이 분절이 각각 몸의 다른 부위로 성장하기 때문에 초파리는 매우 이상적인 모델 동물이었다. 이 분절들이 무엇으로 발육할지 어떻게 알 수 있을까? 힘겨운 연구를 거듭한 끝에, 그들은 어떤 유전자가 무슨 변이에 관여하는지, 그리고 어떤 것들이 초파리의 다른 부위가 커가는 데 관련되어 있는지 밝혀냈다. 이 연구는 부분 발달을 조정하는 유전자들이 초파리의 DNA에서 어떻게 정렬되는지 규명해낸 것으

1978년, 스페인에서 회의 중인 크리스티아네 뉘슬라인폴하르트와 에릭 비샤우스
(사진: 주디스 킴블, C. 뉘슬라인폴하르트 제공)

로, 그녀는 에드워드 루이스 Edward Lewis 와 함께 노벨상을 받았다.

그녀는 1985년에 막스 플랑크 발생생물학연구소 Max Planck Institute of Developmental Biology 소장이 되어 현재까지 재직 중이다. 그녀의 연구팀은 초파리 연구를 계속해왔으며, 제브라피시 zebra fish (인도 원산의 담수어)도 연구하기 시작했다. 연구팀은 유전자를 분리해낸 다음 각각 어떤 기능을 하는지 파악하면서, 그 특성을 연구하고 있다. 두개골, 지느러미, 비늘을 결정하는 유전자들은 이미 밝혀졌다.

그녀는 튀빙겐으로 가기 전에 7년 동안의 결혼 생활을 끝내고 이혼했다. '뉘슬라인'은 전남편의 성인데, 결혼하고 나서 당시 발표한 논문들에 수록된 이름이기도 하다. 이혼 후, 그녀는 자기 본래 성을 이

가장 최악의 경험은 박사과정을 밟고 있을
때였습니다. 남자 연구원들과 공동 연구를
하면서, 나는 일을 제일 많이 했고 논문도
주로 내가 썼지만, 항상 남자 연구원 이름이
제1저자로 올라갔어요. 이유를 들어보니,
가정이 있고 이번 논문이 그의 경력에 중요하기
때문이래요. 나는 결혼한 여성이라서
별 상관이 없지 않겠냐는 말까지 하면서요.

름에 추가했다. 이에 대해 그녀는 "과학자로서 내 과거의 삶을 없애고
싶지 않았어요"라고 말했다.[3]

여성이라는 이유로 차별을 당한 적이 있었는지 묻자, 크리스티아네
는 어떻게 대답했다.[4]

네, 엄청 많았어요! … 우선, 내 어린 시절로 돌아가보죠. 그 당시에
는 대개 여성은 그냥 전문 직업을 갖지 않았어요. 중요한 일을 하는 전
문 직업 말이죠. 따라서 걸핏하면 여자들을 무시하고 중요한 일은 맡기
지도 않았어요. 하지만 과학은 성차별을 하지 않았고, 내 실력을 인정
받는 데 아무 문제가 없었죠. 하지만 실상을 들여다보면, 일자리를 구
할 때, 돈을 벌어야 할 때, 연구실 공간을 마련할 때, 여성들이 동등하

게 대우를 받은 것 같지는 않아요.

내가 젊었을 때, 남자 연구자들은 결혼해 가정을 꾸리면, 저절로 좋은 일자리를 얻더라고요. 교수들은 종종 "남자잖아. 가정을 책임져야 하니 당신보다 먼저 직장을 얻어야겠지"라고 이야기했어요. 기회가 있을 때마다 번번이 내게는 차례가 오지 않았죠. 승진도 마찬가지였고요. 당신은 여자니까 우선 남자들에게 기회를 주겠다는 말을 당연하게 하곤 했어요. 가장 최악의 경험은 박사과정을 밟고 있을 때였습니다. 남자 연구원들과 공동 연구를 하면서, 나는 일을 제일 많이 했고 논문도 주로 내가 썼지만, 항상 남자 연구원 이름이 제1저자로 올라갔어요. 이유를 들어보니, 가정이 있고 이번 논문이 그의 경력에 중요하기 때문이래요. 나는 결혼한 여자라서 별 상관이 없지 않겠냐는 말까지 하면서요. 정말이지, 특히 불공정한 처사가 뭐였느냐 하면, 그 남자 동료는 논문을 완성한 후 과학계를 떠나 그 논문과는 관계도 없는 교직을 택했거든요. 반면에, 나는 제1저자로 내 이름을 올린 논문이 없어서 직장을 잡기가 얼마나 힘들었는지 몰라요. 이건 처음부터 차별이 시작되는 셈이었죠.

연구소는 통상적으로 졸업 논문을 쓰는 학생들에게 어느 정도의 장학금을 지급해왔어요. 그런데 내 상사는 나한테 이러더군요. "결혼한 여학생인데 장학금이 왜 필요해?" 지금은 그렇게까지 하지는 않겠지만, 일부 원로 교수는 아직도 결혼한 남자 연구원이 여성보다 보수를 더 많이 받아야 한다고 생각하죠. 또한 실력이 월등한 미혼 여성보다 실력은 그저 그렇지만 결혼하고 가정이 있는 남자 연구원을 먼저 승진시켰죠.

얼마 전부터 막스 플랑크 연구소에서는 여성 연구원 비율을 높이려고 여성들에게 직무를 마련해주고, 책임 연구원급 직위에도 오를 수 있는 기회를 주었는데, 순식간에 다 채워졌어요. 그 여성들은 모두 훌륭하게 맡은 일을 해냈습니다. 이것만 봐도 그저 여자라는 이유 때문에 그동안 여성들이 얼마나 무시당했는지 알 만하죠. '여성들이 잘 해내지 못하면 어쩌지'라는 우려를 뒤로하고 다소 앞서가는 정책을 폈다고들 하지만, 나는 좀 다르게 봅니다. 그동안 너무 저평가를 받아온 여성 과학자들의 위상이 제자리를 찾은 거예요.

나는 여성이 남성과 똑같이 인정을 받으려면 노력을 더 많이 해야 하느냐고 물었다.[5]

최소한 시행착오가 남성들이 하는 실수보다는 적어야 하죠. 젊은 남자 연구원이 실수를 하면 사람들은 오히려 '야심이 있군. 그런 실수야 누구든 할 수 있지'라고 하지만, 그게 젊은 여성 연구원일 때는 과도하게 평가를 합니다. 사람들은 적극적인 여성을 좋아하지 않아요. 남자가 적극적이면 칭찬을 하거나 '그래야 정상'이라고 여기죠. 하지만 여자가 적극적으로 남자처럼 처신하면 오히려 불이익을 받는 경우가 많아요. 사실 적극성은 일을 성공적으로 해내기 위해서 필요한 긍정적인 에너지 잖아요. 그런데 아쉽게도 여성의 적극성은 그렇게 받아들여지지 않는 경우가 있어요.

그녀와 대화를 나눈 지도 어느덧 10여 년이 지났다. 하지만 아직도 상황이 그다지 많이 호전되지는 않은 것 같다. 최근에 그녀가 투고한 기사에 비슷한 감정이 담겨 있었다.[6] "나는 연구자라는 직업에 자부심을 느낀다. … 가끔씩 나와 비슷한 열정과 성격을 지닌 여성들을 생각해보는데, 과학자로서 성공한다는 것이 얼마나 어려운지 깨닫게 된다. 도대체 무엇이 문제고, 그 문제는 어떻게 해결할 수 있을까?"[7] 그녀는 그 방편으로, 아이를 키우는 젊고 실력 있는 여성들이 가사도우미를 고용할 수 있도록 재단을 설립해서 보조금을 지원해주는 일을 시작했다.

지그리트 페이어림호프

이론화학자

1999년, 본에서 지그리트 페이어림호프
(사진: 막달레나 허기타이)

계산 양자화학 분야에 중요한 기여를 한 지그리트 페이어림호프 Sigrid Peyerimhoff는 독일 본 대학교의 이론화학 뮬리켄Mulliken 센터의 명예교수다. 그녀는 어떤 경험적 수량을 사용하지 않고 밑바닥부터 분자의 구조 및 에너지를 포함한 다양한 성질을 계산해내는 '앱 이니시오 양자화학방법ab initio quantum chemical methods'을 개발하는 데 참여했다. '앱 이니시오'라는 표현은 '처음부터'라는 의미로 기초 원리만을 활용해 계산한다는 뜻이다. 이런 계산법은 현대 화학 연구에서 기존의 화학 실험을 보강하거나 아예 실험을 대체하는 필수 방법이 되었다. 양자화학의 계산 방법론을 개발한 공로로 존 포플John Pople과 월터 콘Walter Kohn이 1998년 노벨 화학상을 받은 것으로도 그 중요성을 잘 알 수 있다.

지그리트는 1937년 독일의 로타일에서 태어났다. 제2차 세계대전 당시 세무서 고위직에 있었던 그녀의 아버지가 나치당에 합류를 거부함으로써 여러 어려움을 겪었고, 어머니는 이웃의 신고로 경찰에 연행되기도 했었다.

페이어림호프는 어렸을 때부터 과학에 관심을 갖기 시작했다. 고등학교를 졸업하면서 과학 분야에 종사하겠다는 생각은 있었지만, 물리학, 화학, 수학, 어느 쪽으로 갈지 확실히 정하지는 않았다. 선생님이 되고 싶지는 않았고, 아무래도 취업하는 데 화학이나 수학보다는 물리학이 좀 더 낫지 않을까 하고 생각했다. 사실은 이론 쪽을 좋아했지만, 이론을 전공하면 직장을 잡기 어려울 것 같다는 생각으로 실험물리학을 전공하여 1961년에 유스투스 리비히 기센 대학교에서 석사학위를 받았고, 1963년에 이학 박사, 1967년에 닥터 하빌Dr. habil을 받았다. 닥터 하빌은 독일을 비롯해 유럽의 몇몇 나라에 있는 학위로, 교수직에 임용되려면 꼭 필요한 학위다.

지그리트는 1960년 초반부터 컴퓨터를 사용하기 시작했다. 기센 대학교와 마인츠 대학교에 몇 년간 있었고, 이후 시카고, 시애틀, 프린스턴에서 박사후과정 경험을 쌓았다. 또 전산 시설을 잘 갖추고 있는 네브래스카 대학교에서 몇 개월씩 정기적으로 지내기도 했다. 수년간 이렇게 지내다가 1972년 이후 본 대학교에서 재직하고 있다.

1960년대 초반부터 계산 양자화학 분야가 크게 발전하기 시작했다. 그전까지는 화학이라고 하면 실험과학이었다. 1920년대에 이미 양자역학의 토대가 만들어지기는 했지만, 복잡한 분자 구조를 계산할 수 있는 컴퓨터가 없었다. 현대 물리학의 개척자 중의 한 명인 폴 디랙은 다음과 같이 이야기했다. "대부분의 물리학과 화학 전체에서 수학적 처리가 필요한 기본 법칙들은 완전히 알려졌습니다. 그런데 이런 법칙들을 응용하려고 하면, 너무 복잡해서 풀기 어려운 공식과 마주쳐야 했습니다. 그게 어려웠습니다."[1] 1960년대 초반에 화학 문제를 다룰 수 있는 컴퓨터가 등장했고, 과학자들은 분자의 구조 및 그 밖의 특성들을 계산할 수 있는 프로그램들을 많이 개발하기 시작했다. 페이어림호프도 이런 흥미로운 새 기술을 개발하는 데 적극적으로 동참한 연구자였다.

그녀의 연구팀은 분자의 구조뿐만 아니라 분광학적 특성에 대해서도 계산하려고 했다. 그러기 위해서는 이른바 바닥상태의 구조는 물론, 분자들이 높은 에너지 상태인 들뜬상태의 구조까지 파악해야 했다. "확실하게 계산할 수 없을 때는 새로운 계산 방법을 고안했어요.

이를 위해 실험주의 학자들과 논의를 많이 했는데, 화학자들은 진동 분광학을, 물리학자들은 전자 분광학을 적용했죠."[2] 그다음부터 이들의 관심 분야가 확대되어 높은 대기층에 존재하는 분자들인 탄소 클러스터와 광화학 연구가 진행되었다.

페이어림호프는 계산화학 분야가 여성에게 적합한 분야가 아니라는 것을 점차 알게 되었다. 이 분야에서 일하는 여성이 1% 내지 2% 정도 밖에 안 되었기 때문이다. 수년간 어디를 가든 여성은 그녀 혼자였다. 최근 들어, 이 분야에 여성들이 진출하면서 상황이 나아지고는 있다. 우리가 미팅을 했던 1999년도에 그녀가 근무하는 대학에 적어도 한 명의 여성을 신임채용위원회 위원으로 포함시켜야 한다는 새 규정이 만들어졌다. 분위기가 전반적으로 바뀌고 있었다.

예전에는 여성이 집안일을 하는 걸 당연하게 여겼는데, 최근에 젊은 동료들을 보면 남편이 아이들을 돌보거나 기저귀도 갈아주기도 하고 아이를 재우기도 하는 것을 종종 볼 수 있어요. 나는 5년 전에 결혼했어요. 그전까지는 계속 독신이었는데, 돌이켜 생각해보면 결혼을 일찍 하고 아이를 낳았다면 지금의 내 자리에 있지 못했을 거예요. 내 남편은 물리화학 분야 교수로 지내다가 지금은 은퇴했죠. 한동안 주말 부부였는데, 지금은 함께 살고 있어요. 최근에 논문도 같이 발표했답니다. 남편은 실험을 많이 하던 양반이었는데, 이제 실험할 만한 기기도 없어요. 나는 그에게 읽을거리를 잔뜩 안겨주기도 하는데, 어떤 때는 내게 읽어주기도 하죠. 휴식에 선박 여행만 한 것도 없어요. 가을마다 2주 정도 시간을 내 지중해로 가는데, 내게는 충분한 휴식이 되죠. 그리고 때로는 여름에 바이에른의 호수에서 작은 배를 몰기도 합니다. 바람이 없는 날은 산으로 하이킹을 가기도 하고, 집에 있을 때는 정원을 가꾸죠. 활강 스키도 좋아하고요.

페이어림호프는 독일에서 가장 권위 있다고 알려진 독일연구협회의 고트프리트 빌헬름 라이프니츠상Gottfried-Wilhelm-Leibniz Prize을 받았다. 부상으로 300만 독일 마르크의 연구비를 5년 동안 받았다. 그녀는 저명한 괴팅겐 아카데미와 과학 아카데미 레오폴디나를 포함해 독일의 여러 과학학회의 회원이며 런던에 있는 아카데미아 에우로파에아의 회원이기도 하다.

페이어림호프는 여러 전문 단체에서도 보직을 맡았다. 나는 그녀에게 이런 활동이 그녀의 업적을 인정해서라고 생각하는지 아니면 통계를 보완하는 수단이라고 보는지 물어보았다. "만일 여덟 명으로 구성되는 위원회에 내가 들어가면, 12.5%의 여성이 참여한 것으로 되죠. 그러다 내가 그만두면, 여성 참여율은 갑자기 0%로 떨어지게 되고요. 때로는 할당된 몫을 채우기 위해 나를 필요로 한다는 것을 알아요. 하지만 내가 실제로 뭔가 기여할 수 있는 곳이라면, 할당량을 채우려고 불렀다 해도 기꺼이 수락합니다."

내가 그녀를 만나기 얼마 전에, 그녀는 과학 분야 고위직의 여성 기용 가능성을 검토하는 위원회에 참여하게 되었다. 그녀는 여성 과학자들에 대한 지원 요청을 공식적으로 하면 오히려 역효과가 날 수도 있다는 점을 걱정했다.

예를 들어, 대학교에서 교수를 뽑을 때면 우수 후보자 세 명을 올려 심사하죠. 이때 일부 주에서 1순위 후보가 남성이지만 2순위에 오른 여성을 최종 후보자로 선택했다고 합시다. 이 사실이 알려지게 되면, 다음부터는 여성을 1순위로 두지 않는 이상 아예 후보자 리스트에 포함시키지 않으려고 할 거예요. 이런 게임을 하기 시작하면, 여성 후보자들은 차별이든 역차별이든 상관없이 원하지 않는 곳으로 배치될 가능성이 커져요. 어느 부서는 추가로 외부 평가를 요구하기도 하죠. 그렇게 되면 서너 달이 더 걸리기 때문에 사람들은 이를 피하려고 할 겁니다. 그런데 바로 얼마 전 막스 플랑크 연구소에서 온 편지를 받았는데, 여성을 고위직에 좀 더 많이 기용하려는 우리의 지원 활동이 줄어들지 않도록 해달라는 내용이었어요. 여성 과학자들의 상황이 나아진다고는 하지만 제대로 되려면 아직도 갈 길이 멀어요.

미리엄 로스차일드

곤충학자

2002년, 애슈턴 월드에서 미리엄 로스차일드
(사진: 막달레나 허기타이)

2005년에 미리엄 로스차일드 Miriam Rothschild가 세상을 떠났을 때, 영국의 주요 신문들은 그녀를 추모하는 부고기사를 실었다. 로스차일드 가문이 유명하기도 했지만, 그녀에게만 볼 수 있는 특별함이 있었다. '고결한 자연주의자'[1], '비범한 곤충학자'[2], 때로는 '여왕벌'이라고 불리기도 했고, '레이디 벼룩 Lady Flea', '모든 생명체의 연인', '모든 생명체를 위한 투사'라고 불렸다. 그녀는 특별했다. 그녀는 정규 학교 교육을 받지는 않았지만, 옥스퍼드(1968)와 케임브리지(1999)를 포함해 대학 여덟 곳으로부터 명예 박사학위를 받았다. 1985년에 왕립협회 회원으로 선출되었고, 1999년에는 엘리자베스 여왕으로부터 기사 작위를 받았다.

2002년에 우리 부부는 데임(여기사) 미리엄이 태어나 거의 평생을 지낸 로스차일드 가족 소유지에서 그녀를 만났다. 당시 93세였던 그녀는 미래에 대한 계획과 에너지로 충만했다. 그 만남은 특별했다. 편안한 분위기에서 그녀가 살아온 흥미로운 이야기를 들려줄 때 그녀는 마치 자기 삶을 되돌아보며 거듭 즐기고 있는 것 같았다. 그녀는 우리 주변을 빠르게 왔다 갔다 하며 이야기를 했는데, 나중에 같이 찍은 사진을 보고는 깜짝 놀랐다. 그녀가 휠체어를 타고 있었다는 것을 눈치채지 못했기 때문이다.

미리엄 루이자 로스차일드 1908-2005는 로스차일드가家의 영국계(원래는 독일계 유대인 가문이다. 로스차일드는 독일어 로트실트의 영어식 발음—옮긴이)로, 영국 노샘프턴셔 피터버러시 애슈턴 월드에서 네 자녀 중 첫째로 태어났다. 아버지는 2대 로스차일드 남작 네이선 메이어 로스차일드의 둘째 아들인 너대니얼 찰스 로스차일드 Nathaniel Charles

Rothschild다. 찰스는 은행가이면서 곤충학자 노릇도 열심히 했다. 1907년 빈에서 헝가리 너지버러드(당시는 헝가리 도시, 현재는 루마니아의 도시 오라데아) 출신의 아름다운 여인 로즈시카 본 베르트하임스타인Rozsika von Wertheimstein과 결혼을 했다. 베르트하임스타인은 유명한 유대인 상인 가문인데, 유럽의 유대인 가문 중에서는 세 번째로 1790년대에 이미 귀족이 되었다. 로스차일드가는 1818년에 귀족 작위를 받았다.

미리엄은 어렸을 때 어머니가 태어난 곳에 자주 여행을 갔는데, 그곳에서 아버지와 함께 나비와 무당벌레를 열심히 잡기도 했다. 찰스는 생태학과 자연사라는 면에서 보면 그 장소가 유럽에서 가장 흥미로운 장소라고 생각했다.[3] 그래서 그곳에 소규모 실험실을 갖춘 농장을 지었고, 제1차 세계대전이 발발하기 전까지는 매년 여름휴가를 그곳에서 보냈다. 이런 여행 덕분에 미리엄은 곤충학에 관심을 가졌고, 결국 그녀의 삶의 일부가 되어 영원히 함께하게 되었다. 기억이 미치는 아주 오래전까지 거슬러 가면, 그녀는 살아 있는 것에게만 관심이 있었다. 크리스마스 선물로 무엇을 갖고 싶으냐고 물어보면 병아리를 갖고 싶다고 했는데, 크리스마스 날에 벨벳으로 만든 작고 예쁜 닭 인형을 받고는 "고래고래 소리 지르면서 죽을 만큼 울었다"고 한다.[4] 아버지한테 살아 있는 쥐 몇 마리를 받고서야 그녀는 기뻐했다.

미리엄의 부모는 자녀들이 그들 가문을 특별하게 생각하지 않도록 노력했다. 어머니는 공교육을 믿을 수 없다는 생각에 자녀들을 모두 집에서 교육시켰다. 미리엄은 13세 즈음에, 신문사에서 주최하는 작문 대회에 나가서 은메달을 받았다. 그런데 기자가 로스차일드 가문이라서 상을 받았을 거라고 하는 이야기를 듣고 의아해했다. 그녀는 저녁 식사를 하면서 부모에게 그게 무슨 뜻이냐고 물어보았는데, 부모님은 서로 바라보다가 이렇게 대답했다. "글쎄 우리도 무슨 말인지 모르겠네."[5] 결국에 그녀는 자기네 가족이 특별하다는 것을 알게되었다. 부모는 로스차일드 가문이라면 모범을 보여야 한다고 말했는데, 사실 그녀는 왜 그래야 하는지 이해할 수 없었지만, 그렇게 해야했다.

미리엄의 아버지와 삼촌은 아마추어 동물학자이며 곤충학자였고, 이것이 그녀에게 큰 영향을 끼쳤다. 찰스 로스차일드는 여가 시간을 모두 벌레, 나비, 벼룩에게 할애했다. 은행 일을 하루도 거르지는 않았지만, 퇴근하고 집에 왔을 때, 심지어 아내가 콘서트나 그 밖의 문화생활을 하고 싶다고 해도 자기가 나비를 정리하는 모습을 지켜보라고 했다. 그는 벼룩을 주제로 과학 기사 150여 편을 작성했고 500여 종의 새로운 종을 설명했다. 쥐벼룩*Xenophylla cheopis*(열대쥐벼룩)이 흑사병인 선페스트(가래톳 페스트, 림프절 페스트)를 전염시킨다는 사실을 밝힌 것은 중요한 발견 가운데 하나였다.

미리엄의 삼촌인 라이어널 월터 로스차일드 경은 영국 쪽 로스차일드 집안을 대표하는 인물이었다. 로스차일드 앤 선스 은행을 맡았다가, 동물학에 더 관심이 있어서 결국 은행을 떠났다. 전해오는 말에 따르면, 그가 일곱 살이었을 때 부모에게 나중에 커서 박물관을 짓겠다고 했는데, 실제로 박물관을 설립했다. 당시 그의 가족이 살았던 하트퍼드셔주 트링에 현재도 그 자연사박물관이 남아 있다. 어린 미리엄은 그곳을 종종 방문했다. 박물관은 200만 종이 넘는 나비, 그 밖

젊은 미리엄 로스차일드(故 미리엄 로스차일드 제공)

에도 수많은 곤충과 동물을 보유한 진기한 장소가 되었다. 찰스가 수집한, 세상에서 가장 많은 벼룩의 보금자리이기도 했다. 나중에 수집한 벼룩들은 대영박물관 로스차일드 컬렉션으로 옮겨졌다.

찰스 로스차일드는 1923년에 자살했다. 미리엄이 15세일 때였다. 이 사건은 그녀에게 크나큰 충격을 주었다. 급기야 자연과학에 흥미를 싹 잃었고 작가가 되기로 결심했다. 하지만 2년 정도 지난 어느 휴일에, 남동생이 개구리 해부 숙제를 도와달라고 했는데, 그녀는 그 숙제를 도와주면서 개구리 내부 기관들을 보고는 흥분을 감추지 못했다. "모든 혈관이며 순환계, 그렇게 멋진 것을 본 것은 처음이었어요. 나는 뭔가에 사로잡힌 듯 곧바로 자연과학으로 돌아갈 수밖에 없었죠."[6]

17세 때, 동물학과 영문학을 공부하려고 런던 대학교에 입학했다. 두 과목 다 모두 좋은 성적을 받았으나, 학위를 받고 싶지는 않았다. 불가능한 상황이라고 생각했기 때문이다. "성게를 해부하고 있을 때 러스킨Ruskin에 관한 강의를 듣고 싶어 하는 게 말이 안 되겠죠."[7] 1920년 말부터 1930년 초반까지 그녀는 첼시 폴리테크닉에서 야간 수업을 들으며 동물학을 공부했고, 해양 생물학자가 되기로 결심했다. 플리머스에 있는 해양생물실험소에서 일을 하면서 기생충을 연구했다. 그러던 중 제2차 세계대전이 발발하고 모든 것이 달라졌다.

그녀는 전쟁이 일어나기 전부터 영국 정부와 함께 독일에 있는 유대인들을 영국에 데려올 준비를 하고 있었다. 결국 9세에서 14세 사이의 유대인 어린이 49명을 독일에서 데려왔고, 애슈턴 월드에 아이들이 살 집을 마련해주었다. 전쟁 중에 그리고 그 이후에 유대인 과학자들의 망명을 도왔다. 망명자들은 그녀의 집에 머물기도 했다. 그녀는 전쟁이 일어나고 처음 2년 동안 블래츨리 공원에서 앨런 튜링이 주도하는 유명한 이니그마 프로젝트에 참여했다. 여기서 여러 생물학자, 수학자, 철학자와 함께 독일어 암호 해독 업무를 수행했다.

그녀는 이때 장래 남편이 될 조지 레인George Lane을 만났다. 그는 헝가리에서 죄르지 라니György Lányi라는 이름으로 태어났다. 런던 대학교에 유학 온, 수영과 수구의 챔피언이기도 했다. 그는 영국에서 지내며 전쟁 기간에는 영국 육군의 장교로 교차-채널 정보-수집 작업에 관여하게 되었다. 그와 미리엄은 1943년에 결혼했다. 미리엄은 이렇게 말했다. "우리가 좀 독특한 삶을 살았죠. … 서로 다시 만날 거라 생각도 못했어요. 첫 아이가 태어날 때는 정신이 없었죠. 어떻게 살아

남아야 할지 몰랐어요."[8] 그들 사이에는 아이가 넷 있었고, 아이 두 명을 입양했다. 남자아이 두 명과 여자아이 네 명, 이렇게 여섯 명을 키웠다. 1957년에 미리엄과 조지는 이혼을 했지만 계속 친구로 지냈다.

1947년, 콜린스^{Collins} 출판사는 미리엄에게 기생충을 주제로 대중이 읽을 만한 책을 집필해달라고 요청했다. 그녀는 수십 년 후에 발표한 수필에서 이 책을 "나의 첫 번째 책"이라고 소개했다.[9] 당시 그녀는 둘째 아이의 출산을 앞둔 시기였기에 책을 쓰는 게 최적의 일이라고 생각했다. 하지만 그다지 재미없는 내용을 가지고 독자들의 호응을 어떻게 얻어내야 할지 막막했다. 사람들이 할리페거스^{Halipegus}라는 기생충의 생애를 읽어보고 싶어 할까? 연못의 물에서 달팽이의 간으로 갔다가 새우의 몸에 있는 구멍 안에서 지내다가 잠자리 애벌레의 내장 안으로, 결국 개구리 혀 밑으로 옮겨 살아간다는 내용을 좋아할까? 사람들이 하마의 눈꺼풀 아래에 살고 있는 벌레가 하마의 눈물을 먹으며 살아가는 이야기에 흥미를 가질까? 아니면 벼룩이 동물 중에서 가장 복잡한 음경을 가지고 있다는 것을 알고 싶어 할까? 하지만 그녀 자신이 신이 났고, 출판사 역시 좋다고 해서 원고를 써나갔다.

1952년에 책이 나왔다. 그녀의 말마따나 "내가 쓴 책 중에서 유일하게 성공한 책"이 되었다.[10] 제목은 《벼룩, 흡충 그리고 뻐꾸기: 조류 기생충 연구^{Fleas, Flukes and Cuckoos: A Study of Bird Parasites}》였다. 미리엄의 목표는 일반 사람들이 기생과 공생을 잘 이해할 수 있도록 전달하는 데 있었다. 그녀는 생동감 넘치는 문체로 관심을 이끌어내 읽고 싶게 만드는 책을 완성했다. 예를 들어, 벼룩에 대한 설명이 나오는 부분은 이렇게 시작한다. "새에 기생하는 벼룩과 이louse 는 노래하지 않는다. 햇빛에 찬란한 빛을 내는 날개에 있지만 날지도 않는다. 영국에서 새와 나비에 열광하는 사람은 수천 명이지만, 벼룩과 이를 수집하는 사람은 한 손으로 꼽을 만한 정도라는 사실은 별로 놀랍지 않다."[11] 미리엄이 생각하기에는, 사람들이 벼룩에 대해서 별로 잘 알지 못하거나 잘못 알고 있어서 그냥 벼룩을 싫어하는 것이다. 그녀는 벼룩의 몇 가지 흥미로운 특징을 이렇게 언급했다. "벼룩은 몸 옆에 있는 구멍으로 숨을 쉬고, 위 아래쪽에 신경삭nerve cord이 있고 등에 심장이 있어요. 어떤 절지동물은 머리에서 알을 낳고 주기적으로 단성생식을 합니다."[12]

미리엄은 아버지가 연구했던 내용이 잘 보존되기를 원했다. 그녀가 야심차게 구상한 프로젝트 중의 하나로, 조지 홉킨스와 함께 아버지가 수집해둔 벼룩의 목록을 만들었다. 다 정리하고 나니 무려 책 다섯 권 분량이나 되었다.[13] 그녀가 아이 여섯 명을 키워가며 무려 30년에 걸쳐서 완성한 내용이다. 그녀는 주로 밤에 일을 했다. 불면증이 도움이 되기도 했다고 한다. 그 책에 무려 3만 종이 수록되었으며, 그녀는 벼룩에 관한 한 최고 전문가가 되었다. 그녀는 벼룩의 행동을 관찰하다가 여러 가지 흥미로운 사실을 발견했다. 그중에서도 가장 두드러진 것은 바로 벼룩의 점프력이다. 그녀는 동료들과 함께 고속 카메라를 이용해 토끼벼룩rabbit flea이 뛰어오르는 메커니즘을 연구했다. 자기 몸 크기에 비례한 점프 능력으로 보면 벼룩이 뛰는 높이는 사람이 엠파이어스테이트 빌딩 높이로 뛰는 것과 같다. 벼룩의 가속도는 달로켓이 대기권에 진입하는 가속도의 20배나 되고, 어떤 벼룩들은 한 번에 쉬지 않고 3만 번을 뛸 수도 있다.

그녀는 토끼벼룩을 '다리로 날아다니는 곤충'이라고 설명한다. 토끼벼룩의 다리는 조상의 날개가 진화 과정을 거쳐 남은 것이다. 날개는 결국 불필요하게 되어 사라졌다. 토끼벼룩은 토끼의 둥지에서 부화하는데, 살기 위해서는 토끼한테 가야 한다. "그러니 멀리 높이 뛰어야 했죠. 이게 점프력이 좋아진 까닭이에요. 털 속에서 살 때 날개는 별로 도움이 안 되죠. 토끼 털 안에 기생하기 위해서 날개 대신 깜짝 놀랄 만한 점프력을 갖게 된 거예요."[14]

그녀는 《로스차일드의 보호구역: 시간과 섬세한 자연*Rothschild's Reserves: Time and Fragile Nature*》이라는 책을 집필해 자연보호에 관심이 많았던 아버지에게 바쳤다.[15] 찰스 로스차일드는 1912년부터 영국에서 자연보호 운동을 시작했다. 그들은 자연보호증진협회를 만들었다. 그는 예비 보호구역 200여 곳을 제안했으며, 케임브리지셔주에 있는 우드월턴 펜*Woodwalton Fen*의 부지를 첫 번째 자연보호 지역으로 자발적으로 기증했다. 이 책은 그의 딸과 피터 마렌*Peter Marren*이 이런 자연보호 지역들을 위해 노력한 내용을 다루고 있다.

찰스 로스차일드가 세상을 떠난 후에 미리엄은 월터 삼촌과 가까이 지냈다. 그리고 삼촌이 세상을 떠난 후에는 그의 삶을 담은 《존경하는 로스차일드 경: 새, 나비, 그리고 역사*Dear Lord Rothschild: Birds, Butterflies and History*》라는 책을 저술하여,[16] 트링 박물관을 설립한 동물학자 로스차일드와 그의 업적을 추모했다. 이 책에는 야생 얼룩말을 우리로 데려오는 방법 같은 일화를 많이 담았다. 유진 가필드

Eugene Garfield는 "로스차일드가 로스차일드에 대해서 쓴 특별히 권위 있는 유일한 책"이라고 평가했다.[17]

지금까지 벼룩, 나비, 그리고 여러 곤충에 대해 미리엄이 발견한 몇 가지 내용을 언급했다. 전쟁 중에 미리엄은 영국의 가축에 돌고 있는 결핵 문제를 살펴봐달라는 요청을 받았다. 그녀는 수백 개의 피부 조직 단면을 현미경으로 관찰하며 조사한 결과, 질병의 원인이 어두운 깃털을 가진 숲비둘기wood pigeon 때문이며, 이들의 부신에 결핵균이 있다는 것을 밝혀냈다. 그녀가 찾아낸 또 하나의 놀라운 발견은 토끼벼룩의 번식주기가 숙주의 번식주기에 적응되어 있다는 점이었다. 토끼벼룩은 생식 시기를 정확하게 맞춰서 새끼 벼룩을 갓 태어난 새끼 토끼에게 바로 떨어뜨린다. 기생 곤충의 번식주기가 숙주의 주기에 의존한다는 것을 처음으로 밝혀낸 내용이었다. 영국에서 1950년에 토끼에게 대유행했던 점액종증myxomatosis은 본래 모기에 의해 전염된다고 여겨졌는데, 그녀와 동료 연구자들은 토끼벼룩이 매개체였다는 것을 규명하기도 했다.

그녀는 여러 논문에서 곤충들의 방어 전략을 논의했다. 노벨상 수상자 타데우시 라이히슈타인Tadeusz Reichstein, 1897-1996과 함께 작성한 보고서가 있는데, 많이 인용되는 논문으로 꼽힌다.* 유액을 분비하는 풀들은 심장 독을 가지고 있다. 제왕나비monarch butterfly가 이 풀을 먹고, 풀보다 더 많은 독을 흡수하고 저장한다. 제왕나비는 이

---

* 타데우시 라이히슈타인은 여러 종류의 부신피질 호르몬을 발견하고 그것의 생물학적 작용을 연구한 공로로 1950년에 에드워드 켄달(Edward C Kendall)과 필립 헨치(Philip S. Hench)와 함께 노벨 의학상을 수상했다.

2장 정상에 선 여성 과학자들 | **299**

독에 면역력이 있어서 방어 수단으로 사용하는데, 그래서 제왕나비가 새들에게 잡아먹히지 않는다고 한다. 그 밖에 그녀가 연구한 곤충의 경계색도 흥미롭다. 어떤 곤충은 새와 같은 동물들이 경계하는 밝은 색을 띠는데, 이는 낮에 잡아먹히지 않기 위해서다. 또 다른 곤충은 밤에 사냥을 하는 동물들을 쫓기 위해서 방어 냄새를 풍긴다.

미리엄을 방문했을 때, 그녀는 여전히 활발한 연구 활동을 하고 있었다. 애슈턴 월드에 좋은 장비와 기자재를 갖춘 연구실이 있었고, 전 세계 여러 나라에서 온 과학자들과 함께 공동 연구를 진행하고 있었다. 당시 그녀가 관심을 가지고 있던 분야는 냄새, 특히 피라진 pyrazine 과 관련된 내용이었다. 3일 된 병아리를 이용하여 피라진 냄새가 '소환'(그녀는 '기억'이라는 단어를 쓰지 않았다)에 영향력이 있는지 실험을 하고 있었다. 관련 실험을 통해 연구팀은 피라진이 농축된 공기를 마신 닭들이 대조군에 비해 더 큰 알을 낳는다는 것을 보여주기도 했다.

그녀는 무수히 많은 사회 및 시민 단체 활동에 참여했다. 영국 야생화를 살리고 잘 기르자는 운동을 시작했고, 이를 실천할 전략을 제시했다. 찰스 왕세자를 포함해 많은 사람이 그녀의 취지에 동참하여 정원을 가꾸는 데 적용했다. 그리고 조현병 연구 기금을 조성해 치료를 촉진하는 데 기여했다. 그녀는 행복한 가정에서 아이 여섯 명을 키운 여성이 동성애자를 위한 주장을 펼치는 것이 오히려 이상적이라면서, 1950년대부터 일찌감치 동성애자의 권리를 옹호했다. 또한 동물의 권리에 대해서도 앞장서며, 도살장의 환경을 개선하고 동물 학대를 반대했다.

350편이 넘는 과학 논문을 발표했지만, 그녀는 자기 자신을 과학자라고 생각하지 않았다. 오히려 자기를 19세기에서 온 마지막 자연주의자라고 여겼다. 현대 과학이 분야별로 나뉘어져 있는 것에 대해서는 충분히 이해하면서도 슬프다고 했다. 한 분야에서만도 배워야 할 세부 내용이 엄청 많기 때문에, 전체적으로 좀 더 큰 그림을 볼 수 없다는 점을 안타까워했다. 과학자들의 일반 지식이 갈수록 협소해져서 분야 간에 서로 이야기할 수 있는 접점을 찾기가 어렵다고 했다. 그녀는 이런 상황에 대해 이렇게 이야기했다. "요즘에는 그냥 같이 앉아서 곤충에 대해 전반적인 이야기를 나눌 수가 없더라고요. 비유를 하자면, 벌의 뒷다리만 가지고 이야기하는 거예요."

미리엄 로스차일드는 가문의 유명세에 힘입어 그냥 유명해질 수도 있었지만, 그런 명성은 그녀에게 별로 중요하지 않았다. 그녀는 실용성으로 충만한 이상주의자였다. 그리고 감성적 또는 실질적인 이유로 세상을 변화시키고자 했고, 사람에 관한 것이든 지구의 모든 동식물에 관한 것이든 모든 부당함이나 악행들에 맞서 싸웠다. 미리엄은 자기 자신의 특징을 이렇게 설명했다. "나는 항상 창을 들고 풍차를 향해 달려드는 사람이었습니다."

베라 루빈

천문학자

2000년, 워싱턴 DC에 있는 카네기연구소의 지자기학과에서 베라 루빈
(사진: 막달레나 허기타이)

어릴 때부터 베라는 별에 대해 관심이 많았다. "창문 밑에 침대가 있어서 하늘을 볼 수 있었죠. 나는 잠자는 것보다 별을 보는 게 더 좋았습니다."[1] 그녀는 바사 칼리지를 졸업했다. 그곳은 마리아 미첼Maria Mitchell이 1865년에 최초의 천문학 교수가 된 학교였다. 코넬 대학교에서 발표한 베라의 석사 논문은 많은 관심을 불러일으켰다. 그녀는 저 멀리 떨어진 은하계들이 한 덩어리로 움직인다는 가설을 내세웠다. 대부분의 천문학자는 그 아이디어를 받아들이지 않았는데, 20세기 천재 과학자이자 우주 빅뱅 이론의 창시자 조지 가모프George Gamow, 1904-1968는 그렇지 않았다. 가모프는 그렇다면 "분산된 은하계의 길이를 잴 수 있는 척도가 있는가?"라는 질문을 던졌다. 베라는 이 질문이 박사과정 연구 주제로 적합할 것 같다고 생각했고, 곧이어 가모프가 베라의 박사학위 과정의 지도교수가 되었다. 그녀의 결론은 은하계의 움직임은 무작위적이지 않으며 오히려 커다란 군집으로 함께 움직인다는 것이었다. 수년이 지나서 사람들은 그녀의 연구 결과들을 우주의 90% 이상이 암흑물질이라는 것을 제시한 최초의 증거라고 받아들였다. 하지만 이를 과학계에서 인정하는 데는 오랜 기간이 걸렸다.

베라 쿠퍼 루빈Vera Cooper Rubin은 1928년에 필라델피아에서 태어났다. 이민 온 유대인 집안으로, 아버지 필립 쿠퍼Philip Cooper는 러시아 빌나(현재는 리투아니아의 수도 빌뉴스)에서 전기 기술자로 일했고, 어머니 로즈 애플바움Rose Applebaum은 베사라비아(현재 루마니아와 우크라이나 사이에 있는 몰도바공화국 영토)에서 왔다.

베라가 바사 칼리지에서 학사학위를 받았을 때부터 그녀는 천문학자가 되기로 결심했다. 천문학과에 여성을 받아들이려고 하는 대학교는 많지 않았다. 예를 들어, 프린스턴 대학교는 무려 1975년까지도 학교 소개 자료조차 보내려고 하지 않았다. 여성은 천문학과 대학원 과정에 지원도 못하도록 되어 있었기 때문이다. 하지만 2005년에는 프린스턴 대학교에서 베라 루빈에게 명예 박사학위를 줄 정도로 달라졌다. 당시 프린스턴 대학교 총장은 셜리 틸먼 Shirley Tilghman 으로 첫 번째 여성 총장이었다.

바사 칼리지를 졸업한 후, 베라는 코넬 대학교에서 학업을 이어갔고, 그곳에서 대학원을 다니는 로버트(밥 Bob) 루빈 Robert Rubin 을 만나 결혼했다. 그녀는 필립 모리슨 Philip Morrison, 리처드 파인만 Richard Feynman, 한스 베테 Hans Bethe 같은 특별한 멘토들을 만났다. 1951년에 석사학위를 받았다. 루빈 부부는 모리슨과 그의 아내 필리스와 친구가 되었다. 베라는 당시 별로 알려지지 않은 암흑물질에 대해 모리슨에게 문의했는데, 이때 "진공에도 에너지가 있습니다"라는 이야기를 들었다. 그다음부터 베라에게는 이 말이 계속 수수께끼로 남았고, 오늘날 사람들이 이야기하는 '암흑에너지'를 의미하는 것으로 여겼다.[2]

그녀는 조지타운 대학교에서 박사과정을 밟으며 근처 조지워싱턴 대학교에 재직하고 있던 조지 가모프의 지도를 받았다. 두 사람은 호흡이 잘 맞았다. 가모프는 베라가 연구하는 세부 내용에 일체 관여하지 않았고 그녀의 연구 결과가 시사하는 것에만 관심이 있었다. 1954년에 박사학위 논문을 완성했고, 조지타운 대학교에 남아 있다가 1965년에 워싱턴 DC에 있는 카네기 과학연구소 Carnegie Institution for Science 지자기학과 Department of Terrestrial Magnetism 로 옮겨서 계속

1970년대 초, 워싱턴 DC에 있는 카네기연구소 지자기학과에서
스펙트럼을 측정하고 있는 베라 루빈(V.C. 루빈 제공)

그곳에 재직했다(2016년에 세상을 떠났다 — 옮긴이).

베라 루빈의 연구는 동료 연구자뿐만 아니라 일반인의 흥미도 불
러일으켰다. 그녀의 가장 선구적인 업적은 암흑물질의 존재를 밝혀
줄 증거를 찾았다는 것이다. 언제나 은하계의 본질을 감춘 신비의 뚜
껑을 열어보고 싶었던 그녀는 다음으로 미개척 분야인 나선은하spiral
galaxy의 바깥 경계를 연구 대상으로 삼았다. 은하계의 중심에 가까
울수록 별들이 빠르게 돌고 있다는 사실은 이미 알려져 있었는데, 태
양계에서 바깥쪽의 행성들이 느리게 움직이는 것처럼 은하계의 가장
자리에 있는 별들도 느리게 움직일 것으로 예측되었다. 그런데 그녀와
켄 포드Ken Ford가 공동 연구한 내용을 보면, 적어도 그들이 살펴본

은하계에서는 바깥쪽에 있는 별들도 가운데 쪽에 있는 별들과 같은 속도로 움직이고 있었다. 왜 그런지 알 수 없었기에 이를 설명할 근거를 찾아야 했다.

가장 그럴듯한 설명은, 밝은(관측 가능한) 물질은 우리 눈에 보이지 않는 물질의 중력 인력gravitational attraction에 반응한다는 것이죠. 암흑 물질의 분포는 밝은 물질의 분포와 매우 다르고, 밝은 물질은 중심에 많이 모여 있으며 중심에서 멀어질수록 그 수가 급격히 줄어들어요. 반면에 암흑물질은 중심부에는 적게 분포해 있고 중심에서 멀어질수록 늘어나거나 천천히 변하는데, 그 영역은 밝은 물질보다 훨씬 더 광범위하게 퍼져 있어요. 은하에서 암흑물질은 질량의 95%를 차지하죠. 따라서 은하계의 밝은 물질이 은하의 근본적인 물질 분포를 설명한다고 볼 수 없어요.[3]

… 현재 우주론은 원자와 아원자입자subatomic particle 같은 '정상적인' 물질의 양에 국한되어 있어요. 이렇게 국한된 것은 관측할 수 있는 양보다도 적습니다. 따라서 나머지는 아마도 뉴트리노(중성미자) 같은 색다른 '물질'일 수밖에 없어요. 하지만 우리는 중성미자의 질량을 모르기 때문에 이것만으로는 부족합니다. 입자물리학자들은 차세대 가속장치가 이 문제의 해답을 줄 거라고 생각합니다. 몇 년 후에는 볼 수 있게, 아니, 암흑물질은 "볼" 수 없으니 "알게" 되겠죠.

다른 가능성도 있어요. 사실, 아직까지 가능성이 있다고 보는 게 좀 놀랍기는 하지만, 뉴턴의 중력이론은 은하계처럼 엄청난 거리에 대해서 성립하지 않는다는 거예요. 그렇다면 모두가 깜짝 놀랄 만한 혁명이죠.

우리가 관측하는 수식으로 설명할 수 있지만, 알다시피 뉴턴의 법칙은 어떤 영역에서만 적용되고 상대성이론은 또 다른 영역에서 적용되잖아요. 바뀌는 게 뭐가 됐든, 양쪽 영역 모두 수정되어야 합니다. 양쪽에 모두 타당하게 적용될 수 있도록 말이죠. 그러려면 새로운 우주론을 만들어내야 하는데 막막한 일이죠. 하지만 일부 과학자들은 이를 시도하고 있습니다.[4]

루빈의 연구 결과는 최근 천문학계의 혁명적 발견들 중의 하나로 꼽힌다. 천문학 관측 분야를 육성하기 위해 엄청난 기술적 진보가 있었고 동시에 전례가 없는 엄청난 양의 데이터를 계산할 수 있게 되었다. 반면에 "아직도 우리가 이해하지 못하는 중요한 게 많아요. 내 생각에는 2년 주기로, 어쩌면 더 빈번하게, 아주아주 새롭고 중요한 것들을 알게 될 겁니다.[5]

베라가 대학을 선택할 때 겪었던 경험에 비추어볼 때, 그녀는 과학계 여성이 겪게 될 문제들을 잘 알고 있었다. 가장 눈에 띄는 지표는, 대학교 학부과정에서 시작해 학계의 고위직으로 올라가면서 여성의 비율이 급격히 줄어든다는 점을 들 수 있다.

이 주제만으로도 책을 몇 권이나 쓸 수 있어요! 문제는 이것을 여성들의 문제로 보고 있다는 거예요. 내가 보기엔, 사회 문제 또는 학계의 문제로 인식하지 않는 한 해결될 수 없어요. 나는 이 문제를 50년 전보다 더 비관적으로 바라보고 있어요. 그 당시에 대학에 진학하는 여학생이 많았어요. 그래서 앞으로 점차 나아지겠거니 했죠. 하지만 미국에서 상위 50위권에 드는 대학들의 과학 관련 학과에는 (1998년 현재) 여성 정교수가 6%예요. 정말 터무니없이 낮은 비율입니다! 20년 전, (분야에 따라 차이가 있지만) 전체 박사학위 취득자 중에 20% 이상이 여학생이었어요. 그렇다면 이 여성 박사들이 지금쯤은 정교수가 되어 있어야 할 텐데, 그렇지 않아요. 과학 분야에서 학사학위 이상의 비율을 보면 여성이 남성보다 높습니다. 그리고 요즘 박사학위는 남성과 여성의 비율이 거의 대등해졌어요. 이를 보더라도, 진짜 문제는 학계에 있어요. 물리학 박사학위를 받은 여성들이 있어도, 여성 교수에게 물리학 강의를 배우지 못하고 있잖아요.

과학 학술대회가 얼마나 많습니까. 그런데 발표자들은 모두 또는 거의 대부분 남성이에요. 조직위원회도 모두 남성이라서, 아무래도 "자기 친구들에게 강연을 부탁"하는 것이 편하겠죠. 이런 부당한 일들이 확산되지 않게 하려면, 주요 위원회와 과학학술원에 여성들이 반드시 포함되는 게 중요해요. 나는 조만간 변화가 일어날 거라고 기대하고 있어요. 요즘에는 훌륭한 여성들이 과학 분야의 박사학위를 꽤 많이 받습니다. 앞으로는 오히려 여성을 받지 않으려고 노력해야 하는 시절이 곧 올 거예요. 두고 보세요.[6]

나는 이 시점에서 그렇다면 이런 상황이 남자들만의 책임인지 물어보지 않을 수 없었다. 혹시 여성들이 계속해서 과학에 관심이 없었던 것은 아니었을까? 어쩌면 이런 비우호적인 환경에 들어갈 용기가 없는 것은 아닐까?

나는 용기라고 생각하지 않아요. 똑똑한 사람이고 환영받지 못한다면 다른 곳으로 가야겠다고 생각할 거예요. 수많은 여성이 과학자가 되고 싶어서 대학에 갑니다만 살아남지 못하고 있어요. 여러 가지 이유가 있는데, 대개 환영을 받지 못해서, 지원이 부족해서, 남성 교수들이나 동료들이 제대로 대우를 해주지 않기 때문이에요. 무시당하기가 일쑤죠. 과학계가 여성들을 좀 더 받아들이는 분위기였다면 더 많은 여성이 성공했을 거예요. 나는 학생들과 어울려 지내는 걸 좋아해서 여러 대학을 자주 방문하죠. 특히 여학생들과 이야기를 나눕니다. 대학원 과정의 규모가 큰 대학은 여학생들이 피해야 할 교수들을 지목할 수 있어요. 대학 측은 이를 부인합니다만, 여학생들은 이들과 함께하면 성공하지 못한다는 것을 압니다. 누군가는 푸른 수염Bluebeard (어느 폭력적인 귀족 남자와 그의 호기심 많은 아내를 다룬 유명한 동화 속 인물인데, 결혼을 한 뒤 아내를 한 명씩 살해한다 — 옮긴이) 증후군이라고도 하죠. 그 연구실에 들어가면 살아 나오지 못해요. 어쩌면 대학교 책임이 제일 커요. 따라서 여성들만의 책임이라고 하는 것은 적절하지 않아요. 대학원 과정이 쉽지 않고, 과학자가 되는 것도 쉽지 않죠. 여기에 방해꾼까지 추가된다면 여성이 끝까지 살아남는다는 게 더 힘들어지죠. 물론 아주 독하게 마음먹은 여성들은 살아남아요. 하지만 독하지 않은 여성이라도 과학계가 받아들여야 합니다. 그렇지 않으면 과학계가 훌륭한 인재들을 놓치는 거예요. 비극이죠.[7]

베라 루빈은 미국 과학원(1981), 교황청 아카데미(1996)를 포함해 여러 곳에서 공적을 인정받았다. 1993년에는 빌 클린턴 대통령으로부터 미국 국가과학훈장을 받았고, 1996년에는 런던에 있는 영국 왕립천문학회에서 금메달을 받았다. 여성으로는 두 번째다(첫 번째는 1828년 캐럴라인 허셜 Caroline Herschel 이다).

베라는 슬하에 자녀 네 명을 두었다. 남편은 그녀의 포부를 뒷받침해줄 뿐만 아니라 격려를 아끼지 않았다. 그녀의 삶에서 가장 큰 도전이 무엇이었는지를 묻자, "아이들을 잘 돌보는 것이죠"라는 대답이 바로 놀아왔다.[8] 베라의 자녀들은 자라서 모두 과학자가 되었다. 외동딸은 천문학자, 두 아들은 지질학자, 셋째 아들은 수학자. 《천문학과 천체물리학의 연간 총설 Annual Review of Astronomy and Astrophysics》에 게재된 베라의 자서전에서 자녀들이 하는 말만 들어봐도 비범한 가족이었다는 것을 알 수 있다.[9]

데이브: "내가 열 살 무렵 어느 저녁때였어요. 어머니가 천문학과 관련해서 이 세상에 당신만 알고 있는 게 있다며 말씀해주신 적이 있었어요. 내 기억엔, 정말 대단했죠. … 그때 엄마만 알고 있던 것이 암흑물질 이야기의 시작이었습니다."

주디: "부모가 과학자로 열심히 그리고 즐겁게 일하는 것을 보고 자라기는 했지만, 우리 모두 부모를 따라 과학자가 되리라고는 생각도 못했어요. … '베라 루빈이 우리 엄마'라고 말할 수 있다는 게 정말 축복이고 고마울 따름이죠."

칼: "과학자 두 명이 있는 집에서 자라는 게 평범하지 않다는 걸 언제 깨달았는지 잘 모르겠어요. 어렸을 때, 나는 어른들은 다 과학자고, 천문학자는 여성의 직업이라고 생각했어요. … 과학자가 되라는 압력

같은 건 전혀 없었죠. 과학자가 되는 게 그냥 자연스럽고 당연했어요. … 언제나 나를 이해해주고 격려해주는 부모의 존재가 크나큰 장점이었습니다. 내 동료들은 대부분 그렇지 않았거든요."

앨런: "우리 네 명 모두 과학자가 되었다는 게 당연하다고 생각해요. 어렸을 때 어머니와 아버지가 큼지막한 식탁 위에 하던 일감들을 펼쳐두었던 기억이 생생합니다. 좀 더 컸을 때 나는, 두 분이 저녁 식사 후에도 하고 싶어 한 것이 낮에 종일 연구소에서도 했던 일과 같은 일이었다는 것을 깨달았죠. 그렇게 보면 두 분은 꽤 좋은 직장을 다닌 셈이에요."

나는 베라 루빈을 처음 만났을 때 그리고 그 이후의 만남을 통해서 그녀의 내면이 조화롭다고 느꼈다. 이것은 외부로부터 받은 인정이나 수상 실적으로 만들어질 수 없는 것이다. 그녀는 이에 대해 다음과 같이 시적 감수성이 충만한 언어로 이야기했다.

아내로서 부모로서 그리고 천문학자로서 각각의 내 역할이 잘 어우러졌다는 게 제일 기뻐요. 어느 것 하나만으로는 느낄 수 없었을 거예요. 나는 과학을 사랑합니다. 우주가 어떻게 돌아가는지 호기심이 끊이질 않기 때문이죠. 내가 지구에 살면서 이것을 배우지 않는다면 행복할 수 없을 거예요. 나는 과학으로 내 삶을 만들어가는 하루하루에 만족했고 좋았습니다. 망원경으로 들여다보는 차갑고 어두운 밤들이 내 삶에서 가장 소중한 부분입니다.[10]

마르가리타 살라스

분자생물학자

2007년, 마드리드에서 마르가리타 살라스
(M. 살라스 제공)

엘라디오 비뉴엘라Eladio Viñuela와 마르가리타 살라스Margarita Salas
는 스페인의 과학 발전에 크게 공헌을 한 부부 팀이다. 두 사람은 미
국에서 과학자로 이름이 널리 알려진 후에 1967년에 스페인으로 돌
아와 모국에 분자생물학 분야의 길을 열었다. 그들의 영향은 지금도
계속 이어지고 있다. 1999년에 비뉴엘라가 세상을 떴을 때, 《네이처》
에 다음과 같은 글이 실렸다. "그들은 스페인에 새로운 정신력과 과학
방법론을 제시했다. … 연구자로서 비뉴엘라와 살라스는 서로를 보완
하며 잘 꾸려나간 팀이었다. 살라스의 체계적인 사고방식과 비뉴엘라
의 폭넓고 끊임없는 지력이 한데 어우러져 주어진 목표를 성공적으로
이루어냈다."[1]

마르가리타 살라스는 1938년에 서북부 스페인 지역의 아스투리아
스 카네로에서 태어났다. 아버지는 의사였고 어머니는 학교 선생님이
었다. 마르가리타가 한 살 때쯤 아스투리아스 해안의 도시 히혼Gijón
으로 이사했고, 그곳에서 어린 시절을 보냈다. 그녀는 자서전에 이렇
게 썼다. "아버지는, 당신이 세상을 떠날 때 자식에게 남겨줄 만한 것
은 대학 교육뿐이라고 늘 말씀하셨다. 실제로 그것이 아버지가 남긴
최고의 유산이었다."[2] 그녀는 마드리드 콤플루텐세 대학교를 다녔고,
화학을 공부했다. 세계적으로 유명한 과학자 세베로 오초아를 만난
것이 계기가 되었다. 그 당시는 세베로 오초아가 아서 콘버그와 함께
한 공동 연구, 즉 DNA와 RNA의 합성에 관여하는 효소를 찾아낸 공
로로 노벨 생리의학상을 받을 무렵이었다. 오초아는 아버지 쪽 먼 친
척의 친구였는데, 그런 오초아의 영향으로 그녀는 생화학자가 되기로
결심했다.

1967년, 스페인의 에스트레마두라에서 마르가리타 살라스와 엘라디오 비뉴엘라
(M. 살라스 제공)

오초아의 조언에 따라 그녀는 알베르토 솔스 Alberto Sols의 연구실
에서 박사과정을 밟았고, 1963년에 콤플루텐세 대학교에서 박사학위
를 받았다. 솔스는 세인트루이스 워싱턴 대학교에서 코리 부부의 제
자였다. 화학을 공부하면서, 마르가리티는 솔스의 제자이자 앞으로
그녀의 남편이 될 엘라디오 비뉴엘라를 만났다. 1963년에 두 사람은
결혼을 했고, 1964년에 마르가리타와 엘라디오는 함께 뉴욕 대학교
의과대학에 있는 오초아 연구실에 박사후 연구원으로 들어갔다. 마르
가리타는 그 당시 연구실 상황을 이렇게 전해주었다. "연구실 책임자
인 알베르토 솔스 박사는 연구원마다 각각 다른 과제를 맡겼지만, 우
리는 여러 프로젝트를 함께하면서 논문도 여러 편 같이 썼어요. 반면
세베로 오초아 연구실에서는 우리를 다른 팀에 배치해, 서로 별개의

연구를 진행하게 했죠. 그래도 공동 연구 한 건과 공동으로 집필한 논문이 하나 있기는 했네요."[3]

두 사람은 오초아의 연구실에 3년 동안 있었다. "오초아 연구실에서 지내는 동안 잊지 못할 기억들이 많아요. 오초아는 엘라디오와 나에게 분자생물학뿐만 아니라 … 자신의 엄정한 실험 방법, 연구에 임하는 헌신적인 태도와 열정을 가르쳐주었어요."[4]

1967년에 그들은 스페인으로 돌아가기로 결정했고, 스페인 국립연구위원회 Spanish National Research Council(CSIC)에 분자생물학연구소를 설립했다. 이 분야는 스페인에서는 생소한 연구 분야라서 연구비를 얼마나 받을 수 있을지 불확실했다. 그들은 여름이 되기 전에 롱아일랜드에 있는 콜드스프링하버연구소가 주관한 파지 phage 관련 여름학교에 참여했는데, 이를 계기로 첫 번째 연구 주제를 정했다. 바로 박테리오파지 φ29였다. 박테리오파지는 흔히 그냥 파지라고도 불리는데, 박테리아를 숙주세포로 하는 바이러스를 통칭한다. 일반적으로 박테리오파지는 유전물질과 그것을 둘러싼 단백질 캡시드로 이루어져 있다. 마르가리타와 엘라디오가 선택한 파지는 상대적으로 크기는 작지만 복잡한 구조를 가지고 있었다. 그리고 아직 연구가 많이 진행되지 않았다. 이는 연구의 세부 계획을 고려할 때 중요한 부분이었고, 경쟁자가 없어야 했다. "스페인에서 새로운 걸 시작한다는 게 어려운 일이었어요. 연구 자금도 따로 없었고요. CSIC에서 주는 월급만 받았죠. 이곳에서 연구를 시작하려고, 미국 의료 연구를 위한 제인 코핀 차일즈 기념 기금의 연구비를 가져왔어요. 이 연구비가 없었다면 스페인에서 연구를 시작하지도 못했을 겁니다." 그들은 열정적으로 연구했고,

1971년 《네이처》에 논문을 발표했다. 콜드스프링하버연구소의 소장이며 이중나선 구조 발견으로 유명한 제임스 왓슨은 마르가리타를 콜드스프링하버 심포지엄에 초청했다.

마르가리타와 엘라디오는 공동 연구를 성공적으로 진행했다. 그러던 중 엘라디오는 이렇게 계속 같이 연구를 하는 게 과학자로서 마르가리타의 장래에 해가 될 수도 있다는 것을 깨달았다. 마르가리타의 말을 들어보자.

우리는 박테리오파지 φ29를 함께 연구했어요. 우리 연구팀에서는 아무 문제도 없었는데, 다른 팀 동료들은 나를 그저 엘라디오 비뉴엘라의 아내로 "만" 여기고 있더라고요. 내 이름이 없어진 거예요. 엘라디오는 포용심이 큰 사람이었고 내가 독자적으로 연구하기를 바랐죠. 따라서 1970년에 그는 아프리카돼지열병 바이러스 프로젝트를 새로 시작했고, φ29 파지 연구는 나에게 남겨주었어요. 한동안은 φ29 파지에 대해 함께 연구했지만, 제2인자로서 파트타임으로만 참여하다가 완전히 손을 뗐고, 내가 전적으로 연구를 이끌어가도록 해주었습니다. 그다음부터 우리가 공동으로 한 연구는 없었어요. 물론 그는 나를 항상 도와주었죠. 나는 종종 그가 내 남편이자 최고의 선생님이라고 이야기합니다.

결국 그들은 스페인에서도 연구비를 지원받았다. 1977년에 그들은 CSIC의 세베로 오초아와 마드리드 자치대학교의 이름을 딴 새로운 분자생물학센터로 이전했다. "비록 스페인에서 연구비를 국민총소득의 1.3% 이상 올리지는 않았지만, 몇 년 전까지만 해도 연구비 상황이 그리 나쁘진 않았죠. 그런데 최근에 예산 제한 때문에 연구 지원비가 크게 줄었어요. 지난 4년간 40%가량 줄었죠. 현재는 상황이 매우 안 좋아요. 훌륭한 연구를 하던 팀들의 연구비가 끊겼어요."

마르가리타는 특정 박테리오파지 연구를 45년 동안 진행해오며 중요한 연구 결과를 많이 발표했다.

내 연구실에서는 φ29 파지 DNA 복제와 φ29 DNA 전사 제어에 대해서 연구하고 있어요. 전사 제어를 위해 φ29 유전자가 파지 발달에 따라 어떻게 발현하고 억압되는지 그 메커니즘을 연구해왔어요. 이 과정에서 핵심 역할을 하는 파지 단백질의 특징을 설명할 수 있게 되었죠.

φ29 DNA 복제와 관련된 중요한 연구 결과 중의 하나는 파지 DNA와 공유결합 형태로 연결된 파지 단백질을 찾은 거예요. 이것은 나중에 φ29 DNA 복제의 기시점이 되는 짧은 유전자 프라이머 primer 역할을 하죠. 이것은 복제를 시작하는 새로운 메커니즘의 상징이라고 할 수 있어요.

또 다른 중요한 결과도 있었는데, φ29로 인코딩된 DNA 중합 효소가 주로 DNA 증폭 기술과 관련된 생명공학 응용에 매우 유용한 세 가지 성질을 가지고 있다는 거예요. 그중 하나는 높은 "지속성 processivity", 즉 효소가 그 잔류물을 방출하지 않고 연속적인 반응을 촉매할 수 있다는 성질이죠. 또 다른 성질로는 (이중나선을 여는) 가닥 치환을 생성해내는 능력과 높은 충실도 fidelity가 있습니다. 우리는 φ29 DNA 중합 효소에 대해 특허를 냈고, 원형 DNA와 선형 DNA 증폭 기구들은 아머샴 Amersham사가 상용화시켜 경제적으로 좋은 성과를 내고 있어요.

그녀는 마드리드 콤플루텐세 대학교에서 24년 동안 분자유전학을 가르쳤고, 1992년에 세베로 오초아 분자생물학센터의 센터장을 맡으면서 강의를 그만두었다. 그녀의 업적은 수많은 상과 공로로 인정을 받았다. 페레르 재단의 세베르 오초아 연구상(1986), 하이메 1세 연구상(1994), 로레알-유네스코 여성 과학자상(2000) 등을 받았다. 스페인 왕립과학원과 스페인 왕립학술원 회원이며, 미국 과학원을 포함해 외국의 여러 학술원의 회원이기도 하다. 2008년에는 분자생물학에 기여한 공로로 후안 카를로스 1세로부터 카네로^{Canero} 후작 작위를 받았다. 이는 세습되는 직함으로 그녀에 이어 딸 루시아^{Lucía}가 이어받게 될 것이다. "나는 예전에 남편과 합의해서 내 연구팀이 자리를 잡을 때까지 출산을 연기했었죠. 그리고 내가 37세 때 딸이 태어났죠"라고 마르가리타는 이야기했다. 루시아는 정보 통신 분야에서 일하고 있다.

마르가리타는 1950년대 중반에 공부를 했는데, 나는 당시 스페인 대학에서 여성이 과학을 공부하는 것이 어떠했는지 궁금했다. 그녀는 3분의 1 정도가 여학생이었고 차별 대우를 받지 않았다고 말했다. 교수는 전부 남자였고, 연구실 조교들 중에서만 여성이 드문드문 보이는 정도였다. 하지만 그녀가 박사과정에 들어갔을 때는 상황이 달랐다. "지도 교수가 차별 대우를 했어요. 여성은 연구를 할 수 없다고 믿는 사람이었죠."

마르가리타가 석사과정을 밟는 즈음부터, 스페인에서 여학생 수와 과학 분야를 지망하는 여학생들이 급격히 늘었다. 여성 정교수는 평균 17% 정도였고, 부교수는 38%로 유럽연합 국가들의 평균치에 다다르고 있었다.[5] 국립 아카데미 회원과 관련해서는 다음과 같다. "스페인 과학원에는 현재 여성이 3명이고, 1명을 더 선출할 예정이에요. 그렇게 되면 8%가 되죠. 스페인 약학아카데미에는 50명 중 8명이 여성이고, 의학아카데미는 51명 중 2명이 여성, 공학아카데미는 50명 중 3명이 여성입니다."

미리엄 사라치크

물리학자

2000년, 뉴욕시티 칼리지에서 미리엄 사라치크
(사진: 막달레나 허기타이)

1950년 미리엄 사라치크 Myriam Sarachik 는 뉴욕시에 있는 여자대학 바너드 칼리지에서 학업을 시작하면서 물리학을 전공하기로 했다. 이를 위해 기초 교과목 하나를 제외하고 모든 수업을 컬럼비아 대학교에서 들어야 했다. 바너드 칼리지에는 물리학 수업이 개설되지 않았기 때문이다. 그녀는 수학과 음악을 좋아했으며, 물리가 가장 어려운 과목이라고 생각했지만 물리학자가 되기로 결심했다. 기회가 되었다면 그녀의 아버지가 물리학을 공부했을 것이라 생각했기 때문이다. 미리엄은 끝까지 견뎌냈고 1954년에 졸업했다. 40년이 지나, 그녀는 미국 국립과학원NAS에 선출되었고, 10년 후에는 1899년에 창립한 미국 물리학협회APS에서 여성으로는 세 번째 회장에 올랐다. 그녀는 응집물질물리학 실험 결과에 기여한 공로로 수많은 상을 받았는데, 2005년에 응집물질물리학 분야의 올리버 버클리상과 로레알–유네스코 여성 과학자상을 받았다. 그녀는 인권 운동에 활발히 참여해왔고, 과학자들의 인권에 관련된 여러 위원회에서 회원이나 임원으로도 활동하고 있다.

미리엄 사라치크(결혼 전 성은 모르겐슈타인Morgenstein)는 1933년에 벨기에의 안트베르펜에서 태어났다. 그녀는 여자로서 해야 할 것과 하지 말아야 할 것 등을 배우며 정통 유대인으로 성장했다. 그녀가 여섯 살이었을 때 가족은 독일을 떠나야 했는데, 처음에는 빠져나가지 못했다.[1]

… 우리는 칼레를 향해 걸었지만, 칼레도 독일에 포위되고, 며칠도 안 돼 벌써 독일 땅이 되어버렸죠. 그래서 다시 안트베르펜으로 돌아갔

어요. 그때가 1940년 5월이었죠. 이후에 다시 시도했지만 독일의 점령지 비시에서 붙잡혀 캠프에 수감되었고, 다른 캠프로 이송되었다가 결국 탈출에 성공해 간신히 쿠바로 갔어요. 그때 나는 여덟 살이었고 쿠바에서 6년간 지내다가 1947년에 미국으로 이민 왔죠. 오빠는 칼레가 폭격을 받을 때 영국으로 갔다가 쿠바에서 다시 만났습니다.

미리엄은 대학에 진학할 때까지 이미 세 나라에서 학교 몇 군데를 다닌 적이 있었다. 그녀는 충분한 경험을 했기 때문에, 그때만 해도 여성에게 적합하지 않은 직업이라는 세간의 평 따위는 신경 쓰지 않았다. 1학년 물리 실험실에서 필립 사라치크Phillip Sarachik를 만났고, 졸업하고 나서 두 사람은 결혼했다. 남편은 컬럼비아 대학교 석사과정으로 진학했다.

언젠가 남편의 교수들 중 한 분이 그에게 박사과정에 관심이 있는지 물었대요. 그는 당시 전혀 생각도 안 하고 있었죠. 별 기대도 안 했고 석사학위도 배경 정도로만 생각했나봐요. 하지만 그 가능성에 관심이 생겼고 심사숙고한 끝에 그렇게 하겠다고 답을 했답니다. 그 당시에 나는 수업을 들으며 컬럼비아 대학교에 있는 IBM 왓슨연구소에서 일하고 있었는데, 나도 박사과정을 하고 싶더라고요. 하지만 여자가 할 일은 아니라고 생각했죠. 그런데 나보다 1년을 먼저 바너드 칼리지에서 물리학을 전공하던 내 친구가 컬럼비아 대학교에서 학위를 받았어요. 그 친구는 여성인데도 전혀 망설임이 없었죠. 그 친구도 학위를 땄는데 나라고 못할까, 하는 생각이 들었어요. 그래서 고민 끝에 나도 학교에 전임 학생으로 등록하고 과정을 밟았죠. 사실, 나는 IBM 왓슨연구소에서 논문을 끝냈어요. 지도교수는 리처드 가윈Richard Garwin이었고요.

그녀의 박사 논문 주제는 초전도체supreconductor였고, 1960년에 학위를 받았다. 그 당시에 남편은 직장을 옮기는 중이라서 그들은 유럽으로 함께 휴가를 다녀왔다. 이번 여행은 미리엄네 가족이 이민을 하던 시절 겪었던 것과는 사뭇 달랐다. "13주는 너무 길었어요. 어렸을 때 어쩔 수 없이 여행을 다녀야 했던 나로서는 긴장도 되고 걱정도 많이 했는데, 남편은 여행 재미에 푹 빠져 지내더라고요!" 여행에서 돌아와 IBM 왓슨연구소에 박사후 연구원 자리를 받아 가윈 교수와 함께 일을 했다. 하지만 그녀는 임신을 했고, 상황이 달라졌다. IBM 규정 중에 불리한 조항들이 있었기 때문이다. 딸을 출산한 그녀는 IBM을 떠나 뉴저지주에 있는 AT&T 벨연구소의 박사후 연구원으로 자리를 옮겼다.

그때 나는 아기가 있는 여성 물리학 박사였기 때문에 직장을 구하는데 어려움이 많았습니다. 정말 힘들었어요. 아무도 나를 상대하지 않으려고 했죠. 컬럼비아 대학교의 폴리카프 쿠시Polykarp Kusch 교수*는 나를 진심으로 지원해주셨어요. 왜 내가 직장을 원하는지 이해는 못하시더군요. 그 문제로 30분 동안 격렬하게 나와 논쟁하다가 파트타임 일

---

* 폴리카프 쿠시(1911-1993)는 전자의 자기 모멘트가 그것의 이론적인 양보다 크다는 것을 정밀하게 측정해 양자역학에 혁신을 가져다준 공로로 1955년에 노벨 물리학상을 받았다.

을 하라고 제안하셨죠. 하지만 그때 나는 이유는 모르겠지만 어떻게 해서든 물리학 분야에서 전임으로 계속 일을 하겠다고 마음먹었어요. 그리고 교수님이 일자리 찾는 것을 도와주셨고, 나는 아기를 돌볼 사람을 구했어요.

1964년, 미리엄은 뉴욕시티 대학교의 일부인 시티 칼리지에 조교수로 임용되었고, 지금까지 같은 대학에 재직 중이다. 그녀의 연구는 물리학의 근본적인 질문에 초점을 맞추고 있다. 금속-절연체 전이 metal-insulator transition와 이른바 분자자석 molecular magnet으로 알려져 있는 '2차원에서 금속의 거동'과 관련한 연구는 현재도 참여하고 있는 프로젝트들이다.

잘 알려져 있듯이, 금속은 전기가 통하고, 절연체는 전기가 통하지 않는다. 금속과 절연체 사이에 있는 물질을 반도체라고 한다. 반도체는 절연체이지만 특정 불순물이 더해지면 도체가 된다. 미리엄과 동료 연구자들은 어떤 상황에서 절연체가 도체가 되는지 실험했다. 이런 실험은 절대 0도에 가까운 아주 낮은 온도에서 이루어졌다. 미리엄 연구팀은 다양한 물질에서 이런 전이와 관련된 중요한 성질들을 밝혀냈다.

사람들은 2차원에서 금속의 거동이 불가능하다고 여겼지만, 미리엄의 생각은 달랐다.

나는 2차원 전자 시스템의 높은 이동성을 가진 금속 거동을 발견한 세르게이 크라브첸코 Sergey Kravchenko의 연설을 듣고 있었죠. 정말 멋진 내용이었어요. 그런데 세르게이의 연구 결과는 쉽게 받아들여지지 않았어요. 모든 사람이 그런 것은 존재할 수 없다고 생각했기 때문이에요. 얼마 되지 않아 그는 일자리를 구하고 있었고, 마침 빈자리가 하나 있었죠. … 이상적인 조합이었어요. 나는 관련 분야에서 오랫동안 연구를 해왔고, 내 연구가 세르게이가 발견한 것들에 타당성을 부여할 거라고 생각했어요. 우리는 후속 연구를 함께했고 2차원에서 전이가 가능하다는 것을 입증했어요.

연구 주제인 2차원 시스템은 특정 고체의 인터페이스에 갇힌 얇은 전자층 또는 이를 위해 특별히 설계된 이종 구조를 말한다. 미리엄 연구팀은 이런 시스템에서 여러 가지 중요한 발견을 했다.

그녀의 또 다른 관심 분야는 단분자자석이다. 이것들은 망간 또는 철 원자와 같은 원자들의 클러스터로, 커다란 자기 모멘트를 가지기 위해 함께 결합되는 것들이다. 이론적인 관심 외에도, 이런 분자 기반 자석은 정보 저장과 양자 컴퓨터에 여러 가지 중요한 응용 가능성이 있다.

미리엄은 물리학 연구와 함께 인권운동도 병행하고 있다. 그녀는 개인의 권리에 늘 관심을 가지고 있었다. "나는 공정성에 대한 감각이 아주 강한 편이에요." 그녀는 국립 참여과학자위원회의 회원이다. 소련이 존립하던 당시, 미리엄은 '레퓨제닉refusenik', 즉 소련을 떠나려고 했으나 허락되지 않은 유대인들을 만나러 소련을 방문했다. 그녀는 미국 국립과학원의 과학자인권위원회의 위원이기도 하다. "내 인권 운동 활동이 2000년대 초반 우리 정부가 해온 일로 심각한 손상을 받았어요. 아주 비열하고 용서할 수 없는 일이라고 생각합니다." 그녀는 흥미로운 사례를 들었다. 이라크 침공이 있던 해에 그녀는 미국 물리학협회(APS) 회장이었다.

나는 당시 벌어지고 있는 사태에 개인적으로 반대했을 뿐만 아니라 치를 떨며 반대했기 때문에 무척 힘들었어요. 어떻게 해야 할지 막막했어요. 하지만 과학협회 회장으로 정치적 견해를 밝히는 것이 적절히 않다고 생각했죠. 나는 개인이 아니라 과학을 다루는 협회의 회장 자격으로 발언해야 했기 때문입니다. 진화에 대해서 이야기한다면 내 의견을 말할 권한이 있지만, 정치적 견해는 그럴 수 없었죠. 사실, APS 회원 대부분이 공감한다고 생각했지만, 협회 전체의 입장은 아니고 협회 활동의 범위 내에 있는 일도 아니었어요. 미국인들은 우리가 하는 일을 그다지 안 좋게 생각했어요. 나는 스페인 물리학협회의 100주년 기념식에 사실상 협회 대표로 참석했었죠. 당시 노벨상 수상자가 과학 내용을 담은 연설 대신, 연설 시간 전체를 미국이 하고 있는 일이 얼마나 끔찍한 짓인지 이야기하더군요. 청중 모두가 박수 치고 발을 구르며 동의를 표했어요. 내 발표 차례가 되었을 때, 나는 인터넷에 접속해, 협회가 발표했던 여러 성명서의 정확한 문구들을 다운로드했어요. 이렇게 하는 게 중요하다고 생각했죠.

80세인 미리엄은 연구뿐 아니라 여러 활동을 계속하고 있다. 그녀는 2008년에 국립과학원의 모든 주요 결정이 이루어진다고 할 수 있는 운영협의회에 선출되었다. 그녀는 모두 나열하기 벅찰 만큼 많은 자문위원회의 위원이다. 그녀는 과학 분야, 특히 물리학 분야에 여성들의 '출현'이 더디게 일어나는 상황을 우려했다. 그녀는 물리학의 여성 지위 위원회Committee of the Status of Women in Physics의 위원이었다. APS 회장으로서, 젊은 여성들에게 물리학이 좀 더 매력적으로 다가갈 수 있도록 노력했다. "여성은 남자보다 좀 더 강하고 끈기가 있어야 하죠. 내가 시작할 때도 물론 그랬고, 아직도 그래야 한다고 생각해요. 요즘에는 기회가 남성과 여성에게 동등합니다. 다만 여성은 사람들이 가지고 있는, 아직 별로 바뀌지 않은, 섣부른 편견(여성들 자신이 가지고 있는 것을 포함해)에 맞서야 합니다."

마리트 트래테베르크

화학자

1996년, 트론헤임에 있는 자신의 사무실에서 마리트 트래테베르크
(사진: 막달레나 허기타이)

내가 과학 연구 경력을 시작했을 때 마리트 트래테베르크^{Marit} Traetteberg는 이미 가스상 전자회절^{gas-phase electron diffraction}로 분자 구조를 규명해낸 유명한 사람이었다. 그녀는 성공했고 존경을 받고 있었다. 전문 분야의 과학자들뿐만 아니라 그녀의 모국 노르웨이 과학계에서도 유명세가 높았다.

마리트 트래테베르크¹⁹³⁰⁻²⁰⁰⁹는 노르웨이 서쪽의 작은 항구 도시 올레순에서 태어났다. 집안 분위기가 매우 이지적이었다. 전쟁 상황인데도 어린 시절을 행복하게 보냈다. 그녀는 어렸을 때부터 화학자가 되고 싶어 했다. 특히 고등학교 화학 선생님의 영향을 많이 받았다. 그녀는 트론헤임에 있는 과학기술대학교에 입학하기로 결정했다. 그런데 그러려면 1년간의 실습 과정을 이수해야 했기에, 그녀는 오슬로에 있는 노르웨이 와인 모노폴리에서 실습을 했다. 그녀가 혼자서 지낸 것은 이때가 처음이었다. "그것은 좋은 실습이었어요. 사람들이 진심으로 대해주었죠. 워크숍을 제외하고 다양한 분야를 모두 접했어요. 아, 워크숍에 가고 싶었지만 아쉽게도 여자애가 갈 만한 곳이 아니라고 하더라고요. 살아가는 데 도움이 될 만한 걸 그때 많이 배웠어요. 내가 과학기술대학교에 입학할 거라는 소식이 알려지기 전까지는 사람들과 친하게 지냈어요. 사람들이 알게 된 다음에는 분위기가 좀 사무적으로 바뀌었죠. 나 말고 대학 실습생은 아무도 없었거든요. 결국은 내가 자기들을 얕잡아보게 될 거라고 생각했던 것 같아요. 이런 문제로 몹시 괴로웠죠."[1]

여자가 오슬로 대학교 대신 과학기술대학교를 선택하는 것이 흔한 일은 아니었다. 하지만 마리트는 도전해보고 싶었다. 모든 일이 순조

나는 그가 나보다 훌륭한 과학자였다고 믿지만,
사람들은 항상 내가 과학적인 업적이
더 많다고 평가했어요. 남자로서 그런 평가를
견디기 쉽지만은 않았을 거예요.
그러나 그는 그 점을 늘 내수롭지 않게 여겼죠.
얼마나 멋진 사람이었다고요.

롭게 진행되었다. 그녀는 블루밍턴에 있는 인디애나 대학교와 다른 곳
에서 잠시 지냈던 때를 빼면 거의 모든 경력을 과학기술대학교에서 쌓
았다. 그녀는 모든 학위를 노르웨이에서 받았다. 노르웨이 과학한림
원Norwegian Academy of Science and Letters 회원으로 선출되면서 과학자
로 최고 수준의 명성을 얻었다. 게다가 그녀는 과학기술대학교 고위
행정직에도 올랐다. 가스상 전자회절 분석 분야에서 그녀가 이룬 중요
한 업적은 분자의 움직임과 기하(구조)를 동시에 분석한 것이다. 그 덕
분에 분자 구조의 다양한 특징을 더 깊게 이해하고, 분자 구조를 좀
더 정확하게 규명할 수 있었다.

　노르웨이에는 가스상 전자회절 분야를 주도하는 실험실이 있었다.
나는 마리트에게 그 이유를 물었다.

　이 연구 분야가 새로 생겨났을 무렵, 노르웨이에서 이 분야를 발전

시켜나갈 재능 있고 호기심 많은 과학자들이 있었어요. 시기와 장소가 절묘하게 맞아떨어진 셈이죠. 오드 하셀Odd Hassel, 크리스텐 핀박Christen Finbak, 오토 바스티안센Otto Bastiansen, 우선 이 세 명이 떠오르네요. 바스티안센은 노르웨이에서 이 분야를 발전시킨 원동력을 제공한 사람이에요. 노르웨이와 외국 학생 여럿을 자기 연구팀으로 끌어들였거든요. 아마 명석한 과학자인 데다가 친절하고 솔직한 그의 성격도 일조했을 거예요. 사람들은 그와 즐겁게 일했어요. 물론 다른 이유도 있어요. 전자회절 실험실을 설립할 때 노르웨이 연구위원회가 만들어졌고, 이 위원회가 새로운 과학 분야를 지원해주었죠. 오토 바스티안센은 국제 연줄이 빵빵했어요. 그는 1940년대 말에 1년 동안 라이너스 폴링 실험실에서 보낸 적이 있어요. 나는 1950년대 중반부터 그와 함께 일하기 시작했는데, 외국의 유명한 최고 과학자들의 발길이 끊이지 않았어요. 그 사람들이 와서 강의도 하고 한동안 머무르기도 했죠. 정말 신나고 활력 넘치는 시절이었어요. 라이너스 폴링, 도러시 호지킨, 쿠치추 코조, 모리노 요네조, 베르네르 쇼마커와 그 밖에 많은 다른 과학자들이 우리와 함께 지냈어요.

마리트는 물리학자인 옌스 트래테베르크와 결혼했다. 그는 스칸디나비아에서 가장 큰 연구 단체 SINTEF에서 거의 평생을 일했다.

그는 6년 전에 우리 곁을 떠났어요. 나는 그가 나보다 훌륭한 과학자였다고 믿지만, 사람들은 항상 내가 과학적인 업적이 더 많다고 평가했어요. 남자로서 그런 평가를 견디기 쉽지만은 않았을 거예요. 그러나 그는 그 점을 늘 대수롭지 않게 여겼죠. 얼마나 멋진 사람이었다고요. …우리는 종종 저녁을 먹으며 일 이야기를 했죠. 한번은 열다섯 살 된 딸 [카리Kari]에게 나중에 어떤 사람이 되고 싶은지 물었어요. 딸은 화를 버럭 내며 대답하더군요. 우리 부부가 고민했던 문제들 때문에 진절머리가 났대요. 우리가 하는 일은 하고 싶지 않다면서요. 나는 그때 깨달았어요. 아마 우리가 과학하면서 느끼는 즐거움보다 일하면서 발생하는 여러 문제를 가지고 더 많이 이야기했나보다 하고 말이죠. 카리는 정원사 일을 시작했지만, 과학과 수학 쪽으로 대학 교육을 받겠다고 마음먹었고 결국 선생님이 되었죠.

노르웨이는 다른 나라에 비해 여성이 사회 곳곳에 많이 참여하는 다소 특별한 나라다. 노르웨이는 이미 여성 총리를 배출했고 한때 정부 관료의 절반이 여성이었다. 마리트는 이런 사실 자체뿐 아니라, 노르웨이 사회가 이런 점을 당연하게 받아들이는 게 자랑스러웠다. 정부는 여러 가지 규정을 도입했다. 예를 들어, 정부 산하 위원회를 구성할 때 여성이든 남성이든 적어도 40%는 차지해야 한다. 물론 이 모든 조치가 시작된 지는 수십 년밖에 되지 않았다. 마리트가 젊은 엄마였을 때만 해도 젊은 엄마가 일을 한다는 게 흔한 일은 아니었다. 그러나 지금은 아주 자연스러운 모습이 되었다.

마리트는 과학뿐만 아니라 다른 일에서도 늘 적극적이었다. 그녀가 박사과정을 밟을 때, 어린 딸이 있었다. 딸을 돌보는 게 항상 문제였으나, 이런 상황은 마리트가 계속 일을 하고 싶다면 어쩔 수 없는 일이었다. 오토 바스티안센의 권유에 따라 마리트는 대학교에 어린이집을 운영했고, 자녀가 있는 다른 학생들과 함께 유아원도 세웠다. 실제로 당사자들이 직접 건물을 지었는데, 그 건물은 50년이 다 되도록 여전히 건재하다.

그녀가 이룬 그 밖의 성취는 남편에 이어 몇 년 사이에 마리트까지 암 진단을 받은 것과 연관이 있다. 그녀는 다음과 같이 회상했다. "이 것은 우리 삶에서 전환점이 되었어요. 암에 걸렸을 때 나는 정말로 외로웠고 암에 대해 아는 것이 하나도 없었죠. 그때 나는 같은 처지에 놓인 여성을 만났고, 누군가 우리에게 조언과 지지를 해준다면 얼마나 좋을까 하고 이야기를 나누었어요. 그러다가 결국 우리가 앞장서서 봉사 활동을 시작했어요. 그 당시 오슬로에서 비슷한 일을 시작한 노르웨이 암학회와 연결이 되었습니다. 그들은 우리 계획을 지지했고, 나는 그때부터 지금까지 이 일을 하고 있어요." 마리트는 수년간 활력과 품위를 유지하면서 암과 싸우다가 결국 2009년에 병에 굴복하고 말았다.

우젠슝

실험물리학자

1963년, 우젠슝(스미소니언협회 기록보관소 제공)

내가 위대한 여성 과학자에 대해 이야기할 때 종종 우젠슝 박사를 언급하지 않는 경우가 있다. 대신, 좀 더 특별한 주제 혹은 청중과 더 밀접한 다른 과학자를 거론한다. 그럴 경우 반드시 누군가는 내가 그녀를 언급하지 않는 이유가 뭐냐고 묻는다. 우젠슝은 위대한 물리학자로 잘 알려져 있으며 정말 그렇다. 그녀는 또 노벨상의 부당함을 보여주는 상징이 되었고, 이런 점에서 그녀의 이야기는 해명이 필요하다.

우젠슝1912-1997은 중국 상하이 근처의 작은 마을에서 태어났다. 엔지니어인 아버지는 중국 최초로 여자 아이들을 입학시킨 학교들 중의 하나인 밍더明德 학당을 설립했다. 아버지와 어머니는 아이들에게 좋은 교육의 중요성을 심어주었다. 11세 때 우젠슝은 이웃 도시 쑤저우에 있는 기숙학교로 옮겨 갔다. 그곳에서 과학, 특히 물리학을 공부하기로 마음먹었으며 영어도 배웠다. 1929년에 그곳을 졸업하고 그녀는 상하이 공립학교를 1년 동안 다녔는데, 교장이 유명한 학자인 후스胡適 교수였다. 후스는 아버지를 제외하면 그녀의 삶에 가장 큰 영향을 끼친 사람이었다.[1] 1930년부터 그녀는 난징의 국립중앙대학교에서 공부했고 1934년에 학년 수석으로 학사학위를 받았다.

1년간 교편을 잡고 나서 그녀는 타이완 중앙연구원Academia Sinica에서 연구를 시작했다. 그녀의 스승은 여자 교수였는데, 미국으로 가서 공부를 계속하도록 우젠슝을 격려했다. 부모의 도움으로 그녀는 캘리포니아 대학교 버클리 캠퍼스에 등록했고, 방사선연구소 소장이며 곧 노벨상을 수상하게 된 어니스트 로렌스 지도 아래 물리학 박사과정을 밟기 시작했다. 또 다른 노벨상 수상자 에밀리오 세그레가 그녀의 지도교수였다. 박사학위 주제는 우라늄이 분열하는 동안 일어나는 방사성 붕괴였다. 그녀는 실험 설계와 측정 방법을 배웠다. 1940년에 박사학위를 받았고, 로렌스의 방사선연구소는 그녀에게 보조 연구원 자리를 제안했다. 나중에 그녀의 연구는 제논 동위원소인 ^{135}Xe 생성이 원자로 독작용reactor poisoning(원자로에서 핵반응 중에 아이오딘-135가 분열되어 제논-135가 원자로 안에 쌓이는데, 이들이 원자로 안의 중성자를 흡수해서 원자로의 반응성을 점점 떨어뜨리다가 결국에는 원자로를 정지시키기도 하는 현상 — 옮긴이)의 원인이라는 것이 알려지면서 중요성을 더 크게 인정받았다.

버클리에 있을 때 그녀는 최근에 중국에서 온 물리학과 대학원생 위안자류袁家騮를 만났다. 그는 타이완 초대 총통의 손자였다. 그는 캘리포니아 공과대학Caltech을 졸업하고 프린스턴 대학교에서 자리를 제안받았다. 두 사람은 1942년에 결혼하고 동부로 이사했다. 우젠슝은 매사추세츠주 노스햄프턴에 있는 스미스 칼리지에서 물리학을 가르쳤다. 1943년 그녀는 프린스턴 대학교의 강사 자리를 제안받았다. 이것은 그녀의 이력에 몇 차례 등장하는 '최초' 중 하나다. 그 당시 여성은 입학도 안 되던(!) 프린스턴 대학교에서 강의를 맡은 첫 번째 여성이었기 때문이다. 이민 온 젊은 중국 여성이 프린스턴 대학교의 남학생들에게 어려운 과목 중 하나인 물리학을 가르친 것은 전례 없는 일이었는데, 그것은 전쟁 때문이었다. 물리학자 대부분이 전쟁과 관련된 프로젝트에 관여하고 있었다. 1944년에 그녀는 컬럼비아 대학교에서 진행하는 맨해튼 프로젝트에 참여해 방사성 검출기를 연구해달라는 요청을 받았다.

우젠슝은 컬럼비아 대학교를 좋아했고 평생을 그곳 물리학과에서 일했다. 전쟁이 끝나자, 그녀는 핵물리학을 계속 연구했다. 그녀의 주된 관심사는 베타 붕괴, 즉 핵 안에 양성자보다 특이하게 중성자가 많거나 그 반대일 경우에 일어나는 핵반응이었다. 그 결과 나타나는 불안정성은 하나 또는 그 이상의 베타 입자를 방출하며 해소된다. 베타 입자는 핵에서 나온 전자나 양전자(양전하를 띠는 전자의 반ᵥ입자)다. 핵에서 전자가 하나 방출되면 중성자 하나가 양성자로 바뀐다. 양전자가 방출되면 양성자가 중성자로 바뀐다. 자연계에 있는 다양한 힘 중에서 베타 붕괴에 관여하는 힘은 약한 상호작용이다. 오랫동안 물리학자들은 베타 붕괴를 설명하지 못했다. 볼프강 파울리가 중성미자를 발견하자, 엔리코 페르미가 중성미자의 존재를 도입하여 베타 붕괴 이론을 발전시켰다. 페르미의 설명은 우젠슝이 그의 원리가 사실이라는 것을 확인하는 독창적인 실험을 고안하고 나서야 실험으로 입증되었다. 이 때문에 그녀는 물리학계에서 유명 인사가 되었다.

반전성 깨짐parity violation을 증명하는 그녀의 다음 실험은 그녀를 더 유명하게 만들었다.[2] 반전성은 기본 입자elementary particle의 고유한 성질인데, 기본 입자들의 행동이 반사 변환하에서 어떤 식으로 기술되는지 알려준다. 다시 말해, 어떤 입자나 혹은 입자들 사이의 상호작용을 직접 관찰하는 것과 그것들을 거울에 비추어 관찰하는 것 사이의 관계를 말한다. 가령, 오른손 나사를 거울에 비추면 왼손 나사처럼 보이듯 시계 방향으로 자전하는 입자를 거울에 비추면 시계 반대 방향으로 자전하는 것처럼 보일 것이다. 물리학자들은 입자의 반전성이 보존된다고 가정해왔다. 그 말은, 한 입자에 내재된 반전성은 그 입자가 붕괴하거나 생성되는 동안 바꿀 수 없다는 것이고, 또한 반전성 변환은 기본 입자의 상호작용 법칙을 바꾸지 않는다는 것이다. 다시 말해 물리학자들은 기본 입자의 세계에서는 특별히 오른손잡이나 왼손잡이 어느 한쪽이 선호되지 않는다고 여기고 있었다.

그러나 일부 물리학자는 반전성 보존이 좀 더 확실한 근거가 없다고 생각하기 시작했다. 중국계 미국 물리학자인 컬럼비아 대학교의 리정다오李政道와 프린스턴 고등과학원의 양전닝楊振寧은 강한 상호작용에서는 반전성 보존이 명백하게 관찰되는 경우가 많았던 반면, 약한 상호작용에서 반전성 보존을 관찰하려는 실험은 설계된 적이 한 번도 없다는 사실을 깨달았다.[3] 리정다오와 양전닝은 1956년 10월 1일 발간된 《피지컬 리뷰Physical Review》에 '약한 상호작용에서 반전성 보존에 관한 의문점'이라는 유명한 논문을 발표했다. 그들은 논문에서 약한 상호작용에서는 반전성이 깨질 가능성이 있다고 간략하게 논했고 이 가능성을 테스트할 실험 몇 가지를 제안했다.

리정다오와 우젠슝은 같은 부서에서 근무했고, 1956년 봄에 이미 반전성 보존을 테스트할 실험 가능성에 대해 토론했다.[4] 코발트 동위원소 ^{60}Co을 베타 소스로 사용하는 실험 가능성이 대두되었다. 우젠슝은 이것이 베타 붕괴 물리학자가 결정적인 테스트를 실시할 소중한 기회라고 생각했다. 그녀는 이 프로젝트가 더 우선이라고 여겨 유럽 물리학회 참가를 포기했고, 뒤이어 정확히 20년 전에 떠나온 중국 방문까지 포기했다.

반전성 보존을 증명하거나 그것이 잘못됐다는 것을 증명하는 과제는, 비록 우젠슝이 선택한 것과는 매우 다른 물리 현상을 이용하긴 했으나, 다른 두 연구팀도 뛰어들었다는 사실이 나중에 알려지게 되었다. 이들 연구팀의 주요 구성원은 컬럼비아 대학교의 리처드 가원과 리언 레더먼, 그리고 시카고 대학교의 제롬 프리드먼Jerome Friedman과 발렌타인 텔레그디였다(레더먼과 프리드먼은 나중에 서로 다른 분야에서 노벨상을 받았다. 가원과 텔레그디 역시 그에 버금가는 뛰어난 물리학자였다).

다시 우젠슝 이야기로 돌아가자. 그녀는 바로 실험 계획을 세우기 시작했다. 예전에 시도해본 적이 없는, 두 가지 기술을 함께 이용해야 하므로 복잡한 과제였다. 그녀는 베타 붕괴 분야의 전문가였으나, 컬럼비아 대학교에서는 구현할 수 없는 극저온에서 (절대 영도에 가깝게) 실험을 하는 기술도 필요했다. 그녀는 워싱턴 DC에 있는 미국 국립표준국National Bureau of Standards(NBS)*에서 일하는 동료 어니스트 앰블러Ernest Ambler에게 연락했다. 그는 핵 방향성 실험에 딱 맞는 설비와 전문성이 있었다.[5] 1956년 9월에 우젠슝과 앰블러는 그 프로젝트에 다른 NBS 연구자 세 명을 끌어들였다. 1956년 12월 27일, 우젠슝의 NBS 동료들은 실험에서 비대칭성의 첫 번째 징후를 관찰했다. 그 소식을 듣자마자 그녀는 서둘러 워싱턴으로 갔다. 며칠 뒤, 그녀는 뉴욕시에서 리정다오와 양전닝을 만나 이 멋진 예비 조사 결과를 전했다.

엄청난 고생 끝에 마침내 우젠슝과 NBS 동료들은 1957년 1월 10일 실험 결과를 발표했다. 그 사이 가원과 레더먼은 유명한 '주말 실험' 때, 사이클로트론cyclotron 실험에서 극성을 띤 뮤온muon이 붕괴되는 동안 반전성이 깨지는 것을 성공적으로 보여주었다. 1월 15일 컬럼비

---

* 지금은 미국표준기술연구소(National Institute of Standards and Technology)

1958년 과학박람회에 참여한 우젠슝.(http://www.wikipedia.org 공용 도메인)

아 대학교 물리학과는 물리학의 기본 법칙인 반전성 보존이 약한 상
호작용에서는 깨어졌음을 세상에 알리기 위해 기자회견을 열었다. 우
젠슝 연구팀과 가윈-레더먼 연구팀의 실험을 기술한 논문이 1957년
2월 《피지컬 리뷰》에 연이어 발표되었다.[6, 7] 반전성 깨짐을 실험적으로
입증한 프리드먼과 텔레그디의 세 번째 논문이 바로 뒤이어 발표되었
다.[8]

　리정다오와 양전닝은 1957년에 노벨상을 받았다. 그들의 논문이
1956년 10월에야 발표된 것을 감안하면 노벨상 사상 가장 신속하게
선정된 수상자였다. 그 논문은 이론 위주였고, 반전성 깨짐을 제시했
지만 증명한 것은 아니었다. 노벨상 후보 추천 마감이 1월 말인 것을
고려해볼 때 컬럼비아 대학교에서 1957년 1월 15일에 반전성 깨짐을
실험으로 증명했다며 기자회견을 연 것이 노벨상을 받는 데 분명히

도움이 되었을 것이다.[9]

여기서 도발적인 질문을 던져보자. 우젠슝은 어째서 1957년 노벨상 수상자에 포함되지 않았을까? 노벨상 규정에 따르면, 각 분야별로 최대 세 명까지 노벨상을 함께 받을 수 있기 때문에 어쨌든 "한 사람의 여유"가 있었다. 우젠슝이 노벨상을 받지 못한 것은 자주 논쟁거리가 되었으며, 때때로 노벨상이 여성 과학자를 공정하게 대우하지 않는다는 것을 보여주는 사례로 간주되기도 한다.

우선, 1957년 시상에 실험물리학자가 고려될 수 없었던 규정상의 이유가 있었다. 노벨상 규정은 수상의 영예를 안게 될 연구가 시상식 이전 연도에 발표되어야 한다고 되어 있다. 그런데 모든 실험 결과가 1957년에 발표되었다. 노벨상 위원회가 1년을 더 기다렸다면 실험물리학자 여러 후보 중 한 명을 선정해야 하는 어려움에 직면했을 것이다. 흔히 '우젠슝 실험'이라고 많이 불리는 NBS 실험에서 앰블러 역시 우젠슝에 버금가는 중요한 기여를 했을지도 모르는 일이다. 그리고 다른 두 실험에 참여한 사람들도 있었다. 노벨상 수상자로 선정된 리정다오와 양전닝의 탁월함은 두 사람이 일반적인 반전성 보존의 도그마를 깼으며, 그런 질문을 제기했다는 점이다. 레더먼은 이렇게 설명했다. "서로 다른 힘이 있고, 그 서로 다른 힘이 서로 다른 대칭성을 가질 수 있다는 점을 [리정다오와 양전닝이] 고려했던 게 성공 요인이었다. 그것은 실로 엄청난 통찰력이었다."[10]

노벨상과 무관하게, 우젠슝은 실험물리학자들 중에서 특출한 과학자라고 여길 만한가? 이 문제는 여러 가지로 고려할 게 많다. 고려할 것들이 흥미롭기도 하고 그녀의 이야기에 호기심이 강하게 생겼던 터라 나는 이 문제를 철저하게 캐보기로 다짐했다. 나는 관련 문헌을 조사하고, 2012년에 생존하는 모든 물리학자를 만났다. 상세한 내용은 물리학 잡지에 게재했고, 여기서는 내가 발견한 것 중에서 몇 가지만 간추려 전하겠다.[11]

1956년 초여름에 베타 붕괴 실험을 처음 제안한 사람은 우젠슝이었지만, 실제 실험은 그해 가을에야 시작되었다. 텔레그디와 프리드먼은 우젠슝의 계획은 모른 채, 1956년 늦여름에 실험을 시작했으나 여의치 않았다.[12] 반전성 깨짐의 진짜 징후를 처음 확인한 것은 12월 27일 NBS 팀인 것으로 추정되지만, 그들은 어려운 실험 여건에서 이것을 입증할 시간이 필요했다. 그때 그들의 놀라운 예비 결과를 듣고 나서 가윈-레더먼 실험이 1957년 1월 초에 실시되었다. 준비 과정은 순식간에 이루어졌고, 1월 8일 새벽에 측정을 완료했다. 그 실험은 최초의 확실한 측정이었고, 바로 그날 논문을 썼다. 우젠슝 연구팀은 1월 10일에 논문을 준비했다. 두 팀은 같은 날 논문을 제출했고 1월 15일에 저널에 도착했다. 텔레그디와 프리드먼의 논문은 이틀 후인 1월 16일에 도착했다. 그 세 논문에 참여한 사람 모두 힘든 연구 과정과 통찰력, 그리고 프로젝트를 착수했다는 점만으로도 상찬을 받을 만하다. 물리학자 대부분이 시간 낭비라고 생각했거나, 아니면 반전성 깨짐을 믿지 않았거나, 혹시라도 뭔가 있다고 한들 그 효과가 측정하기엔 보잘것없을 만큼 미미할 거라고 생각했기 때문이다.

다른 질문도 있다. ^{60}Co 실험에서 NBS 팀과 비교해 우젠슝의 역할에 관한 것이다. 나는 여기서 전하-반전성 깨짐charge-parity violation을 발견한 공로로 1980년 노벨상을 수상한 밸 피치Val Fitch의 의견을 인용하겠다. 그는 나에게 이렇게 말했다. "다섯 명이 있었습니다. … 그들은 ^{60}Co 실험을 했고 모두 그 실험에 크게 기여했습니다. 종종 우젠슝이 인정을 받지만 다른 사람들도 매우 중요한 역할을 했습니다. 냉정하게 따져보면, 그들이 없었으면 실험도 성공할 수 없었다고 봐야 합니다."[13]

내가 NBS 실험에 참가했던 생존자들과 만나면서부터, 발견 직후 기쁨에 도취된 첫 며칠 동안 우젠슝과 컬럼비아 대학교의 역할이 지나치게 강조되었다는 인상을 받았다. 우젠슝이 교수로 있던 컬럼비아 대학교에서 기자회견이 열렸다. 그 실험을 제안한 사람이 그녀였고, 편의상 그 실험을 '우젠슝 실험'이라고 불렀다. 짧막한 논문에는 몇 가지 실수도 있었다. 이상하게도, 그 실험이 NBS에서 수행되었다는 것은 언급되지도 않았다. 그 논문은 단 두 페이지였지만 분량을 고려하더라도 이런 누락을 정당화할 수는 없다. 그 결과 사람들은 실험이 컬럼비아 대학교에서 실시된 것 같은 인상을 받았을 것이다.

NBS에서 실시한 실험과 관련해 우젠슝의 공로에 추가될 만한 것이 또 있다. 과학계와 일반 대중에 떠도는 내용을 들어보면, 거의 예외 없이 리정다오와 양전닝이 자신들의 논문에서 베타 붕괴 실험을 제안한 이후에 우젠슝이 실험을 하기로 결정했다고 이야기하고 있다. 그러나 기록에 따르면, 두 사람의 논문이 발표되기 훨씬 전에 이 특별한 실험을 리정다오에게 처음 제안한 것은 우젠슝이었다. 그녀는 그 실험으로 리정다오와 양전닝의 아이디어를 입증할 가능성이 크다고 여겼던 것이다.[14]

결론적으로, 우젠슝은 약한 상호작용에서 반전성 보존의 개념을 무너뜨리는 데 두드러지게 기여했다. 그러나 그녀가 리정다오와 양전 닝의 노벨상 수상에 함께하지 못했던 게 부당하다는 주장은 복잡한 이야기를 지나치게 단순화시키는 것이다.

반전성 깨짐 실험을 한 후에, 우젠슝은 예전과 다름없이 열과 성을 다해 연구를 계속했다. 컬럼비아 대학교에서 그녀의 연구팀은 물질의 대칭적 성질에 대해 연구했다. 그들은 "약한 상호작용과 진자기 상호작용 간의 대칭성을 보여주었고, 두 가지 기본적 힘을 전자기약력 electroweak force 으로 통일하기 위한 시금석을 마련했다."[15] 그녀는 서로 다른 아원자입자를 공부하면서 입자물리학 연구를 계속했고, 응집물질물리학에서도 다양한 실험 기법을 이용해 연구를 진행했다.

그녀는 물리학뿐만 아니라 평생 스스로 따랐던 높은 직업윤리의 중요성도 가르쳤다. 우젠슝의 남편 위안자류는 브룩헤이븐 국립연구소에서 근무했다. 둘 사이에 빈센트 Vincent 라는 아들이 하나 있는데, 그도 핵물리학자다. 우젠슝과 남편, 둘 다 자신들이 중국 혈통임을 자랑스러워했다. 그녀는 중국과 타이완의 과학 기반 시설 개발에 참여해 도와주었다. 1997년에 그녀가 세상을 떠났을 때 위안자류는 자신들의 재산을 중국 난징에 있는 둥난대학교에 많이 기부했고 우젠슝 기념관을 설립했다. 위안자류는 퇴임 후 타이완에 있는 싱크로트론 방사연구센터 기금 모금에 일조했다.

다행스럽게도, 우젠슝은 살아생전에 동료들과 심지어 일반 대중까지 그녀가 이룩한 과학적 성취를 인정해주는 모습을 볼 수 있었다. 지인들은 그녀가 차별을 겪는다고 생각한 적이 없었다고 말한다. 그녀는 상을 많이 받았고 적절하게 인정을 받았다. 그녀의 이름은 '첫 번째'라는 단어와 관련이 많다. 그녀는 프린스턴 대학교에서 가르친 첫 번째 여성이었다(1943년). 컬럼비아 대학교에서 그녀는 물리학과 사상 처음으로 정년을 보장받은 여성이었고(1952년), 이어서 첫 번째 여성 정교수가 되었으며(1958년), 물리학에서 마이클 푸핀^{Michael I. Pupin} 교수직을 받은 첫 번째 여성이었다(1972년). 그녀는 프린스턴 대학교에서 명예 박사학위를 받은 첫 여성이었다(1958년). 1978년에 이스라엘에서 그녀는 처음으로 물리학 분야의 올프상을 받았다. 또한 그녀는 미국 물리학협회 회장으로 선출된 첫 번째 여성이었다(1975년). 그 밖에도 그녀는 수상 내역이 많다. 그녀는 미국 국립과학원 회원으로 뽑혔고(1958년), 제럴드 포드 대통령으로부터 국가과학훈장을 받았고(1976년), 사후에 미국 여성 명예의 전당에 추대되었다(1998년). 그녀의 인내와 지식에 대한 목마름, 실험 기량과 엄정함, 그리고 연구에 대한 헌신으로 그녀는, 과학에 관심이 있는 모든 젊은 여성과 남성에게 훌륭한 귀감이 됐다.

로절린 앨로

의학물리학자

1998년, 로절린 앨로(사진: 이스트반 허기타이)
1957년, 솔로몬 버슨과 로절린 앨로(故 로절린 앨로 제공)

매년 노벨상 축하 행사의 하이라이트는 시상식과 그 뒤에 있는 공식 축하연이다. 축하연은 만찬과 댄스로 이루어진다. 관례에 따라, 만찬이 끝날 무렵 각 부문의 새 수상자 중 한 명이 2분씩 연설한다. 1977년 12월 10일에는 생리학·의학 부문 수상자 세 명 중에 로절린 앨로Rosalyn Yalow가 이 연설을 진행했다. 연설할 때가 되면 스톡홀름 대학교 학생이 수상자가 앉아 있는 테이블로 가서 연단으로 안내한다. 이 특별한 경우에, 학생은 좌석 배치도에 앨로 박사가 두 명 있는 것을 보았고, 그 학생은 자기가 안내해야 할 사람이 로절린의 남편인 애런 앨로Aaron Yalow 박사일 거라고 생각했다. 학생은 시간에 맞추어 애런의 자리로 갔다. 로절린은 그 실수를 알아차렸고 미소 지으며 옆에 앉아 있는 스웨덴 왕에게 뭔가 이야기하고 일어나서 혼자 연단 쪽으로 걸어갔다. 테이블 반대쪽에 있던 학생은 자기 실수를 깨닫고 테이블 끝에서 로절린을 따라잡았다. 그녀는 친절하게 그 학생에게 뭐라고 속삭였고, 연단에 올라 연설을 했다. 그 학생의 실수는 이해할 만했다. 그때까지만 해도 여성 과학자가 노벨 수상자가 되는 일은 매우 드물었다.

로절린 앨로1921-2011는 뉴욕의 가난한 유대인 가정에서 로절린 서스만Rosalyn Sussman으로 태어났다. "어머니는 네 살 때 가족이 미국으로 왔고, 아버지는 뉴욕에서 태어났어요. 두 분 다 가난한 동유럽 이민자 가정 출신이죠. 엄마는 6학년을 마쳤고 아버지는 4학년까지만 공부했기 때문에 고등교육의 혜택도 받지 못했어요. 그러나 아버지와 어머니는 자식들만은 대학 교육을 받게 하겠다고 결심했어요. 나는 브롱크스에 있는 학교에 다녔어요. 썩 좋은 학교는 아니었지만 좋은 선생님들이 있었고 학생들은 열심히 공부했죠."[1] 로절린은 과학 선생님들이 특별히 주목하는 뛰어난 학생이었고 곧 과학자가 되기로 마음먹었다. 고등학교를 졸업한 후 그녀는 당시 뉴욕시티 칼리지 시스템의 일부인 헌터 대학교에 입학했다.

그녀는 물리학을 좋아했는데, 운 좋게도 로절린이 4학년이 되었을 때, 헌터 대학교에서 물리학을 전공으로 할 수 있게 되었다. "사실, 대학교 측이 나만을 위해 물리학 전공을 만들었어요"라고 그녀는 말했다.[2] 그녀는 대학원에 가고 싶었지만 시작은 별로 희망적이지 않았다. 그녀가 대학원 조교 장학금을 신청한 퍼듀 대학교는 로절린의 지도교수에게 다음과 같은 답장을 보냈다. "그녀는 뉴욕 출신이며 유대인이고 여성입니다. 만약 졸업한 후 당신이 그녀에게 일자리를 보장할 수 있다면, 우리는 그녀에게 조교 장학금을 주겠습니다."[3] 그래서 그녀는 "떳떳하지 않은 방법"을 쓰려고 했다. 헌터 대학교에 있는 동안 컬럼비아 대학교의 비서직에 지원했던 것이다. 뜻밖의 선물도 있었다. 컬럼비아 대학교는 직원들이 수업료를 내지 않고 수업을 들을 수 있도록 해주었다. 그녀는 이 해택을 충분히 활용했다.

1941년 그녀는 헌터 대학교의 첫 번째 물리학 전공자로 수석 졸업했다. 전쟁 상황이었기에 그녀가 대학원에 진학할 기회가 커졌다. 그녀는 수년이 흐른 후 이렇게 회고했다. "나를 비롯해 젊은 유대인 학생들이 대학원에 진학할 수 있었던 것은 다 전쟁 덕분이었죠. 유럽에서는 유대인들이 학살되고 있었으나, 미국에서 전쟁은 유대인과 여성들에게 큰 변화를 가져왔어요."[4] 그녀는 어배너에 있는 일리노이 대학교로 갔다. 공과대학의 전체 교수진과 조교 중에서 그녀는 유일한 여

성이었다. 물리학자가 되려고 함께 입학한 한 학생이 미래에 남편이
될 애런 앨로였다.

로절린과 애런은 둘 다 모리스 골드하버의 제자가 되었다. 골드하버
는 독일 난민으로 핵물리학 및 입자물리학 분야에서의 뛰어난 물리학
자였다. 나중에 그는 브룩헤이븐 국립연구소 소장이 되었다. 골드하버
의 아내인 거트루드 골드하버도 물리학자였는데, 모리스는 여성이 과
학 분야에서 버틴다는 것이 얼마나 힘든지 잘 알고 있었다. 로절린 앨
로는 이렇게 말했다. "나는 대학원에서 핵물리학을 전공했어요. 그 당
시에는 이 일이 가장 유망한 일이었죠."[5] 1945년에 그녀는 핵물리학
박사학위를 받았다.

로절린과 애런은 1943년, 대학원 과정 중에 결혼했다. 애런은 정통
유대인이었고 코셔 kosher(전통 유대교의 율법에 따라 식재료를 선택하고 조리한
음식 — 옮긴이)를 지켰다. 그것은 로절린으로서는 낯선 도전이었으나 받
아들였다. 한편, 애런은 아내가 전문가가 되고 싶어 한다는 점을 이
해하고 높이 평가했다. 그는 연구에 별 뜻이 없었다. 대학 교수가 되
기는 했지만 항상 그녀의 포부를 지지했다. 그는 1992년에 세상을 떠
났다.

로절린이 대학원 공부를 마쳤고 남편은 아직 끝내지 못했을 때, 그
녀는 일자리를 구하러 뉴욕으로 돌아갔다. 잠시 기술직을 거친 다음,
헌터 대학교에서 물리학을 가르쳤지만 그다지 만족스럽지 않았다. 그
녀가 하고 싶은 것은 연구였다. 1947년 말, 그녀는 브롱크스 재향군
인병원에서 방사성 동위원소 서비스 장비를 설치하는 임시직으로 일
했다. 수위실 벽장이 그녀의 첫 번째 사무실이었는데, 그곳에서 그

녀는 방사선 감지 장비를 설계하고 만들었다. 그녀는 방사성 추적자 radioactive tracer 기술이 방사성 동위원소의 적용 범위를 광범위하게 확장시킬 만한, 의학에서 가장 유용한 접근법이라는 사실을 깨달았다. 이 기술을 발견한 공로로 게오르크 헤베시 George Hevesy 는 노벨 화학상을 수상했다.

로절린은 루돌프 쇤하이머 Rudolf Schoenheimer 의 책 《생체 구성 성분의 동적 상태 The Dynamic State of Body Constituents》(1942)에서 많은 것을 배웠다. 쇤하이머는 1941년에 자살로 생을 마감했으나 그의 저서는 영향력이 매우 컸다. 로절린은 곧 내과학을 전공한 숙련된 의사 파트너가 필요하다는 것을 깨달았다. 그녀는 재향군인병원의 신임 레지던트 의사인 솔로몬 버슨 Solomon A. Berson, 1918-1972 과 파트너가 되었다. 그리고 22년간 이어진 공동 연구는 내분비학 endocrinology 을 영원히 바꿔놓을 발견으로 이어졌다. 그녀는 나중에 두 사람의 공동 연구를 이렇게 설명했다.[6]

솔과 나는 훌륭한 팀이었어요. 오랫동안 사무실을 같이 썼죠. 우리 사무실에는 책상이 두 개 있었고, 줄기차게 토론을 했습니다. 나는 생물학을 제대로 배운 적이 없었어요. 솔은 생물학과 의학에서 내가 필요로 하는 모든 것을 가르쳐주었고, 나는 그에게 물리학을 조금 가르쳐주었습니다. 그는 물리학을 많이 알고 있었지만 의사였죠. 대학 환경과 비교할 때, 우리 둘 사이에는 경쟁이 없었어요. 그게 큰 장점이었습니다.

로절린은 어린 시절부터 다소 적극적이고, 단호했고, 고집이 셌다.

어린 시절 로절린의 오빠에게 못되게 굴었다는 이유 때문에 로절린이 1학년 담임 선생님과 싸웠다는 이야기가 있을 정도다. 사람들은 솔로몬 버슨도 비교적 적극적이며 주장이 강한 사람이라고 이야기한다. 두 사람은 어떻게 서로를 참아낼 수 있었을까? 로절린은 버슨의 재능과 능력을 확실히 인정해주었고, 자기가 꿈꾸어왔던 것을 성취할 수 있는 기회를 두 사람이 함께 가지게 될 거라고 생각했다. 그녀는 과학 연구를 하면서 위대한 발견을 하고 싶어 했다. 비록 버슨에게서 남성 우월주의의 조짐이 보였지만 그녀는 이것을 받아들였다. 그녀는 그가 "스포트라이트를 받도록 … 왜냐하면 솔은 일등이 될 만한 사람이고 … 그는 무엇을 하든 지도자였고 … 그리고 사실, 잃을 것이 없었죠. 그를 앞세우는 게 나아요. 왜냐고요? 그런 걸 중요하게 여기는 사람이잖아요."[7]

이것은 현명한 전략이었다. 그는 '남성 우월주의자'였는지도 모르지만,[8] 그는 정말로 중요한 일일 때는 항상 그녀를 공정하게 대했다. 두 사람의 공동 연구 내내 비록 버슨이 더 주목받았다 해도, 그는 로절린도 동등한 인정을 받을 수 있게 했다.

그들은 번갈아가며 논문의 제1저자가 되었다. 그들은 함께 학회에 참석했고, 토론에도 함께 참여했다. 그들은 성깔이 있었다. 그들은 발표가 마음에 들지 않으면 둘 중에 누가 됐든 벌떡 일어나 허튼소리라고 쏘아붙였다. 그는 그녀를 동등한 파트너라고 생각했다. 동시에 고리타분한 사고방식을 지닌 신사로서, 학회의 사교 모임에서는 그녀에게 배우자 자리에 앉으라고 제안하기도 했다.

두 사람이 일할 때는 결혼한 부부 같았다. 그들은 둘 사이에만 통하는 표현 방법을 개발해서, 한 사람이 문장을 시작하면 다른 사람이 그 문장을 끝낼 수 있었다. 실험 계획은 함께 세웠지만 실험을 준비하고 실행하는 것은 그녀의 몫이었다. 그녀는 비서 또는 '여성의 일'로 간주되는 일을 많이 했다. 그녀는 비행기를 예약하고 필요한 서류 작업을 수행했다. 어느 날 그녀는 친구에게 "솔의 점심을 준비하는 걸 깜빡했네"라고 말했다.[9] 과학 분야의 커플들이 종종 그렇듯이, 그들은 서로를 훌륭하게 보완했다. 과학 연구를 할 때 그녀가 논리적이고, 수학적이며, 정확하고, 실용적인 반면, 그는 서글서글하니 편견이 없고 낭만적이었다. 그는 진정한 리더였고 그녀는 '여성의 역할'을 받아들였다.

두 사람이 처음 함께한 중요한 연구는 생체 내 인간 혈액량을 알아내기 위한 앨로-버슨 방법의 개발이었다. 그들은 방사성 추적자를 혈류 안으로 넣고 방사능 신호의 붕괴 속도를 측정했다. 그들은 붕괴 속도로 몸에 있는 혈액의 양을 측정했다. 그다음 주요 업적은 갑상선 질환의 임상 진단에 방사성 추적자를 사용한 것이었다. 그들은 방사성 아이오딘을 혈류에 주입하고 제거 속도를 알아내는 방법을 개발했다. 이 방법은 여전히 이 목적을 수행하는 데 가장 좋은 수단이다.

그들이 발견한 것 중에서 가장 유명한 것은 제2형 당뇨병에서 인슐린의 기능 부전을 연구하다가 나왔다. 제2형 당뇨병은 환자의 혈액에 인슐린이 많이 있지만 인슐린이 혈액에서 당을 제거할 수 없어 혈당이 계속 높은 상태로 지속되는 당뇨병이다. 그들이 주사한 인슐린은 돼지나 소에서 추출되었고, 인간의 면역계는 항체를 생산하여 동물 인슐린과 맞서 싸웠다. 버슨과 앨로는 이 항체들이 크기가 큰 감마글

로불린 gamma globulin 단백질이라고 결론지었다. 이것 자체가 이미 새로운 발견이었다. 그 당시 인슐린은 너무 작은 분자라서 항체 생산을 유도할 수 없다고 믿고 있었기 때문이다.[10]

논문에서 그들은 방사성 동위원소가 항원과 항체 사이의 반응을 연구하는 데 어떻게 사용될 수 있는지 처음으로 기술했다. 항원은 항체를 생성시키는 물질이다. '항원'이라는 용어는 '항체 생성원'에서 유래한다. 진정한 아이디어는 인슐린에 결합하고 있는 항체의 양을 측정할 수 있다면 인슐린 자체의 양을 알아낼지도 모른다는 점이었다. 이것이 그들이 이름 붙인 방사면역측정법 radioimmunoassay(RIA)이다.

RIA는 믿을 수 없을 만큼 민감한 방법인데, 인슐린 같은 펩티드 호르몬은 혈액 내에 아주아주 적은 농도로 존재하기 때문에 이 점이 중요하다. "그리고 RIA 방법은 특정 항체와 항원이 정확하게 반응한다는 점에서 그 자체로 고유한 특이성을 다 가지고 있어요. 인슐린 항체는 혈액 시료에 수십억 배 더 높은 농도로 들어 있는 무수히 많은 물질 중에서 인슐린만을 찾아서 결합하고 측정합니다. 또한 저렴하고, 수천 개의 샘플을 단지 한두 개 정도 처리할 때만큼 빠르고 쉽게 분석합니다. RIA는 획기적인 방식이죠."[11]

앨로와 버슨은 여기서 멈출 수 있었지만, 그들은 사실상 사용법이 무한대인 방법을 손에 쥐고 있다는 것을 알고 있었다. 실제로 그들은 전과 다름없는 활력으로 계속 연구해서 혈액에 있는 비타민, 스테로이드, 프로스타글란딘, 종양 항원, 효소, 바이러스 측정 등 수많은 다른 응용법을 발견했다. 그들은 B형 간염 바이러스도 측정했는데, 이 연구 결과 RIA가 전염병 퇴치에도 쓰이게 되었다. 인간성장호르몬을 측정함으로써, 그들은 나이 어린 아이들이 성장호르몬 치료를 받을 필요성 여부를 결정할 수 있었다.

갑상선 기능 저하는 아이들의 지적 장애를 유발할 수 있으며, 그 증세를 감지할 지경에까지 이르면 뇌 손상은 복구가 불가능하다. 혈액 몇 방울을 써서 신생아들을 RIA로 진단하면, 제시간에 치료받을 수 있다. RIA는 예컨대 헤로인을 남용했거나 운동선수가 스테로이드를 사용했을 경우에 혈액 내의 약물 농도를 알아내는 데도 사용한다. RIA는 내분비학 및 임상의학에 혁명을 일으켰다. 앨로와 버슨이 자기들의 혁명적인 방법을 특허 받지 않은 사심 없는 태도가 놀랍다. "솔과 내가 방사면역측정법 기술을 발견했을 때, 처음에는 매우 느리게 시작되었지만 우리는 그것이 매우 민감하고 유용한 도구이기 때문에 빠르게 따라잡을 거라고 믿었어요. 우리는 특허를 내지 않았고 그 방법을 널리 알리기 위해 모든 일을 다하기로 결정했어요. 우리는 의사들이 그 기술을 사용할 수 있게 교육을 준비했습니다."[12]

1960년대 말, 버슨은 일을 계속 추진하기로 마음먹었다. 그는 젊은 의사 유진 스트라우스 Eugene Straus 에게 로절린과 합류할 것을 제안했고 유진은 그렇게 했다. 1972년, 버슨이 심장 마비로 죽었다. 로절린에게는 끔찍한 충격이었다. 외부인들이 보기에도 그랬고, 가까운 동료들조차도 버슨이 모든 발견을 진두지휘한 리더라고 여겼다. 사람들은 앨로가 그와 함께 해왔던 방식을 계속할 수 없을 거라고 생각했다. 그녀의 대학원 제자였던 밀드러드 드레셀하우스는 "여자와 남자가 팀을 이루면 사람들은 대개 여성은 남성의 조수이려니 하고 생각하죠. 둘 사이에서야 그렇지 않다 해도 대외적 관계는 항상 그랬습니다."[13]

게다가, 수년 동안 그들 팀의 노벨상 수상 가능성이 거론되기도 했었다. 이제는 아예 그 실현 가능성이 없을 것 같았다. 그때까지 한 팀으로 활동하다가 살아남은 나머지 파트너가 노벨상을 받은 적은 한 번도 없었고, 사후 노벨상도 없다.

앨로를 구해낸 것은 자신의 고집 센 성격이었다. 그녀는 한 번 더 스스로를 증명하려고 했다. 그녀는 버슨 이름을 따서 실험실 이름을 짓고, 후속 간행물에도 버슨의 이름이 계속 나오게 했다. 그것은 아름다운 행동이었다. 그녀는 버슨의 유지를 상당 부분 계승하면서 불굴의 의지로 꾸준히 연구를 해나갔다. 향후 4년 동안 앨로와 그녀의 젊은 동료 유진 스트라우스는 약 60편의 논문을 발표하고 몇 가지 새로운 것을 발견했다. 그녀는 1975년에 미국 국립과학원 회원으로 선출되었고, 1976년에 권위 있는 래스커상을 받았다.

1977년 10월, 마침내 스톡홀름에서 전화가 왔다. 그녀는 "펩티드 호르몬의 방사성면역분석법을 개발한 공로로" 노벨 생리의학상을 공동으로 수상했다. 그녀는 거티 코리(1947년) 이후 의학 부문에서 노벨상을 받은 두 번째 여성이자 미국 태생의 첫 여성 과학 노벨상 수상자였다. 유진 스트라우스는 자신의 저서에서 그녀를 언급하며 노벨상이 그녀의 인생을 바꾸었다고 묘사했다. 아마 그녀 자체도 바뀌었을 것이다. 그녀는 이렇게 말했다. "노벨상을 받기 전에는 아무도 내 말을 듣지 않았어요. 노벨상을 받자 나는 스포트라이트를 받았고, 사람들이 내가 하는 말에 귀 기울였죠."[14] 그녀는 수많은 명예 학위와 상을 받았다. 노벨상을 받은 지 11년 후에 국가과학훈장을 받았다. 이런 영예가 그녀의 자신감을 더욱 키웠고 결국 부작용을 낳고 말았다. 그녀는 자기가 "두루 존경을 받지는 못했습니다. 과소평가를 받았죠"라고 말했다.[15] 그녀는 전보다 더욱 비판적이고 독설을 일삼는 사람이 되었으며, 다른 과학자들을 불쾌하게 할 만큼 냉소적으로 비판했다. 그녀는 1955년에 학술지가 자신들의 주요 논문을 퇴짜 놓았던 사실을 결코 잊지 않았다. 그녀는 노벨 시상식 연설이 그 문제를 거론할 적절한 기회라고 생각했다. 그 연설 인쇄본에 《임상연구저널 *Journal of Clinical Investigation*》의 편집자가 보낸 편지 일부를 보여주는 사진이 포함되어 있었다.[16]

1990년대 중반, 앨로는 건강이 나빠졌다. 유진 스트라우스는 심각한 뇌졸중과 싸워나가는 그녀의 노력을 아름답게 묘사했다.[17] 그녀가 마지막으로 맡은 직위는 솔로몬 A. 버슨 연구소의 의학 부문 수석 연구원 겸 책임자였다. 비록 1991년에 은퇴했지만 그녀는 계속 연구실로 출근했다. 우리가 1998년에 만나 대화를 녹음한 장소도 재향군인 병원 실험실에 있는 그녀의 사무실이었다. 그녀는 그때 이렇게 말했다. "나는 뇌졸중을 세 차례 겪었고, 오른손을 움직이기 힘들고, 오른쪽 다리 일부가 마비되었어요. 그래도 나는 규칙적으로 내 사무실에 들러, 우편물을 읽고, 주변의 일들을 처리하죠."[18] 그녀는 과학의 중요성과 과학계에서 일하는 여성과 관련된 문제를 가지고 계속 이야기했다. 그녀는 젊은 여성들이 자기 연구와 너무 오래 떨어져 지내지 않으려면 대학교 안에 어린이집을 만드는 게 중요하다고 강조했다.

로절린이 애런 앨로와 결혼했을 때, 그녀는 엄청난 연구 활동과 동시에 가정을 이루고, 아내와 어머니가 되고 싶어 했다. 그녀는 자기가 실험실에서 반드시 필요한 사람이라는 확신이 들 때까지 아이를 낳지 않고 기다렸다. 앨로 부부는 벤저민Benjamin, 1952과 엘라나Elanna, 1954, 이렇게 자녀 두 명을 두었다. 그녀는 1998년 당시 자신의 삶을 다음과 같이 기억했다.[19]

남편은 5년 전에 죽었지만 우리는 그동안 멋진 결혼 생활을 했어요. 그는 늘 힘이 되어주었죠. 그는 이곳 뉴욕에 있는 쿠퍼유니언 칼리지의 물리학 교수였어요. 그는 연구가 아니라 강의를 맡았죠. 아이는 두 명이 에요. 1950년대에 아이들이 어렸을 때는 친정어머니가 종종 아이들을 봐주셨어요. 물론, 가사 도우미를 고용했죠. 처음에는 숙식을 함께하는 가정부였다가 나중에는 시간제 도우미를 썼죠. 모두 남부 출신의 멋지 고 똑똑한 흑인 여성이었어요. 뉴욕에 왔으나 공부할 수 없었기 때문에 도우미 일자리를 구하던 사람들이었습니다. 그 덕분에 나는 일을 계속 할 수 있었죠. 정말 운이 좋았어요. 요즘은 이런 게 불가능할걸요.

딸 엘라나는 교육심리학을 전공해서 박사학위를 받았어요. 딸은 샌 프란시스코에 살아요. 아이가 둘이고 전국 곳곳에 어린이집을 개설하 는 일을 하고 있습니다. 아들 벤저민은 예전에 컴퓨터 관련 일을 했고, 지금은 정식 직업이 없어요. 아들은 나와 함께 살고 있죠.

아이들이 자라면서 앨로 부부가 시간제 도우미만 고용했을 때, 그 녀는 쇼핑과 요리를 모두 직접 했다. 이런 점에서는 생각이 고루했다. 그녀는 "집안일은 아내의 책임"이라고 여겼다.[20] 주말이면 아이들을 실험실로 데려갔고 아이들은 동물과 놀았다. 만약 학교에서 현장 실 습을 도와달라고 하면, 그녀는 항상 기꺼이 응했다. 그녀는 최선을 다하는 과학자였다. 이런 점으로 볼 때 그녀는 틀에 얽매이지 않고 자기와 가족에게 엄격했지만, 사생활 측면에서는 전통적인 여성이었을지도 모른다.

일할 때 그녀는 학생에게 어머니 같은 존재였다. 밀드러드 드레셀하우스는 나에게 이렇게 전해주었다.[21]

> 앨로 교수는 성정이 강직한 분이었어요. 내가 과학자가 되도록 도와주셨죠. 그녀는 학문적 포부가 매우 컸어요. 학문의 길과는 적성이 맞지 않는다고 생각하는 사람이 있으면 몇 명 쫓아냈을지도 몰라요. … 나는 봤지만 다른 사람들이 보지 못하는 그분의 일면이 있어요. 정말 어머니같이 자상해요. 내가 막 일을 시작했을 때, 앨로 부부는 내가 진행하는 10분짜리 미국 물리학협회 강연에 오시곤 했어요. 가정주부처럼 이것저것 잔뜩 들어 있는 쇼핑백을 들고서요. 그녀는 항상 남편과 함께 다녔어요. … 내가 뭔가 필요할 때마다 도와주셨습니다.

앨로의 삶에서 관심을 끄는 점은 남편과의 관계와 솔로몬 버슨과의 관계였다. 모든 면에서 로절린과 애런은 멋진 결혼 생활을 했다. 애런은 아내의 업적을 매우 자랑스러워했고, 자기가 할 수 있는 모든 방법을 써서 그녀를 도와주었다. 애런은 그녀와 버슨과의 관계를 이해했으며, 별로 신경을 쓰지 않았다. 버슨과의 관계는 어땠을까? 외부 사람들은 앨로와 버슨을 부부라고 생각했다. 학회에서 두 사람은 꼭 붙어다녔고, 함께 여행을 다녔고, 20년이나 되는 장구한 세월을 같이 일하면서 보냈다. 스트라우스에 따르면, 두 사람은 "지적이고 과학적으로 맺어졌지만 절대로 연애 관계가 아니었습니다. 두 사람 다 그것을 원하지 않았습니다. … 앨로와 버슨의 관계는 그녀 입장에서 성관계보다 더 중요하고 안정적이었으며 더 신나는 것이었습니다. 그냥 … 일을 함께하고, 세상의 길을 함께 만들어가고, 버슨이 먹을 점심을 준비하고, 그걸로 충분했습니다. 다른 어떤 것보다 가치 있는 일이었죠."[22]

로절린 앨로는 재능 있고 포부가 컸으며 적극적인 여성이었다. 삶의 여러 단계에서 그녀가 마주쳤던 장벽을 극복하려면 이런 특성이 모두 필요했고, 이런 특성이 그녀를 더욱 강하게 만들었다. 물리학자로 성공하겠다는 그녀의 포부는 그 당시에는 좀처럼 보기 드물고 독특한 것이었지만, 그녀는 그보다 더 많은 것을 갈구했다. 동시에 그녀는 전통적인 의미의 아내와 어머니가 되려고 했다.

그녀는 이 모든 것을 원했고, 그 목표 중에서 어느 것 한 가지와 타협한다는 것은 상상할 수 없었다. 성공을 위해 인간관계에서 대가를 치렀다고는 해도, 그녀는 눈부시게 성공했다. 그녀가 과학 관련 일에 도전해보라고 여학생들에게 권유하는 것이 정당하게 느껴지는 이유가 바로 다음과 같은 말에 담겨 있다. "여러분은 모든 걸 할 수 있어요!"

아다 요나트

결정학자

2002년, 부다페스트에서 아다 요나트
(사진: 막달레나 허기타이)

BBC는 벤카트라만 라마크리슈난 Venkatraman Ramakrishnan, 토머스 스타이츠 Thomas A. Steitz, 아다 요나트 Ada Yonath가 공동 수상한 2009년 노벨 화학상을 "생명의 화학을 기리는 노벨 화학상"이라고 보도했다. 그들은 리보솜의 구조와 기능을 밝혀낸 공로로 상을 받았다. 리보솜은 한마디로 세포의 '단백질 공장'이라고 설명할 수 있는 거대한 분자 시스템을 말한다. 리보솜은 다른 핵산(mRNA)의 도움을 받아 DNA가 가지고 있는 유전 정보를 번역함으로써 단백질을 생산한다. 수상 연설을 보면 역사적 개요를 설명하는데, 다윈의 일반 진화론까지 거슬러 올라가, 2009년 노벨상이 다윈의 아이디어를 뒷받침하는 증거를 제공한 노벨상 수상 중 세 번째라고 언급했다. 첫 번째는 1962년의 DNA의 이중나선 구조(제임스 왓슨, 프랜시스 크릭, 모리스 윌킨스)였고, 두 번째는 2006년에 정보가 mRNA 분자에 복사되는 방식을 규명한 것이다(로저 콘버그). 그리고 마침내 2009년에 "단순한 DNA 코드가 어떻게 청각, 감각, 미각, 근육, 뼈, 피부뿐만 아니라 생각과 말로 나타나는지 보여주었다."[1]

아다 요나트는 나에게 이렇게 설명했다.[2]

단백질의 생합성은 리보솜에서 엄청나게 빠른 속도로 일어납니다. 화학자가 펩티드 결합을 만들려고 하면, 고온과 함께 다른 극단적인 실험 조건이 필요하며 며칠이 걸릴 수 있지만, 리보솜은 살아 있는 세포 안의 온화한 조건에서 마이크로초 이내에 이 작업을 수행할 수 있어요. 과학자들이야 종종 실수를 범하지만 리보솜은 거의 실수를 하지 않아요.

가장 단순한 박테리아에서부터 시작해 모든 생명체의 모든 세포가

리보솜을 포함하기 때문에 약물의 입장에서는 리보솜이 완벽하고 분명한 표적이 될 수 있죠. 리보솜의 구조와 기능을 이해하면 새로운 항생제를 설계하는 데 도움이 됩니다.

원칙적으로, 어떤 리보솜이라도 모든 유전 암호를 읽어낼 수 있어요. 인체의 리보솜은 박테리아의 유전 암호를 번역할 수 있고 반대의 경우도 마찬가지예요. 리보솜은 단백질을 만드는 공장이며 어떠한 유전적 지침도 따를 수 있습니다. 그러나 고등생물, 즉 포유류와 진핵생물의 리보솜은 박테리아의 리보솜보다 훨씬 복잡하죠. 고도의 복잡성은 조절 및 선별성과 관련한 부가 작업의 결과이며 세포와 상호작용을 더 많이 해야 합니다. 박테리아와 포유동물의 리보솜 간에는 세밀한 부분까지 차이가 있어요. 활성 부위나 활성 부위 근처에도 다소 차이가 있어요. 이것이 리보솜 항생제가 효과가 있는 이유예요. 항생제는 환자가 아니라 병원성 박테리아에만 영향을 끼쳐야 하고 부작용이 일어나지 않아야 합니다. 때로는 뉴클레오티드 하나만 바꾸어도 박테리아와 포유류, 즉 인간 리보솜에 미치는 영향에 차이가 날 수 있어요.

아다는 의지가 강하고 일에 몰두하는 여성이다. 그러지 않았으면 그녀는 자기가 성취한 것을 이루지 못했을 것이다. 그녀는 1939년에 예루살렘에서 아다 리브시츠Ada Livshitz로 태어났다. 아버지는 랍비였고, 부모는 1933년 히틀러가 권력을 잡은 직후에 독일에서 팔레스타인으로 이주했다. 아버지가 돌아가셨을 때 아다는 11세였고, 그때부터 어머니를 도와 가정을 지탱해야만 했다. 어린 동생들을 가르치고 여러 가지 허드렛일을 했다. 돌이켜보면, 아무것도 할 시간이 없었던 것 같다. 그녀는 지식에 대한 갈망이 넘쳐났다. "기억하는 한, 나는 항상 더 많은 것을 배우고 싶었어요. 학교 교과과정에서 배운 것만으로는 전혀 만족하지 못했어요. 고등학교 때는 항상 학교 도서관으로 가서 책을 많이 읽었죠. 독서와 공부가 엄청나게 재미있더라고요."[3]

그녀는 대학에서 생화학과 생물물리학을 제일 열심히 공부했고 석사학위를 받았다. 그녀는 바이츠만연구소 Weizmann Institute에서 콜라겐 구조를 연구해 박사학위를 받았다. 그 뒤를 이어 미국에서 박사후 과정을 밟았다. 처음에는 피츠버그에 있는 멜런연구소 Mellon Institute에 있었고, 그 후 단백질 결정학을 연구하려고 케임브리지에 있는 매사추세츠 공과대학의 앨버트 코튼 F. Albert Cotton 연구팀에 합류했다.[4]

··· 앨버트 코튼 팀에 합류한 것은 내 연구 경력에서 중요한 전환점이 되었습니다.

나는 미국에서 2년간 있다가 이스라엘로 돌아와 [바이츠만연구소에서] 단백질 결정학 연구에 착수했어요. 전국에서 나 혼자뿐이었어요. 달랑 기계 하나 딸린 비좁은 실험실 공간만 있었고, 일이 제대로 돌아가기 시작할 때까지 거의 5년이 걸렸습니다.

1970년대 초반부터였죠. 이스라엘의 단백질 결정학은 서서히 첨단 과학이 되어갔습니다. 그 무렵부터 나는 바이츠만연구소의 미셸 라벨 Michel Ravel 교수와 공동 연구를 해나갔죠. 그는 단백질 형성 과정에서 리보솜 기능을 시작하는 다량의 개시 인자 initiation factor를 제조하는 기술을 가지고 있었습니다. 이 연구는 지금은 고인이 된 폴 시글러 Paul Sigler 교수와 긴밀한 공동 연구로 진행되었어요. 시글러 교수는 1년 반

동안 이스라엘에 체류했었죠. 우리는 시카고 연구팀과 공조 체제를 꾸렸죠. 나중에 나는 거기서 안식년을 보냈고요. 우리는 필요한 결정체를 키우려고 했으나 실패했습니다. 그해에 캐나다에서 열린 학회에서 베를린 막스플랑크연구소의 비트만H. G. Wittmann 교수가 리보솜에 관해 강연을 하고 개시 인자의 서열을 발표했어요. 우리는 인사를 나누었고 그가 공동 연구에 관심을 보여서, 결국 나는 베를린으로 갔습니다.

내 제자 한 명과 베를린에 가기로 예정된 날로부터 불과 몇 달 전이었어요. 나는 해변에서 자전거를 타고 있었어요. 때는 2월이었고 이스라엘의 2월 날씨는 화창합니다. 나는 거리 한복판에서 넘어졌는데, 뇌진탕이었어요. 병원으로 실려 갔죠. 2주 가까이 뇌진탕을 앓았고 부작용 때문에 비행기를 탈 수가 없었어요. 수술까지 받아야 했습니다. 모든 것이 마무리된 후, 원래 계획보다 약 5개월 뒤에 베를린으로 갔습니다.

1979년 11월 베를린에 도착했을 때, 개시 인자는 거의 준비가 되어 있었어요. 나는 '자유 시간'에, 다양한 박테리아로부터 얻어진 개시 인자가 활성이 매우 높고 순수한 리보솜을 엄청나게 가지고 있다는 것을 알게 되었고, 그것들을 결정화에 사용하자고 제안했어요. 그쪽 사람들은 협조를 아끼지 않았죠. 그동안 수많은 저명한 과학자가 리보솜을 결정화하려다가 실패했다는 사실을 알고 있었어요. 여기서 실패한다면, 나 역시 프랜시스 크릭, 제임스 왓슨, 에런 클루그Aaron Klug, 알렉스 리치Alex Rich 같은 유명 인사 그룹에 포함되었겠죠. 하지만 나는 이것이 절호의 기회라고 생각했어요. 나는 정말 신중하게 프로젝트를 진행했습니다. 내 생각엔, 리보솜을 결정화하기 어려운 이유가 리보솜이 쉽게 손상될 뿐만 아니라 균질하지 않기 때문이었어요.

어떤 사람들은 요나트가 제기한 과제가 불가능하다고 여겼다. 리보솜은 거대하고 복잡한 RNA-단백질 복합체다. 인간 리보솜의 경우, 이른바 큰 아단위subunit는 RNA 분자 두 개와 단백질 35~40개로 이루어져 있고, 이른바 작은 아단위는 RNA 분자 한 개와 단백질 20~30개로 되어 있다. 이것은 리보솜에 뉴클레오티드와 아미노산이 수천 개 있다는 것을 의미한다. 완전한 구조를 얻으려면 원자 수십만 개의 위치를 밝혀내야 했다. 그녀가 그렇게 많은 회의감에 젖어들었던 것도 당연하다. 그러나 그 회의감도 그녀를 막지 못했다.[5]

우선, 나는 옛 문헌을 뒤적이며 리보솜에 관한 모든 것, 특히 결정화에 필요한, 상당히 오랫동안 리보솜을 그대로 유지하는 기술을 공부했어요. 나는 A. 자미어A. Zamir와 D. 엘슨D. Elson이 1960년대에 개발한 과정을 이용했어요. 베를린에서 단 두 달을 보냈지만, 이스라엘로 돌아온 후에 연구팀이 거의 매주 광학현미경으로 찍은 사진을 보냈습니다. (그 당시에는 팩스도 인터넷도 없었잖아요.) 서너 달 만에 드디어 마이크로 결정체를 얻었어요. 단결정으로 연구하기에는 너무 작았지만, 약한 분말 패턴을 나타냈는데, 조짐이 괜찮았어요. 그런 다음 쓰레기처럼 보이지 않는 첫 번째 회절 패턴을 얻는 데 약 4년이 걸렸습니다. 마이크로 크리스털에 관한 논문이 1980년에 나왔죠. 지난 사반세기 동안 리보솜의 구조를 밝히는 연구를 해온 셈이네요.

오랫동안 요나트 연구팀은 양질의 엑스선 회절 패턴을 만들어내기 위해 리보솜을 안정화시키는 온갖 방법을 시도했다. 그들은 리보솜이 더 튼튼해서 조작에 따르는 갖가지 '어려움'을 견뎌낼 거라고 예상되는, 열악한 환경에서 사는 박테리아의 리보솜을 조사했다. 온천이나 사해의 짜디짠 물에서 박테리아를 가져오기도 했다. 연구팀은 1990년대 초반까지 좋은 샘플을 준비했다. 그들은 좋은 회절 사진을 찍었지만, 리보솜의 크기 때문에 판독이 지극히 어려웠다. 점점 더 많은 연구팀이 이 연구에 뛰어들어 스트레스가 가중되었으며, 경쟁 상황에 놓이게 되었다. 예일 대학교 토머스 스타이츠Thomas Steitz 연구팀은 1998년에 리보솜의 첫 번째 엑스선 구조를 발표했으나, 데이터의 해상도가 낮아서 원자의 위치가 안 보였다.

경쟁의 강도는 거의 참을 수 없는 지경이었을 것이다. 결국 세 연구팀이 가장 중요한 결과를 발표했고, 각 연구팀의 리더 세 명이 2009년 노벨상을 공유했다. 스타이츠 연구팀은 큰 아단위의 고해상도 구조를 규명했다. 요나트 연구팀과 벤카트라만 라마크리슈난과 그의 동료들(영국 케임브리지 소재)은 작은 아단위의 구조를 밝혀냈다. 그 이후, 리보솜의 작용 방식 또한 점차 분명해졌다. 단백질은 큰 아단위에서 생산된다는 것이 밝혀졌고, 이 과정은 엄청 빠르게 일어난다. 라마크리슈난은 DNA로부터 RNA가 가져오는 정보를 작은 아단위가 '단백질 언어'로 번역한다는 사실을 알아냈다.

아다는 전 생애를 바이츠만연구소에서 보냈다. 1980년대 후반 그녀는 마저 구조생물학센터Mazer Center for Structural Biology 및 킴멜만 생체분자조합센터Kimmelman Center for Biomolecular Assemblies의 책임자가 되었다. 그녀는 과학원 회원이 되었고, 여러 곳에서 명예 박사학위를 받았으며, 이스라엘상(2002), 올프상(2007), 생명과학 부문의 로레

알-유네스코 여성과학자상(2008) 등 권위 있는 상을 받았다.

우리의 대화는 아다가 노벨상을 받기 5년 전에 이루어졌지만, 그때 이미 그녀가 노벨상을 받을 거라는 분위기였다. 다음은 2004년에 그녀에게 노벨상 수상 가능성에 대해 질문했을 때 나에게 해준 내용이다.[6]

이 질문에 대답하지 않아도 될까요? 당혹스럽네요. 내가 첫 마이크로 결정체를 얻었을 때, 구조생물학의 창시자 중 한 분이며 이제는 고인이 된 스웨덴 교수를 만났어요. 그 당시 나는 혼신을 다해 일하고 있었고, 내 인생의 짜릿한 시기였으며, 거의 잠을 자지 않았습니다.

그는 내가 창백하고 초췌해 보이는 것을 알아차리고 이유를 물었답니다. 리보솜 결정을 얻은 것 같다고 대답했죠. 그는 나를 보면서 이것은 노벨상 프로젝트라고 말했어요. 1980년대 중반, 그 일이 시작될 무렵에는 그 말이 맞는 말이었어요. 그 말을 결코 입 밖에 낸 적은 없지만, 그 말이 내 마음에 꽂혔죠. 첫 번째 고해상도 결과가 나왔을 때, 바이츠만 연구소에서 과학 자문위원회가 열렸고, 거기서도 몇 사람이 같은 의견을 냈어요. 그런 의견은 밖으로 새어나가는 경향이 있어서, 사람들은 종종 노벨상에 대하여 내 의견을 묻더군요. 사실, 싫어하는 질문이었지만요. 그러나 이것이 사람들의 이목이 집중되는 프로젝트라는 건 맞거든요. 내가 그 가능성을 알고 있다는 것을 부정해봐야 소용없었을 겁니다.

10월과 노벨상 수상자 발표가 다가오고 있을 때 심정이 어떠냐는 질문에 대하여[7]

당신 같은 사람들이 물어볼 때 빼고는 거의 생각하지 않아요. 상이 문제가 아니에요. 나를 항상 움직이게 하는 것은 지적 자극이었죠. 그렇다고 내가 인정받는 게 행복하지 않다는 말은 아닙니다.

여성 차별에 관한 질문에 대하여[8]

이런 생각이 들더라고요. 때때로 여성들이 내 위치에 있는 남자보다 나에게 더 많은 것을 기대한다는 인상 말이죠. 비록 그게 매우 강한 느낌은 아니었지만. 내가 결정학 경험이 없었기 때문에 처음에는 매우 더디게 진행되었지만, 그건 내가 여자였기 때문이 아니었죠. 예를 하나 들어볼게요. 남편과 함께 있을 때, 바이츠만연구소는 나를 승진시키지 않았어요. 교수 한 분은 이러더군요. 내 남편도 연구소에 있기 때문에 내가 떠날까봐 걱정하지 않는다고요. 당연히 그런 말이 싫었습니다. 그 외에는 안 좋은 경험이 딱히 안 떠오르네요. 사실, 나는 여자이기 때문에 몇 가지 직업을 제안받았습니다….

아다는 꽤 오랫동안 이혼한 상태였다. 딸이 하나 있는데, 그녀는 그 당시 딸이 엄마가 필요할 때 곁에 없었다고 생각하겠거니 하고 믿어 의심치 않는다. 그녀의 딸은 아주 어린 나이에 독립심과 책임감이 강하게 되었다.

아다는 노벨상을 받고 나서 가끔씩 과학계에 종사하는 여성의 상황에 관한 질문을 받곤 했다. 예를 들어, 여성이 남성보다 과학 관련 일을 하는 게 더 어려운가? 그녀는 과학 일이 어려운 것은 여자라서 그런 게 아니라고 대답했다. "여성이라서 힘든 점은 과학자나, 사업가나, 기자나 모두 같습니다."[9] 그녀가 보기에는, 여성들이 과학 분야에 진출하도록 장려하지 않는 사회에 문제가 있다.

2013년, 노벨상 수상자들이 학생들과 함께하는 린다우 미팅 때 그녀는 강연을 했다. 기자 한 명이 젊은 여성들이 강연에 많이 참석한 것을 보고는 아다에게 과학계에서 일하는 여성의 문제와 관련해 어떻게 질문할까 고심하고 있었다. 마침 그 순간, 아다는 중요한 것은 과학적 결과였지 성별이 아니라고 발언했다. 그 기자가 질문 내용을 결정하기도 전에, 아다는 그 문제를 거론하며 강연을 마무리했다.

"어린 소녀들이 나에게 묻습니다. '과학계에 계속 있어야 하나요, 아니면 그만둬야 할까요?' 그들은 훌륭한 과학자가 되고 가정을 꾸리는 것에 두려움을 갖고 있습니다." 다음 슬라이드에서 그녀는 자기 실험실에 있는 여성들과 그들이 구운 거대한 리보솜 모양의 초콜릿 케이크를 보여주었다. 그것은 둘 중 하나를 선택하지 않아도 된다는 것을 보여주는 완곡한 힌트였다…[10]

아다 요나트는 동료 대다수가 불가능하다고 여기는 목표를 설정했고, 끝내 그것을 이루어냈다. 그녀에게 인생에서 겪었던 가장 큰 도전과 가장 큰 성공이 뭐냐고 물었더니 이렇게 대답했다. "과학적으로, [가장 큰 도전은] 리보솜을 결정으로 만드는 것이었어요. 개인적으로, 그때는 아버지가 돌아가신 때였습니다. 여덟 살 된 손녀가 있는데, 한번은 손녀가 다니는 유치원 선생님이 나에게 유치원에서 리보솜에 관한 강의를 해달라고 부탁하더군요. 내가 한 시간 동안 유치원 아이들의 마음을 사로잡았던 것이 내가 거둔 가장 큰 성공이라고 생각합니다."

러시아의 여성 과학자들

러시아의 규모와 중요성, 그리고 이 나라에서 과학이 차지하는 높은 위상에도 불구하고, 과학에 종사하는 여성의 문제는 별로 논의되지 않았다. 19세기 후반과 20세기 초반의 여성 과학자를 다룬 책이 몇 권 있기는 하다.[1,2] 그러나 1917년 볼셰비키 혁명 때부터 소비에트 시대에 이르기까지 그 시대 여성 과학자들을 다룬 자료는 거의 보기 힘들다. 학자 올가 발코바Olga Valkova는 그럴듯한 이유를 이런 식으로 댔다. "소비에트 사회주의 연방공화국USSR에는 '여성에 관한 질문'도 없었고, 말할 것도 없었다."[3] 이론적으로 여성과 남성의 권리는 동등했고, 흔히 가장 여성답지 않다고 여기는 직업을 포함해 모든 직업이 여성에게 열려 있었다. 문제가 아예 존재하지 않았거나 아니면 문제가 있다는 사실 자체를 인정하지 않았다. 최근에 스베틀라나 시체바 Svetlana Sycheva는 토양 연구자와 지리학자의 사례를 이용해 현대 여성 과학자를 주제로 한 책을 출간했다.[4] 이것은 적어도 이 문제가 금기시되는 것은 아니라는 징후 중 하나다.

러시아 여성이 과학 분야에 참여한 것은 19세기 후반에 이미 활발하게 이루어졌다. 고등교육 기관들이 서서히 여성에게 개방되면서 귀족 및 지식인 계층의 여성들이 국내외의 대학교에서 공부를 하고 싶어 했다. 이 여성들은 대부분, 자기 나라에서 사회 변화가 필요하다는 것과 전 국민이 더 나은 삶을 사는 데 과학이 중요한 역할을 할 거라고 생각했다. 이 무렵의 러시아 숙녀들은 전 세계에서 대학 교육을 받은 첫 번째 여성 그룹에 드는 사람들이었다. 수학자이자 작가인 소피아 V. 코발레프스카야와 생화학자이자 생리학자인 리나 스테른Lina Stern이 그 그룹에 속해 있었다.

소피아 V. 코발레프스카야(수학자)

소피아 코발레프스카야1850-1891는 모스크바의 폴란드–독일 혈통의 귀족 집안에서 소피아 바실레브나 코르빈–크루코프스카야Sofia Vasilevna Korvin-Krukovskaya로 태어났다. 그녀는 초창기 러시아 여성 과학자들 사이에서 가장 유명했다. 그녀는 일찌감치 수학에 매료되었고, 더 많은 것을 배우고 싶은 마음이 강했다. 그 당시 러시아 여성에게는 불가능한 일이었고, 해외로 나가려면 아버지의 허락이 필요했으나 아버지는 허락하지 않았다. 그녀가 탈출구로 삼은 것은 16세의 나이에 한 정략결혼이었다. 그녀와 고생물학자인 남편 블라디미르 코발렙스키Vladimir Kovalevsky는 1867년에 러시아를 떠났다. 결혼 후 그녀는 러시아 여성에게 쓰이는 성 코발레프스카야 대신 코발렙스키(그녀의 논문에는 주로 Kowalevski로 쓰여 있음)로, 이름은 소피(또는 소냐 Sonya)로 바꾸었다.

그녀는 하이델베르크에서 공부했지만, 그 당시 여성들은 졸업을 할 수 없었다. 대학 측은 그녀에게 청강만 허락했다. 결국, 그녀는 세 가지 다른 주제로 연구 논문을 세 편 썼다. 그 주제는 편미분방정식 partial differential equation, 아벨적분 Abelian integral, 그리고 토성의 고리 the rings of the planet Saturn였다. 베를린에서 그녀를 지도했던 카를 바이어슈트라스 Karl Weierstrass 교수에 따르면, 이들 논문 하나하나가 박사학위를 받기에 충분했다. 몇 년이 지난 1874년에 그녀는 괴팅겐 대학교에서 최우수 박사학위를 받았다. 그녀는 대학에 자리를 잡으려 했지만 할 수 없었다. 그녀는 오늘날의 부교수급에 해당하는 대학의 명예 객원 강사에 임명되어 스웨덴으로 갔다.

그러나 곧 그녀는 스톡홀름 대학교에서 특임 교수로 임용되었다. 북유럽에서는 여성으로서(이탈리아에는 여성 교수가 두 명 있었다) 처음이었다.

소피아는 《악타 마테마티카 Acta Mathematica》라는 새 학술지의 편집을 맡았고, 이참에 예전에 했던 집필 활동을 다시 하게 되었다. 비록 러시아에서는 대학교에 자리를 잡지 못했지만, 그녀는 그동안 여러 활동을 인정받아 몇몇 상을 받았고, 상트페테르부르크에 있는 제정 러시아 과학원의 발언권 회원이 되었다. 그녀는 인플루엔자와 폐렴으로 41세 때 사망했다.

소피아 코발레프스카야는 살아 있을 때 이미 유명했으며, 여행을 할 때는 유명 인사로 대우받았다. 당대의 위대한 수학자들도 그녀를 유럽 수학계의 중요한 구성원으로 간주했다. 게다가, 그녀는 장래성 있는 작가 대접을 받았고 조지 엘리엇George Eliot, 안톤 체호프Anton Chekhov, 헨리크 입센Henrik Ibsen 같은 저명한 작가들의 친구였다. 그녀는 정치 활동가이자 여성의 권리를 위해 싸우는 투사이기도 했다. 그 명성은 그녀가 죽은 뒤에도 사라지지 않았다. 그녀를 기리는 책과 영화가 만들어지고, 우표가 발행되고, 흉상이 세워졌다. 그녀에 관한 부정적인 견해, 즉 수학과 사생활에 대한 다양한 비난이 이어지며 명성에 흠집이 나기도 했다. 앤 코블리츠Ann Koblitz는 다음과 같이 썼다. "그녀의 인생은 너무나 화려했고, 그녀가 거둔 성취는 탁월했다." 따라서 이 모든 일이 일어나도 전혀 놀랍지 않다.[5] 사회는 이토록 많은 업적을 쌓은 여성을 받아들이는 데 아직 익숙하지 않았다. 재능은 남자의 특권이라고 생각해왔으니 말이다.

리나 S. 스테른(생화학자)

리나 솔로모노브나 스테른Lina Solomonovna Stern, 1878-1968은 생화학자이자 생리학자였다. 그녀는 제정 러시아 시절 쿠를란트 리바우(오늘날에는 라트비아 서쪽 끝에 있는 리예파야)에서 태어났다. 그녀는 제네바 대학교에서 공부한 첫 번째 여성 그룹 중 한 명이었다. 졸업 후 학교에 머물며 생화학 및 신경학 연구를 하다가 그 대학 최초의 여성 교수로 임용되었다. 1925년 소련 정부의 초청을 받아 러시아로 옮겨 연구 활동을 활발하게 이어갔다. 그녀는 모스크바 의과대학 실험실 책임자였다. 1929년에는 러시아 과학원 생리학연구소의 초대 소장이 되었다. 그녀는 연구를 성공리에 수행했는데, 그중에서도 가장 중요한 성과는 오늘날 이른바 뇌-혈액 장벽이라고 하는 연구였다. 초창기 소련과 서구, 양쪽 다 그녀의 가치를 인정했다. 그녀는 독일의 레오폴디나 아카데미에 선출되었으며, 1939년에 과학자 경력의 최고 영예인 러시아 과학원 정식 회원이 되었다. 여성으로는 첫 번째였다.

1939년에 공산당 당원이 되었고, 1943년에는 스탈린상을 받았다. 제2차 세계대전을 거치며 그녀의 연구 업적이 많이 실용화되었다. 그녀는 신경계 질환을 치료하는 데 새 방법을 도입해 전선에서 수천 명의 생명을 구했다. 나중에 가서는, 종전 이후부터 1953년에 스탈린이 사망할 때까지 스탈린이 펼친 반유대주의 및 과학과 과학자들에 대한 불신 정책의 희생자가 되었다. 우선, 그녀는 모든 직책을 박탈당했다.

그녀는 유대인 반파시스트위원회와 소련 여성 반파시즘위원회 회원이었다. 전자는 나치 독일에 맞서서 전 세계 유대인들을 동원하려고 애초부터 소련 정부가 설립한 조직이었다. 그런데 어느 시점에 유대인 반파시스트위원회에 소속된 구성원이 모두 체포되어 재판을 받았으며 스테른을 제외하고는 전부 처형되었다. 그녀는 투옥되었다가 나중에 국내 유배형이 내려졌다. 결국 스탈린이 사망한 이후에나 모스크바로 돌아갈 수 있었다. 그녀는 면죄를 받고 복권되어 과학원 회원으로 돌아왔다. 그녀는 연구 활동을 계속했고, 1968년 죽을 때까지 생물물리학연구소에서 생리학 부문을 이끌었다.

제정 러시아 시절에, 과학은 사회의 극히 일부 여성들에게만 열려 있었다. 소비에트 권력은 여성들뿐만 아니라 사회 전반에 큰 변화를 가져왔다. 모든 시민에게 동등한 권리가 부여되고, 교육받을 기회와 과학에 참여할 기회가 대다수 인민에게까지 확대되었다. 여성들은 공부하고 일자리를 찾을 수 있었고, 특히 과학자들에게는 이런 정책이 교육 제도와 연구기관에 일자리가 생긴다는 것을 의미했다. 볼셰비키는 여성의 참여가 중요하다고 생각했다. 사회의 절반이나 되는 여성을 생산 분야에 활용하지 않아도 될 만큼 여유가 없었기 때문이다. 조종사, 항해사, 중장비 운전은 물론 과학계처럼 전통적으로 남성 직종이었던 곳에서도 여성이 일할 수 있다는 것을 보여주는 선전 운동이 벌어졌다. 그러나 강력한 선전 활동도 전통을 바꾸기는 힘들었다. 어린이, 노부모, 남편을 돌보는 일과 가사 노동은 주로 여성의 의무로 남아 있었다. 여성들은 직장에서 일하고 나머지 시간에는 가족과 가사를 맡아야 했다. 가부장적인 전통이 강한 공화국들에서는 특히 더 심했다.

내 남편은 그 당시 아제르바이잔 공화국 수도 바쿠에서 겪었던 이야기를 해주었다. 1980년대 초, 그는 결정학연구소를 방문해 남성과 여성 연구원들 모두 똑같은 자격으로 과학 토론에 참석했다. 아제르바이잔의 대표적인 결정학자의 아내도 있었는데, 그녀도 연구소에서 열심히 활동하는 회원 중 한 명이었다. 저녁이 되자 그 부부는 저녁을 대접하겠다며 내 남편을 초대했다. 저녁 식사에 초대된 손님들, 집주인, 그리고 집주인 부부의 사춘기 아들이 화려한 테이블에 둘러앉았지만, 훌륭한 결정학자인 아내는 저녁 식사가 끝날 때까지 자리에 앉지 못했다. 대화는 화기애애하게 계속되었다. 내 남편은 여성들이 이 모임에서 합석할 자리가 없다는 것을 알게 되었다. 이처럼 직장에서는 평등, 집에서는 전통적인 속박이라는 괴리된 태도가 있었다.

과학계에서도 완전한 성 평등은 일어나지 않았다. 대다수 여성은 낮은 직위에 머물러 있었는데 근속 연한이 짧았기 때문만은 아니었다. 그들 중 일부는 자기들이 어떻게 해야 과학 분야에서 승진이나 출세를 할 수 있는지 마침내 알게 되었다. 다양한 가능성이 있었다. 일부는 공산당에 가입했고, 근로자의 권리를 보호하는 역할보다 정권에 순응하는 노동조합을 겨냥해 그곳이 인정해주는 활동을 했다. 다른 사람들은 새 정권에서 특히 중차대하게 요구하고 있는 전문적인 과학 분야를 선택했다. 예를 들어, 지질학이 그런 분야였고, 종종 국내 먼 지역으로 탐사를 가기도 했다. 경력을 높이는 또 다른 방법은 장래가 유망한 교수나 동료 학생과 결혼하는 것이었다. 사실, 교수와 결혼하여 과학 업무에 참여를 보장받는 것은 19세기 후반 여성들이 고등교육을 받기 시작할 때부터 공통적인 현상으로 나타났다.[6] 그 이후에도 자리를 잘 잡은 남편은 아내의 경력을 높이는 데 막중한 역할을 했다.

소비에트 체제는 70여 년간 이어져왔으며, 그 체제가 과학과 과학자들을 획일적으로 다루었다고 생각하는 것은 적절하지 않다. 좋은 본보기가 유대인 과학자들의 상황이다. 차르 치하에서는 유대인들의 고등교육이 심하게 제약됐다. 비록 그런 사실을 정식으로 공표하지는 않았으나 엄격하게 준수했다. 소비에트 정권 초기에 이런 제약이 해제되었다. 그러나 이 상황은 제2차 세계대전이 끝난 후 스탈린이 사망할 때까지 해당 기간 동안 크게 바뀌었다. 오히려 반과학적, 반유대주의적 형태로 나타났다. 과학 연구기관에서 유대인 학생 및 연구원의 인원수 제한 조치는 은밀하지만 엄정하게 실시되었고, 소비에트 연방이 존속하는 내내 효력이 남아 있었다. 차르가 통치할 때는 그런 제약이 여성에게 미치지 않았고 고등교육에서는 거의 없었던 반면, 소비에트 체제 동안 유대인에 대한 제한 조치는 남녀를 불문하고 모두 적용되었다.

현재 러시아 여성 과학자들의 처지가 어떤지 알 만한 정보는 부족하다. 그러나 학문의 사다리를 올라갈수록 여성 연구자 수가 줄어드는 것은 다른 나라보다 더 나쁘거나 비슷하다. 러시아 과학원 정회원은 러시아 과학자들이 도달할 수 있는 가장 높은 지점이다. 최근 자료에 따르면, 과학원의 528명 정회원 중 여성이 10명으로 2%에 불과하다. 아마 선진국 중 최하위일 것이다. 그러나 이 불균형에서 드러난 문제가 사람들의 이목을 끌고 있다는 점에서 조만간 변화를 기대해볼 수 있다. 하지만 어떠한 변화가 있더라도, 오늘날 러시아에서는 아쉽게도 과학에 대한 매력과 과학을 중시하는 태도가 심각할 만큼 없어지고 있으며, 재정 지원 또한 크게 줄어드는 추세라는 점은 분명하다.

제정 러시아 시대의 여성 과학자들은 이곳저곳을 여행했기 때문에 서구의 새로운 연구 결과를 배우고 그 과정에서 동료들과 상호작용할 수 있었다. 소비에트 시대의 고립 상태는 여성은 물론 모두에게 심각한 문젯거리가 되었다. 소련이 붕괴된 이후 러시아 과학자들의 고립 상태는 완화되었지만, 러시아의 과학이 국제 교류와 공조에 완전히 함께하기까지는 아직 갈 길이 멀어 보인다.

아다 S. 코텔니코바(화학자)

소비에트 시절에는 고립으로 인해, 유망하기는 하지만 군사적으로 전략적 중요성이 없는 과학 분야가 제대로 개발되지 못하는 경우가 종종 있었다. 아다 코텔니코바^{Ada Kotelnikova, 1927-1990}의 이야기가 떠오른다. 1950년대에 V. G. 트로네프^{V. G. Tronev}가 주도하는 연구팀은 소련 과학원의 일반화학 및 무기화학연구소에서 새로운 레늄^{rhenium} 화합물을 생산하고 그 특성을 밝혀내는 야심찬 연구 프로젝트를 수행했다. 금속인 레늄 원소는 독일의 이다 노다크와 발터 노다크가 발견했다. 노다크 부부는 레늄 화합물 몇 가지를 생산했지만, 정제하지 못했고 그것들이 무엇인지 알아내지 못했다. 트로네프는 소련에서 그 분야의 잘 알려진 지도자였고 잘나가는 실험실을 이끌고 있었다. 1950년대 중반, 이 연구를 진행하는 과정에서 젊은 연구원 아다 코텔니코바는 레늄과 레늄이 직접 결합하고 있다고 여긴 화합물을 포함해 몇 가지 새로운 화합물을 생산했다. 그 당시에는 금속과 금속 간의 직접적인 결합은 매우 이례적인 것이었다. 이런 직접적인 레늄-레늄 접촉은 강한 결합이라고 밝혀졌다. 코텔니코바는 그 발견을 트로네프와 공동 논문으로 발표했다.[7] 이들 레늄 화합물을 발견한 후 코텔니코바는 무기화학의 다른 분야로 옮겨 갔다.

얼마 후에, 국제적으로 명성이 자자한 미국의 앨버트 코튼이 레늄 화합물의 화학적 성질을 연구하게 되었다. 그는, 코텔니코바가 발견했지만 완전히 이해하지는 못했던 레늄-레늄 상호작용이 유난히 강력하다는 사실을 발견했다. 그 결합은 일반적인 '단일' 결합보다 약 네

배 강했으며, 코튼은 그 결합을 '4중 결합'이라고 이름 지었다. 만약 코텔니코바가 해외의 동료 연구자들과 긴밀하게 접촉하고 있었다면 이런 특이한 화학적 성질에서 더 중요한 결과를 얻었을지도 모른다. 코튼 자신이 그 분야에 새로운 결과를 엄청나게 추가했지만, 그렇다고 해서 거의 무명이었던 러시아 과학자 아다 코텔니코바가 이 연구에 선구자 역할을 했다는 사실이 바뀌지는 않는다. 그 발견을 할 무렵에 젊은 연구원이었던 코텔니코바는 망각의 뒤안길로 사라졌다.[8] 1968년에 그녀가 다니던 연구소가 창립 50주년을 맞았을 때, 소비에트 우체국은 그 사건을 기리기 위해 우표를 발행했다. 그 우표는 코텔니코바가 직접적인 레늄-레늄 결합으로 만든 물질 중 하나를 눈에 잘 띄게 보여준다. 그 당시에 모두가 앨버트 코튼을 알고 있었지만, 그녀의 선구적인 업적을 기억하는 사람은 아무도 없었다. 남편과 나는 우연히 코텔니코바를 만나 그 이야기를 듣게 되었고, 그녀가 이룩한 업적을 사람들의 기억에 되살리려고 계속 노력해왔다.

지금부터 러시아 과학자 다섯 명을 자세히 소개하려고 한다. 물리학자 한 명, 화학자 세 명, 기계공학자 한 명이다.

이리나 P. 벨레츠카야

화학자

2004년, 부다페스트에서 이리나 P. 벨레츠카야
(사진: 막달레나 허기타이)

이리나 페트로브나 벨레츠카야Irina Petrovna Beletskaya는 1950년 대와 1960년대 소련 화학계의 떠오르는 별이었다. 1950년대, 특히 1950년대 초반은 소련의 화학자들에게 어려운 시기였다. 1951년, 화학계는 전국 규모의 회의를 개최해 공명이론theory of resonance을 비난했고, 재능 있는 젊은이들이 오랫동안 이론화학에 등을 돌렸다. 이때 벨레츠카야는 햇병아리 과학자였다. 그녀는 이런 사태에 관련이 없었던 것 같지만, 그녀의 상사들은 이 문제에 깊이 관련되어 있었던 게 틀림없다. 벨레츠카야는 비정치적인 자세를 견지하면서 자기 일에 집중하여 눈부신 성공을 거두었다.

그녀는 1933년 레닌그라드(오늘날의 상트페테르부르크)에서 태어났으며, 제2차 세계대전 당시 레닌그라드 공방전을 포함해 분명히 어린 시절을 힘겹게 보냈을 것이다. 2004년에 내가 이리나에게 여러 질문을 던졌을 때, 그녀의 반응은 짧았고 일부 질문에는 대답도 하지 않았다. 대답하지 않았던 질문들은 어린 시절의 경험에 관한 것이었다.

학창 시절에 수학과 문학을 좋아했지만 직업으로 고려해본 적은 없었다. 그 대신 그녀는 모스크바 주립대학교 화학과에 입학했다. 졸업 후, 박사급 학위를 취득하려고 과학 연구생 자격으로 계속 학교에서 지냈다. 결국 1958년에 학위를 받았는데, 어리기는 했지만 이 학위를 받기에 이례적이라고 할 만큼 어린 것은 아니었다. 5년이 채 안 지난 1963년에 그보다 더 높은 이학 박사학위를 받았다는 점이 더 색달랐다. 지금은 러시아로 바뀐 옛 소비에트 체제에서 이 학위는 교수가 되기 위한 전제 조건이다. 이리나는 결국 소련과 러시아 고등교육 시스템의 주력인 모스크바 주립대학교 유기화학 교수로 임용되었다. 그녀는 강의와 연구 양쪽 다 적극적으로 참여했으며, 경력을 쌓아가는 데 침체기를 겪은 적이 없었다. 1974년에 과학원 발언권 회원으로 선출되었고, 1992년 정회원인 학술 위원이 되었다.

벨레츠카야는 유기 반응 기전을 밝히는 데 많이 기여했는데, 그 과정을 자신의 멘토인 올레그 A. 레이토브^{Oleg A. Reutov}와 함께했다. 올레그는 학문의 사다리를 훨씬 더 화려하게 오른 사람으로, 44세에 이미 과학원 학술 위원이 되었다. 화학반응이 일어나는 방식을 이해하는 것은 원하는 화합물을 생산하기 위한 새로운 반응을 만들어낼 가능성을 열어준다. 이것은 유기화학자의 오랜 목표였다. 벨레츠카야는 화학 합성에서 새로운 방식을 시도했다. 희토류 금속을 사용해 지금까지 알려지지 않은 화학반응에서 촉매제로 사용될 것으로 기대되는 새로운 화합물을 생산했던 것이다. 그 화학반응 중 일부는 산업에서 유용하게 이용되었다.

촉매제는 화학반응을 더 쉽게 일어나게 해준다. 예를 들어, 어떤 화학반응은 매우 높은 온도에서 일어나지만, 촉매가 있으면 훨씬 낮은 온도에서 일어날 수 있다. 그런 방식을 산업 공정에 적용하면 엄청난 양의 에너지를 절약할 수 있다. 대개, 소량의 촉매제로도 충분히 그런 기능을 하고 심지어 반응이 끝나면 그 소량의 촉매제를 회수할 수도 있다. 최근에 벨레츠카야의 관심사는 이른바 녹색 화학^{green chemistry}까지 뻗어 나갔다. 녹색 화학은 환경친화적인 화학 공정을 의미한다. 이런 녹색 화학에서 결정적인 역할을 하는 게 바로 촉매제다.

나는 벨레츠카야와 연락을 주고받으며 직접 만나기도 했지만, 그녀

스스로 자기 주위에 쌓아놓은 듯한 벽을 통과할 수 있으리라는 느낌은 결코 들지 않았다. 나보다 훨씬 오래 그녀와 알고 지내던 다른 사람들에 따르면, 그녀는 이 보이지 않는 벽을 어린 시절부터 세운 게 틀림없다. 나는 줄기차게 질문 공세를 퍼부었지만 아주 짧은 대답만 돌아왔다. 개인적으로 만나보면 친절하고 이야기가 통할 것 같았지만 그것도 어느 선 이상을 넘지 않았다. 그녀가 한 대답 중 몇 가지는 종잡을 수 없어서, 마치 수면 아래 잠겨 있는 심연을 들여다보는 것 같았다. 예를 들어, 종교를 믿느냐는 질문에 "안 믿습니다. 물론 후회하고 있어요."[1]라고 대답하면 내가 무엇을 할 수 있겠는가? 그래도 다양한 분야를 넘나든 몇 가지 질문과 그녀의 답변을 살펴보자. 질문은 핵심만 간결하게 정리했지만, 그녀의 답변은 말 그대로 (원래 러시아어를 번역해서) 인용했다. 질문과 응답은 2004년에 이루어졌다.

Q: 과학을 하게 된 계기는 무엇이었나요?
A: 과학은 단조롭지 않을 것 같았습니다.

Q: 유기화학자가 된 이유는 뭐예요?
A: 물질에 대한 관심 때문입니다.

Q: 정치 때문에 당신의 직장이나 직업에 영향을 받은 적이 있었습니까?
A: 전혀요.

Q: 21세기의 과학은 어떻게 펼쳐질 것 같나요?
A: 짐작도 못하겠습니다. 모든 게 너무 빨리 진행되고 있습니다. 어느 누가 복제를 예상이나 했겠어요?

Q: 어린 시절과 전쟁에 대한 기억을 질문했다.
A: 인생은 흥미롭기보다는 어려웠습니다. 전쟁은 여전히 생생합니다. 아버지는 국경 수비대였죠.

Q: 가족에 관해서, 가족 상황이 경력과 일에 끼친 영향이 무엇이었는지 질문했다.
A: 내 아들은 42세고, 남편은 항상 최선을 다해 나를 도와주었죠. 우리는 43년을 함께했습니다.

나는 특히 여자로서 그녀의 눈부신 경력에 관해 몇 가지 질문을 던졌고, 질문 중 하나는 1974년 아카데미 발언권 회원으로 선출된 후 1992년 정회원이 되기까지 오랜 기간이 걸렸다는 내용이었다. (여기서 우리는 발언권 회원의 상당수가 결코 정회원이 되지 못한다는 것을 기억해야 한다. 정회원은 자동으로 승격되는 게 아니다.) 그녀의 현재 포부, 소련과 새로운 러시아에서 여성 과학자가 처한 상황, 특히 소련 시절에 그녀가 성공 가도를 걸었다는 점을 감안해 정치적 변화의 영향, 국제적 교류 증진 방안, 외국 여행 등을 포함하는 추가 질문들을 했다. 벨레츠카야는 이 많은 질문을 포괄하는 대답을 내놓았다.

1974년부터 1992년까지 오랜 기간이 걸린 것은 전적으로 내 성질이 못됐기 때문이죠. 나는 공산당원이 아니었기 때문에 공식 경력을 가질 수 없었고, 심지어 실험실 책임자가 될 수도 없었습니다. 내 관심사는 항상 내가 내놓은 결과에 대한 내 자신의 평가와 해외 동료들의 의견입니다. (왜냐하면 이것이 학회에 초대받느냐 마느냐를 결정하기 때문입니다). 여성이라는 것 자체가 일을 더 어렵게 합니다. 어떤 상황이든 마찬가지죠. 지금은 해외를 자유롭게 나갈 수 있고, 여행도 자주 합니다. 소련 시절에는 서방 진영과 접촉하거나 그쪽에서 연구비를 받는 것은 불가능했습니다. 지금은 가능하지만 우리 정부로부터의 연구비 지원은 없습니다.

국제 화학계에서 벌인 활동 중에, 그녀는 화학무기 제거 문제에 참가했다. "그 문제는 내가 참여한 여러 프로젝트 중에서 아주 성공한 사례였죠. 화학무기, 그 무자비한 것은 사람들에게 고통을 주려고 생산된 겁니다."

Q: 당신 인생에서 뭐가 가장 중요했나요?
A: 지인들의 건강과 내 연구 결과입니다.

Q: 여성이라는 이유로 차별을 경험한 적이 있습니까?
A: 다른 사람들이 겪은 만큼. 그보다 더는 아니고요.

Q: 직업, 과학 분야의 경력, 가정을 이루는 것에 대해 젊은 여성들에게 해줄 조언이 있나요?

A: 나는 조언 같은 거 안 합니다.

Q: 러시아 여성 과학자와 해외 여성 과학자들을 비교해보면 어떻습니까?
A: 해외 여성들의 삶은 일상생활 자체가 더 수월합니다. 그 밖의 것들은 같습니다.

Q: 당신이 일찌감치 성공을 거둔 것이 당신이 여성이라는 것과 관련이 있다고 생각하나요?
A: 전혀요. 오히려 그 반대입니다.

Q: 내가 묻지 않았지만 그 밖에 더 말씀하시고 싶은 게 있나요?
A: 사람이 지녀야 할 것 중에 내가 어떤 것을 중요하게 여기는지 묻지 않았군요. 유머 감각과 자기 통제력 이외에 자기 자신에게 아이러니를 적용할 수 있는 능력을 중요하게 생각한다는 게 내 대답입니다.

벨레츠카야는 1980년대부터 국제순수·응용화학연합IUPAC에서 중요한 임무를 수행했다. 물론, 소련의 대표자들은 동료가 선출하는 게 아니라 더 높은 기관이 임명했다. 그러나 그녀는 동료들의 신뢰를 얻었던 것이 분명했다. 1990년대 초반에 IUPAC 유기화학 분과의 지도자가 되었고, 2001년까지 IUPAC 화학무기파괴기술위원회Committee on Chemical Weapons Destruction Technologies에서 일한 것을 보면 알 수 있다. 그녀는 소련과 러시아에서 그리고 국제적으로 여러 번의 수상과 영예를 안았다.

라크힐 Kh. 프리들리나

화학자

라크힐 카츠켈레브나 프리들리나
(비스바덴의 얀 J. 칸드로르 제공)

20세기 초반 제정 러시아의 가난한 유대인 노동자 가정에서 태어난 그녀가, 심지어 몇 년 동안 청각장애인으로 살아온 그녀가 소련 과학원의 거대한 실험실 책임자가 되기까지는 우여곡절이 많았다. 행운, 인내뿐 아니라 특별한 환경이 필요했다.

라크힐 카츠켈레브나 프리들리나Rakhil Khatskelevna Freidlina, 1906-1986는 지금은 벨라루스로 알려져 있는 모길레프스키 지역의 사모티비치에서 태어났다. 아버지는 노동자였고 어머니는 주부였으며, 형제자매가 많았다. 집안 사정은 가난했고, 어린 시절에는 제1차 세계대전, 혁명, 그리고 내전을 겪었다. 게다가 그녀는 취학 전 수년 동안 청각 장애라는 특별한 곤경에 시달렸다. 청력은 학교에 다니면서 서서히 나아지기 시작했다. 그런 상태를 겪었으니 그녀는 매우 예민하고 명민한 아이로 자랐다. 청각 장애를 겪었기 때문에 그녀는 그냥 듣는 것이 아니라 듣는 법을 학습했다. 그녀는 학습한 기술을 이용해서 메모를 하지 않고도 수업 시간에 들은 내용을 통째로 암기할 수 있었다. 친구들은 이를 두고 "소리 없는 진공 상태에서 교향곡으로" 바뀐 것이라고 했다.[1] 나중에 어른이 된 이후에도 좋아하는 시를 들으면, 다음날 그 시를 암송할 수 있었다.

라크힐의 형제자매 대부분은 구소련 시절에 고등교육을 받고 과학자나 의사가 되었다. 라크힐은 모스크바 주립대학교 화학과에서 공부했으며, 유명한 화학자이자 과학 행정가 알렉산드르 네스메야노프Aleksandr N. Nesmeyanov의 지도를 받아 1936년에 박사학위를 받았다. 그 당시 그녀는 이미 모스크바에 있는 소련 과학원의 유기화학연구소 연구원으로 근무하고 있었다. 1941년 6월 22일에 나치 독일이 소련을 공격하자, 이 연구소는 카잔으로 옮겼고, 그녀는 1941~1943년을 그곳에서 보냈다. 그녀는 국방 관련 활동에서 성과를 냄으로써 많은 상을 받았다.

1954년에 그녀는 소련 과학원에 새로 설립한 원소-유기화합물연구소Institute of Element-Organic Compounds(INEOS)로 옮겨 갔다. INEOS를 설립한 네스메야노프는 성공적인 연구를 수행하는 데 필요한 여건을 만들어주었다. 1951년부터 1961년까지 소련 과학원 회장을 맡았으니, 그는 그런 여건을 유지할 수 있는 최적임자였다. 그는 창의력이 풍부하고 박식한 화학자였다. 다만, 부풀려진 저서 목록 때문에 그의 업적을 있는 그대로 평가하기가 어렵다. 그는 소련 제도를 무조건 추종했지만, 유대인 과학자를 채용할 만큼 여타 연구소 책임자들보다는 훨씬 용기 있었다. 그는 노련한 정치가였다. 프리들리나의 남편이 체포되었을 때였다. 그는 그동안 자주 일어났던 일들을 비난하며 그녀에게 엄청난 책임을 물어 실험실 책임자 자리에서 즉시 물러나게 했다. 이것은 사실상 프리들리나에게 편의를 제공하기 위한 전보 조치였다. 그녀를 시야에서 안 보이게 함으로써 보호하려고 했던 것이다. 프리들리나의 입장에서는, 반유대주의 공포가 절정에 이르렀던 스탈린의 마지막 몇 년 동안 그녀를 보이지 않게 해준 네스메야노프가 고마웠다.

라크힐의 남편 게오르기 시룃츠킨Georgii E. Syroezhkin은 제2차 세계대전 중 전선에서 싸웠다. 라크힐과 열한 살짜리 아들은 카잔에 있는 작은 방에서 다른 가족과 함께 살았다. 그들이 모스크바로 돌아왔을 때, 가족 세 명이 공동 아파트의 대략 9제곱미터가 채 안 되는 방에서 살았다. 이것은 방 하나에 한 가족씩 여러 개의 방이 있는 건물에,

입주자들이 거실, 화장실, 부엌을 공동으로 사용하는 것을 의미한다. 프리들리나는 거의 대부분의 시간을 연구소에서 일하면서 보냈다. 마침내 1945년에 이학 박사학위를 받았고, INEOS 원소-유기화합물 합성실험실 실장이 되었다.

그녀가 최고의 영예를 누린 것은 1958년에 소련 과학원 발언권 회원으로 선출되었을 때였다. 발언권 회원이라고 해서 모두 학자가 되는 것은 아니다. 프리들리나도 마찬가지였지만 지역 사회에서 발언권 회원은 여전히 특별한 권한을 행사했다. 소련 과학원의 다른 회원들처럼, 그녀 역시 상당한 특전과 특혜를 누릴 자격이 있었다. 이 말은 꼭 덧붙이고 싶다. 프리들리나의 동료와 친구들은 그녀의 지위가 아니라 지식 때문에 그녀를 존경했다고 말이다. 네스메야노프는 프리들리나에 대해 "때로는 생각이 너무 명쾌하기 때문에 끔찍한 느낌이 들 때도 있습니다"라고 하면서 이렇게 덧붙였다. "그녀에게는 남자다운 마음이 있다는 걸 이해해야 합니다!"[2] 그녀의 삶을 이끌어가는 힘은 연구에서 나왔다. 프리들리나는 러시아 사회의 취약 계층 출신인 그녀에게 특별한 기회를 제공해준 소련 정권에 헌신했다.

정권에 헌신했다고 해서 그녀가 취해야 했던 몇몇 행동을 괴로워하지 않았다는 것은 아니다. 그녀의 제자였던 사람이 다음 이야기를 들려주었다. 1970년 초에 프리들리나가 실험실에 도착했을 때, 동료 두 명이 신문을 읽고 있었다. 그녀는 아직 신문을 보기 전이었고 페이지를 샅샅이 훑어나갔다. 과학자들이 낸 성명서가 눈에 띄었다. 전날 그녀도 서명에 동참하라는 요구를 받았던 그 성명서였다. 성명서를 읽어보니, 이스라엘의 군사행동을 비난하는 내용이었다. 그녀는 한숨을 내쉬며 생각했던 것만큼 나쁘지는 않다고 말했다. 동료들에게는 자기가 그 성명서를 읽어보지도 못한 채 서명할 수밖에 없었다는 점을 확실히 설명했다.

프리들리나는 금속-유기화학을 연구하기 시작했고, 점차 다양한 유기화학 분야로 활동을 넓혀나갔다. 가장 성공한 연구 분야는 불포화 유기분자(즉, 하나 이상의 이중결합이 있는 분자)의 연쇄반응인 텔로미화telomerization 반응을 활용한 것이었다. 이 반응에 참여하는 반응물 중 하나를 텔로젠telogen이라고 하는데, 이는 연쇄반응의 운반체 역할을 한다. 그 과정에서 텔로젠은 분열되어 불포화 분자의 말단에 부착되는 반응성 라디칼reactive radical을 형성한다. 그녀가 이 반응을 고안하지는 않았지만 이 반응을 발전시켜 다양한 종류의 새로운 화합물을 개발했다. 그녀는 집필 활동을 많이 한 저자였다. 첫 번째 출판물이 1934년에 나왔고, 모두 합쳐 740건에 이른다. 그녀의 연구 보고서에는 공동 저자가 많았다. 우즈베키스탄, 카자흐스탄, 아르메니아 등 다양한 지역 출신의 우수한 동료들을 포함하여 200명 이상이 그녀의 논문에 이름을 올렸다.

라크힐은 냉전 시대 소련이 배출한 전형적인 인물이었다. 그녀는 외국어를 구사하지 못하고 해외여행을 거의 하지 않았으며 국제 교류가 전혀 없었다. 그러나 그녀는 별 어려움 없이 독일어와 영어로 된 과학 서적들을 읽었다. 그녀의 진짜 집은 실험실이었고, 진정한 가족은 동료들이었다. 아들 부부와 행복하게 지내지는 않았지만 손자를 살뜰히 챙겼다. 동료들에게는 진정한 '유대인 어머니' 노릇을 했다. 그녀는 언제나 도움의 손길을 뻗을 준비가 되어 있었다. 상사 입장일 때는 늘 신중하게 처신했다. 동료들의 제안에 '제니디아^{genidea}', 즉 뛰어난 아이디어라는 칭찬을 아끼지 않았다. 그녀는 언제나 열정을 불러일으켰고 직장 동료들이 더 많이 생각하도록 만들었다. 동료들을 직접 가르치지는 않았지만 자기가 모범을 보이며 그들을 교육했다. 그녀는 예의 바르고 겸손했다. 늘 약속을 지켰고, 자기가 지킬 수 있는 약속만 했다. 어떤 사람에게 비판적인 발언을 해야 한다면, 결코 다른 사람들 앞에서 하지 않았다. 프리들리나는 그녀를 사랑하는 사람들뿐만 아니라 그렇지 않은 사람들에게까지도 높은 평가를 받았다.

엘레나 G. 갈페른

전산화학자

엘레나 G. 갈페른
(엘레나 갈페른 제공)

1985년에 흑연과 다이아몬드 외에 새로운 형태의 탄소를 발견했다는 소식이 전해졌다. 이 새로운 형태의 분자는 탄소 원자 60개로 구성된 축구공처럼 생겼으며, 60개의 정점을 갖는 끝이 잘린 20면체다. 이런 구조는 "초안정화된 superstable" 구조일 거라고 예상되었다. 이를 발견한 사람들은 당연히 노벨상을 받았다.

이 발견에는 흥미로운 사실이 많았다. 시간이 지나면서 우리는 유명한 발견에 앞서 10년이 넘는 기간 동안 이런 C_{60} 분자의 안정성을 이미 예측했던 출판물 두 개가 있다는 것을 알게 되었다. 그러나 아쉽게도, 하나는 일본 학술지에, 다른 하나는 소련 학술지에 실려 있어서 접근하기가 어려웠다. 소련 학술지의 전체 내용을 영어로 번역한 것이 있었음에도 말이다. 오사와 에이지 大澤映二가 발표한 일본 학술지에는 C_{60} 분자의 잘린 20면체 모양을 제안하는 내용이 실렸고, 러시아의 연구 논문은 일본의 연구와는 별개로 상당히 정교한 양자화학 계산에 기초하여 결론을 도출한 연구였다. 이 러시아 연구 논문의 공동 저자 중 한 사람이 엘레나 G. 갈페른 Elena G. Galpern, 1935- 이다.

1970년대 초 엘레나는 소련 과학원의 원소-유기화합물연구소(INEOS) 양자화학 실험실에서 박사학위를 받았다. 그녀는 드미트리 A. 보차바르 Dmitrii A. Bochvar, 1903-1990의 연구원으로 일했다. 보차바르는 수년 전에 실험실을 설립하고 전반적인 연구 방향을 제시했던 사람이다. 연구소 책임자 알렉산드르 네스메야노프 Aleksandr N. Nesmeyanov는 탄소 원자로 구성된 새장형 분자 cage-like molecule를 만드는 아이디어와, 다른 요소의 원자 또는 작은 원자군을 함께 수용하는 케이지를 생각했다. 네스메야노프는 그런 물질을 많이 사용하려고 계획을 세웠다. 첫 번째 과제는 그런 '이종' 원자를 수용할 수 있는 탄소 케이지를 찾는 것이었다. 양자화학 계산이라는 신기술은 이런 방법의 실현 가능성을 판단하는 편리한 수단이 될 것 같았고, 엘레나는 이 과제가 논문 프로젝트로 적절하다고 여겼다.

탄소 케이지는 계산으로 분석하기에 너무 큰 시스템이었다. 그들은 가장 작은 케이지에서 시작해 점점 더 큰 케이지 쪽으로 나아갔다. 이 방법으로 그녀는 탄소 원자 60개로 구성된 시스템에 도달했다. 그녀는 충분히 안정적인 형태를 찾아야 했다. 계산 과정에서 이미 많은 형태를 테스트했지만, 다른 가능성은 대부분 절망적이었다. 어느 날 선배 이반 스탄케비치Ivan Stankevich가 축구 경기를 하고 와서는 축구공 모양을 테스트해보라고 제안했다. 그때는 오각형 조각과 육각형 조각을 함께 재봉하여 축구공을 만들기 바로 몇 년 전이었다. 물론 공은 구형이지만, 오각형과 육각형의 면으로 구성된 다면체 유사체는 60개의 정점을 갖는 잘린 20면체다. 엘레나의 계산에 따르면, 탄소 원자 60개를 가진 이런 형태가 실제로 안정적인 것으로 나타났다. 축구 경기에서는 선수 22명이 90분 동안 그런 모양을 걷어찬다. 아무리 발로 차도 견뎌내야 하니, 그만큼 튼튼해야 한다. 논리적인 결론은 이런 형태일 때 모든 탄소 분자가 안정적이어야 한다는 것이다.[1]

갈페른은 계산을 마치고 나서 출판용 원고를 준비했고, 보차바르는 소련에서 가장 권위 있는 정기간행물 《도클라디 아카데미 노크》에 연구 결과를 싣기로 결정했다.[2] 1973년, 마침 이 학술지의 영문 번역본이 출간되어 러시아 이외의 독자들도 이 논문을 접할 수 있었다. 하지만 이 발견은 소련과 그 밖의 다른 나라에서는 주목받지 못했다.

이 논문은 갈페른과 보차바르의 이름으로 발표되었다. 1985년, 영국 서식스 대학교의 헤럴드 크로토 Harold Kroto 연구팀과 미국 텍사스 주 휴스턴에 있는 라이스 대학교의 리처드 스몰리와 로버트 컬, 그리고 두 사람의 제자들은 라이스 대학교의 어느 실험에서 안정적인 C_{60}을 관찰했다. 그들이 안정적인 C_{60}의 구조를 위해 잘린 20면체 형태를 제안한 것이 연구의 전환점이 되었다. 이 아름다운 분자 구조는 더이상 오사와 에이지의 꿈이나 갈페른의 계산에 머물지 않았고 실험으로 관찰할 수 있었다. 곧, 문헌들을 잘 정리해가던 연구자들은 오사와의 제안과 갈페른의 계산을 찾아냈다. 1996년 노벨 화학상을 받았던 크로토, 스몰리, 컬만큼 주목을 받지는 못했지만 이 발견으로 오사와와 갈페른도 주목을 많이 받았다.

비록 잠깐이었지만 엘레나는 갑작스러운 대중의 관심에 다소 당황했다. 그녀는 그동안 조용히 연구만 해왔다. 그녀는 자기가 박사과정 때 가장 중요한 결과를 발표했다는 것을 깨닫지 못하고 연구 기간 대부분을 INEOS에서 보냈다. 그녀 또는 지도교수가 C_{60} 분자의 중요성을 깨달았다면 갈페른의 경력은 과연 어떻게 되었을까? 누군가 그녀의 발표에 주목해 C_{60} 분자를 생산하려고 시도했다면, 그래서 그 연구의 중요성을 좀 더 일찍 깨달았다면 무슨 일이 일어났을까? 어쨌든 INEOS의 어느 누구도 이 연구를 이어가지 않았다. 네스메야노프가 탄소 케이지에 관심을 잃었을 가능성도 있고, 혹시 동료들의 관심을 다른 곳으로 유도했을지도 모른다. 마침내 갈페른이 유명해졌을 때, 그녀는 뒤늦게라도 자신의 초기의 연구 결과에 사람들이 많은 관심을 기울이는 것이 기뻤다.

이리나 G. 고랴체바

기계공학자

왼쪽: 2012년, 자신의 사무실에서 이리나 고랴체바
(이리나 G. 고랴체바 제공)
오른쪽: 2010년, 이리나 고랴체바가 모스크바의 영국 대사관에서
마찰공학 분야의 금메달과 인증서를 받고 있다(이리나 고랴체바 제공)

통계에 따르면, 모든 직업 중에 공학 분야에서 일하는 여성의 수가 가장 적다. 따라서 공학에는 "여성적이지 않은"이라는 꼬리표가 자주 붙는다. 그런 공학에서도 여성이 더욱 없는 분야가 트라이볼로지tribology, 즉 마찰공학이다. 마찰공학은 상대운동에서 상호작용하는 표면의 설계, 마찰, 마모 및 윤활을 다루는 기계공학 및 재료과학 분야다. 이리나 고랴체바Irina Goryacheva는 마찰공학을 전문 분야로 선택해 큰 성공을 거두었다. 그녀는 러시아 과학원의 정회원이자 러시아 과학계의 탁월한 학자로, 희귀 분야에서 뛰어난 업적을 남겨 국내외를 막론하고 최고의 영예를 누려왔다. 그녀가 가장 최근에 받은 특별한 상은 2009년에 런던 기계공학연구소Institute of Mechanical Engineers에서 받은 마찰공학 분야의 금메달이었다.[1]

이리나는 1947년 우랄산맥 지역에 위치한 대도시 에카테린부르크(스베르들롭스크, 구소련 지명)에서 이리나 게오르기예브나 미트케비치Irina Georgievna Mitkevich로 태어났다. 다음은 이리나가 자기 어린 시절을 묘사한 내용이다.[2]

부모님은 제2차 세계대전이 일어나기 전부터 거기서 살았어요. 어머니는 1937년 스탈린그라드 폴리테크닉 대학교(트랙토르니연구소)를 졸업한 후, 네비얀스크Neviyansk(에카테린부르크 근처의 작은 마을)로 이사 갔어요. 어머니는 금속 공장에서 일하셨어요. 금속의 압력 처리 담당이었죠. 거기서 스베르들롭스크에 있는 우랄 주립대학교 화학과를 졸업하고, 공장에서 일하던 아버지를 만났답니다. 1940년에 아버지가 우랄 주립대학교 대학원에 입학했기 때문에 두 분은 스베르들롭스크로 함께 이사했어요. 같은 해에 남동생이 태어났고, 그 후 아버지는 박사학위를 받고 다른 여러 대학에서 화학 교수로 재직했어요.

내가 두 살 때 우리 가족은 볼가강 근처의 니즈니노브고로드 마을로 이사했죠. 학교를 다닐 때는 사마라 근처의 톨리야티*와 볼가강가에서 살았습니다. 아버지는 거기서 새 폴리테크닉 대학교의 교수로 임용되었어요. 어머니는 폴리테크닉 학교에서 금속 처리를 담당하는 선생님이었고요. 톨리야티 주변의 자연경관은 정말 아름다워요. 나는 사마라 수력 발전소 근처 인공 바다(지굴레프스키해)에서 수영을 하고, 지굴레프스키 산으로 하이킹을 가거나, 스케이트를 타고 자전거를 탔어요. 특히 스케이트를 타는 것을 좋아했죠. 나중에 내가 로모노소프 모스크바 국립대학교(MSU) 학생일 때도 계속해서 스케이트를 탔고, 대학교 스케이트 팀에 들어가 대회에도 참가했어요.

이리나는 학창 시절에 수학, 물리학, 화학을 좋아했다. 그녀는 이 과목 올림피아드 대회에도 출전해 경쟁했으며, 가끔씩 우승하기도 했다. 그래도 수학을 가장 좋아했다. 그녀는 "부모가 사주신 수학 관련 책에서 학교 교과과정에서 배우는 것 이상을 배웠어요. 어려운 문제 푸는 걸 좋아했죠. 문제를 풀고 나면 뿌듯했거든요"라고 말하곤 했다. 이리나는 당연히 그 나라 최고의 대학에 가고 싶어 했다.

---

* 마을 이름은 1964년에 이탈리아 공산당 지도자였던 팔미로 톨리아티(Palmiro Togliatti)의 이름을 따서 지었다.

모스크바 국립대학교는 러시아 최고의 대학이에요(소련이었을 때도 그랬죠). 1965년, 톨리야티에 있는 학교에서 금메달을 받고 졸업한 후, 그 대학에 입학하기로 결심했어요. 나처럼 생각하는 젊은이가 많았죠. 경쟁률이 13대 1이나 될 만큼 치열했어요. 수험생들은 수학 두 과목(필기 및 구두), 물리학, 러시아어 작문, 이렇게 네 과목 시험을 통과해야 했어요. 나는 시험 성적을 고려해 전공을 선택했습니다. 순수수학(수학 부문), 역학(역학 부문), 정보과학(수치해석 및 정보학 부문) 중에서 골랐어요. 나는 신소재나 산업용 장치 등과 연관된 응용 문제를 좋아하기 때문에 기계 분야를 전공하기로 마음먹었죠. 어머니도 그중 몇 가지를 권유해 주었고 나도 그 분야에 관심이 있었어요. 4학년 때 이미 톨리야티에 지어진 대형 발전소에서 실습 과정까지 마쳤어요. 대학생 중에 여학생은 별로 없었습니다.

모스크바 국립대학교를 졸업한 후에도 대학원 교육을 계속 받았어요. 역학 분야의 유명한 전문가 레프 갈린^{Lev A. Galin}이 지도교수였습니다. 접촉역학^{contact mechanics}을 다룬 그의 첫 번째 저서가 1953년에 출간되고 1961년에 영어로 번역되었어요. 이 분야를 전공하는 과학자 대부분은 책상 위에 그 책이 놓여 있잖아요. 갈린 교수의 제자가 되어 그의 지도 아래 박사 논문을 쓰게 된 게 다행이었어요. 과학 연구에 관심을 갖게 된 것도 다 그분 덕이었죠. 역학 문제를 분석적으로 해결하는 것이 얼마나 아름다운지도 알게 되었고요. 내 학위 논문은 '점탄성 물질의 회전접촉과 회전마찰의 모델링에 관한 연구'였어요. 1974년에 박사학위를 받은 후, 러시아 과학원의 역학문제연구소에 들어갔습니다. 갈린 교수가 이 연구소 소장이었죠.

나는 접촉 상호작용의 거칠기^{roughness}(조도 粗度) 효과를 연구했고, 마모 과정 때문에 접촉할 때 생기는 응력^{stress}의 계산 방법을 개발했어요. 이 방법은 다양한 접점(베어링, 기어, 실, 피스톤 링 등)의 수명을 예측하는 데 사용됩니다. 1979년에 과학과 기술 분야에서 내 성과가 인정받아 구소련에서 젊은 과학자들에게 수여하는 최우수상을 받았어요. 레닌 콤소몰상^{Lenin Komsomol Prize}이라는 상이죠.

1988년, 이리나는 가장 상위 학위인 이학 박사학위를 받았으며, 1996년에는 연구소 마찰공학 실험실의 책임자로 임명되었다. 동시에, 1979년부터 기계공학 과정을 가르치던 모스크바 물리기술연구소^{Institute of Physical Technology, MFTI}에서 교수로 임용되었다. 1997년에는 러시아 과학원의 발언권 회원으로 선출되었고, 2003년에 정회원이 되었다.

그녀는 접촉역학의 전문가다. 접촉역학은 서로 접촉하는 고체를 연구하는 학문인데, 여기에는 두 고체가 압력에 의해 접촉하고 있거나, 또는 접촉하고 있는 두 고체가 서로 상대적으로 이동할 때 발생하는 현상을 조사하거나 수학적으로 모델링하는 것이 모두 포함된다. 후자는 마찰공학의 핵심이다. 이리나는 산업적으로 중요하기 때문에 역학의 이런 측면에 가장 관심을 두고 있었다. 마찰공학의 예를 찾아보면, 언뜻 떠오르는 것으로 자동차 타이어와 도로 표면의 상호작용이나, 열차 바퀴와 궤도 표면의 상호작용이 있다. 실제 업무는 상당히 어렵게 들릴지라도 적용되는 측면은 친숙하다. 철도 회사, 타이어 업계, 기계 제작사 및 기타 업체에서 제품에 가장 적합한 재료를 선택하고 특수 표면처리를 결정할 때 이리나가 연구한 결과를 활용했다. 이리나는 모스크바 물리기술연구소와 모스크바 국립대학교에서 강의하고, 대학원생을 지도했으며, 러시아 과학원에서 중요한 역할을 수행했다.

2011년에 이론 및 응용 역학 분야 러시아 국가위원회Russian National Committee 의장으로 선출되었어요. 이 위원회는 1956년에 설립되었죠. 초대 회장은 유명한 학자 니콜로즈 무스키헤리빌리N. Muskhelishvili였어요. 현재 이 위원회에는 회원이 450명이에요. 우리는 러시아 역학협회에서 학술대회를 조직하고, 국제 이론 및 응용 역학연맹International Union of Theoretical and Applied Mechanics(IUTAM) 총회 조직을 포함해 모든 활동을 IUTAM과 연계해서 해나가죠. 나는 러시아 과학원의 마찰공학회 의장이기도 합니다. 이사회는 러시아와 해외의 마찰공학자들 사이에 공동 협력을 조직하고, 마찰공학 회의 등을 조직해요. 현재 러시아어로《마찰공학사전》출간을 준비 중이에요. 물론, 무척 바빠서 내일을 최적의 방법으로 처리하려고 애쓰고 있어요.

그녀는 러시아 과학원의 에너지학, 기계학, 역학, 제어 프로세스 부문 리더십 회원이다. 부서장급 지도부 가운데 유일한 여성이지만, 최근 새로 선출된 여성 회원이 한 명 더 있다. 이리나는 접촉역학과 마찰공학 분야의 논문을 네 편 작성했으며, 이 분야의 최초 매뉴얼《마찰공학의 기초Fundamentals in Tribology》를 공동 저술했다.

그녀의 개인적인 삶을 잠시 들여다보자. 그녀는 남편 알렉산드르 고랴체프Alexandr Goryachev를 모스크바 국립대학교에서 만났다. 두 사람은 1972년 박사과정 중에 결혼했다. 그의 전문 분야는 순수수학이며, 모스크바 국립공학물리연구소 State Engineering Physics Institute에서 교수로 재직하고 있다. 이 연구소는 1942년에 소련 원자력 연구의 아버지 이고르 쿠르차토프 Igor Kurchatov가 설립했으며, 최근 원자력학 및 기본 입자물리학 분야를 주로 연구하는 곳이다. 고랴체프 부부에게는 1974년생 외동딸 에카테리나 Ekaterina가 있다. 그녀 역시 모스크바 국립대학교에서 생물학을 전공하고 생물물리학 분야 박사학위를 받았다. 현재 그녀는 러시아 과학원의 셰미야킨과 옵치니코프 생체화학연구소 Shemyakin and Ovchinnikov Institude of Bioorganic Chemistry에서 일하고 있다.

우리는 친구들로부터 이야기를 들어 구소련에서 자녀를 양육하는 것이 얼마나 어려운지 익히 알고 있었다. 특히 부모 모두 과학자로 열심히 일하는 경우라면 얼마나 힘들었을까. 나는 이리나와 알렉산드르가 어떻게 해왔는지 궁금했다.

딸이 어렸을 때, 친정 부모가 많이 도와주셨어요. 부모님은 발트해 근처의 칼리닌그라드에 살았고, 우리는 여름휴가 때마다 그곳에 갔어요. 딸은 세 살 때부터 유치원에 다녔죠. 내가 다니는 연구소 책임자는 내가 딸에게 신경 쓸 수 있도록 편의를 봐주었어요. 유치원은 집 근처에 있었고, 나 아니면 알렉산드르가 딸을 유치원에 데려다주었어요. 우리는 딸을 일주일에 두 번씩 스케이트를 타게 했죠. 초등학교 1학년 내내 피겨스케이팅을 배웠어요. 딸 에카테리나와 우리 사위는 아이를 많이 갖기로 했답니다. 손주가 네 명이나 돼서 할머니 노릇 하느라 엄청 바빠요. 손주 두 명은 지금 학교를 다니고, 손녀 하나는 유치원에 다니며, 가장 막내는 친할머니 집에 있어요. 주말마다 손주들이 우리 집으로 와 토요일과 일요일을 함께 보냅니다. 그 시간이 제일 좋아요.

나는 이리나에게 오늘날의 러시아보다 구소련 시대에 과학자들이 훨씬 더 존경받았던 것 같은데, 이 느낌이 맞는지 물어보았다. "맞아요. 구소련 때는 과학자들의 사회적 지위가 높았죠. 젊은 사람들은 고등교육을 받고 대학이나 연구기관에서 일하는 걸 매우 중요하게 생각했어요. 그들은 치열하게 경쟁해서 산업 발전에 이바지하는 과학자나 훌륭한 엔지니어가 되고자 하는 열망이 강했습니다. 요즘 젊은이들은 연구기관보다 월급이 훨씬 많은 금융 기관을 더 선호하죠."

과학 분야에서 경력을 쌓고 싶은 젊은이들에게 이리나 고랴체바는 롤 모델이 될 수 있다. 그녀는 러시아에서 남성이나 여성이 거의 오르기 힘든 자리까지 올랐다. 그녀는 학생들에게 훌륭한 선생님이자 조언자였으며, 본인이 직접 선택한 "여성적이지 않은" 분야에서 탁월한 성과를 이끌어냈다.

최근에 영국 런던 기계공학연구소가 그녀를 수상자로 선정하면서 발표했던 찬사의 말을 요약하면 다음과 같다. "기본 개념을 명료하게 표현하고, 이런 개념을 엄정하게 적용해 공학의 여러 문제를 극복해왔다는 점에서 학자 고랴체바는 교수 및 연구자로서 훌륭한 귀감이 됩니다. 그녀는 과학 기술 분야에 기여했으며, 러시아뿐만 아니라 전 세계 과학 분야에 탁월한 업적을 남겼습니다. 이에 그녀에게 마찰공학 분야 세계 최고의 상인 마찰공학 금메달을 수여합니다."[3]

안토니나 프리코트코

물리학자

1928년, 레닌그라드에서 안토니나 프리코트코와 그녀의 남편, 물리학자 알렉산드르 레이푼스키
(모스크바 보리스 고로베츠 제공)

소련 국경 안쪽에서는 안토니나 페도로브나 프리코트코^{Antonina} Fedorovna Prikhotko, 1906-1995를 훌륭한 물리학자로 여겼지만 국경 바깥쪽에서는 거의 알려지지 않았다. 그녀는 소련 밖으로 나가본 적이 없었다. 공산당과 국가 안보 기관에 개인 신상 조사를 받는 굴욕적인 신청 절차를 겪고 싶지 않았던 것이다. 그녀는 언젠가 공산당 모임에 참석했는데, 그곳에서 사람들이 대놓고 사적인 것들을 꼬치꼬치 캐는 모습을 직접 경험했다. 그다음부터 공산당에 가입하는 것을 염두에 두지도 않았다. 외국 여행에 관해서, 관계 당국이 여권과 비자를 준비해준다면, 그녀는 파리로 여행할 거라고 밝혔다. 말할 필요도 없이 그런 일은 일어나지 않았다.

안토니나 가족의 전기 작가에 따르면, 그녀가 서방 국가로 여행했다면 소련은 최고의 선전 효과를 거두었을 것이다.[1] 그녀는 우크라이나 과학원의 유일한 여성 물리학자이자 정식 회원인 데다 아름답기까지 했다(오늘날 정치적으로 올바르지 않게 들리지만, 그녀는 대화의 대상이 될 때마다 늘 주목을 받았고, 정치적으로 올바른 시대 이전에 살았다).

그녀는 퍄티고르스크의 코사크 집안에서 태어났다. 1923년에 그녀는 레닌그라드 공과대학 물리학과에 진학했다. 거기서 몇 년 선배인 알렉산드르 일리치 레이푼스키^{Aleksandr Ilyich Leipunskii}를 만나 1926년에 결혼했다. 레이푼스키는 유대인 가정에서 자랐고, 이런 배경은 결국 구소련에서 겪는 모든 힘겨운 삶에 더 짐이 되었다. 1930년에 두 사람은 하리코프(당시 우크라이나의 수도)로 이주해 그곳에서 우크라이나 물리기술연구소^{Ukrainian Physical-Technical Institute(UFTI)}의 부교수가 되었다. 그들은 곧 딸을 낳았고, 레이푼스키는 우크라이나 물리기술연구소 소장으로 임명되었다.

　그러나 끔찍한 시대가 도래했다. 1936~1938년은 대숙청Great Purge 또는 스탈린 공포정치 시대로 알려져 있다. 군인이나 민간인을 막론하고 고위직 인사들이 근거 없는 혐의로 체포되었고, 재판에 넘기는 척한 다음, 즉결 처형되거나 수년 동안 강제노동수용소에 유배되었다. 물리기술연구소의 위대한 물리학자 일부도 그런 운명에 처해졌고 레이푼스키는 머잖아 자기 차례가 올 거라고 생각했다. 그는 전국적으로 알려진 물리학자이며 그의 리더십 덕분에 우크라이나 물리기술연구소는 소련에서 물리학을 선도하는 기관이 되었다. 이런 유명세 때문에 그를 내세워 '인민의 적'이라고 낙인찍는 식의 심각한 위험에 노출될 가능성이 다분했다. 레이푼스키는 그런 가능성을 충분히 알고 있었고, 두 사람은 레이푼스키가 체포되었을 때를 대비해 어떻게 해야 하는지 논의했다. 이런 사실들은 가족들을 통해서 알게 된 것이다. 그들이 어떤 결정을 내렸는지는 이어지는 그들의 행동을 통해 추측할 수밖에 없다.

　사전 예방 조치로 그들은 딸을 하리코프에서 멀리 떨어진 프리코트코의 친척들에게 보냈다. 1938년 어느 날, 비밀경찰이 레이푼스키를 체포했다. 체포된 지 이틀 만에 프리코트코는 자기 남편이 우크라이나 물리기술연구소를 이끄는 데 경계심을 잃었고, 독일 정보원들이 연구소에 침투하도록 방치했다고 공개적으로 비난했다. 그녀는 자기와 남편을 확실히 분리했다. 레이푼스키는 자기 '범죄'에 가장 가혹한 형벌을 예상했지만, 다행스럽게도 그의 사례는 대학살이 진정되는 시기에 벌어진 일이었다. 그는 투옥된 지 2개월 만에 감옥에서 풀려났

고, 오늘날까지 실제로 무슨 일이 있었는지 아는 이가 없다.[2]

남편이 출소한 후에 그들은 마치 아무 일도 없었던 듯이 화목한 결혼 생활을 이어갔다. 이를 보건대, 우리는 프리코트코가 두 사람이 사전에 합의한 대로 행동했던 것으로 추정하고 있다. 몇 달 후에 친척에게 맡겼던 딸이 돌아왔다. 딸은 다른 것을 전혀 눈치채지 못했고, 자기가 없었을 때 일어났던 일을 몇 년이 지나고 나서야 알게 되었다. 딸은 아버지의 '모험'에 대한 소문도 듣지 못했다. 그 당시 사람들은 그런 이야기를 입 밖으로 꺼내지 않았기 때문이다.

프리코트코는 학생 신분으로 연구 프로젝트를 시작했고, 장래에 소련 과학원의 정회원이 될 이반 오브레이모프 Ivan V. Obreimov라는 훌륭한 스승을 만났다. 저온 결정체 cryocrystal 연구가 그녀의 프로젝트였다. 저온 결정체는 지극히 낮은 온도에서만 응고되는 물질이다. 고체 산소는 그녀가 연구하고 싶어 하는 물질이 되었다. 그녀는 곧 박사와 동등한 학위를 취득했으며, 1943년에 구소련의 물리학-수학 분야에서 최초의 여성 이학 박사가 되었다. 이 학위는 미국 학계에 딱 들어맞는 학위가 없으며, 독일 학제에도 비슷한 것이 없다. 구소련과 현재 러시아의 이학 박사학위는 상당량의 연구 업적에 해당하며, 대학의 교수 임용이나 연구기관의 소장 임명에 필요한 조건이다.

프리코트코의 공적은 전쟁 때 실험실을 철수하는 와중에 박사 논문을 완성했기 때문에 더 의미가 크다. 실험실은 하리코프에서 북동쪽으로 1436킬로미터 떨어진 우파시에 있었다. 그녀는 동료들과 함께 방위 사업을 지원하기 위한 프로젝트를 진행하고 있었다. 한마디만 덧붙이자면, 프리코트코는 자기 실험 재료를 확실히 챙겨왔고, 그것이 이학 박사학위를 취득하는 데 토대가 되었다.

1944년에 프리코트코는 피난에서 돌아와 한동안 우크라이나의 수도였던 키에프의 물리학연구소에서 결정물리학과를 만들었다. 그녀는 선구적인 과학 연구를 계속했으며, 분자 엑시톤molecular exciton을 실험을 통해 발견하게 되었다. 그 후, 이 발견을 바탕으로 다른 물리학자들이 분자 엑시톤 이론을 연구했다. 엑시톤 연구에 힘입어 이 프로젝트에 참여한 물리학자는 1966년에 포상을 받았다. 프리코트코는 구소련 최고의 영예인 레닌상Lenin Prize을 받았다. 이 상은 특성상 한 번만 받을 수 있었다(스탈린상은 나중에 국가상State Prize으로 이름이 바뀌는데, 횟수 제한 없이 여러 번 받을 수 있게 되었다).

그녀는 뛰어난 물리학자였을 뿐 아니라, 친절한 사람이었다. 그녀는 사람들로부터 존경을 받았고, 과학적 상호작용을 엄정하게 처리했기에 "무지막지한 철의 여인"이라고 불렸다. 그러나 동료들 사이에서 그녀의 인기는 줄어들지 않았으며, 연구소가 위기를 겪고 있을 때 우크라이나 과학원 원장은 그녀를 연구소 소장으로 초빙했다. 그녀는 과학원의 리더십은 진정한 과학자만이 권한을 충분히 행사할 수 있으며, 그래야 동료들이 그 지시를 이행한다는 것을 알고 있었다. 그녀는 1965년부터 1970년까지 5년 동안 이런 과제를 수락했다. 연구소장을 그만둔 후에도 꽤 오랫동안 연구소의 주요 과학자로 남아 있었다. 책임자로 있으면서 그녀가 취한 방식은 단순하고 투명했다. 자기가 할 수 있는 것만을 약속한다는 원칙을 고수하고, 그렇게 약속한 것을 지켰다.

프리코트코는 약점이 하나 있었다. 그녀는 담배를 많이 폈다. 담배는 남편의 체포, 전쟁, 피난, 그리고 전쟁 후 과학 재건 등 온갖 난관에 따르는 끔찍한 긴장감에서 벗어나게 해주는 탈출구였다. 나중에 '평시' 체제로 돌아온 후에 러시아가 고립되어가는 와중에 서방 진영과 체제 경쟁을 벌이며 과학 연구를 한다는 것이 엄청난 긴장감을 유발했다. 그녀는 이런 모든 것을 견뎌냈고, 흡연과는 별개로 롤 모델로 남아 있다.

인도의 여성 과학자들

2011년 가을, 나는 인도에서 2주 동안 내 전공 분야인 구조화학과 과학계의 여성을 주제로 강연을 했다. 강연은 3대 주요 과학 허브, 즉 벵갈루루에 있는 국립 생물연구소, 뭄바이의 타타연구소^{Tata Institute}, 뉴델리의 인도 공학연구소에서 진행되었다.

여성 과학자들, 많은 청중, 질의응답, 그리고 교수들과 학생들 사이에 활발한 토론이 오고 갔던 연회는 나에게 잊지 못할 인상을 남겼다. 나는 여성 교수들과 비공식 모임을 갖고 그들의 삶과 인도 사회에서 여성의 역할에 관해 이야기를 나누었다. 앞으로 전개될 내용은 이런 대화를 기반으로 하고 있다.

미리 알아둘 게 있다. 과학계에서 일하는 인도 여성을 이야기할 때, 학생부터 교수에 이르기까지 모든 수준에서, 우리는 인도 인구의 아주 작은 부분에 대해 언급하고 있으며, 물론 나는 그 작은 부분 중에서도 극히 일부만 표본으로 삼은 것이다. 그렇지만 확신하건대, 제한된 경험이라 해도 많은 것을 배웠다.

인도 사회는 전통적으로 계급, 카스트, 가부장제 사회의 전통을 포함해 복잡한 구조를 가지고 있다. 2011년 인구 조사에 따르면, 이 나라는 여전히 문맹 퇴치가 주요 문제로 남아 있다.[1] 남성이 82.1%인데 비해 인도 여성의 65.5%만이 읽기와 쓰기가 가능하다. 이런 상황은 정부에 막중한 부담으로 작용해, 인도 정부는 문맹 퇴치를 위해 수많은 외진 지역에 학교를 세우는 등 막대한 노력을 기울이고 있다.

내가 말할 내용은 인도 사회의 사회적 계층화를 다루지 않는다. 왜냐하면 공부한 대부분의 여성, 특히 교수직에 맞먹는 수준의 사람들은 전문직에 종사하는 중산층 가정 출신이기 때문이다. 그들은 인도 사회에서 이례적인 사람들이다.

인도의 여성이 처한 상황은 복잡하고 복합적이다. 문맹이 광범위하게 존재하는 반면에, 다른 한편으로 인도는 1947년 독립 당시 성인 보통 선거권을 법으로 제정했으며, 1960년대 초 대부분의 서구 나라에서도 그런 사례가 없었던 시기에 이미 인디라 간디 Indira Gandhi 여성 총리가 있었다.

그리 많지는 않지만 19세기 후반과 20세기 초에 인도에는 잘 알려진 여성 과학자들이 있었다. 나는 《릴라바티의 딸들: 인도의 여성 과학자들 Lilavati's Daughters: The Women Scientists of India》[2]에 나오는 짤막한 전기에 기초하여, 이 책에 등장하는 인물 중에 서로 다른 분야에 있는 세 명을 언급하려고 한다. 인도의 첫 여성 의사 아난디 고팔 Anandi Gopal, 식물학자 자나키 아말 Janaki Ammal, 화학자 아시마 채터지 Asima Chatterjee가 그들이다.

아난디 고팔(내과 의사)[3]

아난디 고팔Anandi Gopal, 1865-1887은 해외에서 교육을 받은 최초의 인도 여성으로, 인도 최초의 여성 의사가 되었다. 불행히도, 그녀는 의술을 펼칠 만큼 오래 살지 못했다. 뭄바이 근처의 작은 마을에서 태어난 그녀는 아홉 살 때 결혼했다. 여성도 교육을 받아야 한다고 믿었던 남편은 그녀에게 영어를 읽고 쓰고 말할 수 있도록 가르치기로 마음먹었다. 그녀는 훌륭한 학생이라서 전문적으로 공부하길 원했고, 남편은 그녀를 미국에 보내기로 결정했다. 그 당시 인도에는 여성 의사가 없었는데, 여성들은 대개 남성 의사에게 진료받으러 가는 걸 부끄러워했다. 이것은 남편이 아난디가 의학을 배우는 것이 그녀를 위해서도 좋을 거라고 생각한 이유이기도 했다.

그녀는 필라델피아에 있는 펜실베이니아 여자대학교에서 공부했다. 그녀는 자기가 겪어온 삶과는 아주 다른 문화에서 살면서 공부했지만 학위를 취득하는 데 성공했다. 그런데 그녀는 결핵에 걸리고 말았다. 집으로 돌아갈 때쯤에는 상태가 더 안 좋아졌다. 인도로 돌아오는 배의 의사는 이 갈색 여성에 대한 치료를 거부했고, 집에 도착한 후 연락한 전문가 역시 "그녀가 사회 경계를 넘어갔다"는 이유로 진료를 거부했다. 아난디는 22세의 나이에 세상을 떠났다. 그 이후, 그녀의 삶은 어린 소녀들의 의식을 일깨워주는 상징이 되었다. 여성의 건강을 위해 일하는 젊은 여성들에게 지급되는, 그녀의 이름을 딴 장학금이 있다.

자나키 아말(식물학자)[4]

자나키 아말Janaki Ammal, 1897-1984은 남부 케랄라주 부유한 집안에서 태어났다. 케랄라주의 일부 지역은 모계 중심 사회였다(모계와 모계 조상으로 혈통을 따짐). 이런 지역의 여성들은 다른 곳보다 훨씬 더 자유를 많이 누렸고 여자아이에게도 공부를 시켰다. 자나키 아말은 인도에서 공부를 시작해 석사학위를 받고, 미시간 대학교에서 박사학위를 받았다. 그녀는 잠시 교사 생활을 했고 영국에서 세포학자(세포 구조와 기능에 관한 전문가)로 오래 활동했다. 그녀는 사탕수수를 조사해 사탕수수의 여러 잡종hybrid을 만들어냈다. 염색체를 연구하다가 새로운 것을 발견하기도 했다. 1945년에는 《재배 작물의 염색체 도보The Chromosome Atlas of Cultivated Plants》라는 책을 동료와 공동으로 저술했다.[5]

독립 인도의 초대 총리 자와할랄 네루Jawaharlal Nehru는 인도의 식물을 조사해서 재편성하려고 그녀를 인도로 초청했다. 그녀는 약용식물을 포함해 다양한 식물을 연구했다. 그녀는 항상 정부의 의뢰를 받아 여러 중요한 직책과 직무를 맡아 수행했다. 예를 들어, 어느 시점에 잠무에 위치한 중앙식물실험실Central Botanical Laboratory의 책임자를 맡는 식이었다.

그녀는 노벨상을 수상한 인도 물리학자 찬드라세카라 V. 라만Chandrasekhara V. Raman과 다른 남성 교수 63명이 벵갈루루에 인도 과학원Indian Academy of Sciences을 설립하는 것을 도왔으며, 첫 여성 회원이 되었다. 그녀는 상과 표창을 많이 받았다. 미시간 대학교에서 그녀에게 수여한 상패에는 이렇게 쓰여 있다. "성실하고 정확하게 관찰할 수 있는 능력에 힘입어 그녀와 그녀가 보여준 인내력은 진지하고 헌신적인 과학자들의 귀감이 되었다."[6]

아시마 채터지(화학자)[7]

아시마 채터지Asima Chatterjee, 1917-2006는 동인도의 벵골 지방에 있는 캘커타(지금의 콜카타)에서 태어났다. 아버지는 의사 겸 아마추어 식물학자였다. 그녀는 화학에 관심이 많았다. 석사학위를 취득한 후 캘커타 대학교에서 이학 박사학위를 받았는데, 인도 대학에서 박사학위를 받은 첫 번째 여성이었다. 교육을 다 마친 후 그녀는 캘커타의 레이디 브라본 칼리지에 화학과를 설립하고, 7년간 학과장을 지냈다. 미국과 스위스의 여러 대학에서 수년을 보낸 후 다시 캘커타 대학교로 자리를 옮겼다. 1962년에 그녀는 인도에서 유명한 카이라 화학 교수직Khaira Professorship of Chemistry을 받은 최초의 여성이 되었다.

그녀는 평생의 관심사가 약용 화학medicinal chemistry이었고, 그 연구 덕분에 인도 약용식물 분야가 크게 발달했다. 그녀는 뇌전증 치료 약물과 말라리아 치료 약물로 두 개의 특허를 취득했고, 출판 활동도 활발했다. 의학적 용도에 중점을 둔 책《인도의 약용식물에 대하여The Treatise on Indian Medicinal Plants》 시리즈의 수석 편집자였다.[8] 1960년 인도 국립과학원 회원으로 선출되었고, 1975년에는 여성 최초로 인도 과학의회협회Indian Science Congress Association 총괄 회장으로 선출되었다. 그동안 '최초'가 이어지는 그녀의 특별한 삶 중에서도 또 다른 첫 번째 경험이었다.

지금부터 벵갈루루, 델리, 뭄바이에 있는 현재 여성 과학자들과 직접 만난 이야기가 펼쳐진다. 좀 더 유명한 여성, 인도 과학원 회원이 있는가 하면, 몇몇 생소한 사람도 있다. 모두 과학에 전념하는 사람들이다.

샤루시타 차크라바티

화학자

2011년, 뉴델리에서 샤루시타 차크라바티
(사진: 막달레나 허기타이)

샤루시타의 부모는 대가족 출신이었다. 그녀는 자라면서 학문적, 사회적, 정치적 관심의 폭을 넓혀나갔다. "아버지는 지적 관심 분야의 폭이 넓어서 나에게 상당히 큰 영향력을 끼쳤어요. 내가 공부하거나 읽는 것이 뭐가 됐든 아버지는 진심으로 관심을 보이며 격려를 해주었죠. 미국에서 태어나 미국에 살 수 있는 선택권이 있었지만 인도에 오기로 결정한 것은 아마 그 양육의 영향 때문일 거예요."[1]

샤루시타 차크라바티 Charusita Chakravarty 는 1964년 매사추세츠 케임브리지에서 태어났고, 그 당시 아버지는 매사추세츠 공과대학 경제학 교수였다. 친할아버지는 판사인 데다 법조계 가정 출신이었고, 외할아버지는 벵골에서 초창기 화학 공장 중 하나를 시작한 화학자 집안 출신이었다. 외할아버지는 딸이 화학을 공부해서 공장을 물려받기를 원했다. 그러나 샤루시타의 어머니는 화학에 별 뜻이 없었고 경제학으로 전공을 바꾸었다. 샤루시타의 부모는 델리 대학교에서 학생을 가르쳤다. 그들은 유럽과 미국에서 공부하거나 일하면서 여러 곳을 두루 여행했다.

샤루시타 차크라바티는 물리학자 라마크리슈나 라마스와미 Ramakrishna Ramaswamy 와 결혼했으며, 딸을 하나 두었다. 어떻게 결혼했는지 물어보니 그녀는 이렇게 대답했다. "오, 이런, 부모님이 결혼해야 한다면 해야 한다고 생각했어요. 나는 나보다 나이가 많은 이혼한 남자와 결혼했어요. 좀 시끌시끌했어요." 두 사람은 20년 이상 결혼 생활을 했다. 최근까지만 해도 그들은 운 좋게 같은 도시 델리에서 일을 했다. 그러나 2012년에 남편은 델리에서 1000킬로미터 떨어진 하이데라바드 대학교 부총장을 맡게 돼서, 그다음부터는 장거리를 오가

"여성들이 마주칠 수밖에 없는 이런 어려운
질문들을 어떻게 균형 잡으며 살아가야 할지
내 딸이 직접 결정했으면 좋겠어요."

는 결혼 생활을 하게 되었다. 남편은 한 달에 한두 번만 집에 들를 수
있었다. 그녀는 자기가 인도의 전통에 치우치지 않고 국제적인 방식으
로 자랐다는 것을 기억하고 평가하면서 이렇게 말했다. "여성들이 마
주칠 수밖에 없는 이런 어려운 질문들을 어떻게 균형 잡으며 살아가
야 할지 내 딸이 직접 결정했으면 좋겠어요."

샤루시타는 델리에서 이학 학사학위를 받았고, 박사과정은 영국 케
임브리지 대학교에서 받았다. 캘리포니아 대학교 샌타바버라 캠퍼스
에서는 박사후과정을 지냈다. 현재 인도 델리 공과대학에서 화학과
교수로 재직 중이다.

그녀가 관심을 쏟는 분야는 이론화학과 화학물리학이다. 그녀는
양자화학과 고전적인 컴퓨터 시뮬레이션을 이용해 액체의 움직임과
특성, 특히 위상 전이phase transition와 자가 조립self-assembly을 이해
하려고 한다. 그녀가 관심을 가지는 주제 중 하나는 물의 변칙적인 성
질과 수화hydration 작용에 대한 연구다. 그 밖에도 그녀는 구조, 열역
학, 물과 같은 액체의 수송 특성 사이의 관계를 이해하는 데 관심을
기울이고 있다. 물과 유사한 액체는 기본 상호작용이 물과 매우 다르
지만, 물의 열역학적, 운동학적 변칙성을 공유한다. 그녀는 이론 중심

의 연구를 하지만, 이 이론은 단백질 구조의 접힘folding과 나노−스케일의 자가 조립 같은 중요한 과정을 이해하는 데 도움이 된다.

이미 받은 상과 표창만 해도 수두룩하다. 그녀는 벵갈루루에 있는 인도 과학원 회원으로 선출되었으며, 산티 스와르업 바트나가르상S.S. Bhatnagar Award을 받았다. 그녀는 여성이 과학을 전공하면서 겪게 되는 어려움을 높이 평가했고, 우리는 '인도의 여성 과학자들'의 결론 부분에서 그녀의 아이디어로 다시 돌아오게 될 것이다.

로히니 고드볼

입자물리학자

2011년, 벵갈루루에서 로히니 고드볼
(사진: 막달레나 허기타이)

2011년 11월 9일, 《타임스 오브 인디아*The Times of India*》는 "유럽 입자물리연구소(CERN)의 인도 과학연구소(IISc) 교수가 인도의 명예를 드높이다"라고 보도했다. IISc는 벵갈루루에 있는 인도 과학연구소다.[1] 이 기사의 주인공은 IISc 고에너지물리학센터의 로히니 고드볼 교수였다. 이 매체는 최근 그녀가 제네바에 있는 CERN의 대형 강입자충돌가속기를 이용해 가장 위대한 실험, 다시 말해 힉스 입자 또는 힉스-보손*Higgs-boson* 탐색 연구에 참여한 것에 관해 대대적으로 보도했다.[2]

로히니 고드볼은 국제 협력 연구를 적극적으로 수행하는 이론물리학자다. 그녀는 기본 입자 연구에 참여해왔으며 해외에서 상당히 오랜 시간을 보냈다. 동료와 함께 고에너지 광자가 상호작용하는 방식을 연구한 그녀의 프로젝트 중 하나는 고에너지 전자-양전자 충돌기*high-energy electron-positron collider*를 설계하는 것과 관계가 있다. 이것은 흔히 '드레스-고드볼 효과*Drees-Godbole effect*'라고 부른다. 그녀는 다른 동료와 함께 매우 유용한 것으로 판명된 모델, 이른바 '고드볼-판체리 모델*Godbole-Pancheri model*'을 제안했다.

로히니는 지난 35년 동안 힉스 입자를 탐색해왔다. 그녀는 이론물리학자라서 실제 실험에는 참여하지 않았지만 오히려 입자를 찾는 방법을 연구해왔고, 실험자들은 그녀가 제안한 방법을 사용했다. 실험을 통해 힉스-보손을 발견했다는 사실이 2012년 7월 4일에 CERN에서 발표되었다. 그녀는 이렇게 회상했다. "오전 9시경 이곳에서 발표가 있었을 때, 나는 객석에 앉아 있었죠. 소름이 돋았어요. 지난 30년간 힉스를 찾아온 입자물리학자에게 그 순간은 꿈이 이루어지는 것이나 다름없었죠. 그것은 우리가 꿈꾸고 목표로 삼아왔던 거예요."[3]
로히니는 공교롭게도 힉스 입자의 발견이 발표된 날, CERN에서 표준
모형Standard Model을 주제로 한 강의를 시작했다. 힉스 입자의 존재
는 표준 모형의 타당성 확보에 필수적이다.

다음은 이 발견이 일어나기 약 6개월 전에 로히니가 나에게 말해준
것이다.[4]

우리가 그것을 발견하면 어떻게 됩니까? 무슨 의미가 있죠? 입자물
리학은 기본적으로 입자 사이의 상호작용을 설명하는 거예요. 그 상호
작용을 지난 50년 동안 표준 모형 내에서 어느 정도는 밝혀왔어요. 모
든 게 제자리에 딱딱 들어맞지만 누락된 요소가 있으므로 이 발견은 그
정점이 될 거예요. 비유적으로 얘기해보죠. 집을 짓고 있다면, 이 입자
는 지붕이 될 겁니다. 만약 힉스를 찾지 못한다면 그냥 무너지고 말 집
을 가진다는 의미예요. 그런데 힉스를 발견한다면 그건 기초가 튼튼한
집이라는 뜻이에요. 그러나 대부분의 입자물리학자는 힉스의 발견이
단지 시간 문제이고, 발견할 거라는 데 의견이 일치하고 있어요. 실제로
그것을 발견하지 못할 수도 있어요. 그렇다 해도 이론물리학의 경우에
는 입자의 상호작용과 우주의 기원을 이해하기 위해 완전히 새로운 모
델을 만들어야 하기 때문에 더욱 흥미가 생기는 겁니다. 하지만 내가 말
했듯이, 찾을 거라고 믿어요. 그리고 만약 발견한다면, 발견하는 그 순
간, 그 물질은 지금까지 이해하지 못했던 물리학에 몇 가지 지침을 줄
겁니다. 새로운 입자는 아직 밝혀지지 않은 물질과, 이들 물질matter과
반물질antimatter 사이의 비대칭성을 이해하는 데 도움이 되겠죠. 이것

들은 여전히 설명할 수 없는 표준 모형의 두 가지 측면이에요. 물리학의 나머지 문제는 모형 내에서 아주 정확하게 설명될 수 있습니다.

오늘도 로히니는 평소와 다름없이 바쁘다.

로히니 고드볼은 1952년 푸네에서 태어났다. 푸네는 뭄바이 남동쪽 150킬로미터 지점에 자리한 대규모 문화 중심지다. 그녀에게는 자매가 세 명 있었다. 어머니는 교사였고, 조부모는 좋은 교육이 필수적이라고 생각했다. 로히니의 자매 한 명은 의사고 다른 두 명은 과학 교사로 일하고 있다. 로히니는 과학을 가르치지 않는 여학교에 다녔다. 과학 공부를 계속하려면 장학금 시험에 합격해야 했는데, 그러기 위해서라도 과학 과목을 독학으로 공부해야 했다.

그 당시 로히니는 연구원 같은 전문직이 있다는 것조차 몰랐다. 그래도 로히니의 실력은 수학 선생님을 감동시키고도 남을 정도였다. 그 선생님이 자기 남편을 불러 그녀에게 개인 교습을 시켜주겠다고 제안했으니 말이다. 그녀는 로히니를 집으로 불러들였다. 그 집에서 이루어진 수업과 토론은 그녀의 삶에 큰 영향을 끼쳤다. 로히니는 수학과 과학을 다루는 잡지와 책을 읽기 시작했다. 처음에는 수학자가 되고 싶었지만 일자리 구하기가 쉽지 않을 것 같아 물리학을 공부하기로 마음먹었다. 그녀는 푸네 대학교에서 학사학위를, 뭄바이에 있는 인도 공과대학에서 물리학 석사학위를 받았다. 그녀는 박사과정 연구를 위해 미국 유학을 결심했으며, 부모의 지원을 받았다. 그리고 뉴욕 주립 대학교 스토니브룩 캠퍼스에서 입자물리학 박사학위를 받았다.

로히니는 연구뿐 아니라 인도에 국제 학술대회와 워크숍을 조직하는 일에도 적극적으로 활동했다. 그녀는 인도 내각 과학자문위원회 위원이며, 인도 과학원에서 발간하는《프라마나 물리학 저널*Pramana-Journal of Physics*》의 편집장이다. 그리고 다른 여러 저널의 편집위원으로도 활동하고 있다. 그녀는 250편이 넘는 과학 논문과 초대칭성에 관한 교과서를 펴냈으며, 학교에서 과학의 대중화를 위한 활동에 열심히 참여해왔다. 수많은 상과 표창은 이런 활동이 인정받고 있다는 의미다.

그녀는 인도 과학 분야의 여성 문제에 관여했다. 2002년, 그녀는 이미 유명한 물리학자였으며 파리에서 열린 제1차 세계 여성 물리학 대회에 초청받았다. 아시아에서는 단 세 명만 참가했다. 일본과 중국에서 각 한 명씩, 그리고 로히니, 이렇게 세 명의 여성 물리학자였다. 중국 대표는 장관이었다. 세 사람은 과학계에서 일하고 있는 그들의 삶에 관해 이야기해달라는 요청을 받았다. 이 요청은 로히니를 자극했다. 그녀가 여자라는 이유로 자기 경력에서 어떤 일이 있었는지 본인도 궁금했기 때문이다. 그녀는 이 질문을 생각해본 적이 없었고, 전혀 신경 쓰지도 않았다. 긴가민가 확신도 들지 않았다. 마침내 그녀는 여성들에 대한 사회의 부정적 태도 탓에 마땅히 가져야 할 것을 이루지 못하는, 재능 있는 여성들의 존재를 알게 되었다.

회의가 끝난 후, 그녀는 인도에서 과학을 전공하려고 하는 여성을 돕기로 결정했다. 그녀는 이미 인도 과학원의 회원이었으며, 두 번째 여성 과학자는 물리학자 중에서 선출되었다. 첫 단계로 여성 과학자 Women in Science(WiS) 패널을 결성했다. 참가자들은 젊은 여성에게 롤 모델을 제공하는 것을 주요 목표로 정했다. 그들은 젊은 여성들이 과학 분야에서 경력을 쌓아가는 방법을 도와주면서 남성뿐 아니라 여성에게도 이런 일이 가능하다는 것을 이해시키려고 했다.

현재 하이데라바드 대학교 부총장인 라마크리슈나 라마스와미와 함께 로히니는 《릴라바티의 딸들: 인도의 여성 과학자들 *Lilavati's Daughters: The Women Scientists of India*》이라는 책을 편집했다. 그들은 다양한 분야의 성공한 여성 과학자 200명에게 "여성이 과학계에서 성공적인 경력을 쌓을 수 있는 방법은 무엇인가?"를 주제로 글을 써달라고 요청했다. 사망한 여성 과학자들의 짤막한 전기도 포함시켰다. 이 책은 일반 대중, 특히 젊은이들을 대상으로 과학계에 진출하는 것에 관심을 갖게 하기 위한 것이었다. 책의 제목은 유명한 수학자 바스카라 *Bhaskara*가 12세기에 쓴 논문 〈릴라바티 *Lilavati*〉에서 따왔다. 바스카라는 이 논문을 가지고 그의 딸 릴라바티에게 여러 가지 수학 문제를 제시한다. 이 책 외에도, 여성 과학자 패널은 여성 과학자들이 젊은이들에게 자신이 하는 일을 소개하는 모임을 구성했다. 패널 멤버들은 관심 있는 어린 소녀들과 이야기하는 것만으로는 충분하지 않다는 것을 알고 있었다. 그들이 이 문제를 가지고 소녀들의 아버지, 언젠가 배우자가 될 젊은 남성들의 관심을 불러일으키는 것 역시 중요했다. 그들의 이해와 협조가 없으면 아무것도 할 수 없지 않은가!

쇼바나 나라시만

이론물리학자

2011년, 벵갈루루에서 쇼바나 나라시만
(사진: 막달레나 허기타이)

쇼바나 나라시만Shobhana Narasimhan은 1963년 벵갈루루에서 지적 수준이 매우 높은 가정에서 태어났다. 아버지는 국제적으로 유명한 수학자 무둠바이 나라시만Mudumbai S. Narasimhan이며, 어머니는 저널리스트이자 헌신적인 페미니스트이다. 쇼바나는 어렸을 때 글쓰기와 과학에 관심이 있었다. 처음에는 수학 과목을 제일 좋아했지만, 아버지의 그림자로 머물고 싶지는 않았다. 그녀는 어린이들을 위한 라디오 프로그램에 참여하곤 했다. 그녀가 16세 무렵일 때, 아인슈타인 탄생 100주년 기념 프로그램을 짜보라는 요청을 받았다. 그 덕분에 그녀는 아인슈타인 관련 자료를 많이 읽었다. 이때 상대성이론theory of relativity과 양자이론quantum theory을 처음 접하게 되었다. 그녀는 이 과학 이론들에 매력을 느꼈고, 결국 물리학을 전공으로 선택했다. 그녀는 물리학자가 되어도 글을 쓸 수 있겠지만 다른 길을 선택하면 그게 불가능할 거라고 생각했다.[1]

쇼바나의 선택은 다소 이례적이었다. 그녀처럼 학업 성취도가 높은 학생들은 대개 공학이나 의학 쪽으로 진학했기 때문이다. 그녀는 인도 공과대학에서 석사학위를 받았다. 캠퍼스에 여성은 겨우 5%뿐이었다. 그 후 하버드 대학교에서 박사학위를 받았으며, 여성 물리학자 그룹에서 활동했다. 때때로 그녀는 과학에만 전념해야 하고 여성 문제나 다른 산만한 문제에 관여하지 말아야 한다고 생각했다. 그러나 가끔가다 자신 또는 자기가 아는 사람들에게 불공정한 일이 일어났을 때 겪은 경험 때문에라도 그녀는 계속 여성 문제에 관심을 가졌다. 쇼바나는 많은 동료, 심지어 여성 동료들도 자기가 이런 문제에 푹 빠져 있다는 것을 알고 있다고 생각한다.

쇼바나는 인도 국가 정책팀의 일원이었다. 과학 분야에서 일하는 여성을 도와주는 것이 그 팀의 목표였다. 그들은 육아휴직 기간을 늘리자고 제안했으나, 아빠들은 육아휴직을 거의 사용하지 않기 때문에 연장해봐야 무의미하다고 주장했다. 여성을 포함해 대다수가 이 제안에 반대했다. 흔히 이런 생각이 지배적이었다. 오후 6시경에 일찍 집에 들어가면 집안일을 도와줘야 하기 때문에 젊은 사람들은 연구원이 되는 것을 그다지 달가워하지 않을 것이라고 말이다. 전통적인 인도 문화는 남성이 아내와 보육을 함께하는 것을 허용하지 않았다. 이런 일반적인 태도는 언젠가는 바뀔지도 모르지만, 쇼바나는 매우 느리게 일어날 거라고 생각했다.

현재 쇼바나는 벵갈루루 근처 자쿠르에 있는 자와할랄 네루 첨단과학연구센터의 물리학 교수다. 그녀가 하는 일은 화학에서 하는 만큼 물리학에서 많이 진행하고 있는 것으로, 동료들과 함께 계산 방법을 이용해 나노 수준의 물질을 연구한다. 그들은 나노 수준에서 물질의 물리적, 화학적 특성 변화를 모델링하고 거시적 수준에서 일어나는 변화와 비교한다. 이런 변화를 이해하는 데서 더 나아가 원하는 특성을 가진 신물질을 고안하는 것이 궁극적인 목표다. 그들의 관심사는 점점 에너지 문제, 예컨대 나노 입자를 사용하여 촉매가 일산화탄소를 이산화탄소로 전환시키는 방법을 이해하는 쪽으로 이동해가고 있다. 이렇듯 그녀는 기초과학에 대한 관심과 호기심을 결합해 실질적인 문제 해결 방안을 찾는 중이다.

쇼바나는 함께 일하는 학생이 많다. 그중 절반가량이 여성이다. 그녀는 동료의 대다수를 차지하는 외국 과학자들과 협력해서 연구하는 것을 좋아한다. 인도 남성은 그녀와 협력하는 것을 탐탁지 않게 여기는 것 같아서 과학적으로 고립되어 있다고 느낀다. 그녀가 여자라서 그런 것인지 아니면 단순히 자기 성격 탓인지 그 이유를 알 수 없다. 그녀와 함께하는 외국인 연구자들은 대개 여성들이다. 그녀는 인도에서 여성 물리학자로 일하는 것이 힘들어서, 종종 외국으로 이주해볼까 생각해왔다. 어머니도 그렇게 하라고 권유했지만, 쇼바나로서는 자기 집, 모국, 친구들을 떠나는 게 쉬운 문제가 아니었다.

쇼바나는 작가가 되려 했던 애초의 꿈을 포기하지 않았다. 그녀는 연구 논문 외에도, 어려운 과학을 가르친 경험을 글로 썼다. 그리고 찬드라세카라 V. 라만에 관한 글도 썼다. 젊은이들 사이에 필요성이 제기되면서 자와할랄 네루 첨단과학연구센터에서 과학 작문 강좌를 시작했다. 2011년에 쇼바나 나라시만은 인도 국립과학원 회원으로 선출되었다. 그녀는 계속 여성 문제에 관여해 활동해왔기에《릴라바티의 딸들》에 실렸다.

술라바 파타크

면역학자

2011년, 뭄바이에서 술라바 파타크
(사진: 막달레나 허기타이)

술라바 파타크Sulabha Pathak는 1955년 인도 마하라슈트라주 상글리의 작은 마을에서 태어났다. 공부를 중시하는 중산층 가정이었다. 아버지는 공직 생활을 하고 있었고, 그녀와 남동생을 늘 동등하게 대했다. 그녀는 대부분의 과목을 좋아했지만, 정말로 빠져든 과목은 생물학이었다. 부모는 딸이 생물학을 좋아하므로 당연히 의과대학에 진학할 거라고 생각했다. 하지만 술라바는 의사의 삶은 자기가 상상한 미래의 모습이 아니라고 느꼈다. 그녀는 석사 프로젝트로 미생물학을 선택했다. 석사학위를 받은 후에는 가르치는 일을 시작했다. 그녀는 올곧은 사람을 만나 결혼했다. "결혼은 나중에 할 수 있단다. 먼저 박사학위를 따야지"라는 아버지의 만류도 소용없었다. 아버지는 딸이 자신의 잠재력을 낭비할까봐 걱정했다. 당시로서는 매우 이례적인 경우였다. 인도인 아버지 대부분은 그와 정반대로 생각했기 때문이다. 다행히도 시댁 가족은 며느리가 일하고 싶어 한다는 사실을 받아들였다. 술라바의 친정집에서는 일하는 여성이 특이한 것이 아니었다. 할머니는 남편과 일찍 사별해서 일을 해야 했다. 할머니는 독학으로 학교 교장까지 지냈다. 술라바의 어머니도 경제 사정이 안 좋아 일을 했다. 할머니와 어머니는 선택의 여지가 없었지만 술라바의 경우는 달랐다. "나는 선택의 여지가 있기 때문에 일하는 거예요. 얼마나 큰 차이예요?"[1] 남편과 시아버지는 그녀가 하고 싶은 일을 지지했다.

그녀는 몇 년 동안 교사 생활을 했는데, 그 일이 지루하다는 것을 알게 되었다. 결국 화학 엔지니어인 남편이 네덜란드로 옮겨갈 때 가르치는 일을 그만두었다. 두 사람은 네덜란드에 갔고, 거기서 딸을 낳았다. 그들은 로테르담에서 살았고, 그녀는 에라스무스 대학교 면역학 실험실에서 자원봉사로 일했다. 술라바는 아이가 학교에 있을 때만 일을 했는데도, 일을 능숙하게 했기 때문에 실험실 측은 그녀에게 돈을 지불하기 시작했다. 1년 정도 지나자, 실험실의 네덜란드인 교수가 그녀에게 박사과정을 해보라고 제안해 파트타임 연구원으로 일하며 공부하기 시작했다. 그런데 몇 년 후에 남편은 인도로 돌아가야 했고, 큰 딜레마에 빠졌다. 어떻게 해야 할까? 딸은 아직 너무 어리고 엄마가 필요했다. 그러자 지도교수는 그녀에게 인도로 돌아가라고 권유했다. 인도에서 데이터 작업을 하다가 네덜란드로 돌아와 몇 달간 체류하면서 실험을 더 많이 하고, 다시 집으로 돌아가 데이터를 분석하고 실험 설계도 새로 짜고, 이렇게 양쪽을 오가며 일을 하라는 것이었다. 실제로 그렇게 했다. 남편 역시 여행이 잦았기 때문에 딸을 누가 돌보느냐가 문제였다. 두 사람이 책임을 나누어 맡고 딸이 불안감을 느끼지 않게 일을 처리하기로 했다. 그녀가 나가야 할 때면 남편이 집에 있고, 반대의 경우에는 그녀가 집에서 아이를 봤다. 마침내 그녀는 에라스무스 대학교에서 박사학위를 받았다.

그 후 그녀와 가족은 남편의 일 때문에 뭄바이에서 500킬로미터 떨어진 작은 마을에 살게 되었다. 여기서 연구를 한다는 것은 거의 불가능했기에 그녀는 친구와 함께 면역학 책을 썼다. 초판은 별로 좋지 않았지만 나중에 다시 써서 2005년에 출판했고, 개정판은 2011년에 나왔다.[2] 그들은 이 책의 수익금을 기부하면서 이렇게 덧붙였다. "나에게 너무 많은 것을 준 사회에 뭔가 돌려주어야 한다고 생각해요."

책 집필을 끝낸 직후 남편은 미국으로 직장을 옮겼고, 술라바와 딸도 함께 동행했다. 술라바는 인디애나-퍼듀 대학교 인디애나폴리스 캠퍼스에서 박사후 연구원 신분으로 일할 곳을 찾았다. 결국 매사추세츠 공과대학 면역학 분야에 자리가 났고 하버드 대학교에서도 일할 기회를 얻었다. 남편이 다시 인도로 돌아가야 했을 때, 남편과 딸은 술라바에게 매사추세츠에서 지내며 박사후과정을 마무리하라고 권했다. 남편은 술라바에게 "당신은 늘 가족 뒷바라지가 우선이었잖소. 이제 당신 일과 직업에 집중해야 할 때요"라고 말했다. 그녀는 1년 동안 그곳에 머물면서 프로젝트를 마쳤다. 사람들이 결혼 생활에 뭔가 문제가 있는 거 아니냐고 물으면 그녀는 이렇게 대답했다. "오, 아니에요. 내가 여기 있는 이유는 바로 과학 때문이에요. 그게 얼마나 재미있는데요! 믿든 말든 상관없어요. 중요한 건 말이죠, 내가 오로지 과학에만 전념할 수 있는 환상적인 시간을 가졌다는 거예요!"

인도로 돌아온 후 그녀는 타타기초연구소에서 샤르마^{Sharma} 교수와 함께 말라리아 면역학을 연구하기 시작했으며, 지금까지 진행하고 있다. 그녀는 이렇게 말했다. "이 일이 나에게 맞아요. 왜냐하면 내가 하고 싶어 하는 또 다른 일을 할 수 있도록 해주죠. 예를 들어, 시간이 나면 나는 소외 계층 자녀를 가르치죠. 나는 민주주의와 훌륭한 통치를 장려하는 자고 인도 협회^{Jago India}의 회원이며, 현재 살고 있는 곳의 거주자협회 회원이에요. 이게 내가 하고 싶은 온갖 흥미로운 일들을 균형 있게 할 수 있는 방법이죠."

술라바의 딸은 의료인류학으로 박사과정을 밟고 있다. 그녀는 전문직 여성의 길을 걷는 중이다. 그녀는 부모와 오며 가며 떨어져 살았던 생활이 많은 도움이 되었다고 생각한다. 아직 어린 여학생이었지만, 그녀는 집 밖에서 일하는 어머니를 둔 것을 자랑스럽게 여겼다.

리디 샤

수학자

2011년, 뉴델리에서 리디 샤
(사진: 막달레나 허기타이)

리디 샤Riddhi Shah는 1964년 인도 서부 구자라트주 아마다바드에서 태어났다. 가정주부인 어머니와 엔지니어인 아버지 슬하에서 자랐는데, 부모는 다섯 자녀에 대한 교육열이 높았다. 어머니는 집안이 가난해 제대로 교육을 받지 못했고, 아이들만큼은 좋은 교육을 받기를 바랐다. 덕분에 아이들 모두 대학을 졸업했다. 다음은 《릴라바티의 딸들》에 수록된 리디의 자전적 기록 일부를 인용한 것이다.[1]

첫 번째 학교는 내가 살았던 거리의 한쪽 끝에 있었다. 처음에는 학교 가는 것을 좋아했지만, 곧 싫증이 나서 가능한 한 천천히 걸어서 학교에 갔다. 거리에 있는 집들은 벽을 칸막이로 삼아 이어진 연립주택이었다. 집 바로 밖에 수도꼭지가 있었는데 나는 거기서 양치질을 하고 있는 사람들과 수다를 떨었고, 길가의 암소와 물소들을 바라보고, 도로에서 반쯤 졸기도 하면서 걸어서 2분 만에 갈 수 있는 거리를 적어도 10분 이상 걸려 도착했다. 학교에 늦게 도착하면 어김없이 선생님한테 혼났고 때로는 벌을 받았다. 어느 날 평소와 달리 선생님이 웃음까지 띠면서 애타게 나를 기다리고 있는 것을 보았다. 선생님이 내 수학 성적 때문에 기분이 좋았기 때문이다. 그날 이후 나는 다시 시간을 엄수했지만 성적이 나오는 날은 일부러 늦게 갔다!

리디는 학창 시절과 대학에 다닐 때 수학에서 탁월한 재능을 보였다. 그녀는 롤 모델이었던 아버지처럼 엔지니어가 되고 싶었지만, 박사학위로 무엇을 할 수 있는지 잘 알지도 못하는 상태에서 수학 박사과정에 가라는 어머니의 뜻을 따랐다. 뭄바이에 있는 인도 공과대학에 진학해 석사학위를 받았고 이후 뭄바이에 있는 타타기초연구소에서 박사학위를 받았다. 리디는 자신의 연구를 이렇게 설명했다.[2]

수학자는 단순히 수를 세느라 바쁜 사람이 아니에요. 수학의 공리들로부터 흥미로운 특성들을 가진 정리theorem를 도출하는 데 즐거움을 느끼는 사람들이죠. 우리 모두가 알고 있는 정리 중 하나인 '피타고라스의 정리'는 직각삼각형의 변의 관계를 설명한 거예요. 이와 관련된 결과를 페르마가 제안했기 때문에 '페르마의 마지막 정리'로 알려졌지만, 이는 1994년에 앤드루 와일스Andrew Wiles가 증명하기 전까지 '정리'로 인정되지 않았어요. 수학에서 내가 연구하는 분야는 군론group theory에 속한 것으로, 그 주제는 대칭성과 관련된 연구에서 비롯된 거예요. 대칭성 하면 대개 거울상을 떠올리는데, 예를 들어 사람 얼굴의 양쪽이 똑같이 보일 경우 이를 거울상 대칭mirror symmetry이라고 합니다. 다른 종류의 대칭성도 존재해요. 매우 넓고 확 트인 공간에서 주위를 둘러보는 경우를 상상해보자고요. 이때 모든 방향에서 보이는 게 같을 경우, 이를 회전대칭rotational symmetry이라고 하죠. 또한 어느 선을 따라 이동해도 아무 변화가 없다면, 이를 병진대칭translational symmetry이라고 합니다. 군론은 이처럼 대칭성을 연구하는데, 좀 더 일반적이면서 추상적인 방식으로 다루는 것을 말하죠.

지금 연구 중인 여러 문제 중 하나는 무작위 행보random work에 관한 문제예요. 앞서 언급한 분야와 연관 짓자면, 이 문제는 정확하게 그 이름이 의미하는 것 그대로예요. 목적 없이 이리저리 몇 발자국을 걸으며 자주 그리고 불규칙하게 그 방향을 바꾸는 것이죠. 하지만 이 문제의 본질은 추상적 방식으로 일반화될 수 있다는 점이에요. 몇 가지 공통된 질문을 예로 들면 이런 게 있어요. 무작위 행보를 하는 사람이 일정 시간이 지난 후에는 출발점에서부터 얼마나 멀리 이동할까? 무작위 행보를 하는 사람이 다시 출발점으로 돌아오는 데 평균적으로 얼마나 걸릴까? 이런 질문들에 대한 답이 내가 연구하는 분야에서 정리가 될 수 있어요.

리디는 타타연구소에서 장래의 남편이 될 이론물리학자 데바시스 고샬Debashis Ghoshal을 만났다. 양가 부모는 매우 다른 문화적, 종교적 배경을 가졌지만 두 사람의 결혼을 승낙했다. 리디 가족은 엄격한 채식주의자인 반면, 벵골인인 남편의 가족은 생선을 좋아한다. 하지만 그들은 서로의 식습관을 받아들여, 리디는 여전히 채식주의자로 지내고 남편과 아들은 그렇지 않다.

리디와 남편의 흥미를 모두 고려하는 바람에 두 사람은 다소 복잡한 삶을 살았다. 박사학위를 받은 후, 그녀는 남편이 뭄바이에서 1500킬로미터 떨어진 알라하바드에 있는 연구소에서 일하는 동안 수년간 타타기초연구소에서 지냈다. 둘 다 오랫동안 해외에서 일했는데, 어린 아들의 육아는 그녀가 맡았다. 14년간 떨어져 산 후에, 부부는 2007년 델리에 있는 자와할랄 네루 대학교에 임용되어, 결국 함께 살 수 있게 되었다. 그녀가 《릴라바티의 딸들》에서 언급한 대로, "그것은 작은 도시에서 세상 물정 모르고 그저 행복했던 한 소녀가 수학이라고 하는 매혹적이고 국제적인 세계에 이르기까지 이어진 머나먼 여정이었다."

쇼보나 샤르마

분자생물학자

2011년, 뭄바이에서 쇼보나 샤르마
(사진: 막달레나 허기타이)

쇼보나 샤르마Shobhona Sharma는 1953년 캘커타에서 벵골인 가족으로 태어났다. 아버지는 딸 셋을 잘 가르치려는 의욕이 많은 엔지니어였다. 그는 딸들이 물리학, 공학, 수학 같은 정량적 과학을 공부하길 바랐다. 하지만 쇼보나는 화학을 공부하기로 했고, 아버지는 그다지 탐탁지 않았지만 반대하지는 않았다. 물론, 그는 딸들을 결혼 적령기에 시집보내야 한다는, 전통에 따른 심리적 압박도 느끼고 있었다.

쇼보나는 뭄바이에 있는 타타연구소의 분자생물학 분야에서 공부하고 싶어 했다. 아버지는 뭄바이를 부패한 도시라고 여겨 딸이 캘커타에서 가족과 함께 지내기를 원했다. 그러나 그녀는 아버지의 말을 듣지 않고 자기 뜻대로 했다. 결국 쇼보나는 타타연구소에서 장래에 남편이 될 물리학자를 만났다. 그의 전공은 고체전자공학solid-state electronics이었다. 처음에는 그녀 혼자 결혼을 준비한 것에 부모가 화를 냈지만, 신랑의 사정을 파악하고 사돈댁 가족을 만난 후에는 더 이상 반대하지 않았다. 양쪽 가족이 같은 사회 계급에 속하는 게 부모를 설득하는 데 도움이 되었다. 언어권은 서로 달라도 양가 모두 힌디어와 영어를 구사할 줄 안다는 점도 좋게 작용했다. 두 사람은 1978년에 결혼했다. 나중에 쇼보나의 여동생이 카스트에서 벗어난 남자와 결혼하려 했을 때도 쇼보나의 부모는 이를 허락했다.

쇼보나는 화학 전공으로 석사학위를 받았는데, 이후 분자생물학에 매료되어 봄베이 대학교(현재의 뭄바이 대학교)에서 박사학위를 받았다. 이후 뉴욕 대학교 의료센터에서 박사후과정을 밟았는데, 그곳에서 인도의 주요 보건 문제로 간주되는 질환인 말라리아를 연구하기 시작했다. 그녀는 이렇게 말했다. "단세포 원생동물 기생충인 말라리아원충

Plasmodium의 생리 현상은 한번 도전해볼 만한 연구 분야였어요."[1]

기혼 여성이 사회생활에서도 성공하려면, 대개 남편의 후원과 이해가 뒷받침되어야 한다. 이런 점에서 쇼보나는 운이 좋았는데, 남편은 항상 그녀가 발전해나가려는 욕구를 격려해주었기 때문이다. 인도 사회에 굳건히 뿌리 내린 기존 규범과 달리, 두 사람은 처음부터 집안살림을 분담했다. 그녀가 다른 집안일을 하는 동안 남편은 종종 요리를 맡아서 했다. 그들은 아이를 가지고 싶었으나, 경력도 생각하지 않을 수 없었다. 그러다가 결혼 후 7년이 지나 그녀가 32세가 되었을 때, 부부는 더 이상 미룰 수 없다고 생각했다. 남편은 노스캐롤라이나주에 있는 리서치 트라이앵글 파크[RTP]의 초청을 받았고, 그녀는 뉴욕에 있었다. 노스캐롤라이나에서 말라리아 연구를 계속할 만한 곳을 찾지 못했지만, 지도교수의 도움으로 RTP 근처에 있는 듀크 대학교의 면역학 연구팀에서 연구를 이어갔다. 그들의 첫 아이는 노스캐롤라이나에서 태어났다.

인도로 귀국한 후, 쇼보나는 타타연구소에 자리를 잡았다. 그녀는 실험에 복귀하고 싶은 마음이 굴뚝같았지만 육아 문제로 몇 달 동안 집에 머무를 수밖에 없었다. 결국 딸을 돌봐주겠다는 한 가족을 캠퍼스에서 찾게 되어, 그 문제가 좋게 해결되었다. 두 가족은 그 이후부터 계속 연락하면서 지내고 있다.

쇼보나는 현재 뭄바이의 타타기초연구소의 선임 교수이자 생명과학과의 학과장으로 재직하고 있다. 그녀는 각종 상을 받았고, 뱅갈루루에 있는 인도 과학원 회원으로 선출되었다. 그녀의 연구팀은 말라리아 기생충(플라스모듐에 속한 종들)과 관련된 다양한 생리 현상을 연구한다. 주요 연구 분야는 말라리아에 대한 획득 면역의 분자 기전에 관한 것이다. 이와 관련하여 신체 면역을 방어하는 역할을 하는 여러 새로운 말라리아 단백질을 발견했는데, 그중 몇몇 리보솜 P-단백질은 체내에서 한 가지 이상의 기능을 하는 흥미로운 '달빛 특성 moonlighting property'을 보여준다.

후천 면역 조사 외에도 그녀는 신진대사 변화를 조사하기 위해 광범위한 공동 연구 계획을 세웠다. 예를 들어, 말라리아원충에 감염된 적혈구에서 나노 지질 담체에 의해 매개된 항抗말라리아제 전달 같은 것들이 그것이다. 최근 그녀의 연구팀은 기생충에 감염된 적혈구가 나노 지질 담체를 선택적으로 삼켜서 기생충에 영양 공급을 차단한다고 결론을 내렸다. 그래서 항말라리아제가 없는 경우에도 나노 지질 매개체는 그 기생충에 대한 효율적인 치료법이 될 수 있다.

쇼보나와 남편은 운 좋게도 얼마간 뭄바이의 타타연구소에서 함께 일했다. 그러나 과학자 부부가 멀리 떨어져 살면서 결혼 생활을 이어가는 인도의 일반적인 상황에서 그들도 자유롭지는 못했다. 한때 타타연구소보다 벵갈루루에, 남편이 원하는 연구를 할 수 있는 더 좋은 기회가 있었다. 그러나 쇼보나는 이미 뭄바이에 말라리아 연구실을 구축해놓았기 때문에, 만약 남편을 따라 이사를 할 경우 다시 새로 시작해야 할 판이었다. 다행히, 남편이 인도 공과대학교에 자리를 잡게 되어 그 문제가 해결되면서 가족은 함께 살 수 있었다.

비디타 바이디야

신경과학자

2011년, 뭄바이에서 비디타 바이디야
(사진: 막달레나 허기타이)

비디타 바이디야Vidita Vaidya는 분자 정신의학을 연구하는 신경과학자다. 분자 정신의학은 정신 질환의 발생 및 치료에 기여하는 분자 및 세포의 변화를 이해하는 것을 목표로 하는 연구 분야다. 그녀는 1970년에 뭄바이에서 태어났다. 부모는 내과 의사였는데, 아버지는 집안에서 4대째 의사였다. 비디타는 학부 과정을 마친 후 1년 동안, 아이들을 가르치고, 춤에 열정적으로 빠져보기도 했으며, 해외 대학원 과정에 지원하기도 했다. 이때 장래에 남편이 될 사람을 만났지만 곧바로 결혼하지는 않았다.

두 사람 다 외국에서 학업을 마치고 싶어 했고 미국에 가기로 결정했다. 그녀는 예일 대학교에서 신경과학을 공부했고, 남자 친구는 카네기멜론 대학교에서 경영학을 전공했다. 그들은 비디타가 박사학위 논문을 쓰는 동안 결혼했다. 그 결혼은 준비된 결혼이 아니었다. 그녀에 따르면, "양가 부모 모두 '결혼 준비'에 따르는 고통을 면하게 되었다며 매우 기뻐했다!" 비디타와 남편은 서로 다른 진로 때문에 결혼 직후에 몇 년 동안 떨어져 지내야 했다. 박사학위 연구를 마친 후, 그녀는 스웨덴에서 1년 동안 일하고 나서 두 번째 박사후과정을 위해서 옥스퍼드로 이사했다. 남편은 영국에서 합류했으며 마침내 그들은 함께 살 수 있었다. 2년 후 그들은 다시 인도로 돌아왔고, 현재 그녀는 뭄바이에 있는 타타기초연구소 생명과학부 부교수이고, 남편은 같은 도시에서 일하고 있다.

비디타의 구체적인 관심사 중 하나는 감정의 신경 회로망(뇌에 존재하는 연결들)이며, 다른 하나는 삶의 경험 및 향정신성 약물에 따라 감정의 신경 회로망이 조절되는 메커니즘을 이해하는 것이다. 유년기 경험의 교란에 기반을 둔 우울증 동물 모델을 사용하여, 그녀의 팀은 지속적인 행동 변화를 유발하는 데 기여하는 분자생물학적, 후성유전학적, 그리고 세포생물학적 변화를 연구한다. 그녀는 지속적인 항우울제 투여에 따른 적응 메커니즘에 대해서도 연구하고 있다.

비디타와 남편 사이에는 딸이 있으며, 비디타는 양가 부모의 도움 덕분에 엄마와 아내로서의 역할 외에도 연구를 지속할 수 있게 된 점을 크나큰 행운이라고 생각한다. 특히 시부모의 도움에 고마워한다. 그녀가 그런 도움에 감사의 뜻을 나타내는 유일한 인도 여성 과학자가 아니었는데, 그녀의 말은 상당히 독특한 느낌으로 다가왔다. 비슷한 이야기를 다른 곳에서 들어본 적이 없기 때문이다. 나는 이에 대해 비디타에게 물었다.[1]

… 며느리의 희망과 포부를 자기 아들의 희망과 포부와 동등하게 두는 시대과 또 그런 집에서 자란 남편을 갖게 됐으니 나는 얼마나 운 좋은 사람인가요. 전통적인 사회에서 여성의 포부는 대개 고려의 대상도 안 돼요. 그래서 나처럼 친정과 시댁 양쪽 다 내 열망과 남편의 열망 중 어느 한쪽에 우선순위를 두지 않고 똑같이 고려해주는 것이 얼마나 운이 좋고 축복받은 일인지 새삼 깨닫게 된답니다. 시부모님이 딸이 태어난 후에 당신들의 삶을 그에 맞춰 바꾼 것은 일과 집안일 다 성공적으로 병행하는 데 정말 큰 도움이 되었죠. 시부모님께 정말 감사드려요. 친정 부모님이 아직도 임상의로서 그리고 과학자로서 활발히 활동하시는 데 비해 시부모님은 은퇴하셨어요. 은퇴 이후에는 육아에 필요한 온갖 일들을 도울 수 있도록 10분도 안 걸리는 곳으로 이사를 하셨고, 당

신들의 생활을 싹 바꾸셨어요. 양쪽 부모님 다 당신들 일과 관심사도 마다하고 우리를 돕는 데 전력을 다하리라고는 전혀 기대도 하지 않았죠. 그런 점에서 시부모님은 일상생활을 도와주는 것도 기대 이상으로 해주셨어요. 이런 배려는 물론이고 꽤 자주 있는 출장 때마다 친정 부모님이 지극 정성으로 도와주지 않았다면 아마 내가 했던 일의 절반도 못했을 거예요. 시부모님과 부모님께 모두 감사하는 마음은 이루 다 표현할 수 없는데, 이는 단순히 그분들이 내가 좋아하는 일을 할 수 있도록 '허락'해준다는 차원이 아니에요. 그분들은 부모라는 권위 의식을 버리고 필요할 때마다 언제든 나를 위해 와주셔서 내가 일을 잘할 수 있도록 해주었기 때문이죠. 어릴 때는 부모님이 항상 격려해주시던 그 보살핌을 당연하게 생각했어요. 하지만 일과 가사를 병행할 수 있도록 돕기 위해 모든 것, 아니 그 이상을 해주시는, 부모님과 동등한 후원자인 시부모님의 도움을 당연한 듯 받을 수 있다는 점에서 나는 정말 운이 좋은 것 같아요(확신하건대, 인도에서는 좀처럼 보기 힘든 일이죠).

인도 사회에서는 여성의 주된 역할이 가족을 부양하는 데 있기 때문에, 앞서 언급한 인도 여성 과학자들 이야기는 일반적인 것이 아니라 예외적인 사례일 것이다.[1] 전통 사상이 뿌리 깊이 박혀 있어서, 아주 어린 나이 때부터 남자와 여자에게 거는 기대가 다르다. 여성의 경우, 최우선 목표가 결혼해서 남편 및 아이들을 돌보는 것이다. 이에 대한 사회적 압박이 매우 강해서, 직업을 가지는 것을 고려할 수야 있겠지만 어디까지나 그건 부차적인 것이다. 남성의 경우, 좋은 직장을 얻고 성공하는 게 가장 먼저 고려해야 할 사항이다.

남편과 아이들을 보살피는 것도 모자라, 적어도 인도 사회의 일부에서는 여성이 지적이고 잘 교육받아야 한다고 요구하기도 한다. 그들은 대체로 시험 성적이 좋고 대학에 진학한다. 중산층 가족의 경우, 똑똑한 여성이 좋은 어머니가 된다고 여기기 때문에 부모는 딸이 결혼하기 전에 고등교육을 받기를 바란다. 좋은 학교에 대한 수요가 꽤 높아, 초등학교에서도 좋은 교육을 받기 위한 경쟁이 날로 치열해지고 있다. 좋은 학교에 진학하기 위해서, 아이들은 까다로운 입학시험을 통과해야 하고, 부모까지 면접을 치러야 한다. 이를 위해 학교 측은 아버지가 고등교육을 받고 좋은 직장을 가진 사람이길 기대하며,

이상적인 어머니는 고등교육을 받았으면 좋겠다고 기대하지만 직업은 고려 사항은 아니다. 여기에는 어머니가 집에서 자식을 키우는 데 모든 시간을 보내야 한다는 생각이 깔려 있다. 이런 이상적인 어머니상을 바라는 건 학교뿐만 아니라 결혼 상대를 찾는 남성들도 마찬가지이다. 이런 현상은 대학에서도 흔히 볼 수 있는데, 남성 교수가, 고등교육을 받긴 했어도 전업주부이거나 본인의 능력보다 못한 직업을 가진 여성과 결혼하는 것이 매우 일반적이다.

통계를 살펴보자. 과학 분야에서 박사학위까지 받은 여성의 비율은 특정 기관 및 분야에 따라 약 36%로 상당히 높다. 하지만 이 비율은 박사후 연구원과 교수 수준에서 급격히 하락한다.[2] 이는 "물 새는 파이프라인leaky pipeline"이라고 표현하는, 학문의 사다리 각 단계에서 여성의 비율이 점진적으로 감소하는 서구 여러 나라의 패턴과 대조적이다. 인도에서 급격한 변화는 여성이 결혼해 자녀를 가지는 시기인 박사후 단계에서 발생한다. 나중에 일자리로 돌아가려고 해도 과학 연구처럼 큰 노력을 요하는 직업이 아니어야 한다.

요즘은 고등 과학 수준에서 여성이 존재하지 않는다는 건 재능과 자원의 끔찍한 낭비라고 여기는 추세다. 인도 정부는 갖가지 이유로 과학 연구를 중단한 여성들을 다시 복귀시키기 위한 프로그램을 추진하고 있다. 과학기술부와 생명공학부에서는 수년간 연구 일을 떠나 있었지만 일정 자격을 갖춘 여성들을 위한 프로그램을 운영한다. 이제 그들은 5년간 연구비를 지원받고 멘토를 만나게 되며, 이 기간이 지난 후에는 본인이 직접 정규직을 찾도록 되어 있다. 물론 과학 저술 활동처럼 과학과 관련된 다른 일을 찾을 수도 있다.

인도에서 성공한 여성 과학자들을 만나 대화해보면, 가정을 꾸린 경우에 그들은 항상 시부모에게 감사하는 마음을 언급했다. 가족의 폭넓은 이해를 얻는 것은 일하는 여성들에게 엄청난 차이를 가져다준다. 아이가 아프거나, 엄마가 회의에 참석해야 할 때 시부모 역시 친정 부모와 마찬가지로 도울 준비가 되어 있을 것이다. 인도에서 누릴 수 있는 또 다른 이점은 가사 도우미를 얻기가 상당히 쉽고, 이들의 인건비도 저렴한 편이라는 점이다. 그렇지만 샤루시타 차크라바티가 언급했듯이, "나는 아직도 이 점을 강조할 수밖에 없군요. 이곳은 매우 전통적인 사회라서 자신을 여성이라고 생각하는 방식과 여성으로서 가질 수 있는 자유와 선택의 범위가 극히 제한적일 수밖에 없다는 점을요. 하지만 전통적인 역할을 뛰어넘어 주위 환경을 이해하고 여건을 조성하는 데 어느 정도의 능력과 공감대를 형성할 수 있다면, 특히 육아 및 여러 위기 상황에 대처하는 데 중요성이 입증된, 수많은 정서적·인적·물질적 도움을 받을 수 있어요."[3]

더 나아가 그녀는 과학계에 종사하는 여성이라는 주제에 대해서 이렇게 덧붙였다.[4]

관심이 가는 문제가 몇 가지 있는데, '과학의 사회학'이라고 부를 만한 것은 무엇이며, 그것이 개별 과학자의 성취 수준을 결정하는 데 어떤 역할을 하느냐, 이런 것들이죠. 과학 관련 일을 한다는 것의 중요한 측면 중 하나는, 과학자가 어떤 결과를 제시하면 동료 과학자들이 그것을 검증해야 한다는 점이에요. 그렇게 함으로서 그 결과가 질적으로 탄탄해지게 되니까요. 대체로 이 방법을 많이 씁니다. 그러나 동료 집단의 검증 절차는 사회적 편견뿐 아니라 개개인의 특성 및 인격이 작용하는 집단의 구성원들이 하는 거예요. 여성 과학자에 대해 논하고, 단순히 직업을 유지하는 수준을 넘어, 전문가 집단에 완전히 융합될 수 있는 구성원의 요건이 무엇인지 물을 수 있다면, 그때부터는 이런 구분을 만드는 게 중요해요. 가끔가다 사람들이 이런 식으로 진지하게 말하는 걸 듣습니다. "논문을 볼 때 저자가 어디에 사는지, 저자가 인도 출신인지, 중국 출신인지 보지 않고 오직 그 사람의 논문을 전체적으로 볼 뿐이다"라고요. 누구는 여성 문제도 같은 잣대로 본다고 말하죠. 그러나 그 아이디어가 개발 가능한 것인지, 그리고 그 아이디어를 진지하게 검토할 수 있는지 아닌지를 보는 이면에는, 그 사람이 동료들과 얼마나 잘 어울릴 수 있느냐 하는 문제와 함께 그 사람의 성별, 사회 계층, 카스트, 국적 등 제반 사항이 작용합니다. 사회적 주변화는 차이를 만들어 내죠. 그러나 그걸 이해하고 이에 맞서 싸우고 싶다면, 전달하려고 하는 전문적인 핵심 가치가 어떤 것이지 어떻게든 알아내야 합니다.

나는 그녀의 말에 끼어들어 이런 핵심 가치를 성별에 의존해서는 안 된다고 말했다. "당연히 그러면 안 되죠. 그렇게 하겠다고 뻔뻔하게 말할 사람은 거의 없을 거예요. 아시다시피, 학문의 사다리를 올라가는 여성의 수가 점점 줄어들고 있잖아요. 누군가는 왜 이런 일이 일어나는지 의문을 가져야 해요. 해결의 실마리는 사회적으로 소외된 집단들이 전문직 활동에 얼마나 참여할 수 있느냐, 그 정도와 규모에 달려 있어요. 해결 방안을 찾는 게 쉽지는 않겠죠. 차이가 생기는 경계선을 기준으로 양쪽 다 자기 성찰이 필요하다고 생각합니다."[5]

터키의 여성 과학자들

    나는 2008년에 이스탄불 기술대학교에서 '과학계에서 일하는 여성'이라는 주제로 열린 학술대회에 강연자로 초청받았다. 놀랍게도, 터키에서는 여성이 규모가 큰 대학의 총장 자리에 오르는 게 드물지 않다는 사실을 알게 되었다. 이 글은 여성 과학자 출신 총장 두 명, 그리고 이스탄불 대학교 화학과 교수와 나눈 대화를 기초로 작성했다.

    통계 조사 결과는 상당히 놀랍다. 1970년에 발표한 한 조사 결과에 따르면, 공학, 건축, 법률, 치과, 의학 같은 직업에 여성이 참여하는 비율이 선진국은 약 5.7%지만 터키는 25%로 나타났다.[1] 이는 40년도 더 전에 발표한 것이다! 최근 자료에 따르면 터키 대학교에서 여성 전임 교수의 비율이 28%인데 비해, 예를 들어 독일은 15%, 네덜란드는 13%이고, 유럽연합 27개 회원국(EU-27) 평균은 20%다.[2] 이렇게 과학 및 교육 분야에서 고위 행정직 여성의 수가 상대적으로 많은 이유가 무엇인지 궁금해졌다.

터키는 주민 대다수가 무슬림인 나라로, 과거 오스만 제국 시절에는 수백 년 동안 일부다처제[*]가 유지되어왔다. 제국의 가부장적인 문화유산을 고려할 때, 여성이 사회의 중요한 위치를 차지하리라고는 기대하기 힘들 것이다. 이 놀라운 사실이 나타나게 된 이유는 다소 복잡하다.[3]

터키 사회에서 여성 지위가 크게 바뀐 것은 주요 정치적 변화와 함께 일어났다. 1923년, 무스타파 케말 아타튀르크 Mustafa Kemal Atatürk 는 오스만 제국을 멸망시키고 현재의 터키 공화국을 세웠다. 이 사건은 여성의 지위에 큰 변화를 일으켰다. 모든 어린이에게 초등학교 의무 교육을 실시했고, 곧이어 남녀 공학이 되었다. 완전한 법적 평등은 2001년이 되어서야 이루어졌지만, 1926년 개정된 민법에서는 일부다처제를 법으로 금지했고, 적어도 이혼과 자녀 양육권 같은 특정 사안에서는 여성과 남성에게 동등한 권리를 부여했다. 그 외에 중요한 변화가 많았다. 그중에는 가정 외에서 여성 고용을 금지하는 조치를 해제하는 것도 있었다. 여성이 머리 스카프, 전신을 가리는 의상을 착용하는 것이 불법이 되었다. 1920년대 이후 여성의 지위가 크게 향상되었고, 이는 국가가 현대화되었다는 척도로 간주되었다.

고등교육을 받고 나서 직업을 가지는 데 관심이 있는 여성들은 교육받은 상류층 및 중산층 가정에서 나왔다. 나라가 급격히 발전했기 때문에 여성들이 얻을 만한 일자리가 생겨났다. 고용주들 입장에서는

---

* 'Polygyny(일부다처)'는 한 남자가 여러 아내를 거느린다는 뜻이다. 더 잘 알려진 단어 'polygamy(일부다처제)'는 엄격하게 말하면 한 사람이 여러 배우자를 둔다는 뜻이다.

멀리 떨어져 사는 남성들보다 가까운 곳에 살고 있는 여성들을 고용하는 게 더 안심이 되었다.[4] 치뎀 카으츠바시Çiğdem Kağıtçıbaşı 교수에 따르면, 전에는 여성이 집 밖에서 일하는 것이 허용되지 않았으므로, 사회적 관점으로 봤을 때 여성들에게 적절하거나 혹은 부적절하다고 할 만한 일자리가 없었다. 그래서 새로운 세상의 여성들은 서양에서 전통적으로 '여자답지 않은' 것으로 여겨왔던 직업도 선택할 수 있었다. 이것이 서구 대부분 나라보다 터키에서 공학 분야에 여성이 더 많이 종사하게 된 이유다. 2010년에 발표된 최근 통계에 따르면, 공대 전임 교수 중 여성 과학자의 비율은 EU-27 평균이 7.9%였지만 터키의 경우 19.1%였다. 자연과학 분야에서도 터키의 여성 과학자 비율은 유럽연합 국가들보다 더 높아, EU-27이 3.7%였던 데 비해 터키는 25.7%였다.[5]

그러나 여기에는 눈여겨볼 중요한 점이 있다. 학계에서 비교적 높은 여성 비율이 일반 주민에게는 그대로 적용되지 않는다는 점이다. 터키의 취업률을 살펴보면, 터키는 EU-27 중 어느 나라보다도 더 낮다는 것을 알 수 있다. EU 회원국의 평균 여성 고용률이 62.4%(남성 74.6%)이지만 터키의 경우 30.9%(남성 75.0%)에 불과하다. 이 자료는 2012년 현황이다.[6] 이런 수치가 나타난 여러 이유 중 중 하나는 교육받은 도시 거주 여성과 농촌 지역 거주 여성의 차이다. 터키의 7500만 인구의 상당수가 도시에서 멀리 떨어진 낙후된 농촌 지역에 살고 있다. 무스타파 케말이 이상적으로 생각한 여성 차별의 폐지는 모든 고용 부문에서 여성들에게 직업 기회가 열려야 한다는 것을 의미했다. 그러나 특권이 부여된 비교적 소수의 여성, 예컨대 상류층과 중산층에 속한 젊은 여성, 지식인 및 관료 등 대부분 도시에 사는 여성만 변화하는 상황의 혜택을 누릴 수 있었다.

게다가 5세 미만의 자녀를 둔 가정 중에 89.6%의 어머니가 직업을 갖고 있지 않다는 사실에서 알 수 있듯이, 가정에서 여성의 전통적인 역할은 변하지 않았다.[7] 이 상황은 외부의 가사 도우미를 고용할 금전적 여유가 없는 전문직 여성에게도 문제가 된다. 그러나 직업을 가진 대부분의 여성들은 부유한 집안 출신이기 때문에 대체로 보육 및 가사 도우미에게 돈을 지불할 수 있다. 따라서 그런 여성의 남편은 아내가 직장을 가지게 '허용함'으로써, 직업을 가진 아내의 본분으로부터 멀어지게 할 수 있는 집안일을 분담해야 한다는 생각조차 할 필요가 없다.

지금부터 소개하는 세 여성은 성공한 과학자인 동시에 과학 분야에서 성공한 행정가다. 여성이 그런 높은 지위에 어떻게 도달할 수 있었는지 궁금하게 여기자, 내가 자주 들었던 말은 과학과 고등교육의 일자리를 남성들이 그다지 선호하지 않기 때문일 수도 있다는 것이었다. 썩 듣기 좋은 말은 아니었지만, 그런 일방적인 말이 그렇게 비현실적인 이야기 같지도 않았다.

세제르 셰네르 콤수올루

신경과 전문의

2002년의 세제르 셰네르 콤수올루
(S. 콤수올루 제공)

대학교에서 의학 공부를 마친 후, 세제르 콤수올루Sezer Komsuğlu
는 남편 바키 콤수올루Baki Komsuoğlu 및 다른 의사들과 함께 터키의
흑해 지역에 파견되어 트라브존에 새 의과대학을 설립하는 데 참여
했다. 카라데니즈 기술대학교에서 14년을 보낸 후, 1995년에는 흑해
와 마르마라해 사이에 있는 코자엘리로 이동해 의학부를 새로 설립하
는 데 일조했다. 그 일이 많이 진척되었을 즈음, 1999년 8월에 발생한
마르마라 지진 때문에 코자엘리 대학교의 모든 건물과 장비가 파괴
되었다. 콤수올루 부부는 우무테페에 있는 이 대학교의 재건에 전력
을 다했다. 그들은 해외 및 터키 기업의 지원을 받아, 내진 건물을 새
로 세우고, 장비를 교체하고, 교수진을 다시 조직했다. 오늘날 여기에
는 현대식 대학, 병원, 국제적 명성을 얻고 있는 연구센터가 있다. 코
자엘리 대학교에는 학부 과정이 11개 있고 학생이 6만 명이 넘는다.
2006년부터 세제르 콤수올루는 총장으로 재직했다.

세제르 세네르는 1949년 터키 북동부 흑해 연안의 트라브존에서
태어났다. 그녀의 아버지인 아흐메트 세네르Ahmet Şener는 정치인이었
고 1970년대에 뷜렌트 에체비트Bülent Ecevit의 내각에서 두 차례 잠
시 일했다. 어머니는 교사였다. 교육을 가장 중요시하는 집안이었다.
그녀가 고등학교를 다니던 시절에 반에서 열심히 공부하고 포부가 큰
여학생이 세 명 있었는데, 모두 과학을 좋아했다. 결국 세 명 다 과학
을 직업으로 삼았다. 두 명은 화학과 물리학, 세제르는 의학을 선택했
다. 그녀는 아타튀르크 대학교 의과대학에 다녔고, 1년간 레지던트 과
정을 거친 후 신경과 전문의 시험에 합격했다. 1978년에는 영국의 버
밍햄 대학교와 버밍햄에 있는 애스턴 대학교에서 박사후과정을 하며

2005년, 글래스고 대학에서 남편과 함께 있는 세제르 콤수올루
(사진: 세제르 콤수올루 제공)

3년간 신경생리학을 연구했다. 그녀는 다발성 경화증multiple sclerosis 을 주제로 박사학위 논문을 준비했다.

카라데니즈 대학교와 코자엘리 대학교에서 겪은 지진 이후에, 그녀는 여러 경험을 바탕으로 행정 업무를 수행하고 조직을 운영하는 경력을 쌓게 되었고, 결국 총장으로 선출되었다. 그러나 그녀는 항상 의사이자 연구자의 직분을 가장 앞세웠다. 주요 연구 분야는 뇌전증과 다발성 경화증이다. 그녀는 또한 유발 전위evoked potential와 고혈압 연구에도 관여해왔다. 그녀는 의학 실험자라기보다 임상의다. 환자 진료를 좋아하고, 진료 과정에서 관찰한 점들을 바탕으로 연구를 수행해왔다.

세제르는 아타튀르크 대학교에서 인턴 과정 중에 바키 콤수올루를 만났다. 그는 내과 및 심장병 전문의 과정을 밟고 있었다. 두 사람은 1975년에 결혼했다. 그들은 딸 둘을 낳았는데, 한 명은 의사로 터키에서 약학 전공의 부교수로 재직 중이고, 다른 한 명은 캘리포니아 대학교 버클리 캠퍼스의 정치학자이자 이스탄불 대학교의 교수다. 아쉽게도, 바키는 2008년 62세를 일기로 세상을 떠났다. 그는 심장병 전문의로서 터키와 유럽에서 유명했다. 그는 심장학과 관련하여 10권의 책과 400편이 넘는 연구 논문을 저술했다. 세제르는 이렇게 기억했다. "그는 항상 나와 딸이 탁월하고 좋은 일을 하도록 격려해주었어요. 우리는 아주 좋은 친구 사이였고 완벽한 협력 관계를 보였죠. 그가 없다는 게 적응하기 힘들어요. 그가 죽은 후에 내 인생이 완전히 바뀌었지만, 이제부터 내 삶이 이러할 것이며 이에 대처해야 한다고 스스로를 다독이고 있어요. 제대로 될지 모르지만 노력 중이에요. 남편은 항상 거기에 있어요. 그가 있어서 행복하답니다."[1]

바키 콤수올루는 코자엘리 대학교 총장이었다. 그가 2006년에 사임하고, 세제르가 그 자리를 이어받았다. 총장이 된다는 것은 연구를 직접 수행하는 것을 포기한다는 의미였지만, 그녀는 여전히 젊은 교수들에게 조언해준다. 환자를 진료하며, 학생들에게 신경학 강의도 하고, 문헌 연구 또한 게을리하지 않고 있다. 트라브존에 의과대학을 새로 세우기 시작했을 때는 달랐다. 그곳에는 도서관이 없었기 때문에, 때때로 16시간 동안 차를 몰아 앙카라에 있는 중앙도서관으로 가서 새로운 결과를 모았으며, 다음 날 차를 몰고 집으로 돌아왔다. 그들은 동료들과 정보를 공유했으며, 다음 달에는 다른 사람들이 도서

아주 일찍부터 하루 일과를 시작했어요.
우선 집에서 해야 할 일을 했죠. 다행히 우리는
대가족이고 서로 가까운 곳에 살기 때문에
가족의 도움을 많이 받았어요. 그런 다음에
병원으로 갔고, 밤 11시에 집으로 돌아왔어요.
사실, 아직도 그렇게 해요. 내가 열심히
일한다고 말한다면 그건 사실이에요.

관에 가서 정보를 수집했다. 오늘날 그들이 세운 의학 도서관은 탁월한 수준이다.

그녀는 행정 업무는 물론 어머니, 주부, 연구원 및 임상의로서 역할을 하기 위해 생활 계획을 신중하게 짜야 했다. "아주 일찍부터 하루 일과를 시작했어요. 우선 집에서 해야 할 일을 했죠. 다행히 우리는 대가족이고 서로 가까운 곳에 살기 때문에 가족의 도움을 많이 받았어요. 그런 다음에 병원으로 갔고, 밤 11시에 집으로 돌아왔어요. 사실, 아직도 그렇게 해요. 내가 열심히 일한다고 말한다면 그건 사실이에요."

과학계의 여성 문제에 관해서, 그녀는 여성이 남성보다 자기 일에 훨씬 더 열성적이라고 믿는다. 여성 과학자는 살림을 하고 아이들을 돌보면서 매우 열심히 일한다. 세제르는 여성 뇌의 좌반구가 세부 사항에 매우 민감해, 여성이 남성보다 세부 사항에 관심을 훨씬 더 많이 기울인다고 설명한다. 호르몬의 차이로, 여성의 두뇌는 남성의 두뇌와 다르기 때문에, 여성은 남성이 보지 못하는 것들을 잘 본다. 여성은 남성에 비해 여러 가지 일을 한꺼번에 할 수 있고, 더 친절하고 예의 바르다. 세제르는 여성이 과학 분야의 일을 잘하고 열심히 일한다는 점은 장점이라고 확신한다. 과학 분야의 일 자체가 열심히 해야 하기 때문이다. 통계 자료는 없지만, 세제르는 과학 관련 일을 하는 것과 아이를 갖지 않는 것 사이에는 어떤 상관관계도 없을 것이라고 생각한다. 만약 상관관계가 있다면, 오히려 사회가 비난받아야 마땅하다.

세제르는 과학자나 의사가 되는 것을 좋아해, 그동안 많은 대학원생을 지도해왔다. 그녀는 1981년에 카라데니즈 대학교에서 처음 임상신경생리학과를 개설했으며 뇌전도 검사 및 근전도 검사 같은 새로운 기법을 도입했다. 최근에, 그녀는 지난 20년간 자기가 진료한 환자 210명의 기록을 바탕으로 뇌전증에 관한 책을 저술했다. 그녀는 또한 대학교에 뇌전증 치료소를 개설해 젊은 동료 한 명이 운영하도록 했다. 그녀는 터키 의학계에 여러 족적을 남겼다.

귈쉰 살라메르

건축가

2013년에 귈쉰 살라메르
(귈쉰 살라메르 제공)

이스탄불 기술대학교(ITU)는 240년의 역사를 자랑하는 교육 기관으로 3만 명이 넘는 학생이 재학 중이다. 귈쉰 살라메르 Gülsün Sağlamer 는 1996년에 총장에 취임하자마자 학교를 광범위하게 개혁하기 시작했다. 8년 동안 총장으로 재직하던 시절을 그녀가 어떻게 생각하고 있는지 한번 들어보자. "연구 예산은 10배, 논문 등 저작물은 2.5배, 주정부 예산은 3배 증가했어요. 모든 분야에서 우리는 기대를 뛰어넘었죠. 학생들에게 지급할 신설 장학금을 몇 개 만들었고, 1년 반 만에 3000명의 학생을 수용할 수 있는 기숙사를 지었어요."[1]

그녀는 1945년 터키 북동부 흑해 연안의 트라브존에서 귈쉰 카라쿨룩추 Gülsün Karakullukçu 로 태어났다. 아버지는 사업가이고 어머니는 주부였다. 귈쉰은 아홉 살 때 여러 직업을 소개하는 글을 읽고 크게 감명을 받아 건축가가 되기로 결심했다. 귈쉰의 오빠는 ITU에서 기계공학을 전공했으며 그녀 역시 같은 학교로 진학했다. "엄청 기뻤어요. 당시엔 내가 수석인지도 몰랐어요. 평생 늘 최선을 다해 노력했어요. 내 경쟁 상대는 오직 나 자신이었어요. 다른 사람들과 경쟁하면 집중력을 잃을 수도 있으니까요. 자신의 목표를 가지고 그것을 실현하려고 노력하면 되는 거죠."

교수의 권유로, 그녀는 ITU 박사과정에 진학했다. "그래, 일단 박사학위를 따자, 하고 결심했어요. 실제 건축 설계는 나중에라도 할 수 있으니까요. 공부하는 내내 건물을 설계하는 꿈을 꾸었죠." 귈쉰은 부교수가 될 때까지 그 꿈을 연기해야 했다. 그녀는 연구 주제로 삼은, 그 당시만 해도 무척 생소한 분야였던 '컴퓨터를 이용한 건축 설계'를 재미있게 공부했다. ITU에서 토목공학과 학생 아흐메트 살라메르

Ahmet Sağlamer를 만났다. 두 사람은 결혼해 아들을 낳았다. ITU에서 박사학위를 얻은 후, 그들은 1975년부터 1976년까지 케임브리지 대학교에서 박사후과정을 밟았고, 귀국 후 부교수로 승진했다. 1982년에 터키에서 통과된 새로운 고등교육법에 따르면, 정교수로 승진되려면 다른 대학으로 옮겨야 했다. 그러나 귈쉰과 아흐메트는 계속해서 머물기로 했다. 결국 규정이 바뀌어 두 사람 다 정교수가 되었다.

시간이 지나면서 그녀는 대인 관계 능력도 늘어 소속 학부의 부학장이 되었고, 1992년에 부총장이 되었다. 그때 아들이 고등학교를 졸업하고 미국으로 유학을 떠나는 바람에, 그런 직위를 수락하기가 더 쉬웠다. 이후 4년 동안, 그녀는 한 대학교를 총괄적으로 책임진다는 것이 무엇을 의미하는지 이해했다. 따라서 부총장 임기가 끝나자 총장 선거에 나가기로 결심했고 결국 선출되었다. 그녀는 재임 기간에 업무를 성공적으로 수행하여 총장을 연임했다.

우리는 교육 및 연구 환경을 개선해나갔어요. 교과과정을 전면적으로 재구성했으며, 국제기구와 긴밀하게 연계해 국내는 물론 국제적 수준에서 두각을 나타내도록 했어요. 전체 공학 교과과정에 ABET(미국 공학교육인증원)의 인증을 받도록 했고, 건축 교과과정은 미국 건축학교육인증원으로부터 인증을 받았죠. 2004년에도 유럽 대학 연합 기관 평가 프로그램을 통과했습니다. 이 일을 해야 하는 이유를 대학 측에 설득하는 게 쉽지 않았어요. 국제 인증 과정을 진행하자고 설득하는 데 3년이나 걸렸다니까요. 그 기간 내내 엄청 힘들었지만 성공리에 마무리했어요. 교직원 및 교수 대부분이 변화의 기대감에 부풀어 있었어요.

그들에게 특정 업무의 진행을 맡기거나 학교 프로젝트와 관련된 특정 업무를 수행해달라고 요청하면, 모두 기꺼이 받아들이고 언제든지 그 일을 맡을 준비가 되어 있었죠. 구성원들의 지지를 받아 방대한 개혁 작업을 추진한 것이죠. 대단한 시절이었습니다.

1923년에 터키 공화국이 수립되자 터키 사회에 엄청난 변화가 일어 났다. 이런 변화에는 국가의 세속화, 국가와 종교의 분리, 그리고 여성 을 비롯해 모든 시민의 평등권 확립이 포함되었다. 특히 평등권은 그 자체만으로도 여성들에게 혁명적인 변화가 일어난다는 것을 의미했 다. 1934년, 여성들에게 투표권이 부여되었다. 특정 프로그램은 도시 와 농촌 지역의 교육 수준을 향상시키는 데 기여했다. 다음은 공화국 설립 후 수십 년 동안 성취한 것들을 퀼쉰이 평가한 내용이다.

터키 혁명의 성공은 시골 지역보다 도시에서 확인할 수 있어요. 도시 에서는 혁명의 분위기가 느껴졌어요. 하지만 공화정 초창기에는 시골 에 학교를 충분히 짓지 못했기 때문에 시골에 그런 기운이 비집고 들어 갈 여지가 별로 없었죠. 따라서 시골에는 도시에 사는 사람들이 느끼는 만큼의 혁명 성과와 새로운 생활 방식이 전해지지 않았어요. 제2차 세 계대전 후 이 나라에 민주주의가 뿌리 내리기 시작할 때 야당은 종교를 이용해 옛날의 전통적인 생활 방식을 다시 부흥시키려고 했죠. 내가 보 기엔, 도시에서는 공화제 혁명이 성공했어요. 나는 흑해 지역의 소도시 트라브존에서 자랐는데, 지금 그 당시를 돌아보면, 그런 느낌 있잖아요, 물질적인 면이든, 사회나 교육 환경을 보든 완벽한 유럽 도시에서 자랐다고 생각하는 그런 거요. 나는 그렇게 외진 곳에서 그런 분위기, 그런 태도가 어떻게 생겨났는지 지금도 믿기지 않아요. 사람들은 생활을 서구화하려고 시도했고, 남녀 구별 없이 모든 자녀를 똑같이 대학교에 보내고 싶어 했어요. 정부는 여자아이들이 상급 학교로 진학해 대학교에서 공부하고 교수가 될 기회가 주어져야 한다고 권유하며 분위기를 띄웠죠. 우리에게는 멋진 시절이었어요.

1960년대 이후에 우리는 국가의 민주화 외에도 농촌 인구가 도시로 한꺼번에 유입되는 문제에 직면해야 했어요. 대도시는 그런 엄청난 인구를 받아들일 준비가 안 되어 있었어요. 많은 인구, 특히 젊은 사람들이 재배치되니 도시는 기반 시설의 문제가 많이 발생하는 반면, 시골마을은 사람이 살지 않거나 노인만 남게 되었죠. 이스탄불, 앙카라, 이즈미르 같은 대도시에는 무단 거주자들이 몰려들어 무허가 불법 건축물을 짓기 시작했어요. 이들이 정착한 지역은 남의 약점을 이용해서 이익을 얻거나 매우 급진적인 종교적 가치관이 자라나는 온상지 역할을 했어요. 일부 정당은 이런 점을 활용해 집권당이 되었고, 도처에 종교적 상징물을 무단으로 사용하기도 했어요. 모두 헌법에 반하는 짓이죠. 안타깝게도, 다수의 종교 재단이 특정 조건을 내걸고 여학생들에게 기숙사와 장학금을 제공하기 시작했고, 대학교에서는 2003년 통과된 법에 의거해 재학 중인 학생들에게 장학금을 지급하는 것을 금지했어요.

그럼에도, 우리는 공화당의 개혁이 많은 것을 이루었다는 점을 잊지 말아야 합니다. 현재 터키는 학계의 경우 여성이 단체의 대표를 차지하는 비율이 세계 및 유럽에서 선도적인 국가 중 하나예요. 정교수의 29%가 여성이고, 터키의 고등교육 부문은 이른바 '유리 천장 지수'가 유럽에서 가장 낮아요. 이는 대부분의 유럽 국가보다 학술계의 승진 과정에서 발생하는 파이프라인 누수, 다시 말해 경력 단절 같은 게 적다는 반증 아니겠어요. 특히 수학, 컴퓨터과학, 공학, 보건학 분야에서 여성이 대표를 차지하는 비중이 다른 어떤 유럽 국가들보다 높습니다.

귈쉰은 모두 다 언급하려면 한도 끝도 없을 만큼 많은 국내 및 국제 기구에서 회원이나 지도자로 활발하게 활동 중이다. 세 가지만 예로 들어보자. 그녀는 국제대학총장협회 집행위원회 위원이고, 2012년부터 지중해 대학교 공동체 회장에, 2008년부터 유럽 여성 총장단 의장을 역임하고 있다. 그녀는 다수의 포상 및 표창을 받았는데, 예를 들어 미국 건축가협회의 명예 회원으로 추대되었을 뿐만 아니라 유럽 공학교육학회가 수여하는 레오나르도 다빈치 메달을 받았다. 그녀는 유럽 과학, 예술 및 문학 아카데미 회원이기도 하다.

그녀가 과학계의 여성 문제와 관련되어 있으리라 생각하는 것은 어렵지 않다. "ITU 최초의 여성 총장이었기 때문에 학계의 여성 리더가 된다는 것을 주제로 강연회에 많이 불려 다녔어요. 참 희한하게도 나는 학창 시절이나 학계에서 지내는 동안 차별을 느낀 적이 없어요. 그러나 나는 이 문제의 중요성을 이해하고 있어요. 학계의 성평등 역학을 이해하려고 여성 문제에 집중하기 시작했죠. 그러다 보니 과학, 공학, 기술 분야의 여성의 역할, 학계의 여성 리더십 등 수많은 연구 과제의 한가운데에 내가 있더라고요."

아이한 울루벨렌

화학자

1997년의 아이한 울루벨렌
(사진: 이스트반 허기타이)

아이한 울루벨렌Ayhan Ulubelen은 "터키에서 과학 연구의 개척자 중 한 명이며 천연물 화학 분야에서 세계적으로 인정받는 권위자"다.[1] 아이한 울루벨렌을 기념해 발간한 《피토케미컬 레터스Phytochemical Letters》 특별호 객원 편집자들의 말이다. 2011년, 그녀의 80회 생일과 천연물 화학 연구 60주년을 기념하는 학회가 열렸다. 그녀는 생애 대부분을 서구의 다른 동료들보다 훨씬 열악한 환경에서 연구해왔다.

아이한 울루벨렌은 1931년에 이스탄불에서 태어났다. 아버지는 육군 장교였고 어머니는 주부였다. 원래 아이한은 언론인이 되려고 했지만, 고교 시절에 퀴리 부인에 관한 영화를 보고 깊은 감명을 받아 화학자가 되기로 결심했다. 그녀는 이렇게 말했다. "우리 반 여학생 모두 그렇게 다짐했지만, 그걸 이룬 사람은 나밖에 없었어요."[2] 그녀는 이스탄불 대학교에서 공부했다. 졸업 후 취직하려 했으나 당시만 해도 여성 고용을 마뜩치 않게 여기는 편견이 있었다. 다행히 이스탄불 대학교 약학부에 자리를 잡게 되었고, 몇 년 후에 거기서 박사학위를 받았다. 그녀는 미네소타 대학교 약학대학에서 박사후과정을 거치고, 귀국해 이스탄불 대학교 조교수로 임용되어 1998년에 은퇴할 때까지 정교수로 재직했다. 그녀는 미국, 독일, 일본에서 몇 년간 보냈다. 은퇴 후에도 명예교수로 연구 활동을 계속하고 있다.

터키의 식물, 특히 다양한 질병을 치료하기 위해 수백 년 동안 민간요법에서 사용하던 식물에 대한 관심이 꾸준히 있어왔다. "마을 사람들은 이런 식물들을 광범위하게 사용한다. 이스탄불에도 '악타르AKTAR'라고 하는 특별 매장이 있는데, 전통 약재로 사용하는 식물과 식물 추출물을 판매하는 곳이다."[3] 울루벨렌 연구팀은 특정 생리 활

2011년, 아이한 울루벨렌의 80세 생일 때의 기념사진. 왼쪽부터 캔자스 대학교의 바버라 티머만(Barbara Timmermann), 아이한 울루벨렌의 제자로 모두 현직 교수인 세빌 윅쉬즈(Sevil Öksüz), 귈라티 토프추(Gülaçtı Topçu), 아이한 울루벨렌, 우푸크 콜락(Ufuk Kolak), 네즈훈 괴렌(Nezhun Gören), 그리고 솔마즈 도안카(Solmaz Doğanca)(아이한 울루벨렌 제공)

성을 나타내는 성분을 동정同定하기 위해 노력해왔다. 그들은 활성 성분을 확인하고 분리할 때 핵자기 공명법NMR, 적외선 분광법, 질량 분석법 같은 다양한 물리적 기법을 이용해 구조를 분석한다.

울루벨렌 연구팀이 1990년대 말 진행했던 연구 중 하나는 임산부가 자연유산을 위해 복용해온 식물에 관한 것이었다. 터키 외에 중국에서도 이 특별한 식물을 피임약으로 사용해왔다. 두 나라 모두 출산율이 높았다. 울루벨렌과 동료들은 이 식물을 잘 활용하면 부작용 없이 자연유산을 유발하여 원치 않는 임신을 막을 수 있을 것으로 생각했다. 울루벨렌은 다음과 같이 말했다.[4]

물론, 나는 다른 곳의 연구자들이 그런 피임제를 개발하는 연구를 많이 하고 있으며, 세계보건기구에서도 이런 연구를 지원한다는 사실을 알고 있어요. 목표는 천연자원으로부터 추출해서, 여성이 간단히 마시기만 해도 피임이 가능한 무언가를 찾는 것이죠.

칼 제라시Carl Djerassi의 피임약이 소개될 때 나는 우연히 미국에 있었어요. 그 약은 원치 않는 임신을 엄청나게 막아주었지만, 전 세계에 자유분방한 섹스가 확산되는 데 일조했으며 가족생활을 심각하게 손상시키기도 했죠….

또한 이 약은 몇 가지 심장 질환과 암을 유발할 수 있습니다. 자연유산을 유발하는 약이라면 훨씬 더 유익하고, 꼭 필요할 때만 사용될 것이라 생각해요. 우리나라 여성들, 인도와 파키스탄 및 다른 여러 나라의 여성들은 정말로 필요할 때 그 약을 사용할 수 있고 사용법도 매우 쉬울 겁니다. 그러나 아직까지 그런 것이 발견되지 않았어요.

울루벨렌 연구팀이 조사한 식물은 루타 챌레펜시스Ruta chalepensis였다. 그들은 그 식물의 뿌리와 지상부로부터 여러 종류의 화합물을 분리하고 각 화합물의 활성을 생쥐를 이용해 평가한 후, 유산 작용을 나타낸 몇 가지 화합물을 발견했다. 그러나 추적 조사에 따르면 몇몇 물질은 생쥐의 난소에 낭종을 일으켰고 그 밖에 다른 문제도 유발했다. 그래서 이 식물을 낙태제로 사용할 수 없었고, 그 대신 여성들에게 이 식물의 위험성을 알리고 사용하지 못하도록 권고했다.

약 15년 전의 일이었고, 결국 연구팀은 이 연구 주제를 중단했다. 그 당시 터키 보건부는 출산율을 낮추는 정책을 펼쳤고 이는 눈에 띄게 효과를 발휘했다. 현재 터키는 그 반대의 문제에 직면해 있어, 이제 정부는 여성들의 출산을 장려하는 정책을 펴고 있다.

울루벨렌 연구팀은 그 밖에 전통 의학에서 사용하던 여러 식물에서 생리 활성 성분을 찾아내는 흥미로운 연구도 진행해왔다. 그중 일부는 암 치료에 효과가 있었고, 일부는 HIV를 억제했으며, 또 다른 성분은 심혈관 질환, 당뇨병 등을 치료하는 효과를 나타냈다. 그들은 항암제로 적용될 만한 물질을 발굴하는 연구를 최우선적으로 진행했고, 미국 국립보건원에서 1960년대 초에 시작했던 '항암 효능 물질 발굴을 위한 약용식물 검색 프로그램'에 참여했다. 이 프로그램에서, 약 100여 종의 터키 유래 식물의 항암 효능을 테스트했다.

울루벨렌은 터키 동부에서 항종양제로 사용되며 이른바 머렌데라 카우카시카*Merendera caucasica*라는 머렌데라 속 식물 하나를 받았다. 그녀와 동료들은 그 식물의 활성 물질이 알칼로이드임을 확인하고는, 그 식물에서 추출된 여러 알칼로이드의 구조를 밝혀냈다. 또한 그들은 여러 다른 암에 항종양 효과를 나타내는 여러 식물을 동정하기도 했다.

15년 전에 그들은 다른 나라의 동료들에 비하면 아주 소박한 환경에서 연구를 진행해왔다. 연구비는 심각한 문제였다. 대학 당국은 소액의 연구비만 지원했고, TÜBİTAK이라고 불리는 터키 과학기술연구위원회에서 추가 연구비를 지원받았다. 그런 도움을 받았지만 대형 장비는 엄두도 못 내고 소소한 장비들만 근근이 구입할 수 있었다. 동시에, 터키 정부는 국가 과학 수준을 향상시키는 데 많은 노력을 기울였다. 이것의 일환으로 연구자들이 국제 학술지에 연구 결과가 게재되면 일종의 장려금을 지급했다. 이 장려금은 두 부분으로 이루어져 있는데, 하나는 TÜBİTAK에서 지급하는 것으로 개인 용무에 쓸 수 있는 돈이고, 다른 하나는 연구에 필요한 사소한 물품을 구입하는 데 쓰는 돈이었다.

지난 15년 동안 과학기술 연구 지원비가 긍정적인 방향으로 발전해왔다. 이스탄불 대학교를 비롯해 여러 대학은 자체 연구 재단을 설립해 자체 기관에 필요한 연구비를 지원했다. 그들은 중소기업의 위탁을 받아 연구를 실시하거나, 의학부 같은 경우 환자를 진료하거나, 그밖의 다른 방법을 동원하여 연구비 지원에 필요한 자금을 자체적으로 조달해야 했다. 이제 이스탄불 대학교는 중앙연구소를 설립해 다양한 연구팀이 필요로 하는 장비와 기기를 완비했으며, 신규 장비가 필요하면 신청할 수 있다. 연구자들은 장비 사용료를 각자의 연구비에서 지불해야 한다. 연구자들이 연구비를 신청할 수 있는 기관이 몇 군데 있는데, 그중 국가기획연구소, 터키 과학기술연구소 및 터키 과학원이 주요 기관이다. 울루벨렌은 요즘엔 높은 수준의 연구를 진행하기가 상대적으로 쉬울 거라고 생각한다.

초기엔 재정적으로 어려웠지만 아이한 울루벨렌은 약 300편의 연구 논문을 발표했으며, 상도 많이 받고 명성을 얻었다. 그녀는 4년간 나토 과학위원회 위원이었다. 그녀는 터키 과학원 회원이다. 더 정확히 말하자면, 회원이었다. 2011년 11월 2일에 터키 과학원 회원 137명 중에서 74명이 사임했으며, 그중에 아이한 울루벨렌도 있었다. 이는 정부가 과학원 회원의 3분의 2를 직간접적으로 임명한다는 정부 방침에 항의하기 위한 것이었다. 몇 주 후인 2011년 11월 25일에 울루벨렌을 포함해 터키 과학원 전 회원 17명이 과학의 가치, 자유, 본연의 모습을 고취하기 위해 독자적이고 자율적인 시민사회 단체인 과학아카데미협회Sciences Academy Society를 설립했다. 오늘날, 이 협회 회원 수는 100명이 훨씬 넘는다. 이 새 단체는 진실성, 독립성, 사회적 참여라는 유서 깊은 전통을 지지하며 학계 내에서 이런 전통을 전파하고자 한다.

아이한 울루벨렌을 처음 만났을 때 여러 이슬람 국가에서 여성용 종교 복장이 부활하고 있었다. 우리는 대학교에서 여학생들의 복장 문제를 가지고 논의했다. 다음은 아이한이 1997년에 말한 것이다.[5]

예전에, 즉 터키 공화국 이전에는 도시에 사는 터키 여성들은 차르샤프Çarşaf(얼굴의 대부분과 몸을 완전히 가리는 의복)을 착용했고 시골에 사는 여성들은 헐렁한 바지와 머리 스카프를 착용했어요. 오늘날 도시 여성들은 현대적인 의상을 입고, 시골 여성들의 복장은 젊은 세대가 현대 복장으로 바꾸고 있다는 것을 제외하고는 크게 변하지 않았어요. 지난 10년간 많은 여성이 점점 '차르샤프'를 입기 시작했으며, 어린 소녀들은 유니폼 같은 의상을 많이 입고, 길고 느슨한 코트와 허리선까지 내려오는 길쭉하고 커다란 스카프를 착용합니다. 옷 입는 방식에는 전통적이랄 게 없어요. 직업에 걸맞는 적절한 복장을 입어야 하죠. 의사, 간호사, 변호사 등은 직업에 맞는 복장을 입어야 합니다.

2013년에 나는 아이한에게 그 이후로 어떤 변화가 있었는지 물었다.

안타깝게도, 2002년 이후 정부는 종교적 색채를 더 강화했어요. 정부와 몇몇 지식인(주로 신문 기자들과 일부 대학 교수와 고위 관료)은 이것이 더 민주적이라고 인정했고, 대학교에서는 자유 복장이 용인되었죠. 그들은 여성에 대한 영향력을 천천히 그러나 지속적으로 키워나가고 있어요. 이렇게 영향을 받은 여성들은 머리를 가리고 긴 치마를 입는 게 더 자유로운 거라고 믿어요. 어떤 면에서는, 그렇게 하면 많은 여자아이가 집 밖으로 나갈 수 있고 아버지나 남자 형제들로부터 자유로워질 수 있기 때문에 그래요. 그들은 자유롭게 연애도 할 수 있고, 남자아이들과 손잡고 걸어 다닐 수도 있고, 함께 영화를 보러 갈 수 있어요. 머리를 가리면, 가족들은 그들을 좋은 여학생으로 여길 거예요. 물론 이것은 그저 한 집단일 뿐이지만 보수적인 사람의 수가 늘어나고 있다는 점을 인정해야 합니다. 현재 적어도 여대생의 20%가 머리를 가리고 있어요.[6]

아이한은 결혼하지 않았다. 그녀는 딸과 함께 살던 조카를 입양했다. 아이한은 평생 과학 연구를 하느라 바빴지만 그런 삶에 대단히 만족했다. 그녀의 옛 제자들은 대부분 화학 및 제약회사 또는 학계에서 중요한 지위를 차지하고 있다. 아이한 울루벨렌의 옛 제자이자 그녀의 명예를 기리는 특별호의 객원 편집자 세 명(모두 여성)은 그녀가 학생들을 잘 가르쳤고, 연구에 열정이 넘쳤으며, 연구실에서 실험하면서 유난히 즐거워했다고 강조했다.

WOMEN

3장
·

고위직에 오른
여성 과학자들

SCIENTISTS

INTRO
'고위직에 오른 여성 과학자들'에 대하여

여성 과학자들에게 고등교육 기관에서 지도적 지위에 오른다는 것은 사소한 일이 아니다. 그런 직책을 맡을 수 있는 여성들이 자신의 재능을 꽃피우지 못하고 있는 것도 사실이다. 그러나 연구와 교육 부문에서 성공한 여성 과학자들은 더욱 도전할 준비가 되어 있으며, 학계의 지도층으로서 어떤 일을 할 수 있을지 고심하는 중이다. 앞에서 우리는 학계에서 고위 행정직으로 자리를 옮긴 터키 출신 여성 교수 세제르 셰네르 콤수올루와 귈쉰 살라메르를 살펴보았다. 미국과 서유럽에서도 그런 직책에 여성 과학자를 고려하는 경향이 커지고 있다.

2002년에 성공한 과학자 셜리 틸먼Shirley Tilghman이 프린스턴 대학교의 총장이 된다는 소식을 들었을 때, 나는 세계적으로 유명한 과학자 제임스 왓슨에게 이렇게 임명하는 게 과학계의 손실이 아니냐고 물었다. 그는 이렇게 말했다. "아닙니다. 알다시피 나도 하버드 대학교 교수에서 콜드스프링하버연구소 책임자로 자리를 옮겼습니다. 한평생 같은 일을 해야 한다는 건 어쩌면 미친 짓입니다. 훌륭한 과학자가 훌륭한 기관을 운영하는 것이 때로는 중요합니다. 과학을 이해하는 사람이 과학 기관을 경영하는 게 과학 발전을 위해서도 좋은 일입니다. 이기적으로 들릴 수도 있지만, 우리에게 도움이 되는 일입니다."[1]

지난 수십 년 동안 미국에서 여성 대학 총장의 수가 느린 속도지만 꾸준히 증가했다. 2007년에 잡지 《글래머_Glamour_》가 아이비리그의 여성 대학 총장 네 명, 즉 하버드 대학교의 드루 파우스트_Drew Faust_, 펜실베이니아 대학교의 에이미 거트먼_Amy Gutmann_, 브라운 대학교의 루스 시먼스_Ruth Simmons_, 프린스턴 대학교의 셜리 틸먼을 '올해의 여성'으로 선정했다. 린 해리스_Lynn Harris_는 다음과 같이 썼다. "동창회 클럽 역사상, 어느 것보다도 오래되고 더 남성적인 게 있는데 바로 아이비리그다."[2] 이 오래된 남성 중심의 클럽은 수가 얼마 되지도 않는다. 모두 합해 대학교 여덟 개가 여기에 속하며, 앞에서 언급한 여성 네 명이 총장인 것은 아이비리그 대학들 총장의 절반이 여성이라는 것을 뜻한다.* 《글래머》는 이 사실을 기사로 실어 사회적으로 그 이유를 환기시키는 데 크게 기여했다. 2011년 조사에 따르면, 미국 대학 총장의 약 4분의 1이 여성이었는데, 이 조사는 모든 고등교육 기관을 대상으로 한 것이다.[3] 박사학위를 수여하는 대학의 경우 여성 총장의 비율은 22.3%로, 이는 2006년의 13.8%, 특히 1986년의 3.8%에 비해 크게 증가했다.

---

* 2014년 현재, 하버드 대학교의 드루 파우스트, 펜실베이니아 대학교의 에이미 거트먼, 브라운 대학교의 크리스티나 팩슨(Christina Paxson), 이렇게 세 명이다.

유럽연합은 연구 및 고등교육 부문에서 여성 대표에 관한 정보를 정기적으로 발표한다. 거기서 1년에 두 번씩 발행하는 보고서의 제목은 〈뛰어난 여성: 연구 분야의 젠더와 혁신She Figures: Gender in Research and Innovation〉이다. 2012년판에 따르면,[4] 유럽연합 전체에서 고등교육을 담당하는 기관장들 가운데 여성의 비율이 15.5%였지만, 박사학위를 수여하는 대학교만 대상으로 할 경우 10%에 불과하다. 그래서 유럽은 이 점에서 미국에 뒤지는 것처럼 보이지만, 유럽 국가들 중 여성 기관장의 분포 정도는 매우 다양하다. 박사학위를 수여하는 기관에서 여성 기관장의 비율은 스칸디나비아가 나머지 나라들보다 앞서 있다. 스웨덴 43%, 아이슬란드 33%, 핀란드 31%, 노르웨이 25%였다. 반면, 분포 범위의 반대편 끝에서 보면 키프로스와 헝가리의 대학교에는 여성 총장이 없었다.[*] 영국은 위에 인용된 수치에 포함되지 않았다. 2013년 자료에 따르면, 대학 부총장(다른 나라의 학장과 총장에 해당)의 14%가 여성이었다.[5] 인도의 경우, 연방 정부가 자금을 지원하는 주요 대학교 중에서 여성 부총장이 네 명으로 여성의 비율이 9%였다.[6] 터키에서는 박사학위를 수여하는 모든 기관의 수장 중에서 4%만이 여성이었다.[7]

지금부터 여성 지도자들의 출신과 배경 및 그들의 활동을 다양한 사례를 곁들여 제시할 것이다. 여러 종류의 선도적인 직책을 맡은 대학의 총장들과 과학자들이 모두 제시되어 있다. 일반적인 결론으로,

---

[*] 2014년 현재, 헝가리는 리스트음악원(Liszt Academy of Music) 원장을 여성이 맡고 있다.

우리는 학계, 교육 기관 또는 기타 기관의 정상의 지위를 여성이 맡는 게 더 이상 이례적인 것이 아닌 방향으로 나아가고 있다.

카트린 브레쉬냑

물리학자

2000년, 파리에서 카트린 브레쉬냑
(사진: 막달레나 허기타이)

2000년, 내가 프랑스 과학원의 회원 카트린 브레쉬냑^{Catherine} Bréchignac을 만났을 때, 그녀는 프랑스 국립과학연구소^{CNRS} 사무총장 임기를 막 마친 상태였다. 나는 그녀에게 권위 있는 과학원의 회원 자격과 CNRS의 이사직이 전적으로 업적에 따른 것인지, 아니면 여성이라는 점이 작용한 것인지를 물었다. 그녀는 이렇게 대답했다.[1]

당연합니다. CNRS의 사무총장에 임명된 건 분명히 내가 여자라서 일어난 일이에요. 물론, 나는 과학자로서 명성이 높았고, 예전에 CNRS의 실험실과 물리학과를 잘 관리했죠. 그러나 정치인들은 자기들이 얼마나 소수자를 배려하는지 자랑스레 보여주고 싶어 하잖아요. 오, 나는 확신합니다. [그것이 마음에 걸렸습니까?] 아니요, 전혀. 나는 괜찮다고 생각했지만, 선택된 후에 누구보다도, 그게 남자든 여자든 상관없이 내가 더 잘할 수 있다는 것을 증명해야 했어요.

카트린 브레쉬냑은 1946년 파리에서 카트린 테일락^{Catherine Teillac}으로 태어났다. 부모 두 분 다 학자였고, 파리 대학교의 교수였다. 아버지 장 테일락^{Jean Teillac}은 핵물리학자였는데, 프레데리크 졸리오퀴리의 뒤를 이어 퀴리연구소의 물리화학과의 책임자로 일했다. 그는 나중에 원자력센터^{CEA}의 고등 판무관이 되었다. 카트린의 어머니는 내과 의사였다. 대부분 할머니가 카트린을 키웠다. 이런 배경을 보면, 공부하는 일을 직업으로 갖는 것이 그녀가 추구하는 합리적인 길이었다는 점은 그리 놀랍지 않다. 원래 수학이나 프랑스 문학을 공부하고 싶었지만 나중에는 수학과 과학 공부에 더 집중했다. 왜 물리학을 선택하게 되었을까? "그 이유는요, 내가 물리학자를 선호했기 때문이에요. 아마 학생들 중에서 물리학을 제일 좋아했을 거예요."[2] 그녀는 1977년에 파리-슈드 대학교University of Paris-Sud에서 박사학위를 받았다.

일찍부터 그녀는 오르세에 있는 에메 고통 실험실에서 일했으며, 1989년에 실장이 되었다. 그녀의 연구 주제는 클러스터Cluster였다. 그녀는 이렇게 설명했다. "클러스터는 구성 요소로서, 나노 세계의 전구 물질입니다."[3] 이들은 단지 원자 또는 분자 몇 개로 구성되거나 1000만 개나 되는 단위로 구성될 수도 있다. "그러나 작은 클러스터는 큰 것과 다르므로 고체의 특성이 일반적으로 알려져 있더라도 이 클러스터의 특성은 그렇지 않아요. 그래서 '미개척의 영역'으로 들어가 이 클러스터들을 연구하기로 마음먹었죠. 그것은 진정한 모험이었어요."[4] 그녀의 연구팀은 이 분야에서 중요한 발견을 했으며, 항상 새롭게 도전할 영역을 찾아냈다. 그들은 크기가 다른 클러스터를 연구하고, 크기에 따라 속성이 어떻게 변하는지 이해하려고 노력했다.

실험실의 책임자가 된 것은 그녀가 행정직에 적합하다는 첫 번째 징후였다. 이 일로 6년을 보낸 후 그녀는 CNRS의 물리학 및 수학과 책임자가 되었으며 2년 후에 CNRS 사무총장으로 임명되었다.

CNRS는 정부 출연 기관으로, 유럽 최대 규모의 기초연구 기관이다. 약 2만 6000명의 직원이 있으며, 그중 1만 1000명가량이 연구원이다. 그런 거대한 조직의 사무총장이 되는 것은 중대한 책임이자 도전이었다. CNRS가 그녀에게 기대했던 것은 바로 이 거대한 연구소를 쇄신하는 것이었다. 카트린은 그 직분에 딱 맞는 사람이었다는 것을 입증했다. 1997년부터 2000년까지 그녀의 재임 기간 동안, 때때로 나타나는 저항과 분노를 무릅쓰고 조직에 크나큰 변화를 가져왔다. 가장 중요한 임무는 조직을 개방형 네트워크로 전환시키는 것이었고, 그녀는 이를 성공적으로 수행했다. 개방이란 다른 나라의 대학 및 산업을 포함해 대학과 산업계의 상호작용 및 공동 연구를 추진하는 것을 말한다. 2000년까지 CNRS의 연구소 1700개 가운데 약 80~85%가 대학과 공동으로 연구를 진행했으며 기업과 관계를 정립하는 데도 성공했다. 영국의 《타임스 고등교육*Times Higher Education*》은 다음과 같이 기술했다. "브레쉬냑은 … 투지, 과단성, 복잡한 문제를 분석하고 명료화할 수 있는 소질로 엄청난 명성을 얻고 있다."[5]

CNRS 사무총장 임기를 마치고, 그녀는 실험실로 복귀했다. 금요일은 카트린이 어김없이 지킨 '연구의 날'이었다. 그러나 그녀가 얼마나 타고난 리더이며 관리자인지는 이후에 맡은 직책들을 봐도 알 수 있다. 2006년부터 2010년까지 그녀는 CNRS의 원장으로서 실무 지시보다는 정책 결정에 더 관여했다. 한편 그녀는 프랑스뿐만 아니라 국제적으로도 여러 직책을 가지고 있었다. 예를 들어, 프랑스 광학연구소 대학원 원장, 발견의 전당 관장을 역임했고, 국제과학위원회 회장으로 한 임기를 보냈다. 프랑스 과학원의 회원 자격(1997년 객원회원, 2005년 정회원 및 2010년 사무차관) 외에도, 2005년에 레지옹 도뇌르의 임원이 되었고, 2011년에는 레지옹 도뇌르 코망되르 훈장을 받았다.[6]

카트린의 개인적 삶을 알아보자. 그녀는 남편 필립 브레쉬냑*Philippe Bréchignac*을 대학 시절에 만났다. 필립 역시 물리학자이자 파리-슈드 대학교의 오르세 분자과학연구소의 교수다. 그와 카트린은 둘 다 성공한 과학자이지만, 카트린이 더 두각을 나타냈다. 필립은 과학원 회원이 아니다. 이는 드문 상황인지라 카트린에게 이에 대해 물었다.[7]

　　남편은 늘 나를 도와주었고 성공할 수 있도록 이끌어주었어요. 그는 내가 일할 때 가장 행복하다는 것, 내가 하고 있는 연구를 좋아한다는 것을 알고 있으며, 포용심과 이해심이 깊은 사람이죠. 내가 늦게 귀가해도, 저녁 준비가 안 되어 있어도 싫은 소리 한 번 안 냈어요. 오히려, 그는 모든 것을 쉽게 처리하도록 도와줬어요. 물론, 우리는 급여를 주는 가사 도우미를 두고 있어요. 우리 둘 다 자주 집을 비우기 때문에 어쩔 수 없어요. 가끔가다 그가 버겁다고 말할 때가 있어요. 그러면 우리는 함께 뭔가를 하기로 결정해요. … 내가 선출되었을 때 그는 매우 자랑스러워하더라고요. 그의 눈빛만 봐도 알 수 있죠. 그러나 우리가 함께하는 삶의 기준은 학문적 성공이 아니에요.

카트린과 필립은 아들 둘, 딸 하나, 모두 자녀 셋을 낳았다. 유치원은 프랑스에서는 문제가 되지 않지만, 카트린의 할머니가 아이들이 아플 때마다 도와주었다. 카트린은 이제 자기가 실험실에서 시간을 너무 많이 보낸 것이 아이들을 힘들게 했다는 것을 잘 알고 있다. "우리가 엄마를 필요로 할 때 엄마는 곁에 없었어요"[8]라고 자녀들이 그녀에게 말했다. 그녀는 실험을 끝내야 했기 때문에, 저녁에 실험실로 아들 한 명을 데려가야 했던 어느 끔찍한 하루를 회상했다. 아이가 네 살 즈음이었다. "아이가 그곳에 앉아서 기계를 보고 있는 게 매우 지루했나 봐요. 아이가 가위를 가지고 전선을 끊어버린 거예요. 전류가 차단되면서 기계가 '꽝' 하고 부서졌어요. 그 순간, 그 난리 상황을 알아차렸죠." 다행히도 모든 게 잘 해결되었지만 아이들은 과학을 직업으로 선택하지 않았다. 그렇지만 그녀는 아이들이 이제는 과거 일 때문에 더 이상 괴로워하지 않는 것이 중요하다고 생각한다. 대화 중에 지난날의 일들을 떠올릴 때마다, 아이들은 대부분 그런 이야기를 하면서 웃었다. "이제 아이들과 이런 이야기를 할 때면 애들 모두 이렇게 말해요. 집에 있으면서 짜증나게 하는 어머니보다 활발하게 일하는 어머니가 더 좋다고요."[9]

카트린은 과학자로서, 그리고 지도자로서 모두 성공했으며, 자녀 세 명을 양육하면서도 이 모든 것을 해낼 수 있음을 증명했다. 그러나 그것은 쉽지 않았다. 그녀에게 가장 큰 도전은 여러 가지 삶을 병행하면서 꾸려가는 것이었다. "개인 생활, 일과 관련된 생활, 친구를 사귀는 것, 여행하는 것 등등, 삶을 이루는 여러 생활은 항상 쉽게 섞이지 않는 것들이에요. 나는 뭔가 잘못되면 그 충격을 이겨내기 어려웠어요. 그래서 삶의 한 측면에만 집중하지 않는 게 중요하다는 것을 깨달았어요. 인생의 여러 측면에서 행복해야 한다고 생각해요. 그래야 한 측면에서 어떤 일이 생기더라도 다른 면들이 여전히 남아 있게 될 테니까요."[10]

내가 젊은 여성들에게 해주고 싶은 말이 뭐냐고 묻자, 그녀는 이렇게 대답했다. "쉽지 않더라도 가능하다고 생각해야죠. 포부를 가져야 합니다. 파괴할 수 없는 것이 분명하고 거대한 산에 맞서 싸우지 마십시오. 그 산을 통과하는 것보다 우회하는 것이 낫습니다. 목표를 세우고 그 목표를 달성할 최선의 방법을 찾는 게 중요합니다. 내 조언은, 하고 싶은 것을 하라는 겁니다. 인생은 한 번뿐이잖아요."[11]

프랜스 A. 코르도바

천체물리학자

2008년 뉴저지주 포트 리에서 프랜스 코르도바
(사진: 막달레나 허기타이)

프랜스 A. 코르도바France A. Cordova의 약력을 보면 놀랍다. 스탠퍼드 대학교에서 영어를 전공하고 캘리포니아 공과대학에서 물리학 박사학위를 받았다. 펜실베이니아 주립대학교에서 천문학 및 천체물리학과 학과장을 역임했고, 최연소 NASA 수석 과학자 자리를 차지한 최초의 여성이다. 그녀는 캘리포니아 대학교UC 샌타바버라 캠퍼스 부총장을 거쳐, UC 리버사이드 캠퍼스에서 UC 시스템 최초의 라틴계 총장을 역임했다. 우리가 만났을 때 그녀는 퍼듀 대학교의 총장이었고, 2014년 3월 미국 국립과학재단 이사가 되었다.

코르도바는 멕시코계 미국인 아버지가 제2차 세계대전 이후 비영리 단체에서 일했던 프랑스 파리에서 1947년에 태어났다. 12명의 자녀 중 장녀였고, 대학에 진학했을 때만 해도 과학을 직업으로 염두에 두지 않았다. 영어를 전공한 젊은 졸업생으로서, 멕시코에서 고고학 발굴에 참여한 후, 그녀는 '산토도밍고의 여성들The Women of Santo Domingo'이라는 단편소설을 썼다. 잡지 《마드모아젤Mademoiselle》이 주최한 대회에 참가해 상위 10위 안에 들기도 했다. 그녀는 《로스앤젤레스 타임스Los Angeles Times》의 뉴스 서비스 직원으로 일하다가 어느 순간 활동 무대를 변경하기로 결심했다.

우리는 뉴저지주 포트리에 있는 한 친구의 집에서 열린 퍼듀 기금모금 행사에서 만났다. 문학에 뜻을 두던 사람이 물리학을 전공하고, NASA에서 일을 하고, 결국 대학 행정 고위직에 자리를 잡기까지, 인생의 큰 변화가 어떻게 일어났는지 물어보았고, 그녀는 내가 모든 것을 시시콜콜하게 들을 시간이 없을 거라고 말했다.[1]

참 기나긴 여정이었어요. 아무에게나 함부로 추천할 수 없죠. 나는 사색가들의 가정에서 자랐어요. 어머니는 교회에 관한 모든 것, 역사와 자연 관련 책을 읽으셨죠. 우리는 늘 탁자에 둘러앉아 항상 이런 이야기를 하며 자랐어요. 이런 대화가 나를 과학자로 준비시켰느냐고요? 꼭 그런 건 아니지만 거대한 질문들을 생각해보게 되었어요. 왜 그런지는 모르겠는데, 우리는 항상 우주의 기원에 관한 질문에 이끌렸어요. 독서를 하면서, 나는 과학과 인문학이 훨씬 밀접했던 오래전 위대한 철학자들의 책을 읽게 되었죠. 학창 시절 나의 영웅들은 알베르트 아인슈타인 같은 사람들이었어요. 그 당시 물리학은 대체로 높이 평가받았습니다. 우리에게는 과학 프로젝트가 있었고, 나는 진정한 의미가 있는 것을 하고 싶었어요. 그리고 더욱 심오한 질문으로 생각이 뻗어나갔죠. 그러나 20대가 되기 전에는, 내가 30세가 되면 무엇을 하게 될지 진지하게 생각해보지 않았어요. 그 당시 나는 우주 프로그램에 참여했는데, 마치 불 꺼진 큰 전구 같더라고요. 그러고는 이렇게 생각했죠. 그래, 저게 바로 나야. 저게 내 자신을 보는 방법이야!

내가 물리학자가 되고 싶어 한다는 것을 깨닫고 의지할 곳이라고는 나 자신밖에 없었을 때, 어떻게 해야 그 분야에 들어갈 수 있는지 알아보기 시작했어요. 사람들이 많이 도와주었죠. 훌륭한 멘토들이었어요. 당시에는 멘토가 무슨 뜻인지 몰랐지만, 돌이켜보니 그들은 나와 내 열정을 믿어주었던 사람들이었어요. 정말 큰 도움이 되었습니다. 당시 그분야에는 남성밖에 없었기 때문에 그들은 모두 남자였어요. 그들은 나에게 여러 기회를 주었고, 그 소소한 기회 하나하나 덕분에 뭔가 잘 해냈고 다음 단계로 나아갈 수 있었죠. 이곳에서 저곳으로 어떻게 가는지 알려주는 로드맵은 없었지만, 계속해서 다음 일을 하고 있으면 사람들이 나를 올바른 길로 이끌어주었어요.

클래스에 두 명뿐인 여학생 중 한 명으로서 캘리포니아 공과대학을 졸업한 후, 그녀는 뉴멕시코의 로스앨러모스 국립연구소에서 10년을 보내면서 천체물리학 연구에 참여했다. 그 후, 펜실베이니아 주립대학 교로 옮겨 더 높은 교육 기관에서 첫 보직을 맡았고, 이후 워싱턴 DC 의 NASA로 옮기게 되었다.

코르도바의 연구는 천체물리학의 다양한 영역을 포함하고 있다. 그녀는 펄서와 이른바 백색왜성에서 나오는 엑스선 방사 측정 실험에 참여했다. 백색왜성은 매우 밀도가 높은 별로서 질량이 더 적다는 것을 제외하면 펄서와 비슷하다. 그녀는 펄서와 엑스선 쌍성binary star 같은 강한 중력장에서의 천체물리 과정을 연구하는 프로젝트의 리더였다. 쌍성은 공통의 무게중심 주위를 공전하고 엑스선을 방출하는 두 개의 별을 의미한다.

그녀는 실측 외에도 우주 관련 기기 개발에 기여했다. 그녀는 NASA에 재직하면서 유럽우주국의 엑스선 다중 거울 탐사Multi-Mirror Mission에 관여하게 되었다. 이 프로그램의 목표는 광학 모니터를 장착한 강력한 엑스선 망원경을 우주 공간으로 보내는 것이었다. 그녀는 광학 모니터 디지털 프로세싱 유닛optical monitor digital processing unit을 담당했으며 미국 수석연구원으로 활동했다. 지구 대기권은 우주에서 오는 엑스선을 차단하는데, 이 미션의 목표는 대기권 밖으로 엑스선 망원경을 보내 멀리 떨어진 우주의 물체가 보내오는 엑스선을 탐지하는 것이었다. 이 미션은 1999년에 시작했고, 그 무렵 프랜스는 이미 캘리포니아 대학교 리버사이드 캠퍼스에서 연구 담당 부총장을 지냈다. 나는 그녀에게 책임감이 막중한 아주 다른 두 가지 일을 어떻게 관리했느냐고 물었다. "그때 나는 비행팀에 있었는데, 실험을 구축하는 마지막 단계였어요. 나는 그저 그 일을 하기에 적합한 사람들을 채용했을 뿐이에요. 우리에게는 학생도 많았죠. 팀의 노력이 있었기에 둘 다 해낼 수 있었어요. 내가 그저 단 한 명의 연구원이었다면 어떻게 할 수 있었겠어요. 아마 집중할 시간이 없었을 겁니다. 그러나 한 팀일 때는, 모두가 그들이 잘하는 일을 하고 있는지와 그 일을 완수하는지를 확인했을 뿐이에요. 그때가 1999년이었습니다."

그녀가 퍼듀로 옮긴 2007년에는 NASA 자금이 줄고 있었다. 연구원들은 새 일자리를 찾고 있었고, 그녀는 연구를 중단했다. 퍼듀 대학교 총장 자리가 너무 막중해서 다른 일을 할 엄두를 내지 못했다. "행정직을 맡은 과학자들이 처음엔 둘 다 해내려고 애쓴다는 것을 알아요." 어쨌든 과학적 배경 지식이 있다는 것이 그녀에게 상당히 도움이 되었다. 그녀는 전문용어를 알고 있었고, 문제들을 이해했고, 교수진과 장기 연구 전망에 관한 계획을 짤 때 적절한 질문을 할 수 있었다. "나는 행정 업무를 좋아해요. 영어 작문에서부터 어려운 과학에 이르기까지, 내가 가진 소소한 기술들이 모두 잘 어우러져 이 일을 처리하는 데 이용되죠."

대화를 나누다가 외계의 지적 생명체로 화제를 옮겼다. 그녀는 이 주제에 매우 흥미를 보였지만, 지구 바깥 우주 생명체의 존재 가능성과 외계의 지적 생명체를 구별하는 게 중요하다고 지적했다. 그녀가

NASA에서 우주 생명체를 찾으려고 했을 때, 그런 프로젝트들은 오해 받기 십상이었다.

사람들은 외계인을 찾습니다. 중요한 것은 생명체가 어떻게 우리 행성에 어떻게 출현했는지, 다른 행성에 생명체가 나타나기 위한 조건이 무엇인지 이해하는 거예요. 생명체 탐구와 지적 생명체 탐구를 분리하니까 돌파구가 마련되었죠. 나는 사실 '지구 바깥의 생명체'라는 강의에서, 생명체가 극단적인 환경에서 어떻게 존재할 수 있는지를 가르쳤어요. 이 강의는 우리 태양계와 그 너머에서 생명체의 존재 가능성을 많이 열어주었습니다. 지적 생명체에 대한 탐구는 별개의 문제예요. 우주는 너무 거대해서 우리가 지적 생명체를 발견할 가능성은 희박합니다.

프랜스의 취미 중 하나는 암벽 등반이다. 그녀는 취미 활동을 하다가 고등학교 과학 교사 크리스천 포스터 Christian Foster를 만났다. 두 사람은 사랑에 빠졌고, 1983년에 결혼해 딸과 아들을 한 명씩 두었다. 나는 그녀가 어떻게 연구원, 고위 관리자, 그리고 엄마로서 살아가고 있는지 궁금했다.

우리가 자녀를 양육한 방식이 괜찮았다고 생각해요. 군인만큼은 아니지만 이사를 참 많이 다녔어요. 힘든 일이긴 하지만 사실 적응력은 굉장히 좋을 거예요. 우리 아이들도 적응력이 뛰어나더라고요. 아이들은 착하고 성적도 좋은 학생이에요. … 나는 무슨 일이 있어도 저녁밥을 하러 꼭 집에 오려고 노력했고, 늦은 저녁과 밤에 일을 했죠. 아이들이 뭐라고 이야기할지 모르지만, 나는 잘한 일이라고 봐요. 남편은 새로운 상황에 늘 적응을 잘했어요. 내 경험으로 보건대, 그의 착실함 덕분이죠. 그는 수월하게 친구들을 사귀고 아이들을 위해 항상 그 자리에 있어주었어요. 한 50% 이상은 될걸요. 그는 충분히 지지해주었습니다. 매우 솔직한 사람이기도 하죠. 내가 이야기하면 들어주고, 내 발표가 잘못되었거나 앞뒤가 잘 안 맞거나 뭔가 틀린 부분이 있으면 나중에 말해주곤 했어요.

프랜스 코르도바의 업적은 널리 인정받았다. 1984년, 그녀는 《사이언스 다이제스트 Science Digest》가 선정한 '미국의 40세 이하 가장 뛰어난 과학자 100인'에 들었다.[2] 1996년, NASA에 재직하던 시절, 그녀는 PBS의 특집 프로그램 〈돌파구: 미국 과학의 변화하는 모습 Breakthrough: The Changing Face of Science in America〉에 출연했다. 이 프로그램은 여러 과학 분야에서 일하는 북아메리카 원주민, 아프리카계 미국인, 라틴계 과학자 20명을 소개했다.[3] 이듬해, 그녀가 이미 펜실베이니아 주립대학교에 있을 때 《히스패닉 비즈니스 Hispanics Business》가 선정한 '가장 영향력 있는 히스패닉 100인'에 뽑혔고, 최근에는 《라티노 리더스 Latino Leaders》가 선정한 '히스패닉계 미국인 상위 101명의 영향력 있는 지도자'에 뽑혔다. 또한 그녀는 연례 "과학, 기술, 혁신, 발명, 교육을 통해 사회에 중요한 영향을 끼쳤으나 잘 알려지지 않은 영웅을 기리기 위한" 킬비 Kilby 상 수상자이기도 하다.[4]

다음은 남녀 젊은이들에게 보내는 그녀의 메시지다.

여러분이 무엇을 하고 싶어 하든 자기 자신에게 의심을 품는 시간이 분명 있을 겁니다. 충분히 잘하고 있지 않다고 생각하는 경향은 인간 정신의 일부분일 뿐입니다. 항상 더 좋고, 더 밝고, 더 똑똑한 누군가가 있습니다. 하지만 그것은 영향을 줄 만한 게 아닙니다. 뭐가 되고 싶다는 비전이 있다면, 이런 사소한 장애물들을 지나쳐 앞으로 나아갈 정신력이 있어야 합니다. 여러분은 무엇을 위해 나아가는지 항상 유념해야 하고, 여러분이 그곳에 다다른 순간 사람들은 뒤돌아보지 않는다는 것을 깨달아야 합니다. 여러분이 어떤 성적을 받았는지 아무도 신경 쓰지 않을 겁니다. 안 좋은 성적을 받는 것이 기분 나쁠 수는 있지만 나중에는 어느 누구도 기억하지 못할 겁니다. 물론, 말은 쉬워도 실제 행하기가 훨씬 더 어렵다는 걸 잘 압니다.

메리 앤 폭스

화학자

2000년, 노스캐롤라이나 롤리에서 메리 앤 폭스
(사진: 막달레나 허기타이)

캘리포니아 대학교 샌디에이고 캠퍼스^{UCSD}의 첫 여성 총장으로서, 메리 앤 폭스^{Marye Anne Fox}는 UCSD의 전례 없는 성장에 기여했다. 그녀가 8년 만에 자리에서 물러난 후, 캘리포니아 대학교 이사장은 이렇게 기술했다. "그녀가 총장으로 재임하는 동안, 대학은 자기 명성에 걸맞는 폭과 깊이를 더했다."[1] 이 모든 것이 그녀가 노스캐롤라이나 주립대학교 총장으로서 비슷한 성공을 거둔 이후에 일어난 일이었다. 게다가 그녀는 유기화학 분야의 연구 경력을 한 번도 포기하지 않았다.

그녀는 1947년에 미국 오하이오주 캔턴에서 메리 앤 페인^{Marye Anne Payne}으로 태어났다. 아버지는 철강 공장 관리자였고 어머니는 초등학교와 고등학교 교사였다. 아버지는 야금학^{metallurgy} 관련 배경지식이 조금 있었지만 학자는 아니었고, 어머니의 전문 분야는 저널리즘과 라틴어였다. 딱히 과학자 집안은 아니었다. 그래도 과학에 관심을 가지게 된 것은 성장기 때의 시대적 분위기 때문이었다. 그때는 스푸트니크^{Sputnik} 발사 직후로, 미국의 수많은 젊은이에게 과학 공부 열풍을 일으켰다. 그녀는 화학을 선택한 이유를 이렇게 설명했다. "화학 및 생물학의 실험적인 요소가 있고, 동시에 깔끔함, 대칭성, 그리고 수학이 가진 아름다움의 일부를 화학이 지녔기 때문이었죠."[2]

메리 앤은 학부 졸업 직후 이른 나이에 결혼했다. 남편은 의사였고, 그녀는 남편과 함께 계속 공부하기로 마음먹었다.

나는 그를 따라다녔어요. 그가 클리블랜드에서 1년 동안 인턴 과정을 마쳐야 했기에, 나도 클리블랜드 주립대학교에서 화학 석사과정을 밟았고, 이후 다트머스로 그를 따라갔죠. 내가 거기서 대학원을 다닌 것도 순전히 그가 3년 동안 레지던트 과정을 거쳐야 했기 때문이에요. 그래서 그의 레지던트 기간이었던 3년 안에 학위를 마쳐야 했어요. 박사후과정 연구 장학금을 선택한 것은 그가 공군으로 징병되었기 때문이었죠. 그 후 오롯이 나의 선택이었던 텍사스로 이사할 때는 그가 나를 따라주었습니다.

1974년, 메리 앤은 오스틴에 있는 텍사스 대학교 화학과에 합류했다. 그녀의 전공 배경은 유기 및 물리적 유기화학이었다.

항상 구조와 활동 사이의 관계, 특히 빛이 반응성을 보이는 방식에 관심이 있었죠. 나는 산화 반응과 광-유도 전자 전달을 오랫동안 연구해왔습니다. 내가 이룬 가장 중요한 과학적 성과라면 이런 것들과 관련된 분야, 즉 내가 유기광전기화학organic photoelectric chemistry이라고 부르는 분야예요. 이것은 반도체 표면에서 단일 전자 전달에 의한 반응을 유도하는 데 있어 빛을 이용한다는 것이죠. 우리는 중간체가 표면에서 어떻게 안정화되고, 반응이 어떻게 진행되는지 연구 중이에요. 그다음에 장거리 광-유도 전자 전달에 관한 것과 비계scaffold 제작 방법을 연구합니다. 이렇게 하면 전자 이동이 매우 먼 거리에서 제어될 수 있으므로, 전자 교환을 촉진하는 전자 결합의 실험 정보를 알게 되죠.

20년 동안 성공적인 연구 및 강의 경력을 쌓은 메리 앤은 텍사스 대학교 오스틴 캠퍼스 연구 부총장에 임용되어 1998년까지 4년 동안 재직했다. 그리고 나서 노스캐롤라이나 주립대학교 첫 여성 총장이 되었다. 나는 그녀에게 관리직에 관심을 가지게 된 이유를 물었다. 그녀가 과학 정책에 관여하게 된 것은 훨씬 더 과거로 거슬러 올라간다. 그녀의 영웅이자 멘토인 노먼 해커먼Norman Hackerman 교수의 영향도 일부 작용했다.

해커먼 교수는 과학자로 저명한 경력을 쌓은 후에 행정직에 종사한 사람이에요. 텍사스 대학교와 라이스 대학교 총장을 지냈죠. 나를 국립과학원의 국가과학정책위원회 일에 관여하도록 이끈 분이에요. 나는 30대 중반의 나이로 그 위원회에서 굉장히 젊은 편이었어요. 그곳에 재직하면서, 나는 눈에 확 띌 만큼 일을 잘했고 국립과학위원회에 임용되었어요. 2년 동안은 국립과학재단 프로그램의 사업 및 계획 의장을 맡아 연구 활동을 지원했죠. 의장 역할을 수행하면서 다른 분야를 많이 접하게 되었어요. 예를 들어, 천문학 같은 경우 천체물리학 연구를 보러 남극에도 갔고, 하와이에서 제작 중인 망원경도 시찰했어요. 그리고 물리학, 물성물리학, 사회과학, 생물학 및 생명과학 등을 다루었죠. 나는 마침내 부회장이 되었고 의회와 협의하는 것도 많이 배웠어요. 국립과학위원회에 있을 때, 연구부원장으로 초빙돼서 중간 경력 없이 바로 부원장 자리에 오르기도 했고요. 거기서도 일을 잘해냈기에 노스캐롤라이나 주립대학교의 총장 자리에 추천되었죠.

메리 앤은 지금은 작고한, 텍사스 대학교의 동료이자 유명한 이론화학자 마이클 듀어Michael Dewar를 또 다른 멘토로 언급했다. 그녀는 듀어와 함께 양자화학의 기초(고급 분자궤도이론)를 가르쳤다. 그녀는 자기가 제대로 설명하지 않을 때마다 듀어가 다음과 같이 말하며 짚어주었던 것을 고마워했다. "당신을 단순히 돕는 것뿐만 아니라 당신이 실수했을 때 알려주는 것이 효과적인 멘토링 아닐까요."

6년간 노스캐롤라이나 대학교 총장으로 재직한 후, 2004년에 그녀는 캘리포니아 대학교 샌디에이고 캠퍼스 총장직을 수락했고, 2012년에 사임할 때까지 8년 동안 그 자리에 있었다. 그 이후 그녀는 전임 교수 및 연구원으로 돌아왔다. 그러나 그 전에도 화학과 맺은 인연은 끊이지 않았다. 공동 연구를 해오던 화학 교수이자 두 번째 남편인 제임스 화이트셀James Whitesell 덕이 컸다. 그녀에게 상대적으로 규모가 큰 연구 집단을 어떻게 유지해왔느냐고 물었더니, 이런 대답이 돌아왔다. "남편이 화학자인 데다 평소에도 연구팀을 유지하는 데 따르는 위기관리에 도움을 주기 때문에 큰 규모로 움직일 수 있는 거예요. 나는 과학이 너무나 좋아 완전히 그만둔다는 건 상상도 못해요." 이 부부는 지난 20년 동안 화학 교과서를 두 권 저술했다.

메리 앤은 첫 번째 결혼 때 아들 셋을 두었다. 그녀에게 인생에서 가장 큰 도전에 직면했을 때가 언제였는지 묻자 이렇게 대답했다. "대학원생일 때 임신 사실을 알았는데, 아마 그때일 거예요. 내가 얼마나 진지하게 과학을 하고 싶어 하는지 결정해야 했죠. 지적 생활을 적극적으로 하고 학술 기관에 들어가겠다는 생각을 굳힌 것도 그때예요. 그 결정이 내 마음속에 확고히 자리 잡으니까 다른 일들은 수월해지더라고요." 그녀는 아이들이 일에 전념하는 어머니 밑에서 자란 것이 큰 고통이 아니었다고 믿는다. 오히려 그 반대다. "학구적인 집안에서 자라면 관계도 상당히 달라져요. 우리 아들 친구 대부분은 저녁 식사

때 우리 집에서 오가는 대화가 자기들 집과는 다른 수준이라고 말하곤 했죠." 또 그녀는 가족을 책임감 있게 이끄는 것이 직장 생활에도 도움이 되었다고 생각했다. "확실히 내 경력에 도움이 되었어요. 집중하게 되던데요. 직장 생활을 하는 내내 나는 그 집중력을 유지할 수 있었죠. 일찌감치 멀티태스킹 능력도 기르게 되었어요."

그녀는 전임 교수가 되었을 때 이미 세 자녀가 있었다. 이는 집중하는 방법을 습득하는 계기가 되었다. 아이들이 어렸을 때는 가사 도우미의 도움을 받았고, 나중에는 직장 생활을 어린이집의 '시계'에 맞추어 받아들여야 했다. "당연히, 늘 절충안이 있어야 했어요. 아이들이 야구 경기를 하면 서류 가방을 들고 야구 게임을 보러 갔죠. 그래도 그 자리에 있어주었답니다."

그녀는 1990년대 초 국립과학위원회 회원이 되면서 국가 과학 정책에 관여하기 시작했다. 1990년대 후반엔 텍사스 주지사였던 조지 W. 부시의 과학 고문으로 활동하기도 했다. 그녀는 이듬해에도 이 활동을 중단하지 않았다. 그녀는 조지 부시 대통령의 과학기술자문단 회원이었다. 또한, 그녀는 여러 다른 조직의 위원회에서 근무했다. 이런 위원회만 나열해도 몇 장을 차지하며 수상 목록도 매우 길다. 그녀는 그중에서 미국 국립과학원(1994)과 버락 오바마 대통령에게서 받은 국가과학훈장(2011)을 가장 중요한 것으로 꼽았다. 그녀가 1966년에 받은 또다른 상도 있다. "가장 마음에 들었던 상은 시그마 시^{Sigma Xi}에서 받은 모니 A. 페르스트^{Monie A. Ferst}상이었죠. 나는 학생들이 과학적으로 성숙해지며 스스로 성취하는 순간을 지켜보는 것이 가장 가치 있다고 여기는데, 그 가치를 인정해주었기 때문이에요."

케르스틴 프레드가

천문학자

2000년, 스톡홀름에서 케르스틴 프레드가
(사진: 막달레나 허기타이)

"나는 항상 천문학에 관심이 있었어요. 열 살 때 부모님께 달에 가고 싶다고 말했죠. 천문학은 항상 나를 매료시켰어요." 천체물리학 우주 연구 교수이자 스웨덴 국립우주위원회의 전직 임원이며, 스웨덴 왕립과학원 전 회장이었던 케르스틴 프레드가 Kerstin Fredga 는 이렇게 말했다.[1]

그녀는 1935년 스톡홀름에서 교육자 집안에서 태어났다. 아버지는 웁살라에서 화학 교수로 일했고, 어머니는 결혼 전에 유치원 교사였다. 케르스틴은 다섯 자녀 중 셋째였다. "집안 분위기는 좋았죠. 모두 자기 관심사를 해나갈 수 있었거든요. 옷감에 흥미를 나타내던 여동생이 있었고, 오빠는 나무를 자르려고 숲으로 갔고요. 부모님은 나에게 천문학 책을 주셨어요."

케르스틴은 웁살라 대학교에 진학해, 1962년에 천문학 박사학위를 받았다. 그리고 나서 이탈리아의 나폴리에서 멀지 않은 소렌토 외곽 카프리섬에 있는 스웨덴 태양 관측소에서 일했다. "나는 야간 시간대 천문학자가 아니라 태양 관측이 전문이에요. 거기서 태양을 관찰하면서, 온갖 불길과 분화를 보았죠. 그곳은 태양을 관찰하는 국제 관측소 중 하나였어요." 그 연구는 실용적인 목적으로도 중요했다. 제2차 세계대전 중에 알게 된 사실인데, 태양에 강력한 분출 현상이 일어나면 비행기 조종사와 기지 사이에 오가는 교신이 끊겼다. 이런 일을 미리 알면 생명을 구할 수 있을 터였다. 아직도 이런 분출을 정확히 예측하는 게 불가능하지만, 적어도 발생 가능성을 예측할 수는 있다.

카프리섬에서 지낸 이후, 케르스틴은 NASA 산하 고더드우주비행센터 Goddard Space Flight Center 에서 몇 년을 보냈다. 그녀는 장치를 만들어 자기가 설계한 로켓 위에 설치했다. "장관을 이루는 순간이었죠. 나는 자외선 영역에서 태양을 바라보는 것에 관심이 있었어요. 지구는 대기로 덮여 있어서 자외선은 지구에서 볼 수 없는 파장 범위에 있기 때문이죠. 나는 태양 사진을 찍는 장치를 만들었고, 그렇게 찍은 사진을 지구에서 찍은 태양 사진과 비교할 수 있었어요. 미국 NASA에 머무는 동안 전액 지원을 받아 로켓 네 기를 발사했습니다."

스웨덴으로 돌아오기 전 그녀는 네덜란드 위트레흐트 대학교의 천문학협회 및 우주연구소에서 잠시 재직했다. 1973년에 스톡홀름 대학교 교수로 임명되었고, 동시에 스웨덴 국립우주위원회에서 파트타임으로 일하기 시작해 점점 더 행정 업무 쪽으로 옮겨갔다. "그렇게 된 걸 후회하지 않아요. 연구 시절이 좋았지만 이 업무 역시 좋아하죠." 그녀는 위원회의 과학 정책을 도맡았고, 1989년부터 10년간 위원회 의장 겸 사무총장직을 수행했다.

우리는 NASA의 상대 부서로서 우주과학 분야 연구위원회의 역할을 수행하고, 로켓을 사용하고 싶어 하는 과학자들에게 자금을 지원합니다. 스웨덴은 북쪽으로 꽤 멀리 가도 멕시코 만류 때문에 온대 지역이라는 점이 특징이죠. 키루나(북극권 한계선에서 북쪽으로 약 150킬로미터 떨어진 스웨덴 최북단 도시)의 북쪽에 발사 지역이 있어요. 가령, 북극광(오로라 보리앨리스 Aurora Borealis 라고도 한다)을 연구하려면, 오로라 안으로 로켓을 쏴 보내야 하는데, 이를 위해 최대한 북쪽으로 가서 발사 지역을 확보하는 게 유리하죠. 북쪽에 있는 게 좋은 점은 또 있어요. 예를 들어, 위성으로 지구를 내려다보고 싶을 때, 이 장치는 지구의 극지를 지나는 궤도를 돕니다. 지구가 돌면서 지구의 한 줄을, 또 그다음 줄을 포착할 수 있죠. 만약 적도 궤도에 있다면 이것은 불가능해요. 우리가 키루나에서 대형 사업을 벌이는 이유가 몇 가지 있어요. 우리가 모든 국제 협력 활동에서 스웨덴을 대표하는 거죠. 우리는 유럽우주국 European Space Agency 회원이에요. 우리는 또한 스웨덴 과학자들이 기내에서 실시하는 실험을 도와주고, 스웨덴 산업이 계약을 맺고 돈을 돌려받는 것을 지켜봐야 했죠. 그 당시 예산은 연간 약 7억 스웨덴 크로나 krona(스웨덴의 화폐 단위. 1크로나는 약 122.57원―옮긴이)였어요.

과학자나 고위 행정직 중에 어느 쪽이 더 좋았느냐고 내가 질문을 던지자 케르스틴은 이렇게 말했다. "미국에서 로켓을 발사할 때가 가장 짜릿했죠. 동시에 다른 사람들을 돌보고, 그들에게 과학 일을 할 가능성을 제공해야 한다는 생각을 자연스럽게 키워가게 되었어요. 그래서 정치인들과 이야기를 나누고, 연구비를 얻어내고, 해외에서 스웨덴을 대표하는 일 모두 무척 흥미롭고 재미있었어요. 제때에 적절한 일을 한 거예요."

그녀는 1978년에 회원으로 다시 가입했던 스웨덴 왕립과학원 원장으로 선출되었다. 이미 국립우주위원회 회장으로 활동 중이었다. 전임 자리는 아니지만 스웨덴 과학계에서 매우 존경받는 정상급 직책이다. 과학원은 1759년에 설립되었으며, 정부에서 독립된 단체로 늘 자유로운 목소리를 대변해왔다. 과학원의 권위는 노벨상에서 비롯된다. 과학원은 노벨 물리학상, 화학상, 경제학상을 수여하면서 더욱 명성이 높아졌다. 그들은 일 년 내내 과학자들의 업적을 면밀히 조사하고 평가한다. 그녀는 과학원이 100년 넘게 이 일을 잘 관리해왔다고 믿고 있다.

노벨상이 스웨덴 과학에 끼치는 영향을 물으니 그녀는 이렇게 답했다.

노벨상은 효과가 커요. 우리는 노벨상과 관련된 과학자들을 많이 보유하고 있어요. 현장의 최신 정보를 꿰뚫고 있어야 하죠. 노벨상 선정에 관여했던 아버지가 그해 평가를 준비하며 자료를 끊임없이 검토하던 여름이 생생하게 기억나네요. 그 외에도 우리는 세계 최고의 과학자들을 스웨덴으로 모셔와 강연, 강습회, 학생과의 대화를 준비하죠. 노벨상은 젊은이들이 과학자의 길을 걷도록 영감을 불어넣기도 했지만, 아마 스웨덴 과학계에 가장 중요한 효과는 따로 있을 거예요. 스웨덴 과학자들이 최신 지식을 보유하도록 만들었다는 점이죠.

프레드가는 우주위원회 회장과 과학원 원장을 동시에 맡는 것이 어렵다고 느낀다. 간혹가다 그것이 너무 벅차다는 생각이 들 때도 있다. 대개 그녀는 낮과 밤에 각각 하나씩 일을 처리했다. "그런데 두 직책을 겸임하다 보니 혜택을 보는 경우도 있어요. 우주위원회 회장으로서, 나는 늘 세계 곳곳의 우주 커뮤니티와 연락을 주고받으면서 동시에 스웨덴 국립우주위원회 일을 함께하고 있잖아요. 과학원 원장을 맡고 있으면 장점이 있어요. 어쨌든 높은 명망을 지닌 자리니까요."

나는 그녀가 여성이라는 점이 이 높은 지위에 선출되는 데 도움이 되었는지 궁금했다. 그녀는 자기가 회장 자리에 올랐을 때는 이런 문제가 현재와 같은 식으로 고려되는 시절이 아니라고 봤다. 그녀는 이미 그곳에서 잠시나마 일한 적도 있었다.

그래서 내가 그 일을 할 수 있을 거라고 사람들이 생각했는지도 몰라요. 그들은 내가 관심이 있다는 것을 알았죠. 지금은 상황이 다를 수도 있죠. 여성 배려 차원의 특임 교수직을 제공하려는 장관이 있었지만, 그다지 좋은 방법은 아니죠. 보나마나 비판이 이어질 테니까요. 요즘 시대라면 그런 논란에 휩싸이거나, 적어도 여자라서 그런 지위를 얻은 것 아니냐며 비난을 받을 수도 있어요. 스웨덴 상황이 그렇게 나쁘지는 않지만 그런 경향은 엄연히 존재하거든요. 아무도 행복하지 않아요. 그들은 잘못된 일을 하면서 도우려고 하는 거예요. 내 생각에, 교수를 임용할 때 과학적 가치를 엄정하게 따르는 것 말고 할 일이 또 뭐가 있겠어요. 실력과 자질이 똑같은 두 사람이 있다고 해보죠. 그럴 경우 우리는 원칙이 있어요. 남자든 여자든 해당 주제별로 따져서 지위가 미약한 쪽의 성별에 일자리를 제공한다는 것이죠. 자연과학 분야에서는 대개 여성이 그러하지만 인문학은 대체로 남성이 약한 편이에요. 이는 충분히 공평한 방법이긴 하지만, 그 이상 나아갈 수는 없어요. 안 그러면 뭐, 할당량이라도 마련하시겠어요? 그건 아니죠.

그녀는 결혼을 두 번 했다. 첫 번째 결혼 때 낳은 아들이 한 명 있다. 첫 남편도 천문학자였기에 두 사람이 만날 수 있었다. 스톡홀름대학교 총장을 지낸 두 번째 남편은 인문학을 전공했는데, 그들은 과학원에서 만났다. 부모가 둘 다 일을 할 때 아이 양육의 어려움에 관하여 그녀는 이렇게 대답했다.

　늘 어려운 문제죠. 그때그때 상황에 따라 대처 방식이 달라요. 남편도 일을 분담해 짐을 덜어주어야 합니다. 나는 종일반 유치원을 시작하면서 '펭귄'이라고 이름을 지었죠. 왜냐하면 펭귄은 나눔 양육을 하잖아요. 여러 가족과 힘을 합쳐 남편과 아내가 함께하는 부육 시설도 만들었어요. 민간 기업이었지만, 모든 것이 집단주의적이고 사회주의적인 요소가 강한 스웨덴에서 오해가 있을지도 몰라 우리는 '사적'이라고 부르는 대신, 그것을 '부모 협력의 시범 사례'라고 불렀죠. 잘 운영되었어요. 지금도 운영하고 있습니다. 해결책을 직접 찾고, 직접 관여하는 게 좋아요.

다음은 일하는 엄마들에게 보내는 그녀의 메시지다.

　필요할 때 중요한 것을 우선순위로 두세요. 나중에 언제든지 따라잡을 수 있어요. 때로는 조금 뒤로 물러나세요. 그렇게 경쟁하며 살지 않아도 되잖아요. 가족, 특히 아이들이 고통받게 하지 마세요. 쉽지 않지만 가능하답니다.

그녀는 일을 하면서, 차별을 당하지 않았다고 믿는다.

　스웨덴 여성들에게 이렇게 묻는다면 아마 대다수가 그렇다고 대답할 거예요. 그러나 내 경우에는, 여자였기 때문에 차별받았다고 생각하지 않아요. 반면에, 살아가면서 마주하게 되는 것을 어떻게 해석하고 어떻게 행동하는지, 거기에 달려 있는 게 많아요. 미국에서는 나도 힘들다고 생각했지만, 어차피 모든 사람이 힘들었을 거예요. 나는 태도에 달려 있다고 봅니다. 내가 성차별이라 생각하지 않는다고 해서 다른 사람들도 그러라는 법은 없잖아요. 종종 여성 동료들과 이 문제를 가지고 토론하는데, 가끔씩 동료들이 "차별을 안 겪어봤다고요?"라고 물을 때가 있어요. 그러면 나는 "네, 안 겪어봤어요"라고 말하죠. 직접 겪지 않았다면 그런 식으로 반응하지도 않아요. 그러면 더 이상 차별을 받지 않아요. 이런 태도는 사람에게 영향을 많이 줍니다. 어쩌면 차별이 아니라 더 나은 대접을 받은 거 아니냐고 물어볼 수도 있어요. 아니, 정말로, 나는 그렇게 생각하지 않아요. 어느 누구도 내가 너무 높이 올라간다고 비난하지 않았죠. 혹시 학계라는 점에서 더 수월했는지도 모르지만….

클로디 에뉴레

신경과학자

2003년, 파리에서 클로디 에뉴레
(사진: 막달레나 허기타이)

처음에, 그녀는 신경 과학 계통의 의사이자 박사였다. 나중에는 프랑스의 연구 및 신기술 장관, 그리고 유럽 문제 담당 장관이었다. 그 사이에 그녀는 프랑스 최초의 여성 우주 비행사로, 프랑스–러시아 합작 미션에 참여해 소유스 귀환 Soyuz Return 사령관 자격을 얻은 최초의 여성이었다. 마지막으로 그녀는 안드로메다 미션의 일환으로 국제 우주정거장을 방문한 최초의 유럽 여성이었다. 프랑스 최고의 영예 레지옹 도뇌르 코망되르 훈장을 받기도 했다.

클로디 에뉴레 Claudie Haigneré(결혼전 성은 앙드레-데자이 André-Deshays)는 1957년 프랑스 동부의 작은 마을 르크뢰조에서 태어났다. 그녀는 파리 의과대학에 다니고 스포츠의학, 우주의학 및 류머티즘을 전공했다. 파리의 병원에서 일하던 그녀는 어느 날 프랑스 국립우주연구소 Center National d'Etudes Spatiales(CNES)가 극미 중력 microgravity 실험에 참여할 과학자를 찾고 있다는 공고를 읽었다. 닐 암스트롱 Neil Armstrong이 달에서 걷는 것을 보았던 어린 시절부터 우주여행은 그녀의 염원이었다. CNES의 공고를 보니 드디어 꿈이 이루어질 것 같았다. 약 1000명의 후보자 중에서 그녀는 1980대 중반 훈련에 대비한 소수에 선정됐다. 국립우주연구소는 특히 우주정거장에서 실험을 할 과학자를 확보하는 데 관심이 있었고, 그녀는 자격이 있었다.[1]

류머티즘 외에도, 나는 스포츠의학 분야의 자격증도 있었죠. 인생의 지금 이 시점이 중요하다는 것을 깨닫고 직업을 바꿔 과학자가 되기로 결심했어요. 생체역학과 운동생리학 같은 다른 과목을 듣기 시작했고,

또한 과학 분야의 박사학위를 따기로 마음먹었죠. CNRS*의 감각신경 생리학실험실Neurosensory Physiology Laboratory에서 약 6년간 근무했어요. 이 기간에 나는 병원과 실험실에서 파트타임으로 일했습니다. 신경과학 분야의 박사학위를 받았어요. 나는 이 실험실에서 매우 흥미로운 경험을 했어요. 여기서 일하는 것이 류머티즘 전문의로서 받은 훈련과 밀접한 관련이 있었기 때문이죠. 우리는 움직일 때 시선 조절에 대해 연구하고 있었고, 목의 병리 증세와 머리와 시선의 움직임에 대한 신경과학적 근거를 살펴볼 필요가 있었죠. 이것은 극미 중력 상태에서 중요한 문제예요. 그것은 환경에 따라 뇌의 인지 지도 구성과 관련된 특정 주제였습니다. 내 입장에서는 과학적 접근법의 규칙에 관한 지식을 직접 얻을 수 있는 기회였어요. 그리고 극미 중력 실험과 우주 연구 분야의 국제 협력이 시작되는 계기이기도 했죠.

결국 클로디는 CNES에 합류하여 중력 조건 아래에서 인지 및 운동 기술의 적응을 조사하는 프로그램을 담당하게 되었다. 곧 그녀는 첫 번째 우주 비행 훈련을 받았다. 그곳에서 장래에 남편이 될 장피에르 에뉴레Jeanne-Pierre Haigneré를 만났다. "우리가 모든 것을 함께 공유했던 첫 번째 장기 훈련은 그야말로 환상적이었어요. 우리가 매우 특별한 커플이라고 생각했죠." 본래, 장피에르는 전문 조종사였다. "우주 비행사는 두 종류가 있어요. 하나는 우주 실험실을 운영하며 인간

---

* CNRS: Centre National de la Recherche Scientifique(National Center for Scientific Research)

통제를 담당하고, 다른 하나는 과학적으로 실험 프로그램을 담당하죠. 그이는 전자, 나는 후자 소속이었어요."

극미 중력이란 거의 무중력 상태를 의미한다. "극미 중력 과학은 우주정거장의 매우 특수한 실험실에서 수행됩니다. 지구에서는 중력을 제거할 수 없기 때문에, 중력의 영향(또는 중력이 부족할 때)을 연구할 수 없어요. 원심분리기로 중력을 늘릴 수 있지만 없앨 수는 없거든요." 물성물리학, 연소, 유체물리학, 나노 기술, 세포생물학, 생명공학 등 극미 중력 조건 아래에서 수행되는 연구에 유용성이 큰 과학 영역이 꽤 있다. 그러나 그렇게 할 수 있는 기회는 제한적일 수밖에 없으므로, 연구를 잘 조직해야 하고, 질문을 적절하게 정의 내려야 하며, 실제 조사를 잘 준비해야 한다. 가장 흥미로운 질문은 지구의 중력으로 가려진 현상에 관한 것이다. "중력의 유무에 따른 이동과 움직임 조절, 이 새로운 환경에 두뇌가 어떻게 적응하는지 연구했죠. 두뇌, 운동 능력은 평소 환경과는 아주 다르게, 매우 특별하게 조정되어야 했어요."

우주 비행 훈련을 하는 동안, 그녀는 러시아에서 상당한 시간을 보냈으며 언어를 배웠다. "서로를 완벽하게 이해하는 것이 중요했어요. 꽤 긴 시간 동안 같은 훈련에 참가했지만, 모두 임무를 성공적으로 수행하고 싶었죠. 사이도 좋았어요." 유럽인과 미국인, 러시아인이 함께 참여한 국제 연구팀이었다. "유럽 출신인 우리가 때때로 러시아인과 미국인 사이를 이어주는 다리 역할을 했어요."

1990년대 초반에 클로디는 CNES의 우주생리학과 의학 프로그램을 담당했다. 수년간의 훈련 끝에 1992년, 그녀는 1993년에 있었던 장피에르 지원 인력으로 선정되었다. 비행 동안, 그녀는 지상팀의 일원으로 생체 실험을 모니터했다. 그녀는 1996년에 실시된 "카시오페 Cassiopée" 미션에 참여해서, 러시아의 우주정거장 '미르'에서 16일을 보냈다. 그녀는 생리학 및 발달생물학, 그리고 유체물리학과 기술 부문 실험을 수행했다.[2] 가장 중요했던 비행은 2001년 인드로메다 미션이었다. 그녀는 탑승했던 세 명 중 한 명이었고 임무는 10일 동안 이어졌다. 그들은 중력물리학, 생명과학, 전리층 연구 및 지구 관측을 포함한 광범위한 실험들을 진행했다. 그들은 뇌가 지각 과정에서 중력을 어떻게 사용하는지 연구했다. 이후, 그들은 그 결과를 지상에서 같은 과정을 거쳐 얻은 결과와 비교했다. 이것은 과학자들이 중력이 없는 환경에 뇌가 어떻게 적응하는지 이해하는 데 도움이 되었다. 그 당시 그녀는 세 살짜리 딸이 있었고, 함께 '스타 시티'(러시아 우주 비행사 훈련 센터)에서 몇 달 동안 머무르기도 했다. 훈련 센터에는 딸을 돌봐주는 러시아인 유모가 같이 있었다.

나는 클로디와 우주 프로그램에서 일하는 여성에 관해 이야기를 나누었다. 우리가 대화를 나누던 2003년 당시, 전 세계 우주 비행사 40명 중 여성은 4명이었는데, 미국인 세 명과 클로디였다.* 훈련이 길고, 엄격하고, 육체적으로 요구하는 바가 많아서 젊은 여성들이 이런 어려움을 극복하는 것이 쉽지 않았다. 클로디는 그만한 가치가 있는 일이기에 어려움이 가중되더라도 대처할 수 있다고 강조한다. "내 딸

---

* 1963년에 최초로 우주에 진출한 여성은 러시아인 발렌티나 테레시코바(Valentina Tereshkova)였다.

2001년, 국제 우주정거장으로 비행하는 최초의 유럽 여성 클로디 에뉴레
(클로디 에뉴레 제공)

은 다섯 살이고 남편도 우주 비행사예요. 가족들이 적극적으로 지지
해줘서 겨우 버틸 수 있었죠. 가족들은 이 일이 나에게 얼마나 중요한
지 알고 있어요. 이제, 나는 아침과 방과 후에 딸을 돌보아주는 사람
을 두었어요. 저로서는 딸과 더 많은 시간을 보낼 수 없는 게 아쉽지
만, 아이는 행복해합니다."

클로디는 2002년에 유럽우주국에서 은퇴했다. 우리가 만났을 때쯤,
그녀는 장피에르 라파랭 Jean-Pierre Raffarin 정부의 연구 및 신기술 장
관을 지냈다. 나는 이런 일이 어떻게 일어났는지 궁금했다.

프랑스의 유일한 여성 우주 비행사인 나는 프랑스에서 꽤 유명하고,
수많은 젊은 여성의 롤 모델이라는 걸 알고 있죠. 내 경험, 내 지식, 내

가 운 좋게도 겪었던 모든 모험에 대해 나누는 것이 중요하다고 생각해요. 또한 젊은 여성들이 과학계에 진출할 수 있도록 격려하려고, 그들이 꿈이 있다면, 그 길로 갈 수 있을 만큼 용감해야 한다는 것을 알려주려고 노력하고 있어요. 총리가 나에게 전화를 걸어 내 경험을 바탕으로 기회를 살려 장관직을 받아들이겠느냐고 묻더군요. 이것은 새로운 도전이었고 나는 받아들였어요. 다시 한 번, 나는 많은 것, 특히 업무의 정치적 측면을 배워야 했어요. 과학계의 도움을 받아 시스템을 재구성하고 합리적으로 개선될 수 있기를 바랍니다. 물론 어려운 일이에요. 그 일이 결코 쉬울 거라고 생각하지 않았지만, 생각보다 훨씬 더 어려웠어요.

그녀는 2년간 장관직을 수행했고, 2004년부터 2005년 사이에 유럽 문제 담당 장관과 프랑스-독일 연맹 사무총장을 역임했다. 2005년 11월, 유럽우주국은 그녀를 국장 담당 고문으로 임명했다.

2008년 크리스마스 며칠 전, 그녀는 약물 과다 복용으로 병원에 입원했다. 그것이 자살 시도였다는 소문이 신문에 보도되었다. 《리베라시옹Libération》에 실린 한 기사에 따르면, 그녀는 그 사건을 "번 아웃Burnout"의 징후로 묘사했다. "사람들은 더 이상 눈을 못 감고, 내부는 비어 있고, 감정은 둔해지고 사라지며, 스스로가 쓸모없고 무無의 상태에 있어 하찮다고 느낀다. 무엇보다도, 그녀는 잠을 자고 싶었다. 로봇이 되어버린 자신의 플러그를 뽑고 싶었다. 강력한 대여섯 개의 혹은 더 많은 알약으로…"[3] 그녀는 여러 가지 높은 수준이 요구되는 역량을 발휘하며 너무나 많은 성과를 거두고 싶었던 것일까? 그녀는 모든 업적을 뛰어넘어 더 이상 살기 위한 목표가 없다고 생각했던 것일까? 알 수 없다. 우리가 아는 것은, 다행스럽게도 그녀가 회복되어 주요 기업 및 재단 이사회 이사로 재직하며 다시 바빠졌다는 것이다. 2009년, 그녀는 유니베르시앙Universcience이라는 이름으로 합류했던 파리의 과학박물관 두 곳, 즉 과학관Cité des Sciences과 발견의 전당 관장이 되었다. 이 신설 기관은 젊은 사람들이 과학과 사회에 관해 진행 중인 토론에 창의적으로 참여할 수 있도록 과학 기술 연구를 격려하기 위한 곳이었다. 그녀는 자신을 위한 새로운 틈새를 발견했다.

헬레나 일네로바

생화학자

2001년, 프라하에서 헬레나 일네로바
(사진: 막달레나 허기타이)

체코슬로바키아의 헬레나 일네로바 Helena Illnerová가 화학을 공부한
것은 동유럽 1950~60년대의 전형적인 선택이었다. 그녀는 과학과 인
문학 양쪽 다 폭넓은 관심을 가진 아이였지만 정치와 이데올로기와는
거리가 먼 것을 연구하고 싶었다. 변호사였던 아버지는 믿을 만한 사
람이 아니라는 이유로 직장 여러 곳에서 해고당했다. 결국 그는 유리
공장에서 일자리를 구해 연구를 했다. 이것이 헬레나가 화학을 직업
으로 선택할 수밖에 없었고 무기화학 inorganic chemistry 분야에서 일
하겠다는 생각을 하게 된 까닭이다. 무기화학 분야는 충분히 흥미롭
고 이데올로기적으로 중립적이어서 '위험'하지 않은 것처럼 보였다. 그
녀는 인문학에도 끌렸지만, 과학도 좋아했기에 신경 쓰지 않았다. 이
것이 그녀가 화학자가 된 이유다. 그녀는 이런 선택을 후회해본 적이
없었다.

헬레나 일네로바(결혼 전 성은 라구소바 Lagusová)는 1937년 프라하
에서 유대인 지식인 집안의 딸로 태어났다. 어머니는 직업이 없었지
만, 아버지처럼 여러 언어를 알고 있었다. 외할아버지는 브르노에 있
는 마사리코바 대학교 교수이자 총장이었는데, 제2차 세계대전 때 나
치에 살해당했다. 아버지 쪽 가족들은 강제수용소로 끌려가, 전쟁이
끝났을 때 아버지만 살아 돌아왔고 나머지 가족들은 죽었다. 헬레나
가족은 1948년 공산주의 정권이 들어선 후 힘든 시기를 보냈다. 그녀
는 이렇게 기억하고 있다. "언니는 최고 점수를 얻었는데도 김나지움
gymnasium에 가지 못했어요. 우리는 지식계급으로 취급받았는데, 그
게 좋은 일은 아니었어요. 어찌어찌해서 우리 둘 다 대학에는 들어갔
죠. 4학년이던 1950년대 말, 어머니는 지식계급 출신이라는 이유로

무기화학 분야는 충분히 흥미롭고
이데올로기적으로 중립적이어서 '위험'하지
않은 것처럼 보였다. 그녀는 인문학에도
끌렸지만, 과학도 좋아했기에 신경 쓰지
않았다. 이것이 그녀가 화학자가 된 이유다.
그녀는 이런 선택을 후회해본 적이 없었다.

재판에 회부되었고, 결국 자살했어요. 내 어린 시절의 끔찍한 종말이었죠."[1]

  헬레나는 프라하에 있는 카를 대학교(현재의 프라하 대학교 ─ 옮긴이)에서 생화학을 전공했으며 생리학연구소에서 대학원 과정을 시작했다. 학부 화학 연구 과정에는 유전학이 여전히 금기시되었기에 모든 것을 제대로 가르치지 않았다. 그 연구를 하기에는 그녀 자신이 아직 준비가 되어 있지 않았다. 1961년에 그녀가 졸업할 때까지, DNA 이중나선 구조가 오래전에 발견되었지만(1953년) 여전히 교과과정에 포함되지 않았다. 오로지 대중 잡지에서만 그 내용을 읽을 수 있었고, 체코슬로바키아의 상황은 구소련의 상황과 비슷했다. 트로핌 리센코의 비과학적인 학설에도 이의를 제기할 수 없었다. 그런데 어느 순간 바뀌기 시작했고, 그녀가 박사과정을 밟을 때는 유전학이 더 이상 금지된 분야가 아니었다.

헬레나의 주요 연구 분야는 포유류의 생체 시계(혹은 생물학적 주기 시계)였다. 거의 우연하게 선택하게 되었다. 그녀는 생리학연구소에서 일하면서 솔방울샘pineal gland이라는 작은 신체 기관을 연구하기 시작했다. 솔방울샘은 솔방울 비슷한 모양 때문에 그 이름을 얻은 것으로, 뇌의 두 반구 가운데에 있는 작은 내분비 기관이다. 솔방울샘의 기능 중 하나는 밤낮의 변화, 즉 깨어 있거나 잠들어 있을 때 우리의 반응을 조절하는 멜라토닌을 생산하는 것이다. 그녀의 설명을 더 들어보자.

1970년경, 포유류의 움직임은 우리 학과의 연구 주제 중 하나였어요. 나는 솔방울샘에 관심이 있었죠. 솔방울샘이 빛에 영향을 받는다는 것을 알고 있었거든요. 그리고 생화학적 측면으로 봐도 이 분비선의 발달을 관찰하는 게 흥미로울 것 같았어요. 생쥐가 생후 14일째에 눈을 뜨는 것으로 봐서는, 이 작은 내분비선의 발달이 눈을 통해 들어오는 빛과 관련이 있다고 생각했어요. 나는 늘 방 안에 붉은색 불빛만 켜놓았어요. 정상 빛보다 붉은색 불빛의 영향이 작기 때문이죠. 그런데 어느날 우연히 문을 열었고 외부의 빛이 들어왔어요. 결과가 완전히 바뀌었더라고요. 원래 밤에는 이 분비선 안의 세로토닌serotonin(뇌의 신경전달물질) 수치가 매우 낮은데, 몇 분 만에 엄청 뛴 거예요.

그녀는 어째서 이런 일이 일어났는지 곧바로 이해하지 못했다. 그 이유를 파악하고 생체 시계에 연결시키기까지 몇 년이 걸렸다. 그녀는 이 주제에 매력을 느껴 생체 시계 연구를 계속했다. 삶의 거의 대부분을 신체의 멜라토닌 생산 조절 기제를 연구해온 셈이다.

생체 시계는 우리의 일주기 리듬을 일으키는 생화학적 메커니즘이다. '일주기 리듬circadian rhythm'이란 용어는 밤과 낮, 어둠과 빛의 변화와 관련된, 24시간 주기를 따르는 유기체의 모든 몸과 행동의 변화를 나타낸다. 이런 리듬은 인간, 동물, 식물 등 모든 생물체에 존재한다.

멜라토닌은 낮과 밤뿐만 아니라 계절을 알려준다. 비교적 단순한 이 화합물은 시곗바늘처럼 생체 시계가 온전히 기능하도록 하는 화학적 표시 역할을 한다. 멜라토닌 생산은 저녁에 증가하기 시작해 아침이 될수록 감소한다.

멜라토닌의 역할을 이해한 후에 우리는 시계 자체를 들여다봤어요. 그러니까 과정을 이해하기 위해 뇌의 특수 세포 쪽으로 옮겨간 것이죠. 멜라토닌은 일부는 뇌의 솔방울샘에서 일부는 눈에서 만들어집니다. 먼저, 세로토닌이 만들어지는데, 이게 멜라토닌의 전구체예요. 세로토닌을 멜라토닌으로 전환시키는 효소는 강력한 리듬성이 있어서 야간 활동이 주간보다 적어도 100배 이상 활발해요. 리드미컬한 진폭을 가진 효소를 상상할 수 있겠어요? 이것이 바로 이 효소를 멜라토닌 생산량이 언제 오르고 내리는지 보여주는 지표로 사용하는 이유예요. 이 과정은 생체 시계가 프로그래밍합니다.

몇 년 전 멜라토닌은 여러 시간대에 걸친 장거리 비행 후, 시차 적응의 어려움을 극복하게 해주는 천연 제품으로 널리 알려졌다. 물론,

상업적으로 이용하는 멜라토닌은 합성 제품이었지만, 그 화학적 조성은 우리 몸에서 생성된 것과 동일했다. 그러나 헬레나는 사용 시기와 사용 방법에 주의해야 한다고 경고했다. 신체는 하루 중의 특별한 시간, 즉 낮이 아닌 밤에 멜라토닌을 만든다. 만약 누군가 '부적절한' 시간, 예컨대 아침에 멜라토닌을 복용한다면, 이는 신체에 지금이 밤 시간이라는 잘못된 신호를 줄 수 있다. 이렇게 되면 신체의 일상적인 프로그램을 담당하는 유기체의 시간 기록 시스템이 손상된다. 특히 동쪽으로 향하는 긴 비행 동안에, 아니면 그전에 복용하는 게 좋을지도 모른다. 우리의 생체 시계를 새로운 시간에 맞추는 데 도움이 되기 때문이다. 또한 사람들이 더 깊이 잠드는 데 도움이 되기도 하지만, 주의해야 할 점이 있다. 생식 기능에 영향을 줄 수 있기 때문에 노인들에게만 안전하다는 점이다. 이는 적어도 동물실험에서 입증된 사실이다.

신체에는 온갖 종류의 리듬이 있다. 골격근, 신장, 간, 장 같은 말초 기관마다 시계가 있다. 특정 조건에서 이런 장기는 시계처럼 작동하는데, 신체에는 시계의 계층 구조가 있다. '마스터 시계'는 뇌에 있고 그것이 나머지 시계를 동기화시킨다. 이것이 시교차상핵 suprachiasmatic nucleus이라 불리는 신경세포군인데, 전신의 시간을 조직해 모든 주기적 리듬을 조절한다.

생체 시계의 발달 메커니즘은 흥미로운 질문이다. 아기는 이미 생체 시계가 째깍거리면서 태어난다. 우리가 관찰할 수 있는 많은 리듬, 예를 들어 심장 기능과 체온을 가지고 태어나지만, 아기는 아직 외부 정보와 동기화되지 않는다. 아직 빛을 감지하지 못하는 신생아는 이른바 '무동조free-running' 상태에 놓인다. 아기의 시계는 하루 종일 자유롭게 돌아가, 부모의 낮 시간에 아이는 밤을 보내기도 하고, 또 그 반대가 되기도 한다. 아마 아기의 신체에는 그런 리듬성이 더 많이 있을 것이다. 이런 주기 중 일부는 8시간 또는 4시간짜리도 있는데, 아기가 24시간 주기로 동기화되기까지는 약 3~6주가 걸린다. 그 후, 아기는 환경에 적응하며 낮과 밤을 구분하기 시작한다. 이는 단지 빛을 감지하는 문제가 아닐 수도 있다. 멜라토닌 역시 고유의 역할이 있다. 출생 당시의 아기는 멜라토닌을 충분히 생산하지 못한다. 태아일 때는 엄마로부터 멜라토닌을 받지만, 태어나면서 아이는 그 정보를 잃어버린다. 헬레나와 동료들은 모유에 멋진 멜라토닌 리듬이 있다는 것을 보여주었다. 밤에는 멜라토닌 농도가 높지만 낮에는 낮아지는 것이다. 아기는 모유에서 정보를 얻을 수 있다. 헬레나는 딸이 임신했을 때 연구 아이디어로 이 주제를 떠올렸다. 그녀는 병원의 의사와 협력해서 연구를 진행했다. 헬레나는 딸에게서 연구에 사용할 초유初乳를 얻었다. 물론 그들은 나중에 연구 대상을 확대했다.

시각 장애인을 대상으로 한 연구에 따르면, 빛은 생체 시계를 설정하는 데 가장 중요한 요소다. 시각장애인 역시 24시간 주기를 가지고 있지만, 생체 시계를 나머지 사람들에 맞추어 동기화시켜야 하며 이것은 사회적으로 일어난다. 주목할 만한 또 다른 사례는 스칸디나비아 국가의 북단에 거주하는 사람들이다. 헬레나는 이렇게 설명했다.

노르웨이에 있는 심리학자 친구는 오슬로에서 북쪽으로 대학을 옮겼는데, 그 친구가 그러더군요. 그곳이 하나의 거대한 시간생물학 실험실이라고요. 사람들은 단지 조금 더 불편해서가 아니라, 겨울에는 정말 힘들기 때문에 보수를 더 많이 받아요. 낮에는 사람들이 태양과 비슷한 매우 밝은 빛을 쬐어야 하고요. 사람들은 계절성 정서장애에 걸릴 수도 있어요. 낮이 짧고 밤이 너무 길면 대부분 계절적 우울증을 앓거든요. 이 증세는 멀리 북쪽으로 가면 갈수록 더 심해지죠. 24시간 주기를 따르고 가벼운 치료를 받는 사람들은 주로 스칸디나비아와 캐나다 출신이에요. 대다수가 자동차 안에, 그리고 집이나 직장에서 지내면서 낮 시간에 야외에서 시간을 보내지 않는 미국 같은 경우, 일부 사람들에게 몇 가지 문제가 생길 수 있어요. 햇빛, 특히 아침 햇살이 정말 중요합니다. 아침마다 함께 산책하는 개가 있으면 좋다는 게 바로 그런 이유 때문이죠. 사실, 대부분의 사람은 24시간보다 좀 더 긴 주기를 가지고 있어요. 따라서 우리는 매일 앞으로 나가야 하고, 그러기 위해서는 우리보다 앞서 나타나는 아침 햇살이 필요한 거예요.

헬레나는 1993년에 정권이 교체된 직후 체코 과학원 부원장직을 수락했으며, 2001년에는 과학원 원장으로 선출되었다. 이는 해야 할 일도 많고 매우 권위 있는 직책이다. 나는 헬레나가 원장 업무를 시작한 직후에 그녀를 방문했다. 그녀가 연구 경력을 성공적으로 쌓아가다가 중간에 행정직을 맡기로 결정한 이유가 뭔지 궁금했다.

그 일을 맡아달라는 요청이 많이 들어왔기 때문이죠. 사람들이 믿어줘서 고마운데, 거기다 대고 고사하겠다는 말을 하고 싶지는 않았어요. 원장이 되기 전에 나는 부원장으로 생물학과 화학을 담당하고 있었어요. 이 분야의 사람들은 고맙게도, 나를 정직하고 일 잘하는 사람으로 알고 있더군요. 그들은 나를 믿었고 원장 자리에 처음으로 여성을 선출하는 게 좋겠다고 생각한 것 같아요. 총 네 명의 후보자 가운데 나머지 세 명은 남자들이었거든요. 내가 단지 여성이라는 이유만으로 선출되지 않기를 바랍니다. 나는 그 일을 헤나갈 방안을 가지고 있어요. 내가 여성이기 때문에 균형 잡힌 환경을 조성할 수 있을 거라고 생각해요.

헬레나는 관광 동호회 활동을 함께 하던 미할 이너Michal Illner와 1963년에 결혼했다. 미할은 사회학자로서, 당시 체코슬로바키아 과학원의 사회학연구소에서 근무했다. 그는 정권 교체 직후 연구소 소장으로 임용되어 8년 동안 일했다. 둘 사이에 자녀 두 명을 두었다. 딸은 내분비학 전문의이고, 아들은 수학 공학을 전공했다. 헬레나와 미할은 손주가 다섯 명이다.

나는 미할이 체코 과학원 원장이 된 헬레나를 자랑스럽게 여겼는지 궁금했다. 그녀는 이렇게 대답했다. "원장에 출마하겠다는 결심을 굳히기 전에 우리는 여러 번 토론했어요. 과연 이게 좋은 생각인가 하고요. 그가 나를 자랑스럽게 생각하는지 모르겠지만, 나를 질투하지 않는다는 건 알아요. 또한 우리가 어디를 가든 나는 아내의 역할을 수행하죠. 그가 말하기 시작하면 나는 말을 멈춰요. 나보다 그의 외국어 실력이 훨씬 낫거든요. 그는 사회학자로서 사회와 정치 문제를 많이 알고 있어요."

헬레나에게는 전문직 여성이 되는 것과 어린 자녀를 두고 있는 것이 큰 도전이었다. 그러나 가족은 그녀의 첫 번째 우선순위였다. 그녀는 항상 저녁때 집에 돌아와, 저녁 식사를 준비하고, 아이들이 어렸을 때는 함께 하루를 어떻게 보냈는지 이야기를 나누었다. 아이들이 잠자리에 들면, 실험을 계속하려고 연구소로 돌아갈 때도 많았다. 힘들었지만 그녀는 해냈다.

헬레나는 2005년까지 체코 과학원 원장을 지냈고, 그 이후 유네스코 체코위원회 위원장과 체코 과학원 과학연구 윤리위원회 위원장 같은 다양한 직책을 맡았다. 그녀는 자기 분야에서 계속 관심을 이어가며, 생리학연구소의 명예 연구원으로 있다. 체코 라디오 방송은 그녀를 "체코 과학을 이끌어가는 여성"이자 "체코 공화국 최고의 지성"이라고 묘사했다.[2]

출라본 마히돌

화학자

1999년, 방콕에서 출라본 공주
(사진: 막달레나 허기타이)

데버러 커Deborah Kerr와 율 브리너Yul Brynner가 출연한 〈왕과 나The King and I〉, 그리고 나중에 조디 포스터Jodie Foster와 저우룬파周潤發가 나오는 〈애나 앤드 킹Anna and the King〉은 내가 좋아하는 영화 중 하나다. 우리가 1999년에 방콕에서 출라본 마히돌Chulabhorn Mahidol 디이 공주를 방문했을 때, 나는 이 영화들이 현실이 되는 기분이 들었다.

본래 출라본 마히돌 교수 박사 공주전하라는 직함을 가진 그녀는, 타이의 시리키트Sirikit 여왕과 푸미폰 아둔야뎃Phumiphon Adunyadet 국왕 폐하의 막내딸이다. 여러분은 공주전하가 왜 과학계 여성을 다룬 이 책에 등장하는지 의아해할 것이다. 대답은 간단하다. 그녀가 과학계 여성이기 때문이다. 비록 흔히 볼 수 있는 모습은 아니지만. 그녀는 출라본연구소Chulabhorn Research Institute 창립 소장이며 마히돌 대학교 화학 교수다.

우리는 연구소에서 공주를 만났다. 그녀에게 던진 첫 번째 질문은 당연히 왜 화학이었느냐였다. 아마 화학자로 활동하는 공주는 그녀가 유일할 것이다. 소녀 시절에는 이런 계획을 세우지 않았다. 그녀는 전문 피아니스트가 되고 싶었지만, 아버지는 자식들 모두가 개발도상국의 미래에 유용하게 쓰일 직종을 배워야 한다고 주장했다. 그녀는 물리학이나 화학을 택할 수밖에 없었고 화학을 선택했다. 카셋삿 대학교에서 공부한 후, 마히돌 대학교에서 박사학위를 받았다. 두 대학 모두 방콕에 있다. 그녀는 화학을 전공한 후, 독일의 울름 대학교에서 유전공학으로, 도쿄 대학 의과대학에서 박사후과정을 거치면서 광범위한 지식을 습득했다. "하지만 아주 오랜 시간이 걸렸죠"라고 그녀는

강조했다.[1]

본국으로 돌아온 후, 그녀는 출라본연구소를 설립해 '삶의 질 향상'을 목표로 잡았다. 그녀의 설명에 따르면, 이는 아버지가 추진한 정책이었다. 그녀가 관심을 기울이는 분야와 연구소의 주요 연구 방향은 천연물 화학이었다. 이는 수백 년 동안 사람들을 치유하기 위해 약용식물을 사용한 타이와 잘 맞는 주제였다. "노인들이 다양한 식물의 치료 및 치유 효과를 들려줄 때마다 늘 빠져들었죠. 그 식물에 뭐가 들었는지, 활성 성분이 무엇인지 직접 확인해야 직성이 풀렸습니다."[2] 그녀가 쓴 논문 중 한 편의 서론을 보면, 이 연구 주제가 어째서 타이와 어울리는지 설명하고 있다. "타이는 인도–버마의 생물 지리적 지역 동물군과 식물군을 대표하는 독특한 위치에 있다. 히말라야 동부에 많은 온대 분류군이 타이의 북쪽 산으로 남하하는 반면, 남부는 상록수림이라서 이 지역은 세계에서 가장 풍성한 식물상 지역으로 꼽힌다."[3] 타이에는 수천 종의 식물이 있다. 출라본연구소는 독일과 일본의 지원으로 현대식 기기를 잘 갖추고 있다.

출라본 공주는 종양학, 독성학, 생화학을 가르친다. 게다가 그녀는 타이 공군 소장이며, 화학전을 가르치는 교관이기도 하다. 그녀가 강의를 마치고 우리를 만나러 왔을 때 공군 제복을 입고 있었다. 강의 시간에 무엇을 가르치느냐고 물어보니 그녀는 이렇게 대답했다. "학생들이 화학물질과 생물학 작용제를 알아내고, 주변 환경을 관찰해 자기 생명을 지키는 게 목적이죠. 살생 방법을 가르치지는 않아요."[4]

연구소에서 할 일도 많고 여러 대학에서 강의를 하기 때문에, 부모는 그녀가 대부분의 의전 행사에 참석하지 않아도 된다고 허락했다.

그들은 그녀가 공주 역할보다 과학자 역할이 더 중요하다고 생각했던 것이다. 그녀는 이혼했고 딸이 둘 있는데, 우리가 방문했을 때 각각 17세, 15세였다. 아이들은 미국에 있는 아버지와 함께 살고 있었다.

출라본 공주가 모든 행사에 참석할 필요는 없더라도, 그녀는 강의와 연구 외에도 의무적으로 해야 할 일이 많다. 그녀는 아시아 태평양 지역의 과학 협력을 증진하는 데 적극적으로 참여하고 있다. 세계에서 세 번째로 유네스코의 아인슈타인 메달을 받았고, 유엔환경계획의 특별 자문 위원이자 다른 여러 직책을 겸하고 있다. 그녀는 아시아에서 영국 왕립협회의 명예 회원이 된 첫 번째 인물이다.

공주가 인터뷰 장소에 도착하기를 기다리고 있을 때, 우리는 기자들과 TV 카메라로 가득 찬 방으로 안내받았다. 그녀가 도착하자 기자들은 사진을 찍었고 몇 분 후에 떠났다. 그날 저녁 호텔 TV에서 공주전하를 인터뷰하는 우리의 모습을 볼 수 있었다. 저녁 뉴스 프로그램의 모든 채널은 왕실 행사 보도로 시작한다. 이번 방문에서 우리는 서양 연구소와 똑같이 현대적으로 잘 갖춰진 연구소와, 그 연구소에서도 분명히 드러나는 강한 전통 간의 거대한 모순을 인상적으로 느꼈다.

우리가 관찰한 것들은 도입부에서 언급한 영화 속 19세기 타이의 추억을 상기시켰다. 인터뷰할 때 노년의 연구소 부소장이자, 박사학위를 소지한 천연물 화학 분야의 권위자가 잠시 우리와 함께했다. 이 여인은 무릎을 꿇고 공주에게 다가갔고, 공주에게 등을 보이지 않는 방식으로 무릎을 꿇은 채 물러갔다. 우리는 그런 상황에서 어떻게 과학 토론이 이루어질지 궁금했다.

패멀라 맷슨

생태학자

2009년, 팰로앨토에서 패멀라 맷슨
(사진: 막달레나 허기타이)

패멀라 맷슨Pamela Matson은 어린 시절부터 환경운동을 해왔다. NASA의 연구센터 중 한 곳에서 처음 일을 시작한 그녀는 삼림 벌채와 도시 오염이 브라질 아마존 열대우림 상공의 대기에 끼치는 영향을 연구했다. "어느 날 갑자기 잠에서 깨어나 나는 말했죠. '세상에, 큰일이야! 이 일을 어쩌면 좋지?' 나는 대기와 육지에서 측정하기 시작한 문제들을 이해하는 것뿐만 아니라 그것들의 저감 대책을 마련하기 위한 연구에 점점 더 집중하기 시작했어요."[1]

농업 관행이 환경에 부정적인 영향을 많이 끼치지만, 점점 증가하는 지구 인구를 먹여 살리는 문제도 중요했다. 이것은 그녀의 가장 야심찬 프로젝트로 이어졌다. 바로 농업과 경제 발전의 진정한 성공담이 된 멕시코 소노라에 있는 야키 계곡 관련 연구다. 이 계곡은 '녹색혁명의 발상지'로서 전 세계의 롤 모델이 되었다.[2] 또한 이 연구는 지속가능성 과학이라는 새로운 연구 분야에 씨앗이 되었다. "지속가능성은 지구의 생명 유지 체계를 보호하면서 현재와 미래 사람들의 요구를 충족시키는 목표입니다."[3] 패멀라는 이 분야의 선도적인 인물이 되었다. 리더의 자질을 타고난 그녀는 환경 관련 여러 프로그램의 책임자를 역임했다. 2002년 스탠퍼드 대학교에서 지구과학대학 학장으로 선출된 후 줄곧 그 자리를 지켰다. 그녀는 1994년에 미국 국립과학원 회원이 되어 수많은 상을 받았으며, 환경 및 기후 문제를 다루는 여러 단체의 회원과 대표를 지냈다.

패멀라 맷슨은 1953년 위스콘신주 오클레어에서 태어났다. 그녀는 미네소타주 접경 지역인 허드슨에서 자랐다. 아버지는 대학 수준의 공학 공부를 했지만, 졸업을 하지는 않았고 위스콘신 벨 전화국

Wisconsin Bell Telephone Company에서 근무했다. 어머니는 주부였고 독서 애호가였으며 시인이었다. 부모 두 분 다 자연을 사랑했고, 패멀라는 그런 부모와 친할머니에게 조금씩 영향을 받아 관심사를 정하게 되었다. 할머니는 꽃 피는 식물을 좋아하고 말타기도 즐겨 하는 농부였다. 패멀라는 조부모 농장의 숲에서 꽃을 따던 것을 기억한다.

패멀라는 위스콘신 대학교에서 생물학을 전공했다. 그 당시 직업으로 과학을 고려하지는 않았지만, 환경보호청Environmental Protection Agency 같은 환경 관련 일을 했으면 좋겠다고 생각했다. 그녀는 인디애나 대학교에서 석사학위를 받았다. 그러나 "석사과정을 밟으면서 내가 연구를 좋아한다는 걸 깨달았고, 그 시점에서 박사학위를 이어가기로 결심했어요." 그녀는 오리건 주립대학교에 다녔지만 실험을 위해 종종 채플 힐의 노스캐롤라이나 주립대학교에서 기기를 사용해야 했다. 그곳에서 그녀는 장래에 남편이 될 생태학자 피터 비투섹Peter Vitousek을 만났다. 연구를 마친 후 피터는 스탠퍼드 대학교로 옮겼고, 패멀라는 노스캐롤라이나 주립대학교에서 일자리를 얻었다. 그들은 장거리를 오가는 결혼 생활을 해야 했다. 그러나 그때, "베이 지역의 NASA/Ames 연구센터에서 전화가 왔어요. 새롭게 대두하는 지구시스템과학Earth System Science의 신규 특별 자리에 지원해보겠느냐고 묻더라고요. 나는 그 기회를 잡아 붙잡았죠! 나는 NASA에서 경력을 시작한 것을 후회해본 적이 없어요. 그곳에서 10년 동안 근무하고 학계로 옮겼습니다." 옮긴 곳은 캘리포니아 대학교 버클리 캠퍼스였다.

패멀라와 남편의 공동 프로젝트 중 하나는 하와이제도 생태계 연구였다.

우리는 화산 활동으로 매장된 새 지질 물질부터 500만 년 동안 발전해온 생태계에 이르기까지 생태계 전반을 들여다보고 있었죠. 영양소 순환이 어떻게 변하는지, 식물과 영양소의 상호작용이 이 장소에서 500만 년 동안 어떻게 바뀌었는지 살펴봤어요. 세계의 작동 방식을 이해한다는 점에서 매우 흥미롭기도 했지만, 그것은 동시에 지구 차원에서 인간이 야기한 변화에 대해 질문을 던질 만한 아주 훌륭한 테스트 시스템이기도 했어요. 우리는 하와이제도를 모델 시스템으로 사용했죠. 남편이 하와이 출신이라 거기서 모든 연구를 했어요. 우리는 빅아일랜드에 집을 마련했고, 아이들은 하와이에서 여름을 보냈죠.

1997년, 패멀라는 스탠퍼드 대학교로 옮겨 지질 및 환경과학 교수가 되었다. "지난 10년간 내 열정을 생태계 관리에 쏟아 부었어요. 농업 생태계를 관리하는 방법에 관심이 많았죠. 농업 생산과 수확량, 그리고 인류를 먹여 살리기 위한 농업 시스템 능력을 유지하면서 농업의 환경적 영향을 줄이는 방식으로 말이죠. 이것은 실용성을 견지해야 하는 문제이자 21세기의 커다란 도전이기도 합니다." 그녀는 야키계곡 프로그램을 준비하기 시작했다. 당시 질소 함유 비료의 남용이 계곡 오염에 미치는 영향은 매우 명백했다.

생태학은 여러 학문 분야와 연관되어 있다. 다른 분야의 과학 전문가뿐만 아니라 완전히 다른 직종의 전문가도 포함된다. 그녀는 경제학자, 정치학자, 농업경제학자 등 다양한 분야를 대표하는 사람들과 관계를 맺어왔다.

우리는 실제 사용하는 사람들이 합리적으로 여길 만한 대체 사례를 찾는 데 관심이 있었어요. 다시 말해, 농민을 고려한 것이었죠. 그러다 보니 경제성도 있고 농업의 측면에서는 괜찮았지만, 환경적 중요성이 줄어드는 거예요. 모두에게 이득이 되는 상황을 찾고 있었는데, 그러려면 유일한 방법이 학제 간 교류가 매우 활발하게 이루어지는 팀에 속하는 것이었어요. 남편을 제외하고 스탠퍼드에서 가장 가까운 동료는, 경제학자 로자먼드 네일러Rosamond Naylor예요. 과학팀 팀장이었던 나는 사람들을 모았습니다. 그러나 실제 현장의 지도자는 농촌 마을과 모든 연구를 연결한 사람이 맡았는데, 그가 바로 농업경제학자 이반 오르티스–모나스테리오Ivan Ortiz-Monasterio였어요. 멕시코에 살고 있으며 농민들과 아주 긴밀하게 일하는 사람이죠.

우리 연구는 농민들의 의사결정 과정을 이해하는 게 중요해요. 우선, 농민들은 내 조언을 받아들이지 않았을 겁니다. 미국에서 온 일개 여성의 말을 들을 리가 없죠. 충분히 이해할 만합니다. 이반은 농부들에게 우리 제안을 전했던 사람이지만, 동시에 우리가 농부들의 관심사와 우려하는 바를 이해하고 있는지 확인하려고 했어요. 정보가 양방향으로 흘렀던 거예요. 이 연구를 통해 배운 게 있어요. 농민들이 농작물을 재배할 때 언제, 그리고 어떤 이유로 비료를 너무 많이 구입해 돈을 낭비하는지 파악하는 데 새로운 지식이 도움이 된다는 점이에요. 농민들은 원래 비료를 배수관을 통해 급수 시설로, 그리고 바다와 대기로 쏟아붓고 있었어요.

알고 보니 결정을 내리는 것은 농민이 아니라, 신용조합과 농민조합이었어요. 그들이 어떻게 해야 하는지 알려주고 있더라고요. 우리가 농민들하고만 이야기했다면 어떤 변화도 일어나지 않았을 거예요. 당연히 신용조합과 농민조합에 접근했고, 그들과 협력해야 했죠. 이는 한 발 물러서서, 의사결정이 어디에서 어떻게 진행되고 있는지 확실히 이해하는 게 얼마나 중요한지 보여주는 사례예요. 우리는 농민들이 납득할 만한 새로운 방식을 개발했어요. 물론 신용조합도 적극 관여했고요. 결국, 그들은 우리가 제안한 방식을 사용하고 있습니다. 핵심이 뭐냐 하면요, 비료를 사용하려면 작물에 필요한 사항을 세심하게 고려해야 한다는 거죠. 이를테면 작물이 필요로 할 때만 사용해야 한다는 거예요. 그러면 세후 이익의 약 12~17%에 달하는 엄청난 양을 절약할 수 있어 수확량이 늘어나죠. 농민들이 해야 할 일은 연초가 아니라 연말에 비료를 쓰는 거였어요. 우리는 잎의 질소 함유량을 측정하는 소형 장치를 개발했는데, 농민들이 이 장치를 가지고 언제, 얼마나 많은 비료를 사용해야 하는지 알 수 있어요. 일종의 정밀 농업이죠. 미국에서는 트랙터에 원격 감지 장치와 컴퓨터가 장착돼 있어서 비료 투입 시기, 장소, 적정량을 알 수 있는 매우 정교한 농사법이 있습니다. 그러나 전 세계 개발도상국도 내가 말한 간단한 장비를 갖추면 정밀 농업을 할 수 있고, 비료 투입 시기와 양을 결정할 수 있어요. 우리는 기술을 개발했고, 신용조합은 농민조합을 위해 이 장치를 구입했죠. 이 전체 프로젝트를 진행하면서 얻은 가장 큰 교훈이 있어요. 연구를 수행할 때 의사결정자가 결정을 내리는 데 부분적으로나마 도움이 되도록 해야 한다는 거예요. 그러고 나서 의사결정이 내려지는 과정의 모든 요인을 있는 그대로 이해해야 합니다. 아시다시피, 추측만 하면 안 되죠.

패멀라에게 행정에 관심을 가지게 된 계기가 뭐냐고 물어보니, 예전에는 아예 관심이 없었다고 말했다. 그녀는 행정 업무를 지원한 적이 없었고, 다만 요청이 들어올 때만 자기가 도움이 될 수 있다고 느꼈기에 그 일을 수락했다는 것이다. "나는 리더십을 발휘하는 게 좋아요. 그래서 나는 행정이 아니라 리더십이라고 부르죠. 모든 사람의 아이디어를 귀 기울여 듣고, 공동의 전략을 개발하고, 이를 위해 함께 노력하는 과정이 즐거워요. 팀을 짜서 일하는 게 좋아요. 나는 오늘날 전 세계 대학들이 사람과 환경의 복지를 위해 중요한 역할을 하고 있다고 믿습니다."

일을 시작하던 초기에, 그녀는 이따금 남편과 함께 일하고 공동으로 출판했다. 이런 방식은 여성이 인정을 받기 어려워지는 경우가 종종 있다. 사람들이 그녀의 연구 업적을 남편의 공로로 돌린 적이 있는지 물어보았다.

노스캐롤라이나에서 기억나는 사람이 있어요. 내가 일을 막 시작했을 때였죠. "아, 어쨌든 당신이 한 모든 일은 그 사람 것입니다"라고 말하더라고요. 몹시 화가 났었죠. 그게 마지막이었어요. 나는 이런 일이 벌어지는 게 우리가 별개의 일을 하기 때문이라고 봐요. 또한 나는 논리 정연한 편이에요. 사람들과 소통하며 내가 하고 있는 말을 내 자신이 정확히 안다는 걸 보여줍니다. 초창기에 내 딴에는 생물권 환경의 상호작용을 연구하는 국제 사회에서 적극적으로 활동하는 게 중요했어요. 피터는 그러지 않았죠. 그래서 국제 사회는 나를 있는 그대로 인정했어요. 배우자와 함께 일 이야기를 나눌 수 있다는 것은 대단한 일이죠.

패멀라와 피터에게는 아들과 딸이 있다. 2009년 당시, 아들은 컴퓨터과학 전공으로 대학원을 다녔고, 딸은 버몬트 대학교에 갓 입학해 자연 자원 계획 연구를 목표로 하고 있었다. 아이들이 태어났을 때, 패멀라와 피터는 이미 연구에 깊이 빠져 있었다. 그녀는 아기와 함께 각각 약 6개월 동안 집에서 머물렀고, 나중에는 양질의 보육 서비스에 의지했다. 딸이 태어난 직후, 패멀라는 유명한 맥아더 펠로십을 아무 조건도 없이 받았다. 상당한 금액이었다. 그녀가 돈의 일부를 어떻게 사용할지 결정하자, 이 사실이 《더 사이언티스트 *The Scientist*》 기자의 주목을 끌었고, 그 기사에는 이런 소제목이 달렸다. "밀착 취재: 패멀라 맷슨, 상금 일부는 자녀를 본인의 분야에 데려오는 데 쓸 예정."[4] 그들은 외국에 나갈 때마다 여정을 함께할 '세 번째 부모'를 고용했고, 패멀라와 피터는 아이들을 곁에 두고 잘 돌보면서도 연구를 할 수 있었다. 패멀라는 남편이 모든 면에서 늘 큰 도움이 되었다고 말한다. 필요할 때마다 그는 아이들과 함께 집에 머물렀고, 아이들은 아빠가 엄마만큼 능력이 있다는 것을 알게 되었다. 그래서 엄마가 집에 없을 때도 누구 하나 걱정하는 사람이 없었다.

패멀라는 항상 본인이 운이 좋았다고 생각한다. NASA, 버클리, 스탠퍼드에 있으면서 수행했던 업무가 모든 사람의 지지를 받았고, 차별을 경험하지 않았다. 그러나 가장 중요한 것, 그리고 모든 새내기 여성 과학자들에게 보내는 그녀의 조언은 이랬다. "제대로 된 동반자나 배우자를 찾아라!"

캐슬린 올러렌쇼

수학자(정치가)

2003년, 맨체스터의 집에서 캐슬린 올러렌쇼
(사진: 막달레나 허기타이)

캐슬린 올러렌쇼 Kathleen Ollerenshaw는 여덟 살이 되었을 때 청력을 거의 다 잃었다. 수학과 사랑에 빠졌고, 옥스퍼드 대학교를 졸업했으며, 오래된 수학 문제들을 해결했다. 그녀는 하키 경기를 하는 열정적인 스포츠 애호가였으며 피겨스케이팅으로 메달을 따기도 했다. 그녀는 여학교와 교육 문제 개선을 위해 싸웠고 마거릿 대처 정부에 교육 문제를 조언하기도 했다. 그녀는 대영제국의 데임 작위(공로가 많은 여성에게 주는 귀족 작위명 — 옮긴이)를 받았고, 정치인으로서는 맨체스터시 시장으로 재직했다. 이것은 캐슬린 올러렌쇼의 다채로운 삶을 간략하게 요약한 것이다. 그녀는 2014년 8월에 사망했다.

캐슬린 팀슨 Kathleen Timpson은 1912년 영국 맨체스터에서 태어났다. 부모는 양쪽 모두 대가족 출신이었다. 아버지는 열두 명의 자녀 중 일곱 번째였으며 어머니는 열한 명의 자녀 중 첫째였다. "어머니는 항상 아파트 안에 갇혀 있다시피 하면서 동생들을 돌보아야 했어요. 할머니 할아버지는 남자 아이들은 중등학교에 보냈지만 여자 아이들은 보내지 않았어요. 그래서 어머니는 학교 근처에도 못 가봤죠. 대가족 속에서 방치된 채 자라나는 삶이 너무 지겨웠는지 대가족을 이루는 것을 거부했어요. 그래서 어머니는 언니와 나 두 명만 낳았습니다."[1] 캐슬린의 아버지는 직접 창업한 신발 사업을 했다. "아버지가 하던 신발 사업은 주로 소매업이었는데, 그것은 중하층 계급이 하는 일로 취급됐었죠. 부계 쪽으로 청력 소실의 가족력이 있었어요. 내가 여덟 살 때, 독감을 앓고 나서 갑자기 전혀 들리지 않더라고요. 어떤 방에 앉아 있었는데 다른 사람들의 말소리가 하나도 안 들리던 게 생생히 기억납니다. 아버지 형제자매는 대부분 귀가 먹었는데 나 역시 청

내가 여덟 살 때, 독감을 앓고 나서 갑자기
전혀 들리지 않더라고요. 어떤 방에 앉아
있었는데 다른 사람들의 말소리가
하나도 안 들리던 게 생생히 기억납니다.
아버지 형제자매는 대부분 귀가 먹었는데
나 역시 청각 장애자가 된 거예요.
그 사실은 내 삶에 엄청난 영향을 끼쳤어요.

각 장애자가 된 거예요. 그 사실은 내 삶에 엄청난 영향을 끼쳤어요."

규모가 작은 초등학교 역할을 하던 레이디반 하우스Ladybarn House 몬테소리 학교에 캐슬린이 다닐 때였다. 학교 측이 독순술(대화 상대방의 입 모양을 읽어 이해하는 법 — 옮긴이)을 익히게 해주었다.

부모님은 교육비로 시간당 16파운드(약 23,874원)라는 엄청난 돈을 지불했어요. 매우 부담되는 돈이었죠. … 나중에 남편이 될 사람을 만난 곳도 바로 그곳이었어요. 그도 그곳에 다니고 있었는데 우리는 동갑내기였죠. … 우리는 아주 좋은 선생님을 만나 모든 걸 배웠어요. 내가 수학을 하고 싶어 한다는 사실을 깨닫게 된 것도 그때였죠. 집에는 나보다 네 살 많은 언니가 있었는데, 언니는 항상 나보다 한 단계 앞서갔기 때문에 같이 어울려 놀지 못했어요. 그러다 보니 나는 외동아이 같았죠. 딱히 할 게 없어서 줄곧 연필과 종이로 뭔가를 하면서 시간을 보냈죠. 항상 패턴을 그리거나 숫자를 가지고 놀곤 했어요. 세는 법을 배우고 난 후에, 만약 100까지 셀 수 있다면 원하는 만큼 더 큰 수도 셀 수 있다는 것을 알게 되었어요. 수 세기를 정말 좋아했어요. 여섯 살이 되었을 때 내가 했던 곱셈 도표는 12단이 아니라 이미 20단까지 올라가 있었죠. 아홉 살 때, 남자아이들은 예비학교에 들어갔고, 나는 운 좋게도 수학자이던 새 여자 교장 선생님을 만나게 되었습니다. 교장 선생님은 케임브리지 대학교 거튼 칼리지를 졸업하신 분이었어요. 학위는 없었어요. 당시만 해도 여자들에게는 학위를 주지 않았거든요. 선생님은 청각 장애 탓에 정상적으로 들을 수는 없지만 자기가 하는 것에 엄청난 열의를 가지고 있던 한 여자아이의 재능을 알아주셨어요. 선생님은 나를 가르치면서 내가 문제를 제대로 푸는지 알아보려고 여러 가지 어려운 문제들을 보여주셨어요. 무한대와 어려운 수학 공식들, 그리고 그 외에도 많은 것을 가르쳐주셨죠.

캐슬린이 13세 때, 스코틀랜드 세인트앤드루스에 있는 세인트레너드 여자 기숙학교에 들어갔다. 그녀는 수학은 다른 누구보다도 훨씬 앞섰지만, 다른 과목은 한참 뒤쳐졌다. 다양한 스포츠 활동과 청각이 필요 없는 경기에 참가했다. "내가 이런 게임에 참가하는 여러 이유 중의 하나는 내 인생의 다른 어려운 문제들로부터 벗어나고 싶어서였어요." 그러다 15세가 되고 졸업에 필요한 모든 학점을 이수하고 나서, 1년을 휴학하기로 마음먹었다. 그러나 1년 후 학교로 돌아왔을 때, 대학 진학에 필요한 수학 수업을 이수하지 못했다는 이야기를 들었고, 이것 때문에 대학교에 진학하지 못했다. 게다가 "수학을 가지고 여자가 할 수 있는 게 가르치는 것 외에는 없는데, 너는 청각 장애가 있어 아이들을 가르칠 수도 없다"는 이야기를 들었다. 학교 측은 먹고 사는 데 도움이 될 만한 다른 것을 공부해보라고 권유했다. 그러나 그녀가 대학에 진학해 수학을 공부하고 싶다고 계속 고집을 피우자 학교 측도 두 손을 들었다.

그 시절을 회상하면서 그녀는 말했다. "수학자가 되려는 포부가 있었던 것은 아니에요. … 늘 누군가의 아내가 될 때를 대비해 어머니가 해왔던 것, 즉 해야 할 일을 하고, 집을 잘 꾸려나가며, 재미 삼아 수학 공부를 했죠. 수학자가 되겠다는 꿈까지는 없었지만, 수학 외에 다른 것을 하고 싶지는 않았고, 항상 수학만 하고 싶었습니다." 캐슬린은 집에서 1년 동안 대학 입학시험을 준비했다. 준비 과정에는 맨체스터 대학교 수학 교수였던 J. M. 차일드J. M. Child와 함께하는 특별 수업도 있었다. 케임브리지 대학교 입학시험은 잘 치렀다. 그러나 면접 때 그녀가 청각 장애가 있다고 말하자, 학교 측은 "당신을 도울 수가 없을 것 같군요"라고 했다. 그래서 옥스퍼드 대학교에서 면접을 볼 때는 청각 장애를 숨기려고 노력했다. 면접관들은 그녀에게 여름휴가 때 무엇을 했느냐고 물어보았다. "운이 좋았죠. 입학시험 바로 전해 스위스 제네바에서 국제연맹League of Nations 군비축소회의가 열렸는데 나는 학교 친구들하고 거기 참석했었죠. 면접관들은 나에게 학교 잡지에 이때의 경험에 대하여 써보라고 권유하면서 몇 가지 질문을 했는데 … 그것은 나에게 정말 좋은 질문이었어요. 모든 이름을 명확하고 자신 있게 대답했거든요. 면접관들은 내가 수학 지망생이면서도 수학과 아무 관련 없는 주제도 자신 있게 대답할 수 있다는 점을 높이 평가했나봐요. 그 덕분에 유일하게 장학금도 받았어요."

그녀는 19세에 옥스퍼드 대학교 서머빌 칼리지에 입학했고, 3년 후 수학 학사학위를 받았다. 대학에 다니는 동안 그녀는 그곳에서 의학을 공부하고 있던 어린 시절 친구 로버트와 약혼했다. 아쉽게도, 서머빌 칼리지에는 수학자가 없어서 그녀는 다른 칼리지로 강의를 들으러 다녔고, 하키 등 스포츠 활동과 사교 생활도 열심히 했다. "옥스퍼드 대학교 학부 시절을 완전히 낭비한 거나 다름없었죠."

1936년에 캐슬린은 면직 산업과 관련 있는 셜리연구소 Shirley Institute에 들어갔다. 그녀는 직조에 사용되는 여러 방법과 재료의 효율성을 연구했다.[2,3] 통계 기법을 공부하고 고급 대수학을 사용한 것이 문제 해결에 도움이 많이 되었다. 그곳은 기계에서 나는 소음이 너무 커서 아무것도 들을 수 없기 때문에 그녀의 청력 장애는 전혀 문제가 되지 않았다.

캐슬린과 로버트는 1939년에 결혼했다. 결혼 후 로버트는 전쟁에 징집되어 3년 반 동안 집을 떠나 있었다. 1941년, 아들이 태어나자 그녀는 연구소 일을 그만두었다. 그러나 수학을 연구하고 싶은 마음이 간절했다. 대학에서 그녀는 당시 망명한 독일 수학자 쿠르트 말러 Kurt Mahler를 만났는데, 그는 캐슬린에게 이른바 임계격자 critical lattices와 관련된 미해결 문제를 풀어보라고 권유했다. "임계격자 문제는 일차원이나 이차원의 정수와 관련되어 있어요. 예컨대 선반에 깡통을 최적으로 쌓는 방법이나 오렌지를 박스에 최적으로 넣는 방법과 같은, 최밀충전最密充塡, close packing 문제에 대한 해를 기하적인 방법으로 해결하는 것이죠."[4]

캐슬린은 그 문제를 며칠 만에 풀었다. 말러는 너무 감명을 받아서 다시 옥스퍼드로 돌아가 박사학위를 받아보라고 설득했고, 그녀는 그렇게 했다. 그곳에서 2년 만에 논문을 다섯 편이나 발표했고, 박사학위를 받기에 충분한 수준이었다. 그녀는 1945년에 박사학위를 받았다. 맨체스터 대학교에서 시간강사를 하면서 아내 역할과 1943년 태어난 딸의 엄마 역할을 병행했다.

1950년대 초반은 그녀의 인생에 중요한 전환점이었다. 보청기가 처음으로 등장해 그녀의 삶은 엄청난 변화가 일어났다. 수십 년 동안 완전히 정적 속에서 살다가, 마침내 다시 들을 수 있게 된 것이다. 다른 중요한 변화도 있었다. 그녀는 정치에 참여하기 시작했다. 정치인 캐슬린은 주로 교육, 그중에서도 특히 여학생 교육 문제에 관심이 많았다. 정치 경력은 국제 여성 단체의 연사로 초빙되면서 시작되었다. 맨체스터 지역 학교의 열악한 환경을 언급한 연설은 영국 언론의 관심을 끌었다. 그녀는 잉글랜드와 웨일스 지역의 학교 상황을 전수 조사해 분석해보기로 결심했다. 자기가 수학자였기 때문에, 사람들을 납득시키려면 사실에 기초한 수치로 증명해 보여야 한다는 것을 잘 알고 있었다. 그녀는 학교 상황에 대한 통계적 분석 결과를 제시했다.

옥스퍼드 박사학위는 말할 것도 없고, 당시 여성에게는 거의 불가능한 것으로 여겼지만, 나는 최적의 후보였고 운 좋게도 시의회 의원으로 뽑혔어요. … 나는 정치적이지 않았고 정치인도 아니었지만 교육위원회 위원으로 활동했죠. 소수당 소속이었는데 전국위원회 자리를 채울 적절한 여성 후보였습니다. 교육과 관련 있는 상임위원회를 통틀어 유일한 여성 위원이었죠. 옥스퍼드 대학교 학위가 그런 자리에서 나를 존중받게 해주는 증명서 노릇을 한다는 걸 알게 되었어요.

그녀는 교육 관련 글을 기고하거나 소책자를 만들어 배포했으며 많은 사람이 그 글을 읽었다. 그녀가 처음으로 쓴 책 《여학생들을 위한 교육*Education for Girls*》[5]은 1958년에 출간되었다. 이 책에서 그녀는 당시의 열악한 여성 교육 상황을 언급하며 여러 개선 방안을 제안했다. 그녀는 여성들이 충분한 교육을 받지 못해 직급이 낮은 행정직이나 보조직 같은 일자리밖에 얻지 못하는 상황에서 벗어나려면 여학생들이 적절한 고등교육을 받는 것이 중요하다고 강조했다. 1960년대에는 미국 전역을 순회하면서 학교를 방문했다. 그녀는 이때의 경험을 글로 써 《맨체스터 가디언*Manchester Guardian*》에 기고했다. 그녀는 교육가로서 수행한 업적 때문에 유명해졌다.

1971년에 교육에 기여한 업적을 인정받았다. "데임(여기사) 작위를 받은 것과 동시에 하루도 안 돼 딸 플로렌스*Florence*가 말기 암에 걸렸다는 통지서를 받았죠. 사실, 버킹엄 궁전 작위 수여식에 같이 갔어요. 딸아이가 아직 젊고 살고 싶어 하니까 꿋꿋이 견뎌내면 좀 더 오래 살수 있지 않을까요." 곧이어 캐슬린은 랭커스터 대학교 파트-타임 연구원이 되었다. 그녀는 프로젝트를 통해 자녀가 있는 기혼 여성 교사들이 자녀가 자란 후에 교직 생활로 복귀하고 싶어 하는지 알아내려고 했다.

정신없이 바쁜 와중에도 캐슬린은 수학을 포기하지 않았다. 그녀에게 수학은 생각하는 방식이었다. 시간이 날 때마다, 수학 문제를 생각했다. 그녀는 케임브리지 대학교의 유명한 수학자 헤르만 본디 Hermann Bondi에게서 영감을 받았다. 그는 캐슬린에게 '마방진magic squares'을 알려주며 관심을 갖게 했다. 알다시피, 가장 단순한 마방진은 4×4 숫자 배열을 말하는데, 이때 가로, 세로, 대각선의 합이 똑같다. 그녀는 본디 교수와 공동으로 연구해 오랫동안 해결되지 않아 골칫거리가 된 문제를 증명했고, 이를 과학 저널에 발표하고 책 두 권으로 출간했다.[6, 7]

인생 말년에, 그녀는 어린 시절의 관심사로 돌아가 별들의 경이로운 현상을 연구했다. 그녀는 아마추어 천문학자가 되었고, 예전에 다른 일을 할 때마다 그랬듯이 활력 넘치게 그 일을 해나갔다. 79세의 나이에 개기일식을 보려고 하와이 마우나케아산을 오르기도 했다.

그녀는 수많은 단체의 대표, 의장, 회장 등을 역임했다. 정치 활동도 계속했다. 1975년에는 1년 임기의 맨체스터 시장으로 뽑혔다. 1978년에 그녀는 여성 최초로 찰스 왕세자의 뒤를 이어 '수학 및 응용수학 연구원' 원장이 되었다. 그녀는 교육과 여성 문제를 많이 발표했다. 그러면서도 수학 강의를 포기하지는 않았다. 1979년에 런던에 있는 영국 왕립협회에서 주관하는 금요일 밤의 강연에서 비눗방울, 벌집, 그리고 그 외에 아름다운 대칭을 이루고 있는 것들을 주제로 발표했다. 캐슬린은 금요일 밤의 강연에서 발표한 두 번째 여성이었다.

캐슬린은 "나는 수학자와 공직 생활을 아주 멋지게 병행했습니다. 그러면서 로버트와 아이들과 함께 가정도 꾸려나갔죠"라고 말했다. 그녀는 평생 수학에 매진해왔지만, 공직 생활로 유명세를 타면서 수학자보다는 교육자로 더 잘 알려졌다. "내가 연설하기 위해 가지 않은 학교가 맨체스터에는 없을 거예요. 연설이 직업이 되다시피 되었어요." 그렇지만 그녀는 가장 분주했던 때도 수학을 그만둔 적이 없었다고 강조했다. "수학은 생각하는 방식이에요. 도구나 기구, 실험실이 필요 없어요. 아르키메데스는 부드러운 모래와 막대기만으로도 기하에서 대단한 발견을 했잖아요. … 수학은 청력에 의지하지 않아도 되는 유일한 과목이었어요. … 나는 전문 수학자가 되려는 마음은 없었어요. 어떤 분야도 마찬가지였죠. 만약 귀가 들리지 않는 사람이라면, '평범하게 해나갈 수 있는 것'도 기뻐합니다."[8] 그러나 캐슬린은 그저 "평범하게 해나갈 수 있는 것"보다 훨씬 많은 업적을 이루어냈다.

마리아네 포프

식물학자

2001년, 빈에서 마리아네 포프
(사진: 막달레나 허기타이)

빈 대학교 육지생태계연구소 웹사이트에 따르면, 연구소의 임무는 "식물과 미생물이 환경에 반응해 일어나는 신진대사, 생태계의 기능 면에서 식물과 미생물의 역할과 상호작용에 대한 근본적인 이해를 증진시키는 것"이다.[1] 전임 연구소장은 오스트리아 과학원 회원이자 전 과학·수학 학과장(2000–2002)이었던 마리아네 포프 Marianne Popp 다. 현재 그녀는 명예교수다. 나는 2001년에 그녀를 방문했다.

그녀는 1949년 빈에서 태어났다. 아버지는 정형외과 의사였다. 어머니는 화학을 공부했지만, 결혼하고 첫째 아이가 태어나는 바람에 졸업을 못하고 남편의 병원 일을 도와주었다. 마리아네의 언니는 의학을 공부했고, 주변 사람들은 마리아네도 의사가 될 거라고 기대했다. 하지만 그녀는 언니가 공부하는 것을 보고는 의학이 자기와 맞지 않는다는 것을 깨달았다. 그녀는 학교에서 수학과 생물학을 좋아했으며 결국 식물학과 동물학을 공부하기로 결심했다. 그 당시 생물학을 공부한 사람들은 대개 고등학교 선생님이 되었지만, 마리아네는 그럴 마음이 없었다. 그녀는 죽은 동물을 다루고 싶지 않아서 1학년 때 동물학에서 생물학으로 바꾸었으며, 식물학과 생화학을 전공했다. 그 후 빈 대학교의 식물생리학연구소 Institute of Plant Physiology 에서 공부해 1975년에 박사학위를 받았다. 그녀는 연구소에서 연구 보조원으로 일했다. 여러 해 동안 해외에서 연구 활동도 했는데, 주로 오스트레일리아에 있었으며 약 7년 동안 독일 뮌스터 대학교에서도 지냈다.

마리아네는 광범위한 연구 주제에 관여해왔다. 그중 대부분은 그녀가 공부했던 식물에 대체로 존재하는 특정 분자 유형과 시클리톨 cyclitol, 환상당 같은 것이었다. 시클리톨은 상대적으로 작은 순환 분자이며 수산기 hydroxyl group, 水酸基를 여러 개 가지고 있다. 이는 물이 많거나 사막처럼 극한의 기후 조건에서 살아가는 식물에서 만들어진다. 그녀가 연구한 첫 계 system, 界 중 하나는 염생식물 halophyte, 즉 염분 농도가 높은 토양에 적응한 풀 종류였다. 그녀와 동료 롤란트 알베르트 Roland Albert는 오스트리아-헝가리 국경 근처인 오스트리아 동부의 큰 호수 노이지들러호海에서 연구를 진행했다. 두 사람은 그 연구 주제에 큰 관심을 가져 연구 범위를 확장하기로 결정했다. 알베르트는 미국 그레이트솔트호로 가서 식물이 어떻게 염분이 함유된 물에서 적응할 수 있는지 연구했고, 마리아네는 오스트레일리아로 가서 염분이 함유된 물에서 자라는 나무인 색다른 망고 종 mango species을 연구했다. 그녀는 망고에 시클리톨이 풍부하거나 또는 유사한 분자가 있다는 사실을 발견했다.

망고는 혹독한 환경에 잘 적응하기 때문에 흥미로운 연구 대상이다. 염분 농도가 높은 곳에서 잘 자라고 끊임없이 기계적 스트레스를 받게 되는 물가에서도 잘 자란다. 6시간마다 물에 잠기기 때문에 뿌리 부분에는 산소가 접근할 수 없다. 이런 혹독한 상황에서 망고는 어떻게 살아남을까? 식물학자에게는 흥미를 불러일으키는 질문이다.

적절한 시간이 됐을 때, 마리아네는 사막 같은 환경에서 사는 식물에 시클리톨이 어떤 역할을 하는지 알아보는 쪽으로 연구 영역을 확장했다. 그녀와 알베르트는 극한 조건에 적응하는 식물의 메커니즘이 다양한 환경 아래에서 매우 유사하다는 것을 밝혀냈다. 이 메커니즘은 시클리톨과 유사한 분자 계통의 축적에 기반을 두고 있는데, 이는 세포막을 통한 용해 성분의 이동 삼투를 조절하는 데 도움이 된다. 예를 들어, 물이 너무 많아서 물을 빨아들임으로써 세포가 부풀어 오르는 경우, 시클리톨 같은 분자가 세포막 채널을 열어 세포 밖으로 빠져나간 다음 세포 내의 압력을 완화시켜준다. 반면에, 너무 건조한 조건이면 이 분자들이 세포를 말라버리게 해서 스스로 굳어져 건조함으로부터 세포막과 단백질을 보호한다.

마리아네는 전 세계의 다양한 식물 종을 연구해왔다. "우리가 관심을 두고 있는 또 다른 주제는 겨우살이mistletoe였어요. 사실, 겨우살이는 우리가 연구한 식물들 중에서 시클리톨의 농도가 아주 높은 축에 드는데, 잎의 건조 물질 중 약 25%를 차지합니다. 겨우살이는 기생식물이라는 측면에서도 흥미로운 대상이죠. 우리는 남아프리카공화국에서 겨우살이가 숙주로부터 탄소를 얼마나 많이 뽑아내는지 연구했어요."[2]

마리아네는 미혼이다. 일부러 결혼을 안 하려고 한 것은 아니지만, 과학자가 되고 싶었고 연구 활동을 잘하려다 보니 그렇게 된 것이다. 그녀는 건사해야 할 가족이 없기 때문에 해외에 머무르는 것이 더 수월했을 것이라고 믿고 있다. 그녀는 운동에 시간을 많이 할애했다.

그녀는 노골적인 성차별을 겪었다고는 생각하지 않는다. 1997년, 오스트리아 과학원 준회원으로 선출되었으며, 선출직으로는 사상 두 번째 여성이었다. 2001년에 그녀는 나에게 이렇게 말했다. "아직 정회원으로 승격되지는 않았어요. 누군가 내게 '당신이 정회원이 되려면 성sex을 바꾸어야 한다'고 말한 적도 있었어요. 그 당시 사람들은 나를 과학원에 두고 싶어 했는데, 그 목적이 '자, 이것 봐라, 우리 과학원에도 여자 회원이 있다'라는 점을 내세우기 위해서였어요." 그렇지만, 결국 그녀는 성을 바꾸지 않고도 2006년에 정회원으로 선출됐다. 자신의 학장 선거에 관하여 그녀는 이렇게 설명했다.

이런 일이 벌어졌다는 게 아직도 믿기지 않아요. 신임 학장을 선출할 즈음이었죠. 한 동료가 모든 사람을 찾아다니며 지기가 학장이 되고 싶다고 말했어요. 그래서 내가 농담 삼아 '그렇다면, 나 역시 학장이 되고 싶다'라고 했죠. 그 과정에서 내 이름이 후보 명단에 올랐고 첫 투표가 시작되었을 때, 내가 가장 많은 표를 얻었어요. 분명히 위원회에 소속된 전체 학생과 기술 직원이 나를 찍었을 거예요. 어쨌든 결국 내가 선출되었고, 어려운 일이었지만 이미 여러 가지 일을 이루어냈다고 생각해요. 물론 나이 많은 남성 교수 몇 명은 아직도 나를 인정하지 않고 있다는 점 또한 사실입니다. 나에게 일어났던 몇 가지 사소한 일만 봐도 알 수 있어요. 예를 들어, 은퇴하는 남자 교수들의 경우 송별회를 쭉 하는데, 가끔씩 초대받지 못하는 경우가 있었죠. 그런데 나는 그까짓 것에 신경 쓰지 않습니다.

우여곡절 끝에 학장이 된 에피소드는 재미있지만, 그녀가 학장이 되기로 한 것이 즉흥적인 결정은 아니었다. 그녀는 학교가 나아갈 방향을 두고 발언권과 영향력을 행사하고 싶었다. 예를 들어, 그녀는 분자생물학이 중요하다는 이유로 고전생물학을 등한시할지도 모른다는 의구심을 가지고 있었다.

나는 분자생물학을 발전시키려고 심혈을 기울이지만, 전통적인 유기

생물학, 식물생물학, 동물학 같은 분야가 없어지는 것을 원하지는 않았어요. 그리고 당시 대학에서 이 문제는 결정되지 않은 상태였어요. 나는 고전생물학을 살려서 생물학을 공부하는 어린 학생들에게 확고한 기반을 제공해야 한다고 생각했죠. 가끔씩 이런 생각도 들었어요. 어느 단계에 이르면 세포 배양은 이해하지만 옥수수와 향모 갈대를 구별하지 못하는 단절된 세대의 생물학자들이 생겨날지도 모른다는 생각이요. 예를 들어, 우리는 좋은 토양생물학자를 필요로 하게 될 겁니다. 이것은 인류의 미래를 위해 정말 중요해요. 농업에 생태학적인 지침을 더 많이 줘야 할 테니까요.

나는 이런 점들을 사람들에게 납득시키려고 노력해야 했어요. 물론, 시간이 많이 걸리지만 그럴 만한 가치가 있죠. 학장으로서 중요한 장점 하나는 일개 교수 신분으로는 만나지 못했을 산업계 인사들을 만날 수 있고, 내 아이디어를 놓고 함께 토론할 사람들을 만날 가능성이 더 많다는 것이죠. 반면에, 정부 부처와 여러 주제를 가지고 논의를 하는 것은 훨씬 더 어렵고 진이 빠지는 일이에요. 나는 이번 학장 임기가 끝나면, 비록 한 번 더 선임될 가능성이 있더라도, 다시 맡지 않으려고 합니다. 그러면 1년 동안 안식년을 보낼 가능성이 있는데, 그 기간 동안 완벽하게 준비해 대학 행정에서 과학으로 돌아가기 위한 기간으로 사용할 거예요.

맥신 F. 싱어

분자생물학자

2000년, 워싱턴 DC에 있는 자신의 사무실에서 맥신 싱어
(사진: 막달레나 허기타이)

"탁월한 과학적 업적과 과학자의 사회적 책임에 깊은 관심을 나타낸 것을 기리며." 1992년에 맥신 싱어 Maxine Singer가 조지 부시 대통령으로부터 국가과학훈장을 받았을 때 표창장에 적혀 있던 문구다.[1] 이 인용문은 그녀의 업적을 잘 요약해주고 있다. 그녀가 정책 입안자와 과학의 조직자로서 과학 분야와 다방면에 걸쳐 이룬 성취는 매우 뛰어났다.

맥신은 1931년 뉴욕에서 맥신 프랭크 Maxine Frank로 태어났다. 아버지는 변호사였고, 어머니는 전쟁이 일어날 때까지는 주부였으나 전쟁이 일어난 뒤 직업을 가지게 되었다. 어머니는 자기 일을 좋아해 전쟁 이후에도 계속 일을 했다. 맥신이 과학에 관심을 가지게 된 계기는 고등학교 때 과학 선생님들의 영향 때문이었다. 대학에 진학할 무렵, 그녀는 자기가 하고 싶은 일이 무엇인지 알게 되었다.

그녀는 1952년에 소규모 남녀 공학 대학인 스워스모어 칼리지를 졸업했다. 그곳에서 보낸 몇 년은 그녀가 독자적인 과학자로 성장하는 데 가장 큰 영향을 미쳤다.[2]

운이 좋았는지, 학창 시절 과학 전공 학생 중에 뛰어난 사람은 다 여성들이었어요. 모두 여섯 명이었는데, 우리는 서로 친한 친구 사이였고, 같은 기숙사에서 살았어요. 우리는 많은 부분을 서로 가르치고 배웠어요. 학부생 때 내가 그 그룹에 없었다면, 과학을 꾸준히 계속할 의지와 포부가 과연 있었을까 생각하곤 합니다. 아마 없었을 거예요. 어쩌면 의대에 진학했을지도 모르죠. 절친한 친구들과 함께했던 4년이 나에게 엄청난 영향을 끼쳤습니다. 정말이에요. 대학원 교육보다 학부 때 받은 교육이 과학을 대하는 태도에 훨씬 더 많은 영향을 주었다고 생각해요.

그녀는 예일 대학교에서 생화학 박사학위를 취득했다. 박사과정 지도교수 조지프 프루턴Joseph Fruton의 제안으로 DNA 연구에 참여했고 미국 국립보건원에 들어갔다. 그곳에 있는 동안 그녀는 분자생물학과 생화학을 연구하고 RNA와 DNA의 색다른 측면들을 연구했다. 한동안 1968년 노벨 수상자인 마셜 니런버그Marshall Nirenberg와 함께 유전자 암호해독 작업을 하기도 했다.

내가 그녀에게 본인의 가장 중요한 과학적 성취를 뭐라고 생각하는지 묻자, 이렇게 대답했다. "비록 내가 논문을 쓴 적은 없지만, 마셜 니런버그에게 [유전자 정보가 어떻게 써지는지 규명하는 데] 도움을 주었던 폴리뉴클레오티드(DNA 또는 RNA 상의 뉴클레오티드의 배열 — 옮긴이)를 만들 수 있는 위치에 내가 있었기 때문에, 유전자 암호를 해독하는 동안 내가 했던 작업이 매우 중요했던 것은 확실합니다. 1년 반 정도 그 일을 했던 것 같은데, 당시만 해도 그 일을 할 수 있는 사람이 많지 않았죠. 그래서 그 일이 나에게 큰 의미가 있어요."

나는 그녀가 그 당시에 그 일이 중요하다는 것을 알고 있었는지 궁금했다.

물론, 우리 모두가 그것을 알고 있었죠. 마셜이 나에게 정식으로 공동 연구를 하자고 요청한 것 자체가 흥미로운 일이었으니까요. 그러나 나는 그 일을 하고 싶지 않다고 말했죠. 2년 전에 박사후과정을 함께했던 한 동료가 이 소식을 듣고는 '당신은 지금 노벨상을 받을 기회를 던져버린 거야'라고 말하더군요. 나는 그렇게 생각하지 않는다고 대답했죠. 만약 마셜이 노벨상을 받으면 나는 그의 공식 공동 연구자가 되었을 테고, 그를 위해 일했던 사람으로 비쳤을 거예요. 하지만 나는 내 독립성을 유지하는 게 더 중요했어요.

맥신 싱어는 자기가 이룬 다른 중요한 업적 두 가지도 언급했다.

또 다른 성과는 긴 폴리뉴클레오티드를 만들거나 분해하는 효소가 몇 가지 있다는 사실을 알아낸 것이죠. 폴리뉴클레오티드가 사슬을 만들기 시작하면, 마치 구슬 끈을 만드는 것 같은 메커니즘으로 작동합니다. 구슬을 하나 추가한 다음 멈출 수 있게 하는 것이죠. 또는 원하면 연속체에 구슬을 계속 추가할 수도 있고요. 폴리뉴클레오티드는 사슬을 만들기 시작하고 자기가 만들고 있는 사슬이 느슨해지지 않도록 유지하며, 효소는 그 사슬에 달라붙어 다음 단위를 추가하죠. 이것 역시 중요한 발견으로 판명되었어요. 비교적 최근에, 인간 게놈의 약 15%를 차지하는 인간 전이 요소human transposable element를 발견한 것도 중요한 성과입니다.

국립보건원에서 17년을 보낸 후 맥신은 국립암연구소로 옮겼으며 그곳에서 관리직을 맡았다. 그러는 동안, 그녀는 유전자 연구의 윤리적 문제에 관여하게 되었다. 1980년부터 8년 동안 그녀는 국립암연구소의 생화학 실험실 실장이었다. 1988년에는 천문학, 생물학, 지구과학 세 분야를 연구하는 대형 민간 연구기관인 워싱턴 DC 소재 카네기연구소의 소장이 되었다. 연구소장으로서, 그녀는 어린이들을 대상으로 한 토요일 과학학교 '태초의 빛First Light'을 만들었다. 이것이 카네기 과학 교육 아카데미라는 신규 프로그램의 시작이었다. 워싱턴 지역의 학생들과 교사들에게 과학에 대한 관심을 증진시키는 것이 이 프로그램의 목적이었다. 2002년에는 글로벌 생태학 연구를 담당할 새 부서를 설립했다. 그녀는 2002년에 자리에서 물러났다. 맥신의 업적은 잘 알려져 있다. 그녀의 탁월함은 국립과학원(1979)과 교황청 과학아카데미(1986) 회원, 국가과학훈장 수상(1992), 국립과학원 공공복지 메달 수상(2007) 등을 봐도 잘 알 수 있다.

수십 년 전으로 거슬러 올라가, 유전공학의 가능성을 타진하는 논의의 시작점에 그녀가 기여한 공이 크다는 점을 특별히 언급할 필요가 있다. 그것은 1973년 핵산을 주제로 한 회의였는데, 바로 이 회의에서 최근 개발된 재조합 DNA 기술의 잠재적인 악영향에 대한 우려가 처음 제기되었다. 재조합 DNA는 서로 다른 종들의 DNA를 끊거나 결합해 새롭고 위험한 생물 종을 만들어낼 수도 있는 기술이었다. 이 때문에 이 회의에서는 인간이 마음대로 생물을 교배하고 창조함으로써 야기되는 위험성을 심각하게 우려했다.

1975년 폴 버그Paul Berg와 이 분야를 선도하는 다른 과학자들과 함께, 맥신 싱어는 신기술의 잠재적인 위험성을 논의하기 위해 유명한 아실로마 회의Asilomar Conference를 조직했다. "재조합 DNA에 관한 아실로마 회의는 분자생물학의 우드스톡Woodstock이었다(우드스톡이라는 지명을 딴 페스티벌에서 유래된 이름이며, 1960년대 베트남전쟁 등 격변의 시기를 살았던 젊은이들의 문화적 갈증을 해소시키는 역할을 했다 — 옮긴이). 그것은 한 세대를 정의하는 순간, 잊을 수 없는 경험, 과학과 사회의 역사에서 획기적인 사건이었다."[3] 이 분야의 선도 연구자들을 비롯해 의사와 변호사들이 모여 위험 요소가 실제로 존재하는지, 만약 그렇다면 범법을 예방하기 위하여 무엇을 해야 할지 논의했다. 비록 대부분의 과학자는 실제적인 위험이 없다고 생각했지만, 위험의 가능성이 너무 커서 아예 무시할 수는 없었다. 그들은 미래의 연구를 대비한 지침, 즉 재조합 DNA 연구에 관한 자율 제약을 마련했다. 그리고 새로운 연구 결과가 안전하다는 것이 입증되어가면서 그 제약은 서서히 해제될 것이라는 데 동의했다.

아실로마 회의는 과학자들이 자기들의 실험에 따를지도 모르는 위험과 그에 대한 책임을 이해하고, 그것들을 제약할 입법 조치를 기다리기보다는 선제적으로 과학자의 책임을 통감하면서 행동에 옮겼던 모범적인 사례다.

그 후 몇 년 동안 싱어는 유전공학, 인간 게놈 프로젝트 및 기타 과학적 쟁점에 대한 정보를 대중에게 알리는 데 적극적으로 참여했다. 그녀는 의회에 출석해 증언했고 이런 주제들을 다루는 위원회의 고문으로 활동했다.

재조합 DNA를 다룰 때 그에 따른 위험성을 경고한 것이 과연 과잉반응이었을까? 그녀는 그렇게 생각하지 않았다. "우리가 우려했던 것이 사실이 아닌 것으로 밝혀진 게 확실하다고 생각합니다. 하지만 처음에는 우리 가운데 아무도 그것을 알지 못했으며, 심지어 짐 [왓슨]도 알지 못했어요. 만약 우리가 염려했던 것이 사실로 드러나거나 그중 일부라도 맞았다면, 사회적 후폭풍 때문에 생물학 발전은 지극히 요원했을 거예요. 신중하게 대응했기 때문에 우리가 취한 입장은 대중의 신뢰와 존경심을 얻었죠. 그러므로 나는 그것이 과잉 반응이었다고 전혀 생각하지 않아요."

대중에게 유전공학을 알릴 때 과학자들이 해야 할 일을 적절하게 수행했느냐는 질문에 그녀는 이렇게 주장한다.

과학자들은 유전공학을 널리 알리려고 무척 노력했어요. 대중에게 다른 모든 과학적 사실보다 더 열심히 알리려고 했죠. 아실로마 회의가 시작된 1973년 즈음부터 약 10년 동안, 과학자들이 대중, 단체, 입법부를 교육하기 위해 엄청나게 노력해온 것은 확실합니다. 그런데 최근 들어 과학자들이 대중에게 직접 제대로 된 의견을 전달하기가 더 어려워졌어요. 대중에게 전하려고 하는 내용의 상당 부분이 미디어를 통해, 미디어의 프리즘으로 해석되어 걸러지기 때문에 올바른 정보 전달보다는 불필요한 논쟁으로 확산되는 경향이 있어요. 이건 참 심각한 문제죠.

싱어는 다작 작가였다. 그녀는 과학 서적 약 100권을 출판했고, 노벨상 수상자 폴 버그와 함께 책 여러 권을 공동 집필했다.[4]

싱어는 운이 좋았던 편이다. 학생 시절과 연구원 시절을 통틀어 한 번도 성차별을 겪지 않았으니 말이다. 이런 점에서 그녀의 기억에 남는 유일한 경험은 다음과 같다. "내가 여자라서 문제가 있다고 처음 느꼈던 적이 있죠. 국립보건원 연구실에서 박사후과정 연구원을 모집할 때 겪었던 일이에요. 해당 부서장을 만났더니 그가 이러더군요. '나는 당신이 원하는 방향으로 박사후과정 지원자를 채용하려고 애썼지만 지원자들이 여성 밑에서 일하고 싶어 하지 않습니다.' 이런 문제였어요. 곧 해결되긴 했지만요."

맥신 싱어는 과학 분야의 행정가나 정책 결정자 경력뿐만 아니라 과학자 경력도 훌륭하다. 이 모든 걸 자녀 네 명과 함께 행복한 가정생활을 유지하면서 이루어냈다. 그녀의 인생에서 가장 큰 도전이 뭐였냐고 질문하자 이렇게 대답했다. "내 생각엔, 가장 큰 도전은 네 자녀를 키우고 그 아이들을 정말로 훌륭하게 바깥세상으로 내보내는 것이죠."

나탈리야 타라소바

화학자

2013년, 모스크바의 연구실에서 나탈리야 타라소바
(나탈리야 타리소바 제공)

나탈리야 타라소바는 여러 가지 면에서 행운아였다. 좋은 집안에서 태어나 자랐고 최고의 멘토와 지지자들을 만났다. 과학자이자 행정가로서 자기 재능과 행운을 실현시킬 만한 강한 의지와 에너지의 소유자이기도 했다. 그녀는 지속가능한 발전sustainable development 연구를 선도하는 러시아 화학자이자 과학자였으며 러시아 과학원의 발언권 회원으로도 선임되었다.

유엔이 내린 정의에 따르면, "지속가능한 발전은 미래 세대가 자신들의 수요를 해결하기 위한 잠재 능력을 훼손하지 않고 현재의 수요에 대처할 수 있는 수준의 기술 개발을 의미한다."[1] 나탈리야는 현재 모스크바에 위치한 D. 멘델레예프 러시아 화학기술 대학교에서 화학 및 지속가능발전연구소를 책임지고 있다. 이 연구소는 이런 종류로는 세계 최초이자 러시아에서 손꼽히는 기관이다. 나탈리야는 러시아는 물론 여러 국제기구와도 잘 협력해나가고 있다. 그녀는 국제순수·응용화학연합IUPAC 부회장도 맡았다(2014년 IUPAC 부회장, 2016년 회장 당선).

나탈리야 파블로브나 타라소바는 1948년 모스크바에서 태어났다. 어머니 라이사 타라소바Raisa Tarasova(결혼전 성은 크리보루츠코Krivoruchko)와 아버지 파벨 타라소프Pavel Tarasov는 제2차 세계대전 때 결혼했다. 어머니는 야전병원의 외과의였고 아버지는 포병이었다. 두 사람 다 전쟁 영웅이었다. "전쟁이 끝나자 아버지는 소련 공산당 중앙상무위원으로 일하다가 나중에는 문화성으로 옮겼죠. 1969년에 57세의 나이로 세상을 떠났어요. 어머니는 아주 유명한 이비인후과 의사였죠. 여러 가수와 음악가를 돕기도 했어요. 어머니가 청력을 회복시켜주곤 했기 때문에 환자들한테 아주 인기가 높았어요. 그 환자 가운데 한 사람이 아직까지 내 집안일을 도와주고 있어요. 어머니는 2007년에 87세를 일기로 돌아가셨습니다."[2]

어린 나탈리야는 이것저것 관심이 많았다. 그때는 유리 가가린 Yurii Gagarin이 최초로 우주를 비행하고 핵에너지를 평화롭게 사용하기 위한 논의가 활발하던 시절이었다. 나탈리야는 이런 시대적 발전 양상을 열렬히 뒤따랐다. 학교 수업 외에 음악과 영어를 공부했다. 그녀가 좋아하는 과목은 수학이었고, 다행히 훌륭한 수학 선생님으로부터 잘 배울 수 있었다. 연극을 무척 좋아했지만 아버지가 절대로 "보헤미안식" 삶을 살아서는 안 된다고 만류했기 때문에 다른 데에서 흥미를 찾기로 했다. "어머니 환자 한 명이 멘델레예프 화학기술연구소(그 당시엔 그렇게 불렀어요), 그곳 방사선화학과를 언급한 적이 있었죠. 물리학, 수학, 화학이 모두 결합된 좋은 학과라는 생각이 들더라고요. 최우등으로 졸업했기 때문에 그곳에 진학하려면 한 과목만 더 합격하면 됐어요. 그렇게 멘델레예프 화학기술연구소 학생이 됐습니다."

1972년, 나탈리야는 대학을 졸업했지만 평연구원으로 남아 방사선 유도 화학 합성물을 연구했다. 1976년에 박사학위에 해당되는 논문이 통과됐다. 박사 논문을 쓴 후로도 연구원 신분에 머물러 있다가 1979년에 돌파구가 열렸다. 박사후과정으로 프랑스 보르도 대학교 클로드 피아트르 Claude Filliatre 교수 연구실에서 9개월 동안 연구할 기회를 잡은 것이다. 당시 소련에서는 대학생의 해외여행이 엄격히 제한되었기 때문에 이런 프랑스행은 그녀에게 엄청난 기회였다. 러시아의 저명 학자들조차 해외여행을 허가받기 어려울 때였다. 모스크바로 돌아와 그녀는 응용수학 야간 수업을 듣고 추가 학위를 취득했다. 나탈리야의 행보는 여느 경우와는 완전히 달랐다.

나는 언제나 수학이 좋았어요. 그래서 적절한 수학 교육을 받고 싶어했죠. 이 무렵이 대학에 컴퓨터가 처음 도입된 시점이었어요. 일주일에 6일씩 저녁 강의를 4년간 듣고 학위를 취득했는데, 그만한 가치가 있었어요. 그 무렵 나는 신설된 산업생태학과 조교수가 되었죠. 멘델레예프 대학교 총장 겐나디 야고딘Gennadi Yagodin 교수가 그 과를 만들었는데, 대학 내 다른 학부 교수들을 불러들였어요. 그는 새로운 과학 분야에서 융합 학제의 필요성을 알고 있었던 거죠. 나도 그중 한 명이었고요.

1988년, 로마클럽*에 제출된 《성장의 한계The Limits to Growth》[3] 세 저자 중 한 사람인 데니스 메도스Dennis L. Meadows 교수가 명예 박사 학위를 받으러 멘델레예프 대학교를 방문했어요. 기념 연설에서 그는 인류의 문명 때문에 미래에 겪게 될 난관과 글로벌 모델을 언급했죠. 1년 후에 내가 미국 다트머스 대학교로 그를 찾아가기도 했어요. 지구 차원의 문제에 관심을 가지게 되었는데, 당시 파벨 사르키소프Pavel D. Sarkisov 총장이 이런 제안을 하더라고요. 멘델레예프 대학교 전교생을 대상으로 지속가능성을 가르칠 신설 학과를 만들어보라고 말이죠. 그게 1992년의 일이에요. 리우 회의(유엔환경개발회의)가 막 열렸을 때죠.

---

* 글로벌 정책연구소이자 싱크탱크. 여기서 발간하는 보고서 《성장의 한계》는 경제성장이 지구라는 유한한 자원을 전제로 하는 한 무한하지 않다는 것을 지적해 전 세계적으로 큰 반향을 불러일으켰다. 이 보고서는 세계 인구, 산업화, 공해, 식량 생산, 자원 고갈 등의 문제를 지적했다.

제안을 받아들여 지속가능한 발전 문제를 다루는 학과를 만들었어요.

몇 년 후 나는 화학 및 지속가능발전연구소를 열었습니다. 여기에는 우리 학과 외에도 사회학, 생명 안전, 환경과학 등 다른 여섯 개 학과가 포함되었죠. 작년에 우리 학과는 지속가능한 발전을 위한 친환경 화학 분야에서 유네스코 체어 인준을 받았어요. 우리는 산업 일선에도 친환경 화학 개념을 도입하기 위해 러시아 회학협회와 함께 일을 해나가고 있습니다. 예를 들면 폐건전지 재활용 같은 게 있어요.

화학은 환경 공해를 유발한다고 종종 비판받으며 대중의 눈에는 아주 부정적인 이미지로 비친다. 약학 등 화학의 다양한 분야와 물질이 인간의 삶에 긍정적인 영향을 미치는 점은 무시되기 일쑤다. 그렇다 해도 오염 문제는 필수적으로 해결해야 하며 심각하게 다루어야 한다. 미래의 화학자들이 환경 이슈에 관심을 기울이도록 가르치는 대학 연구소를 만드는 것은 우리 지구의 지속가능성을 확보하기 위한 일꾼을 만드는 데 중요한 단계였다.

나탈리야는 화학에서 방사선 유도 합성 물질에 꾸준히 관심을 기울여왔다. 핵방사선의 영향 아래 화학반응(다시 말해 화학결합을 깨거나 형성하는 과정)이 발생할 수 있는 것이다. 예를 들어, 코발트 동위원소 ^{60}Co을 사용하거나 반응물질에 전자가속기 빔을 쐬면 완전히 새로운 반응이 일어난다.

내가 하는 기본 연구는 종류가 다른 방사선 조건일 때 다른 매개체에 있는 고분자 형태의 황과 인의 합성을 조사하는 거예요. 지금은 그 작업에 전념하고 있는데, 변형된 붉은 (폴리머) 인과 황 표본을 얻어서 이걸 특정 소비자의 요구에 맞추어 성질을 '조정'하는 겁니다. 인간이 환경에 영향을 끼치는 정도를 평가하는 데 도움이 될 만한 각종 지표도 연구하고 있습니다.

나탈리야는 결혼해서 아들을 하나 두었다. 남편은 응용수학과 전자기술학electrotechnics 분야에서 학위를 받았으며 응용모델링 박사학위 소유자이지만, 축구 평론가로 러시아 축구협회에서 일하고 있다. 아들은 모스크바 국립대학교에서 응용수학과 법학, 이 두 분야의 학위를 받고 이 대학에서 일하고 있다.

나탈리야는 온 가족의 지원을 받는 축복된 삶을 살았다. 그녀는 이렇게 힘주어 말했다. "어머니는 돌아가시는 그날까지 내게 도움을 주셨어요. 심지어 어머니의 환자 가운데 한 사람이 어머니가 돌아가신 후에도 나를 도와주고 있어요."

셜리 틸먼

분자생물학자

2001년, 프린스턴에서 셜리 틸먼
(사진: 막달레나 허기타이)

2012년 가을에 셜리 틸먼Shirley Tilghman은 영예로운 프린스턴 대학교 총장직을 사임한다고 발표했다. 그녀는 그 대학 최초의 여성 총장으로써 11년 동안 재직했다. 종신 교수로 지내면서 그녀는 많은 것을 이루어냈다. 예를 들어, 신설 신경과학연구소와 예술센터, 기숙형 대학을 건립하는 데 일조했으며, 여성과 남성 교수진에 대한 차별 대우를 철폐하기 위해 노력했다. 또한 재정 지원 대상 학생 수를 늘리는 등 그 밖에도 여러 활동을 했다. 그녀는 자기 연구 분야인 분자생물학을 이끌어가는 지도자로 수십 년을 보낸 후에 이 모든 일을 해냈다. 나는 셜리가 프린스턴 대학교 총장으로 취임하고 두세 달 후에 그녀의 사무실을 방문했다. 그때가 2001년이었다. 나는 과학계에서 성공적인 경력을 한창 쌓아가던 그녀가 왜 이 자리를 수락했는지 궁금했다.[1]

이 자리를 맡겠다고 한 것은 아마 자신감 때문일 거예요. 내가 제출한 서류에는 이 일을 잘해낼 거라고 할 만한 경력이 하나도 없었어요. 행정 실무 경험이 전혀 없었거든요. 한 연구소 감독관으로 지낸 적이 있었지만 그 연구소는 그 당시 막 만들어지는 중이었고 규모도 그다지 크지 않았어요. 회계 분야, 관리 분야의 일을 해본 적도 없고 부총장급으로 일한 경험도 없었기 때문에 누군가 내 이력서만 본다면, 내가 프린스턴 대학교 총장 일을 감당할 만한 점을 찾지 못했을 거예요. 내가 지금이 자리에 있게 된 이유는 단 하나뿐이라고 생각해요. 내가 이 일을 잘 배울 수 있을 거라는 자신감이죠.

나는 그 자신감이 도대체 어디에서 나온 것인지 궁금했다. "아버지 영향이 컸어요. 언니가 한 명 있는데, 심각한 지적 장애에다 아주 어렸을 때부터 집에서만 지내왔어요. 내가 맏이나 마찬가지였죠. 그래서 맏이가 부모로부터 받을 수 있는 혜택과 관심을 누리며 살았어요. 아버지는 여자의 능력을 믿었어요. 여자도 성공할 수 있다고, 자기가 원하기만 한다면 무엇이든 될 수 있다고 여겼죠. 아버지는 내가 무엇이든 다 할 수 있다고 생각하셨어요. 나에게 끼친 영향이 엄청났습니다."

셜리는 1946년 캐나다 토론토에서 셜리 마리 콜드웰Shirley Marie Caldwell로 태어났다. 아버지는 은행에서 근무했는데, 가족들은 이곳저곳 자주 이사를 다녔다. 그녀는 어릴적부터 과학에 대한 관심이 지대했다.

늘 숫자에 빠져 지냈어요. 어렸을 때부터, 아버지는 자기 전에 이야기책을 읽어주는 대신 나하고 수학 게임을 했어요. 내가 화학에 매력을 느끼게 된 것도 수학과 숫자를 좋아했기 때문이라고 생각해요. 대학 때 화학을 전공한 것도 그렇고요. 나는 화학을 퍼즐 문제 풀기처럼 여기죠. 내가 좋아하는 게 뭐냐 하면요, 하나의 기질substrate에서부터 최종 결과에 이르기까지 경로를 이해하고, 그 과정의 최소 단계를 찾아내는 거예요. 이런 게 내가 생각하는 화학의 퍼즐 문제 풀기죠. 이게 다 어렸을 때 수학을 좋아했던 것과 관련이 있어요.

대학교 3학년이 되니까 화학이 지겨워지더군요. 화학의 어떤 점 때문에 그런 건 아니었어요. 그냥 개인의 호불호 문제였을 거예요. 어쩌면, 나는 훌륭한 화학자가 되지는 못할 거라고 생각했는지도 몰라요. 그래서 과학의 다른 분야를 기웃거리기 시작했는데, 20세기의 위대한 분자생물학 실험 중의 하나를 우연히 발견하게 된 게 바로 이때였어요. 바로 매슈 메셀슨Matthew Meselson과 프랭클린 스탈Franklin Stahl이 한 실험이었죠. DNA가 반⁺보존적으로 복제를 한다는 것을 보여준 실험이에요.

반보존적인 복제란, 원래의 DNA 이중나선이 풀어져서 두 가닥이 분리되는 것을 의미한다. 그런 다음 신생 DNA를 구축하는 분자들이 두 개로 분리된 각 가닥에 차례로 붙어서 두 개의 새로운 딸 DNA 분자를 만든다. 이 딸 DNA 가닥의 반은 원래의 DNA이고 나머지 반은 복제된 DNA였다.[2] "여태껏 내가 봐왔던 것 중에서 가장 혁신적이고 멋진 실험이었어요. 그 즉시 분자생물학자가 되겠다고 결심했죠."

셜리는 캐나다 온타리오주 킹스턴 지역에 있는 퀸스 대학교에서 학사학위를 받을 때쯤, 실험실 문화를 이해하게 되었다. 일단 대학원 과정을 시작하게 되면 자기 인생에서 분자생물학자가 되는 것 말고는 어느 것도 실제로 해볼 기회가 없을 것 같다는 생각이 들었다. 그렇게 운신의 폭이 제한되는 게 마뜩지 않았다. 지금까지와 다른 세상을 경험해보고, 자기가 속한 곳을 벗어나 다른 문화도 접해보고 싶었다. 그래서 그녀는 서아프리카로 가기로 결심했고, 3년 동안 시에라리온에서 중등학교 교사로 일했다.

부모는 그녀가 내린 결정에 대해 어떻게 생각했을까? 내가 그 점을 묻자 그녀는 이렇게 대답했다. "대학에 다니는 내내 어머니는 화장지,

치약 등을 비롯해 여러 가지 생필품을 매주 보내주셨죠. 나보고 사라고 했으면 사지 않을 게 뻔했으니까요. 그런데 내가 아프리카로 가겠다고 하니까, 더 이상 그런 물건들을 보내지 않았어요.

셜리는 아프리카에서 지낸 시절을 매우 좋아했다. 시에라리온은 이제 막 독립한 신생 국가였는데, 여러 심각한 문제가 산적해 있었지만, 잘될 거라는 낙천적인 분위기가 있었다. 그녀도 실제로 여러 가지를 배울 수 있는 기회가 있었다. 나는 셜리가 학생들에게 자기가 했던 것과 비슷한 모험들을 해보라고 권유했는지 궁금했다. "당연히 했죠. 학생들이 시간을 내서 뭔가 다른 것을 시도해보고 싶다며 내 의견을 물을 때마다 늘 그렇게 하라고 격려해줬어요. 나는 이전과는 완전히 다른 사고방식을 가지고 대학원으로 돌아왔어요. 활력이 넘쳤고, 중단했던 공부를 계속할 준비가 되어 있었죠. 만약 대학 졸업 직후에 아프리카에 갔으면, 그러지 못했을 거예요. 대학원을 다니다 간 게 아주 잘한 선택이었어요."

이후 그녀는 필라델피아에 있는 템플 대학교에서 생화학 박사과정을 밟았고, 베데스다에 있는 국립보건원에서 박사후과정을 할 때는 필립 레더Philip Leder와 함께 일했다. 레더는 10여 년 전 마셜 니런버그와 함께 유전자 암호해독 실험에 참여한 적이 있었다. 그녀는 레더와 함께 일하는 것을 무척 좋아했다. 셜리는 자신의 가장 중요한 업적이 유전자 복제 방법을 수정한 것이라고 생각하는데, 레더의 연구실에서 했던 작업이다. 그때는 재조합 DNA가 막 시작되는 시점이었다.

수십만 개의 유전자 중에서 단 하나의 유전자를 복제해내는 방법을 알아내는 게 관건이었어요. 우리는 쥐에서 추출한 유전자를 가지고 연구를 했죠. 쥐 유전자 복제를 통해 얻어진 결론이 있는데, 유전자로부터 전사transcription된 mRNA가 연속적이지 않다는 거예요. 유전자들은 끊어집니다. RNA 수준에서 함께 붙여져야 할 유전자 구간들이 있는데, 이 발견은 1990년대에 노벨상으로 이어졌죠.[*]

… 우리가 가장 흥미롭게 생각한 것은 통합성과 복잡성이라는 개념을 둘러싼 문제였어요. 분자생물학은 늘 환원주의적 입장이었는데, 이제부터는 통합된 방법으로 그 질문들을 살펴봐야 할 때가 되었다, 이거예요. 그러려면 분자생물학에서 한 번도 개발된 적이 없는 도구들이 필요합니다. … 한 번도 사용해본 적이 없는 방식으로 문제에 접근하려면 컴퓨터공학, 물리학, 화학 등이 필요했어요. 한번 생각해보세요. 서로 다른 배경, 다른 훈련 과정을 거친 사람들이 한데 모여, 부분들을 종합한 전체를 연구하는 방식을 고안하는 게 얼마나 힘든 일인지.

그 후 그녀는 템플 대학교 조교수로 일하면서 펜실베이니아 대학교 부교수직도 계속 유지하다가, 1986년에 프린스턴 대학교 생명과학 교수로 임명되면서 그곳으로 옮겼다. 그녀는 프린스턴 대학교에서 실험실을 지었고, 1998년에 통합유전체학연구소Institute of Integrative Genomics라고 불리는 학제 간 통합 기구를 설립했다. 2001년에 설리가 그 대학의 총장이 되었으므로, 나는 그녀 자신의 연구 프로그램은

---

[*] 1993년에, 리처드 로버츠(Richard J. Roberts)와 필립 샤프(Phillip A. Sharp)는 분할 유전자를 발견한 공로로 노벨 생리의학상을 공동 수상했다.

어떻게 되느냐고 물어보았다. "그 실험실은 여전히 운영 중이에요. 나는 여전히 학생, 대학원생, 박사후 연구원을 데리고 있는데, 모두 그곳에서 일하고 있죠. 일주일에 하루 정도는 그 실험실에서 보내요. 그러나 신규 인력은 안 받고 있어요. 대학 총장이란 게 하루 종일 전념해야 하는 힘든 일이고 과학 역시 마찬가지잖아요. 나라는 사람은 한 명뿐인데 어쩌겠어요. 둘 중에 하나를 골라야지. 2년 이내에 실험실을 폐쇄하기로 했어요."

그녀가 프린스턴 대학교 최초의 여성 총장이었기 때문에, 나는 그녀가 총장 후보로 거론될 때 여성이라는 사실이 영향을 미쳤는지 물어보지 않을 수 없었다.

총장 자리가 여성이라는 점을 고려하지 말고, 오로지 뛰어난 자질만으로 결정되기를 바랐어요. 사실, 나는 원래 첫 4개월 동안 총장 후보를 물색하는 위원회에 몸담았는데 그 당시에는 총장 후보의 성별이 고려할 대상으로 논의된 적이 한 번도 없었어요. 그래서 총장을 결정하는 데 성별이 크게 좌우하지는 않았다고 믿어 의심치 않아요. 만약 그랬다면 내 마음이 상당히 불편했을 거예요. 하지만 나는 대학 내 여성 차별 철폐 조치를 적극 지지하죠. 그 제도가 제대로 효과를 보려면, 자격이 되지 않는 여성에게 임명될 기회를 주는 게 아니라 동등한 자격을 갖춘 여성에게 남성과 똑같이 임명될 기회를 제공해야 합니다.

나는 여성 차별 철폐 조치가 대학교에서 제대로 지켜지고 있다면 학술계와 국립연구기관의 고위직에 여성들이 거의 없는 이유가 뭔지 항상 궁금했다(물론 2001년 이후부터 상당히 나아지기는 했지만).

아주 오래되고 뿌리가 깊은 질문이네요. 일부는 사회 책임이에요. 또 상당 부분은 과학계에 만연해 있는, 여성에게 배타적인 문화 탓이 크지요. 수학이나 물리학은 가뜩이나 여성들이 부족한 분야잖아요. 모든 교수가 남성이고 학생 대부분이 남성인 수학이나 물리학 분야에서 여성학자가 편안하게 느끼기는 쉽지 않아요. 이런 현상은 교수뿐만 아니라 학생들도 마찬가지예요. 그런 환경에서 살아남으려면 정말로 헌신적이고 강한 여성이어야 하죠. 사회 근간에 뿌리 내린 문화 때문에, 여성들은 용기를 잃고, 이 분야에서 자기들이 환영받지 못한다고 느끼기 십상이에요. 이런 상황을 어떻게 바꿀 수 있을까요? 변화를 위한 한 가지 방법은, 이런 분야에서 공부하는 젊은 여성들이 조기에 좌절하지 않도록 고위직 연구자 수를 늘리고 여자 교수를 더 많이 배출하는 거예요. 물론 상당히 어려운 일이죠. 고위직으로 발탁할 만한 여성 과학자 인력 풀 자체가 많지 않아요.

셜리의 결혼 생활은 이혼으로 끝이 났다. 아이가 둘 있는데, 이혼 후에 혼자서 그 아이들을 키웠다. 나는 혼자서 아이 키우는 것이 얼마나 힘들었느냐고 물어봤다. 그녀는 "끔찍이도" 힘들었다고 대답했다. 그녀는 그 어려움을 어떻게 헤쳐 나갔을까? "문제 자체를 아예 부정하면서 살아왔던 것 같아요. 만약 지금 하고 있는 게 얼마나 어려운 일인지 내 스스로 인정했으면 아마 무너졌을 거예요." 그녀는 가사 도우미를 고용하지 않았다. "나는 가사 도우미를 쓸 만큼 돈을 충분히 벌어본 적이 없었어요. 나 한 사람 몫의 급여만으로 살아왔거든요. 아이 양육비 조로 한 푼도 받은 게 없어요. 남편이 양육비를 안 낸다고 법정까지 가져갈 문제는 아니라고 판단했어요. 그럴 가치도 없고 소송에 시달리고 싶지도 않아요."

우리는 자연스럽게 과학계에 종사하는 여성들의 지위에 관해 여러 이야기를 나누었다. 학계에 고위직 여성이 거의 없기 때문에 여성들은 이사회에서 차지하는 지위, 위원회의 회원, 그리고 자신들이 맡은 여러 가지 일 등으로 시달리는 경우가 많다. 셜리는 늘 신경 쓰며 경계를 늦추지 않는 게 어려운 일이라는 내 생각에 동의하며 덧붙였다. "자신들의 목소리를 대변할 만한 사람이 부족한 직종에서, 이는 여성들에게 부당한 부담 중의 하나예요."

성공한 여성들과 토론하는 중에 자주 등장하는 주제가 또 있다. 자신의 성공을 위해 공격성을 띠어야 하는가? 셜리는 여성들이 공격적이어야 한다고 생각한다. "여성들은 좀 더 단호해질 필요가 있어요. 내가 가장 불만을 느끼는 게 뭔지 아세요? 과학계에 종사하는 여성에게는 남성만큼 다양한 성격적 특징을 허용하지 않는다는 점이에요. 남자들은 조용한 성격부터 지나치게 공격적인 성향에 이르기까지, 그러려니 하고 다 받아들이잖아요. 성격 때문에 특별히 사람들의 주목을 받고 그러지는 않아요. 그러나 여성 과학자의 경우에는 얘기가 달라져요. 너무 조용하거나 무척 공격적인 성격이라면, 어느 쪽이든 상관없이 늘 부정적으로 입방아에 오르거든요."

총장으로서 그녀는 여성 교수들뿐만 아니라 여학생들의 상황을 개선시킬 만한 지위에 있었다. 실제로 그녀는 이 점에서 성과를 많이 냈다. 총장이 된 후 처음 추진했던 일들 중에는 여자 교수들과 남자 교수들의 처우가 얼마나 다른지 살펴보기 위한 위원회를 구성한 것도 있었다. 위원회는 급여, 연구 공간 배정, 수상후보 지명 등 전 영역에 걸쳐서 여자 교수들이 불리한 처지에 놓였던 것들을 조사한 후 필요한 조치를 마련했다.

그녀는 수많은 상과 표창을 받았는데, 그것들 중 하나가 로레알-유네스코 여성 과학자상이었다. 그녀는 미국 국립과학원의 외국인 준회원이며, 영국 왕립협회 회원이고, 다른 여러 협회의 회원이기도 하다. 그녀는 전 세계 많은 대학들로부터 받은 명예 학위를 25개 가지고 있다.

셜리 틸먼이 프린스턴 대학교 최초의 여성 총장으로 선출되자, 대학 신문 학생 기자들이 총장실로 찾아와 "《뉴욕 타임스》는 총장님이 페미니스트에다 자유주의자라고 하던데요?"라며 비난하는 투로 말했다. 그녀는 정말로 놀랐다면서 "학생들이 페미니스트를 자랑스럽게 여기기는커녕 오히려 뭔가 불편하게 생각한다는 사실을 깨닫고는 충격을 받았죠"라고 회고하면서 이렇게 덧붙였다.[3] "나는 한평생 페미니스트였습니다. 아마 페미니스트라는 단어의 뜻조차 몰랐을 때부터 그랬을 거예요. 여성들은 평등하게 대우받아야 하고 여성들에게도 똑같은 기회가 주어져야 합니다. 1960년대 말과 1970년대 초에 시작된 페미니스트 혁명 이래로 별다른 진전이 없다는 사실에 좌절감을 느낀다고 하셨는데, 나도 그 의견에 전적으로 동감해요. 이 대학교에서 공부하는 여학생들의 자질을 보건대, 과연 이 운동이 계속될 수 있을지 상상이 가질 않네요."

여성들이 과학에 관심을 가지는 이유는 뭘까? 여성, 남성 어느 쪽에 물어봐도 대답은 같을 수밖에 없다. 그러니 제대로 된 질문이라면, 여성들은 어려움과 장벽이 그렇게 많은데도 어째서 과학에 관심을 가지게 되었을까? 이렇게 물어야 한다. 여성들은 제한된 역할만 부당하게 배당되는 자신들의 삶이 너무 힘들다고 생각한다. 그렇게 산다는 것은 대부분의 흥미진진한 활동에서 배제된다는 것을 의미하기 때문이다. 여성의 관심사도 남성과 다를 바 없다. 광활한 우주부터 우리 몸의 작은 세포, 물질을 구성하는 가장 작은 단위, 또 질병을 치료할 화학물질을 만들어내는 방법에 이르기까지 우리가 사는 세상의 모든 면에 맞춰져 있다. 여성도 남성과 마찬가지로 과학 분야에 호기심을 가지고 뭔가 이루어내고 싶은 포부가 있다. 당연하다. 미지의 것들을 탐험해보고 아직 어느 누구도 이해하지 못한 것을 알고 싶어 하는 것이다. 과학계 여성들은 새로운 계획과 아이디어를 가지고 매일 이런 지적인 모험을 하면서 전율을 느낀다. 문제는, 여성들이 왜 이런 노력에 흥미를 가져왔는지가 아니다. 오히려 왜 이런 지적인 모험이 똑같은 흥미와 포부를 가진 남성 과학자들에 비해 여성 과학자들에게 더 힘든 일이 될 수밖에 없는가, 이게 진짜 문제다. 이 책은 실패보다 성공을 더 많이 다룬다. 그러나 책에 나오는 여러 성공 사례는 여성들이 과학의 지적 모험이라는 고상한 작업에 참여하려면 특별한 노력을 더 많이 해야 한다는 것을 시사하고 있다. 성차별이 없는 게 이상적이겠지만 아직은 전혀 그렇지 못한 과학계의 현실을 반영할 때 그렇다는 이야기다.

이 책에는 저명한 여성 인사들과 나눈 대화가 많이 나온다. 서로 직접 소통하지는 못했던 몇몇 여성 학자도 소개했다. 그들의 이야기들로부터 어떤 결론을 이끌어낼 수 있을까? 나는 화학자라서 사회학자의 영역을 침범하지 않도록 조심해야 한다는 점을 잘 알고 있다. 사회학자인 딸의 이야기를 들어보니, 그런 분석을 하려면 나에게는 없는 상당히 특별한 지식과 그 분야의 전문 지식이 필요하다. 게다가, 신뢰성 있는 결론을 도출하려면 통계적으로 의미가 있는 양의 데이터가 있어야 한다. 따라서 사회학적인 평가를 내리려는 시도 대신, 나의 영웅들인 여성 과학자의 삶의 일부를 추려내 이야기하고, 그들을 만나 대화하면서 받은 인상을 공유하는 것으로 마지막 생각들을 정리하려고 한다.

이 책은 "경계를 허문" 여성 과학자들을 다루고 있다. 여기서 '경계'란 과학 분야의 경계를 뜻하기도 하고, 다른 한편으로는 여성 과학자들이 대변하고 있는 수많은 나라를 뜻하기도 한다. 여러 사례를 살펴보면, 여성 과학자들의 출신 국가, 연구 분야, 각자가 처한 특별한 환경에 상관없이 시사점으로 삼을 만한 공통된 요소들이 있다. 이 요소들은 20세기 중반에 겪었던 나의 초기 사례까지 포함한다면 역사적인 관점으로 보더라도 사실일 것이다.

우선, 여성 과학자들의 분포를 보면 분야에 따라 편차가 심하다. 생물학에 여성이 가장 많고 물리학과 기계공학은 아지도 여성들이 드물다. 노벨 과학상 중에서, 여성들은 생물학 부문(이 부문의 공식 명칭은 '생리학 또는 의학'이다)에서 상을 가장 많이 받았고 물리학이 가장 적다. 그렇지만 여성이 희소한 과학 분야에서도 성공한 여성 과학자들을 찾아볼 수 있다. 이 책에 나오는 사례만 봐도, 이론물리학 분야의 메리 게일러드와 로히니 고드볼, 실험물리학 분야의 응축물리학자 미리엄 사라치크, 실험적인 방법으로 원자 클러스터를 연구한 카트린 브레쉬냑 같은 뛰어난 여성 과학자가 있다. 공학 분야에서는 우주항공공학자 이본느 브릴과 이리나 고랴체바가 있다.

학계에서 지도자급 지위에 있는 여성 과학자는 아직도 수가 턱없이 부족하다. 변화가 더디기는 하지만, 최고위 행정직에 오른 여성들이 등장하고 있다는 사실은 고무적이다. 학장, 대학 총장들도 있고, 그들 중 또 몇 사람은 과학계나 대규모 연구기관 책임자이기도 하다. 이것은 여성들이 고위직에 오르는 것을 방해하는 이른바 '유리 천장'이 흔들리고 있다는 것을 보여준다.

여성 과학자들이 본격적으로 등장하기 시작한 것은 19세기 말부터다. 초기 여성 과학자들은 대부분 남편 역시 과학자였다. 여성 과학자들은 남편의 연구소에서 일하는 경우가 낳았지만 그렇지 않은 경우도 있었다. 남편의 연구소에서 일한다는 것은 그곳에서 일하는 여성 과학자들이 급여는 물론 공식 직함도 없었다는 것을 의미했다. 그러나 그들은 자기 일을 포기하지 않았다. 초기 노벨상 수상자 거티 코리도 그런 사람들 중 한 명이다. 또 다른 노벨상 수상자 마리아 괴퍼트 메이어는 남편이 교수로 재직하던 대학교에서 간신히 연구 기회를 얻었으나, 남편과 상관없이 독자적으로 수행한 연구로 노벨상을 받았다.

이 책의 앞부분에서는 공동 연구의 필요성을 인식한 '과학자 부부'를 다루고 있다. 문헌에서 자주 논의되었던 것처럼, 퀴리 부부의 경우 남편 피에르는 아이디어를 내는 사상가였고, 아내 마리 퀴리는 훌륭한 실험가였다. 우리는 그녀를 '실행가'라고 부를 수 있다. 책에서 논의된 부부 팀은 대부분 상황이 이들과 비슷했다. 존 콘포스와 리타 콘포스 부부, 제롬 칼과 이저벨라 칼 부부의 경우도 마찬가지였다. 이 커플들은 각자 부족한 점들을 서로 보완해주면서 뛰어난 결과물을 자주 만들어냈는데, 이런 점을 보면 과학자 커플의 협력이 성공에 크나큰 역할을 한다는 것을 알 수 있다. 그 밖에 센트죄르지와 뱅가, 버슨과 앨로의 협업 관계를 봐도, 여성들은 훌륭한 실험가였다.

내가 인터뷰했던 여러 부부가 미국의 '친족등용금지법'이 존재하는 동안 고통을 겪었다고 말하고 있다. 문제의 법 때문에 발생하는 여러 제약 사항은 함께 일하고 싶어 하는 부부에게만 영향을 끼친 것이 아니라 다른 분야에서 일하면서 같은 대학에 자리를 원하는 부부에게도 영향을 끼쳤다. 예를 들어, 앨로 커플과 드레셀하우스 부부는 함께 일할 수 있는 직장을 얻으려고 학교를 옮겨야 했다. 남편들은 대부분 과학자가 되고 싶어 하는 아내를 전적으로 뒷받침했다. 이 점에서 같이 일하기를 원하는 부부 과학자들에게는 대학교보다 정부가 운영하는 연구소나 실험실이 조금 더 유리했다. 브룩헤이븐 국립연구소에서 일하는 골드하버 부부, 해군연구소에서 일하는 칼 부부의 사례에서 볼 수 있듯이, 과학계에 종사하는 대다수 부부가 대학교가 아니라 정부 기구에서 일을 하고 있는 이유는 바로 이 때문이다.

여자들은 더 나은 직장에서 제안이 외도 자기 경력보다는 대개 남편 일을 쫓아가야 했다. 버넬의 남편은 이곳저곳 자주 옮겨 다녔는데, 그것 때문에 버넬은 안정적인 자신의 일자리를 찾기가 어려웠다. 아들이 크는 동안, 그녀는 반나절만 일했다. 이본느 브릴은 서부 해안 지대에 있는 좋은 직장을 다녔지만, 남편이 동부 해안 쪽으로 자리를 옮기자 그녀 역시 남편을 따라가서 새 직장을 찾아야 했다. 우젠슝도 비슷한 경험을 했다. 프랜시스 켈리는 처음 일을 시작했을 때부터 가족들이 메릴랜드에 정착할 때까지 직장을 여러 번 옮겨 다녔으며, 그러고 나서야 FDA에서 여생을 바쳐 일할 수 있었다.

남편과 함께 연구한다는 것은 여성의 성공이 남편 덕분일지도 모른다는 의심을 받게 될 가능성이 있다. 이저벨라 칼은 오로지 자신의 능력으로 굉장히 인정받아온 과학자이지만, 그녀조차 그런 경우가 있었느냐는 내 질문에, "그랬던 것 같다"고 말했다. 반대로, 남편의 성공이 아내의 덕이라고 의심받는 경우도 있느냐고 물어보자, 그녀는 "흔히 있는 일은 아니다"라고 대답했다. 그래서 많은 부부 과학자가 이런 위험을 알아차리고 제1저자 이름을 번갈아 쓰면서 위험을 최소화하려고 노력했다. 결국 그들은 각자 독립된 연구 프로젝트를 수행하기도 했다.

생태학자이자 스탠퍼드 대학교 지구과학 학장이기도 한 패멀라 맷슨은 남편과 자주 일을 같이 해왔다. 그녀는 일을 처음 시작했을 무렵, 누군가 "그 여자가 해온 일은 남편이 다 해준 거야"라고 동료들에게 말하는 것을 우연히 듣게 되었고, 무척 화가 났다고 술회한다. 그러나 이들 부부가 점차 별개의 프로젝트 일을 하게 되고, 패멀라 역시 국제 사회를 오가며 일하느라 분주하게 지내면서 동료들은 그녀의 전문 지식을 의심하지 않게 되었다.

로절린 앨로와 솔로몬 버슨은 결혼한 사이는 아니지만, 수십 년 동안 성공적으로 함께 연구를 해왔다. 실험실 밖에 있는 사람들은 대체로 그녀가 단순히 버슨의 조수에 불과하다고 생각했는데, 전혀 그렇지 않았다. 버슨이 죽자, 사람들은 이제 과학자로서 그녀의 경력은 끝났다고 생각했다. 그러나 그녀는 강인한 끈기로 둘이 함께했을 때만큼 성공리에 자기 연구를 해나감으로써 자기가 버슨의 조수가 아니라 동등한 업무 파트너였다는 것을 증명했고, 마침내 버슨과 함께 진행한 공동 연구로 노벨상을 받게 되었다.

여성 과학자들을 깔보는 듯한 태도는 쉽게 바뀌지 않는다. 비교적 최근인 2010년에도 이렌 퀴리와 프레데리크 졸리오 부부가 같이 협력해 내놓은 연구 결과를 언급할 때, 참고 문헌에는 분명히 저자 순서가 "이렌 퀴리와 프레데리크 졸리오"로 되어 있는데도 "졸리오와 퀴리"가 실시했다고 인용하는 경우가 많았다.[1] 알파벳 순서로 봐도 퀴리가 졸리오보다 앞인데도 순서를 바꾼 것이다.

나와 이야기를 나누었던 여성 상당수가 1920년대와 1930년대에 태어났다. 과학자의 길로 들어서기 위한 그들의 출발 과정은 험난했다.

특히 당시에 미국에서 태어난 여성들은 대학원에 들어가는 것 자체가 큰 도전이었다. 미리엄 사라치크의 경우, 주변 사람들이 남편에게는 대학원에 들어가라고 설득한 반면, 그녀 역시 "간절히 원했지만 대학원 진학은 여자들이 하는 일이 아니었다." 온갖 노력 끝에 마침내 그녀는 대학원에 들어갈 수 있었다.

제2차 세계대전은 미국의 학계에 종사하는 여성들에게 큰 변화를 가져다주었다. 남성 과학자 상당수가, 그중에서도 물리학자와 화학자 대부분이 전쟁 관련 프로젝트에 차출되었고, 대학 측은 부족한 교수 인원을 충당하기 위해 여성 과학자들을 필요로 했다. 괴퍼트 메이어가 처음 대학에 자리를 제안받은 것도 바로 이때였다. 우젠슝도 이때 프린스턴 대학교 교수가 되었는데, 그 당시는 여자들이 프린스턴에서 공부하는 것조차 허용되지 않는 때였다. 전쟁이 끝나 남성 과학자들이 다시 돌아왔을 때, 다시 그 이전 상황으로 돌아갔지만 여성들이 일했던 흔적은 쉽게 사라지지 않았다. 1960년대 여성운동과 함께 여성 과학자들의 처우가 개선되기 시작했다.

20세기 후반의 수십 년 동안 과학계에 종사하는 여성들은 여전히 온갖 차별을 겪어야 했다. 남성 과학자보다 낮은 급여, 협소한 실험실, 승진 지체는 물론, 특정 분야에서는 인원 자체가 극히 적었다. 매사추세츠 공과대학은 1995년에 학교 내 고위직 여성 교수들의 처우에 차별이 있는지 조사하기 위해 낸시 홉킨스를 위원장으로 하는 위원회를 만들었는데, 그것은 여성 과학자들의 처우 개선에 매우 중요한 획기적 조치였다. 위원회의 조사 결과, 대학 내 고위직 남녀 교수 사이에 불평등이 모든 면에서 무적 심한 상태인 것으로 나타났다. 이 조사 결과를 바탕으로 대학 측은 개선 조치를 단행했고, 1999년에는 개선 방안이 어떻게 진행되고 있는지 후속 보고서를 냈다.[2] MIT의 이런 노력은 전국적인 관심을 끄는 뉴스가 되었고, 다른 대학들도 동일한 조사에 착수하게 되는 계기가 되었다.[3] 2011년에 MIT는 놀라운 발전을 보여주는 후속 보고서를 냈다.[4] 1985년에서 1994년까지 10년 동안 여성 교수의 수가 변하지 않았던 데 비해, 그 이후 1999년까지 여성 교수의 비율이 8%에서 13%로 증가했으며 2011년에는 19%까지 증가했다.

비록 줄어들었다고는 해도 과학계에 종사하는 여성들에 대한 차별은 여전히 존재하며, 종종 예전보다 교묘한 방식으로 나타난다. 여성들이 인구의 반을 차지하고 있다는 사실을 고려해볼 때, 여전히 여성 과학자 수는 현저하게 적으며, 특히 과학계 고위직에서 더욱 확연히 드러난다.

일에 대한 책임과 가정에 대한 책임 사이에서 겪을 수밖에 없는 갈등은 여성 과학자들에게 여전히 극복해야 할 어려운 난관들 중의 하나로 남아 있다. 2002년에, DNA 이중나선 이론으로 명성을 얻은 제임스 왓슨과 이 문제를 가지고 이야기를 나눈 적이 있다. 그는 논쟁을 유발하는 발언을 자주 하는 것으로 유명하지만 고위직에 있을 때 공정함을 실천해온 점으로도 잘 알려진 사람이다. 그는 이렇게 말했다.[5]

오랜 친구 아서 콘버그, 확실히 페미니스트는 아닌데 … 그 친구가 그 럽다. 여자들은 기본적으로 대학에서 남자들과 동등해질 수가 없다. 그 이유는 여자들은 가족을 돌보기 위해 시간제 일자리를 원하기 때문이라고. 그는 의과대학에서 여성 24명과 함께 있었는데, 이들은 일주일에 80시간 미만 근무를 선택한 반면에 비슷한 직급의 남자들은 일주일에 80시간을 선택하곤 했다고 얘기했습니다. 나는 최고 수준의 과학을 할 수 있는 사람들에게 그 일자리를 제공해야 한다고 봅니다. 만약 최고 수준의 과학을 한다는 게 일주일에 80시간을 근무한 결과라면, 일주일에 40시간 근무하고 싶어 하는 사람은 80시간 근무하고 싶이 하는 사람과 경쟁할 수가 없을 겁니다. 아이들이 온종일 엄마의 보호가 필요한 유아기를 벗어났을 때, 여성들을 자기 일자리로 돌아갈 수 있게 해주는 제도가 많이 도입되었습니다. 나는 정말 이런 제도를 지지합니다.

"당신은 혹시 여성들이 직장과 가정 양쪽 다 원하는 게 부질없다고 말하고 있는 건가요?"라는 내 질문에 제임스는 이렇게 대답했다.

　몇몇 여성은 그 두 가지를 다 잘 해냅니다. 도러시 호지킨이 그렇습니다. 하지만 그녀는 가사 도우미를 두었습니다. 아이들을 어린이집에 맡길 수도 있겠죠. 그러나 정말로 수준 높은 과학의 질에 도달하려면 어느 정도 집착 같은 게 필요합니다. 가정과 일 두 가지를 동시에 몰두하는 것은 어렵습니다. 내가 보기엔, 과학 부서에서 여성의 수를 남성의 반으로 줄여도 공평하다는 소리를 들을 겁니다. 일부 여성 과학자는 자기 생활을 잘 조율할 수 있을 테고, 그에 걸맞는 심성도 지니고 있습니다. 반면에, 그것은 지나친 요구라고 말하는 사람도 있을 겁니다.
　… 여성들은 대개 아이들을 갖고 싶어 합니다. … 남성과 여성 사이에 존재하는 근본적인 차이를 바꿀 수는 없습니다. 어떤 것의 기초가

전혀 다른데 그것들을 억지로 공평하게 만들 수는 없는 거 아니겠습니까. 자연이 부여한 성별 특성에 비추어볼 때, 여자들이 과학 분야에서 최고 1% 이내에 든다는 것은 사실상 어렵다고 봐야죠.

이런 이야기를 MIT 분자생물학 교수 낸시 홉킨스의 대학원 지도교수이자, 낸시가 '본인이 만난 최초의 페미니스트'라고 일컬었던 남자로부터 듣는다는 게 기분 좋을 리 없었다.

비슷한 문제가 유럽의 여성 과학자들에게도 존재한다. 크리스티아네 뉘슬라인폴하르트는 2001년에, 자신이 얼마나 다양한 방식으로 그리고 얼마나 자주 여자라는 이유로 차별받았는지 설명했다. 오늘날 사람들은 이 문제를 심각하게 여겨 여러 차원에서 조사하고 있다. 유럽연합 집행위원회는 2003년부터 학계와 산업계에 종사하는 여성 과학자들의 실태를 논의해 격년마다 보고서를 내고 있다. 가장 최신호는 2013년판인데,[6] 연구, 혁신, 과학 분야의 위원장이었던 마레 거게간-퀸 Máire Geoghegan-Quinn은 그 서문에서 모든 노력을 다했으나 성 불균형은 여전히 크고, 불균형을 줄이려는 노력은 아주 느린 속도로 진행되고 있을 뿐이라고 썼다. 고등교육을 받는 숫자는 남자보다 여자가 많지만, 여성 총장이나 학장 비율은 겨우 10%에 불과하고, 다른 조직에서도 의사결정을 내리는 위치에 있는 여성의 비율은 비슷한 수준이다.

직장 대 가정이라는 문제를 좀 더 깊이 들여다보고 난 후, 나는 이 책에 등장하는 여성 과학자 중에 극소수만이 결혼하지 않았다는 사실을 깨닫게 되었다. 소수의 비혼非婚 여성 과학자들 가운데 한 명이

리타 레비몬탈치니이다. 리타의 아버지는 그녀가 공부하는 것을 원하지 않았다. 아내와 엄마로서 사는 삶에 방해가 될까봐 그랬다. 21세가 되었을 때, 그녀는 아버지에게 이렇게 선언했다. "아내나 엄마가 되는 삶에는 관심도 없어요. 나는 과학을 공부하고 싶습니다." 다른 여성 과학자들은 과학계에서 일을 하는 게 가정을 꾸리거나 아이들을 키우는 것과 크게 상충되지 않는다고 생각했고, 실제로 두 기지 일을 다 잘 꾸려나갔다. 아이 서너 명을 키운 경우도 적지 않았다. 살아가면서 가장 큰 어려움이 무엇이었는지 질문했을 때 가정에서 해야 할 일과 직장 생활을 조정하는 것이라는 대답이 돌아온 것은 전혀 놀라운 일이 아니다.

이런 점이 잘 드러나는 몇몇 인터뷰 내용을 보자. 이본느 브릴은 이렇게 말했다. "그냥 모든 것을 다 하는 거죠. … 하루 24시간 동안 집에서 모든 것이 제대로 돌아가도록 하는 게 도전 그 자체였어요." 리타 콘포스의 말이다. "당연히 힘들었죠. 아이가 세 명쯤 되니, 가끔씩 '연구를 시작하지 않았으면, 이렇게 힘들지 않았을 텐데' 하고 생각하게 되더라고요. 그러나 곧바로 지금 포기하면 절대 안 된다는 각오를 다졌어요. 고백 하나 하죠. 실험실에 있을 때 머릿속에서 아이들 생각을 지우는 것보다 집에 있을 때 머릿속에서 화학을 지우는 것이 더 쉬웠어요." 밀드러드 드레셀하우스의 인터뷰 내용이다. "집안일 하느라 아침마다 문제가 발생했죠. 8시가 아니라 8시 30분에 출근하는 걸 사람들이 좋아했겠어요? 나는 매년 아이를 가졌는데 큰아이가 다섯 살이 채 되지 않았을 때였어요. 8시에 직장에 도착하려면 그 전에 모든 것을 다 해내야 하는데, 정말 힘든 일이었어요. 이러쿵저러쿵 말

많은 사람은 모두 다 결혼 안 한 남자더군요." 앤 매클래런은 이렇게 말했다. "문제는 시간, 시간이에요. 시간의 체계적인 활용이 중요합니다."

과학과 가정을 지혜롭게 양립하는 문제에서 가장 중요한 요인은 남편의 도움이다. 그런데 아내가 과학자로 성공하기를 바라면서도 집안일에는 손 하나 까딱하지 않고 전혀 도와주지 않는 남편도 있다. 밀드러드 콘의 남편 물리학자 헨리 프리마코프가 바로 그런 경우다. 그는 아내 밀드러드가 같은 연구소에서 연구원 자리를 얻지 못하면 절대로 그곳에서 제안한 자리를 받아들이지 않았다. 그러나 집에서는 아내가 뭔가 도와달라고 부탁할 때마다 항상 "도와줄 사람을 채용해"라고 이야기하곤 했다. 조지 클라인 역시 아내가 반드시 과학자가 되어야 한다고 생각했으나, 집안일이나 아이들 세 명의 양육 문제는 전혀 도와주지 않았다. 에바는 과학과 가정생활을 병행하기가 힘들었으며, 아이들에게 부모의 도움이 절실한 시기에 아이들 곁에 있어주지 못했던 점을 지금도 안타까워하고 있다.

다행히 대부분의 남편은 최선을 다해 도와줬고 가정 내에서 자기가 해야 할 역할에 적극적으로 참여했다. 과학자 부부 가정은 대개 아이들이 어릴 때 외부의 도움을 받았는데, 부부가 같이 돈을 벌었기 때문에 경제적으로 큰 문제는 없었다. 스칸디나비아반도의 두 여성 과학자, 노르웨이의 마리트 트래테베르크와 스웨덴의 케르스틴 프레드가는 아이들이 어렸을 때 같은 대학의 젊은 과학자들과 함께 공동 육아 시설을 설립해 마음 편히 일했다. 인도와 러시아 여성 과학자들은 아이들을 양육하는 데 할머니 할아버지에게 많이 의지했다.

남편이 많이 도와준다고는 해도, 아이들 양육과 연구 일을 병행하는 고충이 다 없어지는 것은 아니다. 일부 여성은 안정된 기반을 다진 후에야 아이를 가지겠다고 마음먹었다. 로절린 앨로는 자신이 대체가 불가능한 존재가 될 때까지 기다렸다. 마찬가지로, 마르가리타 살라스와 그녀의 남편은 그녀가 근무하는 실험실이 마드리드에서 제대로 자리를 잡을 때까지 아이 갖는 것을 미루었다.

일하는 엄마를 대하는 아이들의 반응은 가정마다 조금씩 달랐다. 어떤 가정에서는 계속 문젯거리가 되었다. 마리아 괴퍼트 메이어의 아이들은 성의 없는 베이비시터 때문에 고통을 받았지만, 그녀는 그 사실을 알아차리지 못했다. 마리아의 딸은 아이를 가졌을 때 엄마 역할을 최우선으로 했다. 카트린 브레쉬냑은 아이들이 엄마로부터 무시당했다고 느꼈다는 것을 알고 난 후 크게 상심했지만, 다행히 서로 좋은 관계를 회복했다. 인터뷰 과정에서 상당수의 여성 과학자가 식탁에서 과학 이야기를 하는 것을 아이들이 싫어했다고 답변했다. 물론 그 반대되는 반응도 있었다. 메리 앤 폭스의 아이들은 저녁 식사 자리에서 부모들과 나누는 대화가 또래 친구들이 저녁 식사 자리에서 나누는 대화보다 훨씬 흥미롭다고 생각했다.

밀드러드 콘의 딸은 학교에서 엄마가 일하는 학생은 자기밖에 없다고 투덜댔다. 그러나 나중에 커서 심리학자가 되었을 때 일하는 엄마를 둔 아이들을 주제로 논문을 썼는데, 이 논문에서 그녀는 엄마의 직장 생활 여부가 아이들에게 미치는 영향은 별로 없다고 결론을 내렸다. 콘의 세 아이들은 모두 과학자가 되었다. 과학자의 아이들 역시 과학자가 되는 경우가 많다. 이 점에서, 자녀들이 모두 과학자인 베라 루빈의 자서전을 읽어보는 것은 의미가 있을 것이다. 그 일부에서 베라의 아들 한 명은 이렇게 술회하고 있다. "우리 형제자매 네 명이 모두 과학자의 길을 걷게 된 것이 우연의 일치는 아니에요. 내 어린 시절을 회상해보면, 어머니와 아버지가 큼지막한 식탁 위에 하던 일감들을 펼쳐두었던 기억이 생생합니다. … 좀 더 컸을 때 나는, 두 분이 저녁 식사 후에도 하고 싶어 한 것이 낮에 종일 연구소에서도 했던 일과 같은 일이었다는 것을 깨달았죠. 그렇게 보면 두 분은 꽤 좋은 직장을 다닌 셈이에요." 그녀의 다른 아들이 쓴 글에는 이런 내용도 있다. "과학자가 되라는 압력 같은 건 전혀 없었죠. 과학자가 되는 게 그냥 자연스럽고 당연했어요. … 언제나 나를 이해해주고 격려해주는 부모의 존재가 크나큰 장점이었습니다."

　이 책은 가장 성공하고 유명한 대표적인 여성 과학자들의 사례를 통해 그들이 겪어온 투쟁과 승리에 초점을 맞추고 있다. 이 책을 쓴 목적은 이런 여성 과학자들에게 경의를 표하고, 모든 남녀 새내기 과학자에게 롤 모델로 제시하려는 것이다. 이 책은 과학을 평생 직업으로 삼으려 하는 헌신적이고 이지적인 젊은이들을 격려하려는 목적도 있다. 나는 이 책에서 여성 과학자들을 이상화하려고 하지 않았다. 장점과 함께 단점도 지닌 평범한 사람으로, 진솔한 모습을 있는 그대로 보여주고 묘사하려고 노력했다. 여성 과학자들에게 공통된 특징, 즉 과학에 대한 사랑과 헌신이 그들의 모든 활동을 통해서 환하게 빛났다. 앞으로 수십 년이 지나면 여성 과학자들에 대한 글을 더 이상 쓸 필요가 없을는지도 모른다. 그러나 그날이 올 때까지 나는 앞서 언급한 목적에 다소나마 이바지하기 위하여 이 책을 바친다.

이 책을 만드는 과정에 많은 사람의 도움이 필요했다.

우선, 나의 초대를 수락해 자신의 인생과 과학, 당면해 있는 어려움에 대해 이야기해준 여성 과학자들에게 감사의 말을 전한다. 이들은 모두 과학계에 종사하는 여성들이 겪는 문제에 관하여 자기 생각을 허심탄회하게 이야기해주었다.

이 책을 집필하면서 다양한 능력을 지닌 분들의 도움을 많이 받았다. 친척이나 옛 동료에 관한 정보를 제공하고, 만남을 주선해주고, 사진 정리를 도와주고, 자국의 여성 과학자들이 처한 상황에 대해 토론하고, 원고 내용을 읽고 의견을 주신 분들이다.

어니스트 앰블러, 마티야스 발로, 안데르스 바라니, 아나리타 캄파넬리, 샤루시타 차크라바티, 재닛 덴링거, 나탈리야 엔겔가르트, 리처드 가윈, 로히니 고드볼, 보리스 고로베츠, 콜비요른 하겐, 에반스 헤이워드, 드라호미르 힌크, 데일 호페스, 윌리엄 젠킨스, 얀 칸드로어,

로저 콘버그, 카를 마라모로시, 쇼바나 나라시만, 올레크 네페도프, 라마크리슈나 라마스와미, 라디슬라스 로베르트, 쇼보나 샤르마, 만프레트 슈테른, 스베틀라나 시체바, K. 비제이라그하반, 팔 베네티아너, 클라라 비나스 이 테이시도르, 브리짓 반 티겔렌, 올가 발코바, 라리사 자슈르스카야이 바로 그분들이다. 특히 밥 웨인트럽과 어윈 웨인트럽은 원고 전체를 읽고 소중한 의견을 제안해주었다. 모든 분에게 감사드린다.

우리 아이 에츠터와 발라즈의 애정 어린 관심과 이 프로젝트를 진행하면서 벌인 활발한 토론은 나에게 큰 의미가 있었다.

남편 이스트반에게 특별히 감사의 말을 전하고 싶다. 수십 년 전에 남편을 처음 만난 후 우리 부부는 삶의 모든 측면에서 동반자였다. 우리는 함께 어려움을 겪었으며 환상적인 모험을 같이했다. 대부분 과학과 관련된 것들이었다. 연구자로서 그에게 배운 게 있다. 연구할 때 최고 수준을 충실히 지켜야 과학자가 되는 것이 가치 있는 것이라고. 발견의 기쁨을 그로부터 배웠다. 더 큰 그림을 보기 위해 좁은 연구분야의 이면을 보는 즐거움 역시 그로부터 배웠다. 남편 덕분에 과학자들의 삶에 관심을 갖게 되었고, 그것이 결국 나를 이 프로젝트로 이끌었다.

헝가리 과학원과 부다페스트 기술경제대학교의 꾸준한 지원에 감사드린다. 제러미 루이스 수석편집장과 옥스퍼드 대학교 출판사 에릭 헤인 편집자의 격려와 협조에 감사의 뜻을 전한다.

참고 문헌

들어가며

1. Caroline L. Herzenberg, Susan V. Meschel, and James A. Altena, "Women Scientists and Physicians of Antiquity and the Middle Ages," *J. Chem. Ed. 61* (1991) 101–105.
2. Sue Vilhauer Rosser, *Women, Science, and Myth: Gender Beliefs from Antiquity to the Present* (Santa Barbara, CA: ABC-CLIO: 2008), 22.
3. http://web.mit.edu/fnl/women/women.html(2014년 2월 1일 접속)

1장 과학자 부부

1. C. Kimberling, "Emmy Noether and Her Influence," in *Emmy Noether: A Tribute to Her Life and Work*, ed. J. W. Brewer and M. K. Smith, New York: Marcel Dekker, 1981, 14.

퀴리 '명가'

1. Marie Curie, *Pierre Curie*, New York: Dover Publications, 1963.
2. Helena M. Pycior, "Pierre Curie and 'His Eminent Collaborator Mme Curie': Complementary Partners," in *Creative Couples in the Sciences*, ed. H. M. Pycior, N. G. Slack, and P. G. Abir-Am, New Brunswick, NJ: Rutgers University Press, 1996, 39–56, 40.
3. R. K. Merton, "The Matthew Effect in Science," *Science* 159 (1968): 56–63.
4. Margaret W. Rossiter, "The Matthew Matilda Effect of Science," *Social*

Studies of Science 23 (1993): 325–341.

5. Magdolna Hargittai, "Valentine Telegdi," in Magdolna Hargittai and Istvan Hargittai, *Candid Science IV: Conversations with Famous Physicists*, London: Imperial College Press, 2004, 189.
6. Pycior et al., *Creative Couples*, 46. Translation by Helena Pycior from Irène Joliot-Curie, "Marie Curie, ma mère," *Europe* 108 (December 1954): 90.
7. Ibid., 300.
8. Ibid., 46.
9. "Nobel Lecture: Radioactive Substances, Especially Radium," *Nobelprize.org*, http://www.nobelprize.org/nobel_prizes/physics/laureates/1903/pierre-curie-lecture.html.
10. Private communication from Anders Bárány, University of Stockholm, May 2011.
11. Ibid.
12. Interview with Hélène Langevin-Joliot, accessed August 15, 2013, http://www.eurekalert.org/features/doe/2003-07/djna-mp071103.php.
13. James Chadwick, *Nature* 177 (1956): 964.

거티 코리, 칼 코리

1. Carl Cori, Banquet Speech at the Nobel Banquet in Stockholm, December 10, 1947, in *Les Prix Nobel en 1947*, ed. Arne Holmberg, Stockholm: [Nobel Foundation], 1948, 온라인 참조: http://www.nobelprize.org/nobel_prizes/medicine/laureates/1947/cori-cf-speech.html.
2. Istvan Hargittai, "Arthur Kornberg," in Istvan Hargittai, *Candid Science II: Conversation with Famous Biomedical Scientists*, ed. Magdolna Hargittai, London: Imperial College Press, 2002, 51–71, 58.
3. Magdolna Hargittai, "Mildred Cohn," in Istvan Hargittai, *Candid Science III: More Conversations with Famous Chemists*, ed. Magdolna Hargittai, London: Imperial College Press, 2003, 251–267, 258.

4. Sharon Bertsch McGrayne, *Nobel Prize Women in Science: Their Lives, Struggles and Momentous Discoveries*, 2nd ed., Secaucus, NJ: Carol Publishing Group, 1998, 93.

5. H. Theorell, Presentation Speech, *Nobel Lectures, Physiology or Medicine 1942-1962*, Amsterdam: Elsevier, 1964, 온라인 참조: http://www. nobelprize.org/nobel_prizes/medicine/laureates/1947/press.html.

6. Hargittai, "Arthur Kornberg," 58.

7. McGrayne, *Nobel Prize Women in Science*, 112.

8. Istvan Hargittai, "Osamu Hayaishi," in Istvan Hargittai and Magdolna Hargittai, *Candid Science VI: More Conversations with Famous Scientists*, London: Imperial College Press, 2006, 361–387, 375.

일로나 뱅가, 조세프 발로

1. Conversation with Ilona Banga's son, Dr. Mátyás Baló, in Budapest, 2013.

2. I. Banga and A. Szent-Györgyi, "CCXIV. The Large Scale Preparation of Ascorbic Acid from Hungarian Pepper (*Capsicum annuum*)," *Biochemical Journal* 28 (1934): 1625–1628.

3. V. A. Engelhardt and M. N. Ljubimova, "Myosine and Adenosinetriphos-phatase," *Nature* 144 (1939): 668–669.

4. Ralph W. Moss, *Free Radical: Albert Szent Gyorgyi and the Battle over Vitamin C*, New York: Paragon House, 1988, 121.

5. A. Szent-Györgyi, "The Contraction of Myosin Threads," *Stud. Inst. Med. Chem. Univ. Szeged* I (1941–1942): 6–15; A. Szent-Györgyi, "Discussion," *Stud. Inst. Med. Chem. Univ. Szeged* I (1941–1942): 67–71; B. F. Straub, "Actin," *Stud. Inst. Med. Chem. Univ. Szeged* II (1942): 1–15.

6. S. V. Perry, "When Was Actin First Extracted from Muscle?" *Journal of Muscle Research and Cell Motility* 24 (2003): 597–599.

7. I. Banga and J. Balo, "Elastin and Elastase," *Nature* 171 (1952): 44.

8. I. Banga, *Structure and Function of Elastin and Collagen*, Budapest:

Akademiai Kiado, 1966.

9. F. Guba, "Megkésett megemlékezés dr. Balóné, dr. Banga Ilonáról" [Belated reminiscences about Dr. Mrs. Balo, Dr. Ilona Banga], *Vitalitas* 141 (2000), http://www.vitalitas.hu/olvasosarok/online/oh/2000/40/51. htm.

리타 콘포스, 존 콘포스

1. Magdolna Hargittai, interview with Rita Cornforth in correspondence(200년 9월 7일). 참고 문헌을 달지 않은 인용문은 모두 이 서신에서 가져옴.
2. John Warcup Cornforth, "Asymmetry and Enzyme Action," Nobel Lecture, December 12, 1975, in *Nobel Lectures, Chemistry 1971–1980*, ed. Sture Forsén, Singapore: World Scientific, 1993.
3. Istvan Hargittai, "John W. Cornforth," in Istvan Hargittai, *Candid Science: Conversations with Famous Chemists*, ed. Magdolna Hargittai, London: Imperial College Press, 2000.

제인 크램, 도널드 크램

1. Istvan Hargittai, "Donald J. Cram," in *Candid Science III*, 178–197, 196.
2. D. J. Cram and J. M. Cram, *Container Molecules and Their Guests*, Boca Raton, FL: CRC Press, 1994.
3. Hargittai, "Donald J. Cram," 195.
4. Ibid., 196.

밀드러드 드레셀하우스, 진 드레셀하우스

1. Magdolna Hargittai, "Mildred S. Dresselhaus," in *Candid Science IV*, 546–569, 548.
2. Ibid., 549.
3. Ibid., 550.
4. Ibid., 552.

5. Ibid., 550–551.
6. H. W. Kroto, J. R. Heath, S. C. O'Brien, R. F. Curl, and R. E. Smalley, "C$_{60}$: Buckminsterfullerene," *Nature (London)* 318 (1985): 162–163.
7. Hargittai, "Mildred S. Dresselhaus," 562.
8. M. Cimonds, "Queen of Carbon Science: Kavli Prize Winner Is a Nanoscience Pioneer," *US News & World Report,* July 27, 2012.
9. G. Dresselhaus, "Mildred Spiewak Dresselhaus," http://mgm.mit.edu/group/millie.html.
10. "A Study on the Status of Women Faculty in Science at MIT," MIT 1999, http://web.mit.edu/fnl/women/women.html#TheStudy.
11. "MIT Profiles: Mildred Dresselhaus," *MIT Faculty Newsletter* 18.3 (January/February 2006), 온라인 참조: http://web.mit.edu/fnl/volume/183/dresselhaus.html.
12. Hargittai, "Mildred S.Dresselhaus," 557.
13. Ibid., 558.
14. Ibid., 552.

거트루드 샤프 골드하버, 모리스 골드하버

1. P. D. Bond and E. Henley, "Gertrude Scharff Goldhaber (1911–1998)," *Biographical Memoirs* 77 (1999): 1–14.
2. W. Saxon, "Gertrude Scharff Goldhaber, 86, Crucial Scientist in Nuclear Fission," *New York Times,* February 6, 1998.
3. Conversation with Maurice Goldhaber on November 8, 2001, at Brookhaven National Laboratory; see Istvan Hargittai, "Maurice Goldhaber," in *Candid Science IV,* 214–231. 참고 문헌을 달지 않은 인용문은 모두 이 대화에서 가져옴.
4. Bond and Henley, "Gertrude Scharff Goldhaber," 8.

이저벨라 칼, 제롬 칼

1. Magdolna Hargittai, "Jerome Karle," in *Candid Science VI,* 422–437,

427–428.

2. Magdolna Hargittai, "Isabella Karle," in *Candid Science VI*, 402–421, 404.

3. Istvan Hargittai, "Herbert A. Hauptman," in *Candid Science III*, 292–317, 301–302.

4. Istvan Hargittai, "Alan L. Mackay," in Balazs Hargittai and Istvan Hargittai, *Candid Science V: Conversations with Famous Scientists*, London: Imperial College Press, 2005, 56–75, 72.

5. Istvan Hargittai, *The DNA Doctor: Candid Conversations with James D. Watson*, Singapore: World Scientific, 2007, 54.

6. Hargittai, *Candid Science VI*, 408–409.

7. Ibid., 409.

8. Ibid., 407–408.

9. Donna McKinney, "Jerome and Isabella Karle Retire from NRL Following Six Decades of Scientific Exploration," USNRL press release, July 21, 2009, 온라인 참조: http://www.nrl.navy.mil/media/news-releases/2009/jerome-and-isabella-karle-retire-from-nrl-following-six-decades-of-scientific-exploration.

에바 클라인, 조지 클라인

1. George Klein about Eva Klein, *MTC News* 55 (2005): 6.

2. Istvan Hargittai, "George Klein," in *Candid Science II*, 416–441, 429.

3. Magdolna Hargittai, conversations with Eva Klein in Budapest between 2000 and 2003. 참고 문헌을 달지 않은 인용문은 모두 이 대화에서 가져옴.

실비 콘버그, 아서 콘버그

1. Arthur Kornberg, *For the Love of Enzymes: The Odyssey of a Biochemist*, Cambridge, MA: Harvard University Press, 1991, 172.

2. Ibid.

3. Istvan Hargittai, "Arthur Kornberg," in *Candid Science II*, 50–71,

54-55.

4. E-mail correspondence with Roger Kornberg, April 2013.

5. A. Kornberg, S. R. Kornberg, and E. S. Simms, "Metaphosphate Synthesis by an Enzyme from Escherichia coli," *Biochim. Biophys. Acta* 20 (1956): 215-227.

6. E-mail correspondence with Roger Kornberg.

7. Hargittai, *Candid Science II*, 63-64.

8. Hargittai, *Candid Science II*, 64.

9. "They Helped Husbands to Nobel Prize," *Miami News*, November 8, 1959.

10. E-mail correspondence with Roger Kornberg.

11. Kornberg, *For the Love of Enzymes*, 172.

밀리차 N. 류비모바, 블라디미르 A. 엔겔가르트

1. A. V. Tichonova and A. V. Engelhardt, "Rol' roda Engelhardtov v istorii Rossii" [Role of the Engelhardt family in the history of Russia].

2. *Stanovlenie i dostizheniya biokhimicheskoi skoli Kazanskovo universiteta* [The formation and achievements of the biochemical school of Kazan University], Kazan: Otechestvo, 2009, 1-267, 27.

3. W. A. Engelhardt, "Life and Science," *Ann. Rev. Biochem.* 51 (1982): 1-19, 18.

4. Engelhardt, "Life and Science," 11.

5. Albert Szent-Györgyi, *Chemistry of Muscular Contraction*, New York: Academic Press, 1947.

6. Albert Szent-Györgyi, O myshechnoi deyatelnosti [About muscle operations], trans. Militza N. Lyubimova, Moscow: Medgiz, 1947.

7. The Nomination Database for the Nobel Prize in Physiology and Medicine, 1901-1953, http://www.nobelprize.org/nobel_prizes/medicine/nomination/country.html.

8. A. D. Mirzabekov, *Akademik Aleksandr Aleksandrovich Baev: Ocherki, perepiska, vospominaniia* [Notes, correspondence, remembrances],

Moscow: Nauka, 1997.

9. Engelhardt, "Life and Science," 2.

이다 노다크, 발터 노다크

1. Ida Noddack, "Uber das Element 93," *Zeitschrift fur Angewandte Chemie* 47 (1934): 653.

2. 이다 노다크 이야기를 증빙할 수 있는 풍부한 자료가 있지만 그중에서 단지 참고 문헌 몇 개만 언급한다.

3. J.-P. Adloff, private communication to the author by e-mail, September 15, 2012.

4. B. Van Tiggelen and A. Lykknes, "Ida and Walter Noddack Through Better and Worse: An *Arbeitsgemeinschaft* in Chemistry," in *For Better or Worse: Collaborative Couples in the Sciences*, ed. A. Lykknes et al., Basel: Springer, 2012, 103–147, 113.

5. E. B. Hook, "Interdisciplinary Dissonance and Prematurity: Ida Noddack's Suggestion of Nuclear Fission," in *Prematurity in Scientific Discovery: On Resistance and Neglect*, ed. E. B. Hook, Oakland, CA: University of California Press, 2002, 124–148.

6. Laura Fermi, *Atoms in the Family: My Life with Enrico Fermi*, Chicago: University of Chicago Press, 1954, 157.

7. Ida Noddack, "Remarks on the Work of O. Hahn, L. Meitner, and F. Strassmann on Products Formed in Irradiation of Uranium," *Naturwissenschaften* 27 (1939): 212–213.

덧붙이는 말

1. Lily Yan's biography on the Grube Foundation website, accessed on August 18, 2013, http://gruber.yale.edu/neuroscience/lily-jan.

2. Y. Bhattacharjee, "The Cost of a Genuine Collaboration," *Science* 320 (2008): 859.

3. E-mail letter from Nancy Jenkins, July 21, 2011. 모든 참고 문헌을 달지 않

은 인용문은 이 서신에서 가져옴.

4. J. Kaiser "Texas's $3 Billion Fund Lures Scientific Heavyweights," *Science* 332 (2011): 1019–1020.

2장 정상에 선 여성 과학자들

1. James D.Watson, *The Double Helix*, New York:Atheneum, 1968.
2. Brenda Maddox, *Rosalind Franklin: The Dark Lady of DNA*, New York: Harper Perennial, 2003; Anne Sayre, *Rosalind Franklin and DNA*, New York: W.W. Norton, 2000.
3. Ruth Lewin Sime, *Lise Meitner: A Life in Physics*, Berkeley: University of California Press, 1997; Patricia Rife and John A. Wheeler, *Lise Meitner and the Dawn of the Nuclear Age*, Boston:Birkhauser, 1999.
4. Ingmar Bergström, "Lise Meitner ochätomkarnan sklyvning," in *Kungl. Vetenskapsakademiens årsberättelse 1999* (Stockholm: Kungl. Vetenskapsa-kademien, 2000), pp. 17-25. See also IstvanHargittai, *The Road to Stockholm*, Oxford and NewYork:Oxford University Press, 2007, 232–236, 299–300, notes 51 and 52. 잉그마 베리스트롬 교수는 출판된 강의와 원래 강의의 영어 번역본을 나의 남편에게 흔쾌히 건네주었다.
5. Georgina Ferry, *Dorothy Hodgkin: A Life*, London:Granta Books, 1998, 402–403.
6. Patricia Parratt Craig, *Jumping Genes: Barbara McClintock's Scientific Legacy*, Perspectives in Science 6, Washington, DC:Carnegie Institution, 1994, 6.
7. Fred Hutchinson Cancer Research Center, "Dr. Linda Buck, 2004 Nobel Laureate," https://www.f hcrc.org/en/about/honors-awards/nobel-laureates/linda-buck.html, accessed January 17, 2014.
8. "The 2008 Nobel Prize in Physiology or MedicinePress Release," Nobelprize.org, January 17, 2014, http://www.nobelprize.org/nobel_prizes/medicine/laureates/2008/press.html.
9. "The 2009 Nobel Prize in Physiology or MedicinePress Release,"

Nobelprize.org, January 22, 2014, http://www.nobelprize.org/nobel_
prizes/medicine/laureates/2009/ press.html.

조슬린 벨 버넬

1. Magdolna Hargittai, "Freeman Dyson," in Magdolna Hargittai and
Istvan Hargittai, *Candid Science IV: Conversations with Famous
Physicists*, London: Imperial College Press, 2004, 440−477, 477.
2. Magdolna Hargittai, "Jocelyn Bell Burnell," in *Candid Science IV*, 638−
655, 640.
3. Istvan Hargittai, "Anthony Hewish," in *Candid Science IV*, 626−637,
632.
4. Hargittai, "Jocelyn Bell Burnell," 641.
5. Ibid., 652−653.
6. Magdolna Hargittai, "Joseph H. Taylor," in *Candid Science IV*, 656−669,
661.
7. Hargittai, "Jocelyn Bell Burnell," 654.
8. Hargittai, *Road to Stockholm*, 7.
9. Hargittai, "Anthony Hewish," 633.
10. "Jocelyn Bell: The True Star," *Belfast Telegraph*, June 13, 2007,
http://www.belfasttelegraph.co.uk/lifestyle/jocelyn-bell-the-true-
star-13450159.html#ixzz2Hn2jvFqK.
11. Hargittai, *Road to Stockholm*, 240.
12. Hargittai, "Jocelyn Bell Burnell," 648.
13. Ibid., 646.

이본느 브릴

1. United States Patent and Trademark Office, "President Obama Honors
Nation's Top Scientists and Innovators," http://www.uspto.gov/about/
nmti/NMTI_Announcement.jsp, accessed on April 22, 2012.
2. Magdolna Hargittai, conversation with Yvonne Brill, on April 28, 2000

at her home in Skillman, New Jersey. 참고 문헌을 달지 않은 인용문은 모두 이 대화에서 가져옴.
3. Monica Hesse, "The National Inventors Hall of Fame Inducts 16 for Its 2010 Class," *The Washington Post*, April 1, 2010, http://www.washingtonpost.com/wp-dyn/content/article/2010/03/31/AR2010033102355.html
4. Douglas Martin, "Yvonne Brill, a Pioneering Rocket Scientist, Dies at 88," *New York Times*, March 30, 2013, http://www.nytimes.com/2013/03/31/science/space/yvonne-brill-rocket-scientist-dies-at-88.html? pagewanted=all&_r=0, accessed August 10, 2013.

밀드러드 콘

1. Istvan Hargittai, "Paul Boyer," in Istvan Hargittai, *Candid Science III: More Conversations with Famous Chemists*, ed. Magdolna Hargittai, London: Imperial College Press, 268–279, 274.
2. Magdolna Hargittai, "Mildred Cohn," in *Candid Science III*, 250–267, 257.
3. Ibid., 262.
4. Ibid., 263.
5. Ibid., 263.
6. Ibid., 266.

거트루드 B. 엘리언

1. Istvan Hargittai, "Gertrude B. Elion," in Istvan Hargittai, *Candid Science: Conversations with Famous Chemists*, ed. Magdolna Hargittai, London: Imperial College Press, 2000, 54–71, 71.
2. Ibid., 68.
3. Ibid., 59–60.
4. George Hitchings, "Banquet Speech," in *Les Prix Nobel 1988: Nobel Prizes, Presentations, Biographies and Lectures*, ed. Tore Frängsmyr,

Stockholm: Almqvist & Wiksell International, 1989, available at http://www.nobelprize.org/nobel_prizes/medicine/laureates/1988/hitchings-speech.html.

5. Hargittai, "Gertrude B. Elion," 69.
6. Ibid., 70.

메리 게일러드

1. Roger Bingham, "The Science Studio: Interview with Leon Lederman," http://thesciencenetwork.org/media/videos/2/Transcript.pdf, accessed October 20, 2013.
2. Magdolna Hargittai, conversation with Mary Gaillard, February 19, 2004, Berkeley, California. 참고 문헌을 달지 않은 인용문은 모두 이 대화에서 가져옴.
3. Mary, K. Gaillard, "Report on Women Scientific Careers at CERN," 1980, available at http://ccdb5fs.kek.jp/cgi-bin/img/allpdf?198006143.
4. Gaillard, "Report on Women," 4.
5. M. K. Gaillard and B. W. Lee, "Rare Decay Modes of the K Mesons in Gauge Theories," Phys. Rev. D10 (1974): 897.

마리아 괴퍼트 메이어

1. Joan Dash, *A Life of One's Own: Three Gifted Women and the Men They Married*, New York: Harper and Row, 1973, 238.
2. Lisa Yount, "Maria Goeppert Mayer," in *Contemporary Women Scientists*, New York: Facts on File, 1994, 13−25, 15.
3. Robert G. Sachs, "Maria Goeppert Mayer: 1906−1972," in *Remembering the University of Chicago: Teachers, Scientists, and Scholars*, ed. Edward Shils, Chicago: University of Chicago Press, 1991, 317−337, 320.
4. Peter Mayer, *Son of (Entropy)2*, Bloomington, IN: AuthorHause, 2011, 7.
5. Joseph Mayer and Maria Goeppert Mayer, *Statistical Mechanics*, New York: John Wiley and Sons, 1940.

6. Sachs, "Maria Goppert Mayer," 322.

7. Edward Teller with Judith Shoolery, *Memoirs: A Twentieth-Century Journey in Science and Politics*, Cambridge, MA: Perseus, 2001, 126.

8. Vivian Gornick, *Women in Science: Then and Now*, New York: The Feminist Press, 2009, 26.

9. Yount, *Contemporary Women Scientists*, 18.

10. Teller, *Memoirs*, 188.

11. Yount, *Contemporary Women Scientists*, 19.

12. Sharon Bertsch McGrayne, *Nobel Prize Women in Science: Their Lives, Struggles, and Momentous Discoveries*, Secaucus, NJ: Carol, 1993, 196.

13. Robert G. Sachs, "Maria Goeppert Mayer: 1906–1972," in *Biographical Memoirs*, Vol. 50, Washington, DC: National Academy of Sciences, 1979, 309–328, 322, available at http://www.nasonline.org/publications/biographical-memoirs/memoir-pdfs/mayer-maria.pdf.

14. Sachs, "Maria Goeppert Mayer," 333.

15. Yount, *Contemporary Women Scientists*, 23.

16. Andrea Gabor, *Einstein's Wife*, New York: Penguin, 1995, 141.

17. Mayer, *Son of (Entropy)2*, 4.

18. Nancy Thorndike Greenspan, *The End of the Certain World: The Life and Science of Max Born*, New York: Basic Books, 2005, 158.

19. Istvan Hargittai, *Judging Edward Teller: A Closer Look at One of the Most Influential Scientists of the Twentieth Century*, Amherst, NY: Prometheus, 2010.

20. Maria Goeppert Mayer and Hand D. Jensen, *Elementary Theory of Nuclear Shell Structure*, New York: John Wiley and Sons, 1955.

21. Dash, *A Life of One's Own*, 276.

22. Quoted in Gabor, *Einstein's Wife*, 138.

23. Karen Johnson, "Science at the Breakfast Table," *Phys. Perspect.* 1 (1999): 22–34, 32.

24. Gabor, *Einstein's Wife*, 103.

달렌 호프먼

1. Magdolna Hargittai, "Darleane C. Hoffman," in Istvan Hargittai and Magdolna Hargittai, *Candid Science VI: More Conversations with Famous Scientists*, Imperial College Press, 2006, 458–479, 466.
2. Ibid., 472–473.
3. Ibid., 467.
4. Ibid., 478–479.

빌마 후고나이

1. Margit Balogh and Maria Palasik, eds., *Nők a magyar tudományban* [Women in Hungarian Science], Budapest: Napvilág Kiadó, 2010, 316.

프랜시스 올덤 켈시

1. Morton Mintz, "'Heroin' of FDA Keeps Bad Drug Off of Market," *Washington Post*, July 15, 1962.
2. Magdolna Hargittai, conversation with Frances O. Kelsey on April 16, 2000.
3. Frances Kelsey, assembly talk at the National Cathedral School, January 31, 1967, private communication from Frances O. Kelsey, April 16, 2000.
4. Frances O. Kelsey, "Denial of Approval for Thalidomide in the U.S.," in *Medicine and Health Since World War II: Four Federal Achievements*, Bethesda, MD: National Library of Medicine, 1993, 8.
5. Daniel Carpenter, *Reputation and Power: Organizational Image and Pharmaceutical Regulation at the FDA*, Princeton, NJ: Princeton University Press, 2010, 230.
6. Ibid., 248.
7. Angus Crawford, "Brazil's New Generation of Thalidomide Babies," *BBC News Magazine*, July 24, 2013, http://www.bbc.co.uk/news/

magazine-23418102; Winerip, Michael, "The Death and Afterlife of Thalidomide," *New York Times*, September 23, 2013, http://www. nytimes.com/2013/09/23/booming/the-death-and-afterlife-of-thalidomide.html; both accessed November 8, 2013.

8. Gardiner Harris, "The Public's Quiet Savior From Harmful Medicines," New York Times, September 23, 2013. http://www.nytimes. com/2010/09/14/health/14kelsey.html, accessed November 8, 2013.

올가 케너드

1. Magdolna Hargittai, conversation with Olga Kennard, March 2, 2000. 참고 문헌을 달지 않은 인용문은 이 대화에서 가져옴.
2. http://www.ccdc.cam.ac.uk/Solutions/CSDSystem/Pages/CSD.aspx, accessed April 9, 2013.

구로다 레이코

1. Istvan Hargittai, "Reiko Kuroda," in *Candid Science III*, 466–471, 467.
2. Magdolna Hargittai, conversation with Reiko Kuroda, September 16, 2000. 참고 문헌을 달지 않은 인용문은 이 대화에서 가져옴.
3. Correspondence with Reiko Kuroda, 2013.
4. Hargittai, "Reiko Kuroda," 471.

니콜 M. 르 두아랭

1. Inamori foundation, "Nicole Marthe Le Douarin," http://www. inamori-f.or.jp/laureates/k02_a_nicole/ctn_e.html, accessed March 27, 2013.
2. Magdolna Hargittai, conversation with Nicole Le Douarin, October 24, 2000. 참고 문헌을 달지 않은 인용문은 이 대화에서 가져옴.
3. "Nicole Le Douarin (College de France) Part 1: The Neural Crest in Vertebrate Development," video, http://www.youtube.com/

watch?v=Our-x4WS4JI, accessed March 27, 2012.

4. Nicole M. Le Douarin, *The Neural Crest*, Cambridge, UK: Cambridge University Press, 1982, 2000.

리타 레비몬탈치니

1. Magdolna Hargittai, "Rita Levi-Montalcini," in Istvan Hargittai, *Candid Science II: Conversations with Famous Biomedical Scientists*, ed. Magdolna Hargittai, London: Imperial College Press, 2003, 364–373, 367.
2. "Rita Levi-Montalcini–Biographical," *Nobelprize.org*, December 29, 2013, http://www.nobelprize.org/nobel_prizes/medicine/laureates/1986/levi-montalcini-bio.html.
3. Hargittai, "Rita Levi-Montalcini," 371.
4. Rita Levi-Montalcini, *In Praise of Imperfection*, trans. Luigi Attardi, New York: Basic Books, 1989.
5. Rita Levi-Montalcini, "From Turin to Stockholm via St. Louis and Rio de Janeiro," *Science* 287 (2000): 809.
6. Joahim Peitzsch, "Neighbourhood Growth Scheme," accessed April 1, 2013, http://www.nobelprize.org/nobel_prizes/medicine/laureates/1986/speedread.html.
7. Tore Frängsmyr and Jan Lindsten, ed., *Nobel Lectures, Physiology or Medicine 1981–1990*, Singapore: World Scientific, 1993.
8. John Harris, "The Question: Is Love Just a Chemical?" *The Guardian*, November 29, 2005, http://www.guardian.co.uk/education/2005/nov/29/research.highereducation1, accessed April 1, 2013.
9. Rita Levi-Montalcini, *The Saga of the Nerve-Growth Factor*, Singapore: World Scientific, 1997.
10. David Ottoson, "The Unravelling of the Code of Nerve Growth: A Modern Saga of the Dedication to Science," *Brain Research Bulletin* 50 (1999): 473–474, 473.
11. Hargittai, "Rita Levi-Montalcini," 371–372.

12. Alison Abbott, "One Hundred Years of Rita," *Nature* 458 (April 2, 2009): 564–567.

13. Hargittai, "Rita Levi-Montalcini," 374–375.

제니퍼 맥킴브레슈킨

1. J. L. McKimm-Breschkin, "Influenza: A Cure from Structural Chemistry," *Chemical Intelligencer* 6 (2000): 43–46, 45.

2. McKimm-Breschkin, "Influenza," 46.

앤 매클래런

1. Paul Burgoyne, "Anne McLaren 1927–2007," *Nature Genetics*, 39 (2007): 1041.

2. H. M. Blau, "Anne McLaren (1927–2007)," *Differentiation* 75 (2007): 899–901, 900.

3. Magdolna Hargittai, conversation with Anne McLaren, Cambridge, June 30, 2004. 참고 문헌을 달지 않은 인용문은 이 대화에서 가져옴.

4. J. Biggers, "Dame Anne McLaren," *The Guardian*, July 9, 2007.

5. A. McLaren and D. Michie, "Current Trend of Genetical Research in Hungary," *Nature* 174 (1954): 390–391.

6. A. Murray, "Letter: Donald Michie and Anne McLaren," *The Guardian*, July 10, 2007.

7. S.G. Vasetzky, A. P. Dyban, and A. V. Zelenin, "Anne McLaren (1927–2007)" *Russ. J. Developmental Biology* 39 (2008): 125–126.

8. Gurdon Institute, "Anne McLaren DBE, DPhil, FRS, FRCOG: April 26th 1927–July 7th 2007," http://www2.gurdon.cam.ac.uk/anne-mclaren.html, accessed August 3, 2013.

9. Biggers, "Dame Anne McLaren."

크리스티아네 뉘슬라인폴하르트

1. Editorial, "Pattern Recognition and Gestalt Psychology: The Day Nüsslein-Volhard Shouted 'Toll!'" *FASEB Journal* 24 (2010): 2137–2141, available at www.fasebj.org/content/24/7/2137.full.pdf.
2. Magdolna Hargittai, "Christiane Nüsslein-Volhard," in *Candid Science VI*, 134–151, 137.
3. Ibid., 144.
4. Ibid., 145–146.
5. Ibid., 147.
6. C. Nüsslein-Volhard, "Women in Science–Passion and Prejudice," *Cell* 18 (2008): R185–187.
7. Nüsslein-Volhard, "Women in Science," R185.

지그리트 페이어림호프

1. P. A. M. Dirac, "Quantum Mechanics of Many-Electron Systems," *Proc. Roy. Soc. A*, 123 (1929): 714–733.
2. Magdolna Hargittai, conversation with Sigrid Peyerimhoff, Bonn, June 18, 1999. 참고 문헌을 달지 않은 인용문은 이 대화에서 가져옴.

미리엄 로스차일드

1. Douglas Martin, "Miriam Rothschild, High-Spirited Naturalist, Dies at 96," *New York Times*, January 25, 2005.
2. Eugene Garfield, "A Tribute to Miriam Rothschild: Entomologist Extraordinaire," in *Essays of an Information Scientist*, Vol. 7, Philadelphia: ISI Press, 1984, 120–127, available at http://www.garfield.library.upenn.edu/essays/v7p120y1984.pdf.
3. Miriam Rothschild and Peter Marren, *Rothschild's Reserves: Time and Fragile Nature*, Colchester, Essex, UK: Harley Books, 1997, 6.
4. Christopher Sykes, *Seven Wonders of the World: Miriam Rothschild*,

documentary film, part 1 of 3, available online at https://www.youtube.com/watch?v=K2VaTmrsFLg. All three parts accessed March 30, 2013.

5. Magdolna Hargittai, conversation with Miriam Rothschild, Ashton Wold, spring 2002. 참고 문헌을 달지 않은 인용문은 이 대화에서 가져옴.

6. Sykes, *Seven Wonders of the World*, part 2 of 3, available online at https://www.youtube.com/watch?v=fec8DCl0hgo.

7. Peter Marren, "Dame Miriam Rothschild: Expert on Fleas and Energetic Campaigner for Nature Conservation," *The Independent*, January 22, 2005, available at http://www.independent.co.uk/news/obituaries/dame-miriam-rothschild-6154388.html.

8. Michael Downes, "Dame Miriam Rothschild DBE FRS," http://downesmichael.blogspot.hu/2011/03/dame-miriam-rothschild-dbe-frs.html, accessed April 2, 2013.

9. Miriam Rothschild, "My First Book," *The Author*, Spring 1994, 11.

10. Ibid.

11. Miriam Rothschild and Theresa Clay, *Fleas, Flukes & Cuckoos: A Study of Bird Parasites*, London: Collins, 1952, 56. Cited in Garfield, "A Tribute to Miriam Rothschild," 122.

12. Quoted in Martin, "Miriam Rothschild."

13. George H. E. Hopkins and Miriam Rothschild, *An Illustrated Catalogue of the Rothschild Collection of Fleas (Siphonaptera) in the British Museum (Natural History)*, 5 vols., London: Trustees of the British Museum, Natural History, 1953–1987.

14. Sykes, *Seven Wonders of the World*, part 2.

15. Rothschild and Marren, *Rothschild's Reserves*.

16. Miriam Rothschild, *Dear Lord Rothschild: Birds, Butterflies and History*, London/Melbourne/Sydney: Hutchinson, 1983.

17. Garfield, "Tribute to Miriam Rothschild," 120

베라 루빈

1. Magdolna Hargittai, "Vera C. Rubin," in Balazs Hargittai and Istvan

Hargittai, *Candid Science V: Conversations with Famous Scientists*, 246–265, 248.

2. Ibid., 253.
3. Ibid., 253.
4. Ibid., 254.
5. Ibid., 256.
6. Ibid., 256.
7. Ibid., 257–258.
8. Ibid., 260.
9. Vera Rubin, "An Interesting Voyage," *Ann. Rev. Astro. Astrophys.* 49 (2011): 1–28, 26–27.
10. Hargittai, "Vera C. Rubin," 265.

마르가리타 살라스

1. Jesus Avila and Federico Mayor Jr., "Obituary: Eladio Viñuela (1937–1999)," *Nature* 400 (1999): 822.
2. Margarita Salas, "40 Years with Bacteriophage φ29" *Ann. Rev. Microbiol.* 61 (2007): 1–22, 2.
3. Magdolna Hargittai, correspondence with Margarita Salas, September 2013. 참고 문헌을 달지 않은 인용문은 이 대화에서 가져옴.
4. Salas, "40 Years with Bacteriophage φ29," 6.
5. *She Figures 2012: Gender in Research and Innovation*, European Commission, 2013 (based on 2010 data), available at http://ec.europa.eu/research/science-society/document_library/pdf_06/she-figures-2012_en.pdf.

미리엄 사라치크

1. Magdolna Hargittai, conversations with Myriam Sarachik, October 2000 and September 2008. 모든 인용문은 이 대화에서 가져옴.

마리트 트래테베르크

1. Magdolna Hargittai, conversation with Marit Traetteberg in Trondheim, Norway, September 15, 1996. 모든 인용문은 이 대화에서 가져옴.

우젠슝

1. Noemie Benczer-Koller, "Chien-Shiung Wu (1912 1997)," in *Biographical Memoirs* Washington, DC: National Academy of Sciences, 2009, 1–17, available at http://www.nasonline.org/publications/biographical-memoirs/memoir-pdfs/wu-chien-shiung.pdf.
2. For more detail about this experiment, see Magdolna Hargittai, "Credit Where Credit's Due?" *Physics World*, September 2012, 38–42.
3. C.N. Yang, "The Law of Parity Conservation and Other Symmetry Laws of Physics," in *Nobel Lectures Physics, 1942–1962*, Singapore: World Scientific, 1964, available at http://www.nobelprize.org/nobel_prizes/physics/laureates/1957/yang-lecture.pdf.
4. C.-S. Wu, "Discovery Story I: One Researcher's Personal Account," in *Adventures in Experimental Physics: Gamma Volume*, ed. Bogdan Maglich, Princeton, NJ: World Science Education, 1973, 101–123.
5. See also E. Ambler, M. A. Grace, H. Halban, N. Kurti, H. Durand, C. E. Johnson, and H. E. Lemmer, "Nuclear Polarization of Cobalt-60," *Philosophical Magazine* 44 (1953): 216–218.
6. C. S. Wu, E. Ambler, R. W. Hayward, D. D. Hoppes, and R. P. Hudson, "Experimental Test of Parity Violation in Beta Decay," *Phys. Rev.* 105 (1957): 1413–1415.
7. R. L. Garwin, L. M. Lederman, and M. Weinrich, "Observation of the Failure of Conservation of Parity and Charge Conjugation in Meson Decays," *Phys. Rev.* 104(1957): 1415–1417.
8. J. I. Friedman and V. L. Telegdi, "Nuclear Emulsion Evidence for Parity Nonconservation in the Decay Chain $\pi+\rightarrow\mu+\rightarrow e+$," *Phys. Rev.* 105 (1957): 1681–1682.

9. Anders Barany, private communication, March 20, 2012.
10. Magdolna Hargittai and Istvan Hargittai, "Leon M. Lederman," in *Candid Science IV*, 142–159.
11. Hargittai, "Credit Where Credit's Due?"
12. Hargittai, "Jerome I. Friedman," in *Candid Science IV*, 64–79, 74.
13. Hargittai, "Val L. Fitch," in *Candid Science IV*, 192–213, 206–207.
14. Wu, "One Researcher's Personal Account," 102.
15. R. L. Garwin and T. D. Lee, "Chien-Shiung Wu," obituary, *Physics Today* 50 (1997): 120–122, 121.

로절린 앨로

1. Istvan Hargittai, "Rosalyn Yalow," in *Candid Science II*, 518–523, 520.
2. Joan Dash, *The Triumph of Discovery: Women Scientists Who Won the Nobel Prize*, Englewood Cliffs, NJ: Julian Messner, 1991, 42.
3. Denis Gellene, "Rosalyn S. Yalow, Nobel Medical Physicist, Dies at 89," *New York Times*, June 1, 2011.
4. Hargittai, "Rosalyn Yalow," 521.
5. Ibid., 521.
6. Ibid., 523.
7. Dash, *Triumph of Discovery*, 50.
8. Ibid., 50.
9. McGrayne, *Nobel Prize Women in Science*, 343.
10. 사실, 그들의 발견은 매우 소설 같아서 《사이언스》는 그것을 기술한 논문을 거부했고, 《*The Journal of Clinical Investigation*》은 제목에서 '인슐린 결합 항체'라는 표현을 삭제하는 조건으로 논문을 게재했다: S. A. Berson, R. S. Yalow, A. Bauman, M. A. Rothschild, and K. Newerly, "Insulin-I[131] Metabolism in Human Subjects: Demonstration of Insulin Binding Globulin in the Circulation of Insulin-Treated Subjects," *J. Clin. Invest.* 35 (1956): 170–190.
11. Eugene Straus, *Rosalyn Yalow Nobel Laureate: Her Life and Work in Medicine*, New York: Plenum Trade, 1998. 151.

12. Hargittai, "Rosalyn Yalow," 523.

13. Magdolna Hargittai, "Mildred S. Dresselhaus," in *Candid Science IV*, 546–569, 548.

14. Straus, *Rosalyn Yalow Nobel Laureate*, 244.

15. Ibid., 247.

16. R. S. Yalow, "Radioimmunoassay: A Probe for Fine Structure of Biologic Systems," Nobel Lecture, December 8, 1977, 447–469. 449.

17. Straus, *Rosalyn Yalow Nobel Laureate*, chap. 13.

18. Hargittai, "Rosalyn Yalow," 522.

19. Ibid., 522.

20. Dash, *Triumph of Discovery*, 53.

21. Hargittai, "Mildred S. Dresselhaus," 549.

22. Straus, *Rosalyn Yalow Nobel Laureate*, 224.

아다 요나트

1. Royal Swedish Academy of Sciences, "The Key to Life at the Atomic Level," 2009, http://www.nobelprize.org/nobel_prizes/chemistry/laureates/2009/popular-chemistryprize2009.pdf.

2. Magdolna Hargittai, "Ada Yonath," in *Candid Science VI*, 389–401, 394.

3. Ibid., 391.

4. Ibid., 391–393.

5. Ibid., 393.

6. Ibid., 397.

7. Ibid.

8. Ibid., 400.

9. Lou Woodley, "An Interview with Ada Yonath," July 20, 2010, accessed August 17, 2013, http://lindau.nature.com/lindau/2010/07/an-interview-with-ada-yonath/.

10. Kathleen Raven, "Ada Yonath and the Female Question," July 11, 2013, accessed August 17, 2013, http://lindau.nature.com/lindau/2013/07/ada-yonath-and-the-female-question/.

러시아의 여성 과학자들

1. Michael D. Gordin, Karl Hall, and Alexei Kojevnikov, *Intelligentsia Science: The Russian Century, 1860–1960*, Chicago: University of Chicago Press, 2008.
2. Ann Hibner Koblitz, *Science, Women, and Revolution in Russia*, Amsterdam: Harwood Academic, 2000.
3. Olga Valkova, "The Conquest of Science: Women and Science in Russia: 1860–1940," in *Intelligentsia Science*, 136–165, 136.
4. Svetlana A. Sycheva, *Zhenshchiny v rossiiskoi nauke: Rol' i sotsial'nyi status* [Women in Russian science: Their role and social status], Moscow: NIA-Priroda, 2005.
5. Koblitz, "The Mythification of Sofia Kovalevskaia," in *Science, Women, and Revolution*, 105–135, 127.
6. Valkova, "Conquest of Science," 143–147, 163–164.
7. A. S. Kotelnikova and V. G. Tronev, "Issledovanie kompleksnykh soedinenii dvukhvalentnogo reniya," *Zh. Neorg. Khim.* 3 (1958): 1008.
8. See I. Hargittai, "The Beginnings of Multiple Metal-Metal Bonds," in *Candid Science*, 246–249.

이리나 P. 벨레츠카야

1. Magdolna Hargittai, correspondence with Irina Beletskaya. All quotations are from this correspondence. 모든 인용문은 이 서신왕래에서 비롯함.

라크힐 Kh. 프리들리나

1. A. B. Terentiev, "Kratkii ocherk nauchnoi deyatelnosti chlena-korrespondenta AN SSSR R. Kh. Freidlinoi" (Brief Review of the Scientific Activities of Corresponding Member of the Soviet Academy of Sciences R. Kh. Freidlina.), in L. A. Kalashnikova, and N. M.

Anserova, eds., *Rakhil Khatskelevna Freidlina (1906–1986)*, Moscow: Nauka, 2004, 5–42, 37. 여기서 티렌티브는 프리들리나의 가장 가까운 학생과 교우 중 한 사람인 엠마 M. 브라이니아Emma M.Brainina의 회고담을 언급했다.

2. Terentiev, "Brief Review," 38.

엘레나 G. 갈페른

1. Istvan Hargittai and Magdolna Hargittai, *In Our Own Image: Personal Symmetry in Discovery*, New York: Plenum/Kluwer, 2000, 52–80; see, in particular, 62.
2. D. A. Bochvar and E. G. Galpern, "O gipoteticheskikh sistemakh: Karbododekaedre, s-ikosaedre i karbo-s-ikosaedre," *Doklady Akademii nauk SSSR* 209 (1973): 610–612.

이리나 G. 고랴체바

1. 2009 Tribology Gold Medal, http://www.imeche.org/knowledge/industries/tribology/prizes-and-awards/all-tribology-gold-medal-laureates/2009TGM, accessed September 27, 2013.
2. 참고 문헌을 달지 않은 인용문은 2013년 우리가 주고받은 서신에서 가져옴.
3. 2009 Tribology Gold Medal.

안토니나 F. 프리코트코

1. B. S. Gorobets, *Sekretnye fiziki iz atomnogo proekta SSSR: Semya Leipunskikh* [Classified physicists from the Soviet atomic project: The Leipunskii family], Moscow: Librokom, 2009, 140.
2. Gorobets, *Sekretnye fiziki*, 87.

인도의 여성 과학자들

1. "List of countries by literacy rate," *Wikipedia*, http://en.wikipedia.org/wiki/List_of_countries_by_literacy_rate, accessed August 3, 2013.
2. Rohini Godbole and Ramakrishna Ramaswamy, eds., *Lilavati's Daughters: The Women Scientists of India*, Bangalore: Indian Academy of Sciences, 2008.
3. P. Thakar, "Amandi Gopal," in *Lilavati's Daughters*, 13–16.
4. C. V. Subramanian, "Edavaleth Kakkat Janaki Ammal," in *Lilavati's Daughters*, 1–4.
5. C. D. Darlington and E. K. Janaki Ammal, *The Chromosome Atlas of Cultivated Plants*, London: Allen & Unwin, 1945.
6. Subramanian, in *Lilavati's Daughters*, 4.
7. S. C. Pakrashi, "Asima Chatterjee," in *Lilavati's Daughters*, 9–12.
8. Asima Chatterjee and Satyesh Chandra Pakrashi, *The Treatise on Indian Medicinal Plants*, 6 vols, New Delhi: National Institute of Science Communication and Information Resources, 1991–2001.

샤루시타 차크라바티

1. Magdolna Hargittai, conversation with Charusita Chakravarty, September 27, 2011, Delhi.

로히니 고드볼

1. G. N. Prashanth, "IISc Prof Does India Proud at CERN," *The Times of India*, November 9, 2011.
2. Another example: "Chasing the One Trillion Trillionth of a second," *The Hindu*, January 2012.
3. Malini Nair, "The Higgs Hunt Is Over, but a New Journey Has Begun," *The Times of India*, July 7, 2012.
4. Magdolna Hargittai, conversation with Rohini Godbole, September 21, 2012, Bangalore.

쇼바나 나라시만

1. Magdolna Hargittai, conversation with Shobhana Narasimhan, September 20, 2012, Bangalore.

술라바 파타크

1. Magdolna Hargittai, conversation with Sulabha Pathak, September 23, 2012, Mumbai.
2. S. Pathak and U. Palan, *Immunology: Essential and Fundamental*, Enfield, NH: Science Publishers, 2005; rev. ed., Tunbridge Wells, UK: Anshan, 2011.

리디 샤

1. Riddhi Shah, "New Challenges Ahead" in *Lilavati's Daughters*, 276.
2. Magdolna Hargittai, conversation with Riddhi Shah on September 27, 2011, New Delhi.

쇼보나 샤르마

1. Magdolna Hargittai, conversation with Shobhona Sharma, September 23, 2012, Mumbai.

비디타 바이디야

1. In an e-mail from Vidita Vaidya, January 31, 2012.

덧붙이는 말

1. I express my thanks to Shobhana Narasimhan and Rohini Godbole for helpful discussions of these issues.

2. Information from Rohini Godbole.

3. Hargittai, conversation with Charusita Chakravarty.

4. Ibid.

5. Ibid.

터키의 여성 과학자들

1. Çiğdem Kağıtçıbaşı, "Caution: Men at Work," *Nature* 456 (2008): 12–14, accessed September 14, 2013, http://www.nature.com/nature/journal/v456/n1s/full/twas08.12a.html. Referring to Blitz, R.C. 1970.

2. *She Figures 2012*, Table 3.1, p. 90, http://ec.europa.eu/research/science-society/document_library/pdf_06/she-figures-2012_en.pdf.

3. A. Tatli, M. F. Özbilgin, and F. Küskü, Gendered Occupational Outcomes from Multilevel Perspectives: The Case of Professional Training and Work in Turkey, Chapter 10 in *Gender and Occupational Outcomes: Longitudinal Assessment of Individual, Social, and Cultural Influences*, ed. H. M. G. Watt and J. S. Eccles, Washington, DC: American Psychological Association, 2008, 405–449, available at http://www.academia.edu/345483/Gendered_Occupational_Outcomes_the_case_of_professional_training_and_work_in_Turkey, accessed Sept. 15, 2013; "Asia: Shaking up Tradition," in *Beating the Odds: Remarkable Women in Science*, Science/AAAS and L'Oreal Foundation, 2008, available at http://sciencecareers.sciencemag.org/tools_tips/outreach/loreal_wis/asia_shaking_up_tradition, accessed September 13, 2013; and Gülsün Sağlamer, "Women Academics in Science and Technology with Special Reference to Turkey," in *Women Status in the Mediterranean: Their Rights and Sustainable Development*, ed. L. Ambrosi, G. Trisorio-Liuzzi, R. Quagliariello, L. Santelli Beccegato, C. Di Benedetta, and F. Losurdo, Bari, Italy: Mediterranean Agronomic Institute of Bari, 2009, 45–61.

4. Kağıtçıbaşı, "Caution: Men at Work," 12

5. *She Figures 2012*, Table 3.2, p. 93.

6. "Employment rate, by sex," 2012, http://epp.eurostat.ec.europa.eu/tgm/table.do?tab=table&language=en&pcode=tsdec420&tableSelection=3&footnotes=yes&labeling=labels&plugin=1, accessed September 15, 2013.

7. Women in Statistics, 2012, http://www.turkstat.gov.tr/Kitap.do?metod=KitapDetay&KT_ID=11&KITAP_ID=238, accessed September 13, 2014.

세제르 셰네르 콤수올루

1. Magdolna Hargittai, conversation with Sezer Komsuoğlu, November 12, 2008, Istanbul. 모든 인용문은 이 대화에서 가져옴.

귈쉰 살라메르

1. Magdolna Hargittai, conversation with Gülsün Sağlamer, November 13, 2008, Istanbul. 모든 인용문은 이 대화에서 가져옴.

아이한 울루벨렌

1. G. Topçu, N. Gören, and A. Öksüz, "Editorial: Special issue in Honour of Professor Aylan Ulubelen," *Phytochemistry Letters* 4 (2011): 389–390, 389.

2. Istvan Hargittai, "Ayhan Ulubelen," in *Candid Science*, 114–121, 115.

3. Ibid., 118–119.

4. Ibid., 119.

5. Ibid., 116.

6. Correspondence with A. Ulubelen, 2013.

3장 고위직에 오른 여성 과학자들

1. Magdolna Hargittai, conversation with James D. Watson, Cold Spring Harbor Laboratory, March 14, 2002.

2. Lynn Harris, "Heads of the Class: The Female Presidents of the Ivy League," http://www.glamour.com/inspired/women-of-the-year/2007/11/female-presidents-of-ivy-league-schools, accessed April 14, 2014.

3. Sarah Gibbard Cook, "Women Presidents: Now 26.4% but Still Underrepresented," *Women in Higher Education*, 21(5) (2012) 1–3, accessed September 13, 2014, http://onlinelibrary.wiley.com/doi/10.1002/whe.10322/full.

4. *She Figures 2012: Gender in Research and Innovation*, http://ec.europa.eu/research/science-society/document_library/pdf_06/she-figures-2012_en.pdf, Figure 4-1 and Table 4-1, pp. 115–116, accessed May 17, 2013.

5. Paul Bateman, "Why Are There So Few Female Vice-Chancellors?" *The Times Higher Education*, August 22, 2013, http://www.timeshighereducation.co.uk/features/why-are-there-so-few-female-vice-chancellors/2006576.article, accessed March 4, 2014.

6. Ramakrishna Ramaswamy, private communication, March 4, 2014.

7. *She Figures* 2012, 116.

카트린 브레쉬냑

1. Magdolna Hargittai, "Catherine Brechignac," in Magdolna Hargittai and Istvan Hargittai, *Candid Science IV: Conversations with Famous Physicists*, London: Imperial College Press, 2004, 570–585, 579.

2. Ibid., 571–572.

3. Ibid., 572.

4. Ibid., 572.

5. "At the Centre of Revolution in Research," *The Times Higher Education*, April 14, 2000, http://www.timeshighereducation.co.uk/story.asp?story

Code=151148&sectioncode=26, accessed January 21, 2013.
6. "Catherine Bréchignac," curriculum vitae, http://www.academie-sciences.fr/academie/membre/BrechignacC_bio0810.pdf, accessed January 7, 2014.
7. Hargittai, "Catherine Bréchignac," 578.
8. Ibid., 580.
9. Ibid., 581.
10. Ibid., 584.
11. Ibid., 583–584.

프랜스 A. 코르도바

1. Magdolna Hargittai, conversation with France Cordova, Fort Lee, NJ, April 2, 2008. 참고 문헌을 달지 않은 인용문은 모두 이 대화에서 가져옴.
2. "Outgoing President of Purdue University, Incoming Chair of the Smithsonian," http://articles.washingtonpost.com/2012-09-10/news/35495344_1_uc-riverside-nasa-physics-and-astronomy, accessed July 23, 2013.
3. "Series Overview," pbs.org, http://www.pbs.org/breakthrough/resource/prelease.htm, accessed July 23, 2013.
4. "The 2000 Kilby Laureates," http://www.kilby.org/kl_past_laureates.html, accessed July 23, 2013.

메리 앤 폭스

1. "Seventh Chancellor Guided UC San Diego to Historic Growth and Scholarly Achievement," http://mafox.ucsd.edu/, accessed October 19, 2013.
2. Magdolna Hargittai, conversation with Marye Anne Fox, May 12, 2000. 참고 문헌을 달지 않은 인용문은 모두 이 대화에서 가져옴.

케르스틴 프레드가

1. Magdolna Hargittai, conversation with Kerstin Fredga, Stockholm, September 15, 2000. 모든 인용문은 이 대화에서 가져옴.

클로디 에뉴레

1. Magdolna Hargittai, conversation with Claudie Haigneré, July 1, 2003. 참고 문헌을 달지 않은 인용문은 모두 이 대화에서 가져옴.
2. "Expedition Three Crew, Soyuz 3 Taxi Flight Crew: Claudie Haigneré (formerly André-Deshays)," http://spaceflight.nasa.gov/station/crew/exp3/taxi3/haignere.html.
3. Eduard Launet, "Claudie Haigneré, sortie du trou noir" [Claude Haigneré, out of a black hole], *Liberation*, May 29, 2009, trans. Janet Denlinger, http://www.liberation.fr/culture/0101570139-claudie-haignere-sortie-du-trou-noir, accessed July 28, 2013.

헬레나 일네로바

1. Magdolna Hargittai, conversation with Helena Illnerová, Prague, September 14, 2001. 참고 문헌을 달지 않은 인용문은 모두 이 대화에서 가져옴.
2. Christian Falvey, "Helena Illnerová, the Leading Lady of Czech Science," Radio Praha interview, September 2, 2010, http://www.radio.cz/en/section/special/helena-illnerova-the-leading-lady-in-czech-science, accessed January 19, 2014.

출라본 마히돌

1. Istvan Hargittai and Magdolna Hargittai, "Royal Chemistry: Princess Chulabhorn of Thailand," *The Chemical Intelligencer* 6 (2000): 25–28, 25.

2. Hargittai, "Royal Chemistry," 26.

3. C. Mahidol, H. Prawat, and S. Ruchirawat, "Bioactive Natural Products from Thai Medicinal Plants," in *Phytochemical Diversity: A Source of New Industrial Products*, edited by Stephen Wrigley, London: Royal Society of Chemistry, 1997, 96–105.

4. Hargittai, "Royal Chemistry," 27.

패멀라 맷슨

1. Magdolna Hargittai, conversation with Pamela Matson, Palo Alto, California, on April 16, 2009. 참고 문헌을 달지 않은 인용문은 모두 이 대화에서 가져옴.

2. Pamela Matson and Walter Falcon, "Why the Yaqui Valley? An Introduction," in *Seeds of Sustainability: Lessons from the Birthplace of the Green Revolution in Agriculture*, ed. Pamela Matson, Washington, DC: Island Press, 2011, 2.

3. Matson and Walter, "Why the Yaqui Valley?" 3–4.

4. Neeraja Sankaran, "Scientist Recipients of MacArthur Fellowships an Eclectic Collection, *The Scientist*, September 4, 1995, http://www.the-scientist.com/?articles.view/articleNo/17550/title/Scientist-Recipients-Of-MacArthur-Fellowships-An-Eclectic-Collection/, accessed October 31, 2013.

캐슬린 올러렌쇼

1. Magdolna Hargittai, conversation with Kathleen Ollerenshaw, April 29, 2003. 참고 문헌을 달지 않은 인용문은 모두 이 대화에서 가져옴.

2. Kathleen Ollerenshaw, *To Talk of Many Things: An Autobiography*, Manchester, UK: Manchester University Press, 2004.

3. Catherine Felgate and Edmund Robertson, "Kathleen Timpson Ollerenshaw," http://www-history.mcs.st-andrews.ac.uk/Printonly/Ollerenshaw.html, accessed April 12, 2013.

4. Ollerenshaw, *To Talk of Many Things*, 72.

5. Kathleen Ollerenshaw, *Education for Girls*, London: The Conservative Political Centre, 1958.

6. Kathleen Ollerenshaw and Hermann Bondi, *Magic Squares of Order Four*, London: Royal Society, 1982.

7. Kathleen Ollerenshaw, David Bree, and Hermann Bondi, *Most-perfect Pandiagonal Magic Squares: Their Construction and Enumeration*, Southend-on-Sea, UK: Institute of Mathematics and its Applications, 1998, 186.

8. Ollerenshaw, *To Talk of Many Things*, 229.

마리아네 포프

1. Department of Terrestrial Ecosystem Research, Faculty of Life Sciences, University of Vienna, "Mission Statement," http://131.130.57.230/cms/index.php?id=90, accessed July 25, 2013.

2. Magdolna Hargittai, conversation with Marianne Popp, September 6, 2001. 참고 문헌을 달지 않은 인용문은 모두 이 대화에서 가져옴.

맥신 F. 싱어

1. National Science Foundation, "The President's National Medal of Science: Recipient Details; Maxine F Singer," http://www.nsf.gov/od/nms/recip_details.jsp?recip_id=327, accessed April 13, 2014.

2. Magdolna Hargittai, conversation with Maxine Singer on May 16, 2000, Washington, D.C. 참고 문헌을 달지 않은 인용문은 모두 이 대화에서 가져옴.

3. M. Barinaga, "Asilomar Revisited: Lessons for Today?" *Science* 287(2000): 1584–1585.

4. Maxine Singer and Paul Berg, *Genes & Genomes*, Mill Valley, CA: University Science Books, 1991; M. Singer and P. Berg, *Exploring Genetic Mechanisms*, Mill Valley, CA: University Science Books, 1997;

Paul Berg and Maxine Singer, *George Beadle: An Uncommon Farmer: The Emergence of Genetics in the 20st Century*, Cold Spring Harbor, NY: Cold Spring Harbor Laboratory Press, 2005; P. Berg and M. Singer, *Dealing with Genes: The Language of Heredity*, Mill Valley, CA: University Science Books, 2008.

나탈리야 타라소비

1. NGO Committee on Education, *Our Common Future*, chap. 2: "Towards Sustainable Development," http://www.un-documents.net/ocf-02.htm, accessed October 27, 2013.
2. Magdolna Hargittai, correspondence with Natalia Tarasova, October 2013. 참고 문헌을 달지 않은 인용문은 모두 이 대화에서 가져옴.
3. Donella H. Meadows, Dennis L. Meadows, Jorgen Randers, and Williams W. Behrens III, *The Limits to Growth: A Report for the Club of Rome's Project on the Predicament of Mankind*, New York: Universe Books, 1972.

셜리 틸먼

1. Magdolna Hargittai, conversation with Shirley Tilghman, October 25, 2001. 참고 문헌을 달지 않은 인용문은 이 대화에서 가져옴.
2. Frederick L. Holmes, *Meselson, Stahl, and the Replication of DNA: A History of "The Most Beautiful Experiment in Biology,"* New Haven: Yale University Press, 2001.
3. "MAKERS Profile: Molecular Biologist & Princeton President," video, http://www.makers.com/shirley-tilghman, accessed October 17, 2013.

나가며

1. Matteo Leone and Nadia Robotti, "Frédéric Joliot, Irène Curie and the Early History of the Positron (1932–33)," *Eur. J. Physics* 31 (2010):

975–987.

2. "A Study on the Status of Women Faculty in Science at MIT," special issue, *MIT Faculty Newsletter* 9.4 (March 1999), http://web.mit.edu/fnl/women/women.html, accessed April 20, 2014.

3. For example, Carey Goldberg, "M.I.T. Admits Discrimination against Female Professors," *New York Times*, March 23, 1999, http://www.nytimes.com/1999/03/23/us/mit-admits-discrimination-against-female-professors.html.

4. "A Report on the Status of Women Faculty in the Schools of Science and Engineering at MIT, 2011," http://web.mit.edu/faculty/reports/pdf/women_faculty.pdf, accessed April 20, 2014.

5. Magdolna Hargittai, conversation with James D. Watson, Cold Spring Harbor, March 14, 2002.

6. *She Figures 2012: Gender in Research and Innovation, Statistics and Indicators*, European Commission, 2013, available at http://ec.europa.eu/research/science-society/document_library/pdf_06/she-figures-2012_en.pdf.

(인터뷰 진행: 한국여성과총 교육홍보출판위원회)

만나본 여성 과학자 중 가장 인상 깊었던 사람은 누구이며, 그 이유는 무엇인 가요?

제가 만난 여성 과학자분들은 모두 대단한 과학자이면서 인간적으로도 훌륭한 분들이었습니다. 그중에서 한 분만 선택하기란 매우 힘듭니다. 가장 감명 깊었던 두 분을 소개하겠습니다. 첫 번째 분은 프랜시스 켈시입니다. 켈시는 탈리도마이드(유럽에서는 콘테르간이라 불림)라고 불리는 약이 미국으로 유입되는 것을 막은 약리학자였습니다. 1950년대 말, 유럽에서 콘테르간은 임산부의 입덧을 예방하는 데 효과적인 약이라며 출시되었습니다. 1960년, 미국의 한 제약회사가 미국 식품의약국[FDA]의 승인을 요청했습니다. 당시 켈시는 미국 식품의약국으로 갓 임용되었는데, 이 약을 조사하는 것이 첫 번째 과제였습니다. 그녀는 이 약에 대한 여러 문제를 발견했고, 점점 더 많은 검증과 자료를 요청했습니다. 제약회사는 빨리 승인해 달라며 그녀를 계속 괴롭혔습니다. 그러나 켈시는 굴하지 않았습니다. 그런데 시간이 지나자, 이 약이 신생아의 기형을 유발한다는 사실이 알려지기 시작했습니다. 그녀의 엄정한 태도와 불굴의 헌신이 미국 여성과 신생아를 아주 끔찍한 비극으로부터 구했던 것입니다. 이 훌륭한 업적 때문에 그녀는 케네디 대통령으로부터 대통령상을 받았습니다. 저는 제약회사의 반발과 괴롭힘에도 불구하고, 철저하게 과업을 수행했던 그녀의 에너지와 강인함에 존경심을 느꼈습니다. 두 번째 분은 거트루드 B. 엘리언 박사입니다. 엘리언 박사는 사람들을 치유하고 고통을 덜어주기 위한 약물을 찾는 데 전념했습니다. 그녀의 사무실 벽은 아이들과 부모로부터 온 감사의 편지로 도배되어 있었습니다. 그녀가 개발한 약 중 하나는 백혈병에 걸린 어린이를 성공적으로 치료했습니다. 그녀는 장기 이식이 가능한 약을 개발했으며, 그 이외에도 많은 약을 개발했습니다. 그리고 정년 직후 노벨상을 받았습니다. 노벨상 수상은 그녀를 행복하게 했지만, 그녀의 진정한 기쁨은 감사 편지로부터 오는 것이었습니다. 그녀는 생의 마지막 순간까지 젊은이들이 과학 분야에서 자신의 진로를 잘 찾을 수 있도록 도와주는 활동을 멈추지 않았습니다. 그녀의 삶은 신진 과학자들이 포기하지 않도록 그들을 격려해야 한다는 것을 보여주는 사례입니다.

당신이 만났던 여성 과학자들이 훌륭한 과학자가 되기까지, 그들이 겪은 여러 어려움 가운데 가장 큰 어려움은 무엇이었다고 생각하시나요?

저는 모든 인터뷰 대상자들에게 무엇이 가장 어려웠느냐고 물어보았습니다. 그들의 예외 없이 같은 대답을 했습니다. 그것은 바로 연구와 가정생활을 조화롭게 양립하는 것이었습니다. 여기에 몇 가지 예를 들면 다음과 같습니다. 항공 우주 엔지니어인 이본느 브릴은 다음과 같이 말했습니다.

"모든 것, 즉 일하러 가는 것, 긴 업무 시간 동안 해야 할 일을 하고 나서 24시간 이내에 집에서 모든 일을 해내야 하는 것 자체가 도전이었습니다." 화학자인 리타 콘포스는 "실험실에 있을 때 아이들을 생각하지 않는 것보다 집에서 화학을 생각하지 않는 편이 더 쉬웠습니다"라고 말했습니다. 발달생물학자 앤 매클래런은 "시간, 시간, 그리고 시간 조율"이라고 말했습니다.

여성 과학자를 만나 인터뷰하면서 느꼈던 그들만의 특징이나 공통점이 있다면 무엇이었나요?

제가 인터뷰 한 대부분의 여성들은 여성이 과학에 종사하는 것이 오늘날보다 덜 관습적이었던 20세기 중반에 일했습니다. 그들은 직장과 남성 동료, 그리고 종종 자신의 가족 사이에서 생기는 많은 장벽과 싸워야 했습니다. 그들은 강하고 용감해야 했으며 일에 전념해야 했습니다. 다행히도 오늘날의 상황은 그들이 직면했던 시대와는 다릅니다. 오늘날의 상황은 많이 개선되었습니다. 대부분의 지역에서 대학과 연구기관은 STEM 분야(과학, 기술, 공학 및 수학)에 더 많은 여성을 참여시키기 위해 노력을 기울여 왔습니다. 성공적인 여성 과학자를 인정하는 많은 권위 있는 상이 있으며, 이들 또한 다른 여성들이 과학 분야에 진입하도록 장려하고 있습니다. 이와 함께 보육원과 유치원을 이용할 수 있도록 하는 평범한 정책도 매우 중요합니다. 이 상황은 국가에 따라 크게 다릅니다. 여전히 이상적이지 않고 천천히 진행되기는 하지만 분명 진전이 있습니다.

과학자를 꿈꾸는 여학생이나 젊은 여성 과학자들에게 해주고 싶은 말이 있다면 무엇인가요?

꿈을 향해 가십시오! 물론 과학자가 되기 위해서는 많은 공부와 많은 노력 그리고 끊임없는 헌신이 필요합니다. 그 결과는 발견의 기쁨이고 중요한 것을 하고 있다는 것에 대한 만족감입니다. 그만한 가치가 있다고 과학자인 제가 말할 수 있습니다!

과학 연구 외에, 책을 쓰게 된 동기는 무엇이었나요?

저는 왜 과학자라는 직업 이외에 '작가'가 되었을까요? 잘 모르겠습니다. 그냥 우연히 그렇게 되었습니다. 처음에 남편과 저는 우리의 연구 주제에 관하여 책을 쓰기 시작했습니다. 남편은 유명한 과학자들을 인터뷰해서 책을 내고 싶은 아이디어를 가지고 있었습니다. 그 아이디어가 계기가 되어 6권의 《캔디드 사이언스*Candid Science*》 시리즈가 탄생했습니다. 이 시리즈 작업으로 저는 과학계에 여성이 얼마나 적은지를 서서히 알게 되었습니다. 그리고 이것은 유명한 여성 과학자들을 인터뷰해보자는 생각으로 이어졌습니다. 이 과정에서 저는 그들의 과학, 성공, 그들이 직면한 어려움에 대해 배울 수 있었습니다. 그들의 이야기가 매우 놀라웠고, 저는 다른 사람들과 공유하고 싶었습니다. 그래서 이 책이 나오게 되었습니다. 우리에게 책을 내는 것은 하나의 '취미'가 되었습니다. 지난 몇 년 동안 우리는 과학자와 대도시의 과학에 관한 책을 저술했습니다. 지금까지 3권의 책을 발간했습니다. 《과학적 부다페스트: 가이드북》, 《과학적 뉴욕: 탐구, 지식, 학습의 문화》, 《모스크바의 과학: 연구 제국의 기념비》가 바로 그 책들입니다.

찾아보기

내가 만난 여성 과학자들
직접 만나서 들은 여성 과학자들의 생생하고 특별한 도전 이야기

1판 1쇄	2019년 9월 16일
1판 3쇄	2020년 9월 23일

지은이	막달레나 허기타이
기획	한국여성과총 교육홍보출판위원회
옮긴이	한국여성과총 교육홍보출판위원회
	권오남 여의주 강인숙 김인선 남영미 박진아 이숙경 이종은 이호영 한은미 홍은주
펴낸이	김정순
편집	허영수 장준오 주이상
디자인	김진영
마케팅	양혜림 이지혜

펴낸곳	(주)북하우스 퍼블리셔스
출판등록	1997년 9월 23일 제406-2003-055호
주소	04043 서울시 마포구 양화로 12길 16-9(서교동 북앤빌딩)
전자우편	henamu@hotmail.com
홈페이지	www.bookhouse.co.kr
전화번호	02-3144-3123
팩스	02-3144-3121

ISBN 979-11-6405-045-1 03400

해나무는 (주)북하우스 퍼블리셔스의 과학 브랜드입니다.

본 출간 사업은 과학기술진흥기금 및 복권기금의 지원을 받아 진행되었습니다.

이 도서의 국립중앙도서관 출판예정도서목록(CIP)은 서지정보유통지원시스템(http://seoji.nl.go.kr)과 국가자료종합목록 구축시스템(http://kolis-net.nl.go.kr)에서 이용하실 수 있습니다.
 (CIP제어번호: CIP2019033294)